"十二五"国家计算机技能型紧缺人才培养培训教材

教育部职业教育与成人教育司
全国职业教育与成人教育教学用书行业规划教材

中文版
AutoCAD 2014
实例教程

李敏虹　黎文锋　吴素珍　王淼／编著

| 121个基础实例 | + | 19个综合项目 | + | 11个课后训练 | + | 160个视频文件 |

- **专家编写**
  本书由多位资深计算机制图专家结合多年工作经验和设计技巧精心编写而成
- **灵活实用**
  范例经典、项目实用，步骤清晰、内容丰富、循序渐进，实用性和指导性强
- **光盘教学**
  随书光盘包括160个视频教学文件、素材文件和范例源文件

海洋出版社

2014年·北京

内 容 简 介

本书是以基础案例讲解和综合项目训练相结合的教学方式介绍计算机辅助设计软件 AutoCAD 2014 的使用方法和技巧的教程。本书语言平实，内容丰富、专业，并采用了由浅入深、图文并茂的叙述方式，从最基本的技能和知识点开始，辅以大量的上机实例作为导引，帮助读者在较短时间内轻松掌握中文版 AutoCAD 2014 的基本知识与操作技能，并做到活学活用。

本书内容：全书共分为 11 章，着重介绍了 AutoCAD 基础与入门、基本二维图形的绘制、视图管理与图形编辑、管理对象特性与应用填充、创建与编辑文字和表格、应用标准和参数化约束、创建三维实体模型、三维模型编辑与后期处理等。最后通过建筑房型平面图设计、机械零件平面图设计、家具三维实体模型设计 3 个综合项目制作，全面系统地介绍了使用 AutoCAD 2014 绘制图形的技巧。

本书特点：1. 基础案例讲解与综合项目训练紧密结合贯穿全书，边讲解边操练，学习轻松，上手容易。2. 注重学生动手能力和实际应用能力培养的同时，书中还配有大量基础知识介绍和操作技巧说明，加强学生的知识积累。3. 实例典型、任务明确、由浅入深、循序渐进、系统全面，为职业院校和培训班量身打造。4. 每章后都配有练习题，利于巩固所学知识和创新。5. 书中实例收录于光盘中，采用视频讲解的方式，一目了然，学习更轻松！

适用范围：适用于全国职业院校 AutoCAD 绘图专业课教材，社会 AutoCAD 绘图培训班教材，也可作为广大初、中级读者实用的自学指导书。

图书在版编目(CIP)数据

中文版 AutoCAD 2014 实例教程/李敏虹等编著. —北京：海洋出版社，2014.5
ISBN 978-7-5027-8853-7

Ⅰ.①中… Ⅱ.①李… Ⅲ.①AutoCAD 软件－教材 Ⅳ.①TP391.72

中国版本图书馆 CIP 数据核字（2014）第 062832 号

总 策 划：刘 斌
责任编辑：刘 斌
责任校对：肖新民
责任印制：赵麟苏
排　　版：海洋计算机图书输出中心　晓阳
出版发行：海洋出版社
地　　址：北京市海淀区大慧寺路 8 号（716 房间）
　　　　　100081
经　　销：新华书店
技术支持：（010）62100055

发 行 部：（010）62174379（传真）（010）62132549
　　　　　（010）68038093（邮购）（010）62100077
网　　址：www.oceanpress.com.cn
承　　印：北京华正印刷有限公司
版　　次：2014 年 5 月第 1 版
　　　　　2014 年 5 月第 1 次印刷
开　　本：787mm×1092mm　1/16
印　　张：18.75
字　　数：450 千字
印　　数：1～4000 册
定　　价：38.00 元（含 1DVD）

本书如有印、装质量问题可与发行部调换

前　言

　　AutoCAD 2014 是 Autodesk 公司的 AutoCAD 系列中最新推出的一套功能强大的电脑辅助绘图软件。它具有易于掌握、使用方便、体系结构开放等优点，能够绘制各种模件的二维图形和三维图形，并具备渲染图形和输出图纸等功能。因此，AutoCAD 是一款具备一体化、功能丰富、应用范围广等特性的先进设计软件，深得社会各界从事绘图工作的用户的青睐。

　　本书通过由浅入深、由基础到应用、由实例到项目的方式，系统地介绍了 AutoCAD 的实用功能和用法。书中以大量的实例为引导，循序渐进地讲解了 AutoCAD 2014 的基础知识，然后详细介绍了视图布局、二维图形的绘制、添加与修改图形、对图形进行填充、创建文字注释和表格、尺寸标注与参数化约束、设置与修改对象特性、绘制与编辑三维图形、对三维图形进行着色和渲染、创建三维实体模型等内容。

　　全书的内容始终以"设计导向、学以致用"为主要思想，为读者列举了大量的应用实例和设计项目作参考，使读者能更好地学习和应用 AutoCAD 2014 程序。

　　本书共分为 11 章，具体内容简介如下：

　　第 1 章主要介绍 AutoCAD 2014 应用程序的入门操作和基础技能，包括安装应用程序、认识与操作界面、管理 CAD 图形文件和图纸集等。

　　第 2 章主要介绍在 AutoCAD 2014 中绘制各种二维图形的方法，包括绘制各种线条、常规图形、绘制圆弧和曲线以及绘制点、设置等分点等。

　　第 3 章主要介绍在 AutoCAD 2014 中使用各种工具或功能控制图形文件视图缩放、平移、使用导航控制盘、创建视图以及编辑图形的各种方法。

　　第 4 章主要介绍查看、设置与修改对象特性的方法以及使用图层和填充图案、渐变色的方法。

　　第 5 章主要介绍文字与表格在 AutoCAD 2014 中的应用。

　　第 6 章主要介绍了标注和参数化约束在绘图上的应用，包括利用标注注释图形的大小、角度、半径等信息以及利用参数化约束控制对象特性等。

　　第 7 章先介绍设置三维视图的方法，然后详细讲解了在 AutoCAD 中创建三维实体图元、多段体、实体和曲面以及网络模型的方法。

　　第 8 章主要介绍在三维模型工作空间中修改实体模型和对模型进行高级编辑方法以及为实体模型应用添加光源、应用材质和进行渲染的方法。

　　第 9 章以一个三房两厅的建筑房型平面图为例，介绍了在 AutoCAD 2014 中进行建筑平面绘图和制作标注、信息表格的方法。

　　第 10 章以一个包含主视图图样和左视图图样的机械零件设计图为例，介绍 AutoCAD 2014 在机械制图方面的应用。

　　第 11 章以一个上层为浅蓝色玻璃板、下层为黄檀木材质实木底托并带有金属支脚的茶几实体模型为例，介绍 AutoCAD 2014 在三维实体设计中的应用。

　　本书内容丰富全面、讲解深入浅出、结构条理清晰，通过书中的应用实例和项目设计，让初学者和 CAD 图形设计师都拥有实质性的知识与技能。另外，本书提供包含全书练习素材和实例演示影片的光盘，方便各位使用素材与本书同步学习，提高学习效率，事半功倍。本书是一本专为职业学校、社会电脑培训班、广大CAD图形设计初、中级读者量身定制的培训教程和自学指导书。

  本书由李敏虹、黎文锋、吴素珍、王淼主编，其中吴素珍编写了第1~3章，王淼编写了第4~6章，其余章节编写及统稿由李敏虹、黎文锋完成。参与本书编写及设计工作的还有黄活瑜、黄俊杰、梁颖思、吴颂志、梁锦明、林业星、黎敏、周志苹、李剑明等，在此一并谢过。在本书的编写过程中，我们力求精益求精，但难免存在一些不足之处，敬请广大读者批评指正。

编 者

目　　录

第 1 章　AutoCAD 基础与入门 1
1.1　入门基础技能训练 1
- 1.1.1　实例 01：安装 AutoCAD 2014 应用程序 1
- 1.1.2　实例 02：激活并启动 AutoCAD 2014 程序 3
- 1.1.3　实例 03：认识与操作程序的界面 5
- 1.1.4　实例 04：自定义快速访问工具栏 8
- 1.1.5　实例 05：新建与保存图形文件 9
- 1.1.6　实例 06：新建 CAD 文件的图纸集 11
- 1.1.7　实例 07：为文件设置开启密码 12
- 1.1.8　实例 08：打开全部图形或局部图形 13
- 1.1.9　实例 09：以从云绘制方式打开文件 14
- 1.1.10　实例 10：手动绘图与使用命令绘图 16

1.2　综合项目训练 18
- 1.2.1　项目 1：定义自己专属的选项卡 18
- 1.2.2　项目 2：在绘图中应用透明命令 21

1.3　本章小结 23
1.4　课后训练 23

第 2 章　基本二维图形的绘制 24
2.1　入门基础技能训练 24
- 2.1.1　实例 01：绘制直线 24
- 2.1.2　实例 02：绘制射线 26
- 2.1.3　实例 03：绘制构造线 27
- 2.1.4　实例 04：绘制多段线 28
- 2.1.5　实例 05：绘制矩形 29
- 2.1.6　实例 06：绘制圆角矩形 30
- 2.1.7　实例 07：绘制正多边形 31
- 2.1.8　实例 08：徒手绘制草图 32
- 2.1.9　实例 09：绘制圆形 33
- 2.1.10　实例 10：绘制圆环 34
- 2.1.11　实例 11：绘制圆弧 35
- 2.1.12　实例 12：绘制椭圆形 36
- 2.1.13　实例 13：绘制椭圆弧 37
- 2.1.14　实例 14：绘制样条曲线 39
- 2.1.15　实例 15：绘制点并等分点 40

2.2　综合项目训练 41
- 2.2.1　项目 1：绘制带花盘的鲜花平面图 41
- 2.2.2　项目 2：绘制双火头煤气炉平面图 45

2.3　本章小结 48
2.4　课后训练 48

第 3 章　视图管理与图形编辑 49
3.1　入门基础技能训练 49
- 3.1.1　实例 01：实时缩放视图 49
- 3.1.2　实例 02：窗口缩放视图 50
- 3.1.3　实例 03：动态缩放视图 51
- 3.1.4　实例 04：手动平移视图 52
- 3.1.5　实例 05：使用 SteeringWheels 查看图形 54
- 3.1.6　实例 06：保存当前视图 56
- 3.1.7　实例 07：将多个图形创建成编组 57
- 3.1.8　实例 08：使用夹点模式编辑图形 59
- 3.1.9　实例 09：移动、旋转与缩放图形 61
- 3.1.10　实例 10：镜像与偏移图形 63
- 3.1.11　实例 11：修剪与延伸图形 64
- 3.1.12　实例 12：拉伸图形对象 66
- 3.1.13　实例 13：创建圆角与倒角 66
- 3.1.14　实例 14：打断与合并对象 68
- 3.1.15　实例 15：创建对象的阵列 69

3.2 综合项目训练……71
   3.2.1 项目1：查看与管理办公楼平面图……71
   3.2.2 项目2：快速设计机械零件图……75
3.3 本章小结……77
3.4 课后训练……77

第4章 管理对象特性与应用填充……79
4.1 入门基础技能训练……79
   4.1.1 实例01：显示与查看对象特性……79
   4.1.2 实例02：为对象进行特性匹配……81
   4.1.3 实例03：设置取消要匹配的特性……81
   4.1.4 实例04：使用图层并修改特性……82
   4.1.5 实例05：快速修改对象颜色……84
   4.1.6 实例06：显示线宽并修改线宽……86
   4.1.7 实例07：修改线型和线型比例……87
   4.1.8 实例08：加载或重载线型……89
   4.1.9 实例09：通过拾取内部点填充图案……90
   4.1.10 实例10：通过选择边界填充图案……91
   4.1.11 实例11：控制孤岛中的填充……92
   4.1.12 实例12：为对象填充渐变颜色……94
4.2 综合项目训练……96
   4.2.1 项目1：设计居室平面布置图……96
   4.2.2 项目2：设计机械零件的草图……99
4.3 本章小结……104
4.4 课后训练……104

第5章 创建与编辑文字和表格……105
5.1 入门基础技能训练……105
   5.1.1 实例01：创建单行文字……105
   5.1.2 实例02：指定文字样式……107
   5.1.3 实例03：对齐单行文字……107
   5.1.4 实例04：创建多行文字……108
   5.1.5 实例05：设置多行文字格式……109
   5.1.6 实例06：创建堆叠字符……111
   5.1.7 实例07：插入特殊字符……111
   5.1.8 实例08：创建注释性文字对象……112
   5.1.9 实例09：设置注释比例和可见性……113
   5.1.10 实例10：创建文字样式……114
   5.1.11 实例11：创建注释性样式……115
   5.1.12 实例12：创建表格……116
   5.1.13 实例13：创建表格样式……117
   5.1.14 实例14：编辑表格……118
   5.1.15 实例15：编辑单元格……120
5.2 综合项目训练……121
   5.2.1 项目1：设计图纸标题和所有者……121
   5.2.2 项目2：设计机械图纸标签表格……125
5.3 本章小结……128
5.4 课后训练……129

第6章 应用标注和参数化约束……130
6.1 入门基础技能训练……130
   6.1.1 实例01：更改标注关联性设置……130
   6.1.2 实例02：创建标注的样式……132
   6.1.3 实例03：创建线性标注……134
   6.1.4 实例04：创建半径标注……135
   6.1.5 实例05：创建直径标注……135
   6.1.6 实例06：创建弧长标注……136
   6.1.7 实例07：创建角度标注……137
   6.1.8 实例08：创建坐标标注……138
   6.1.9 实例09：创建折弯标注……138
   6.1.10 实例10：创建基线与连续标注……139
   6.1.11 实例11：创建多重引线标注……140
   6.1.12 实例12：对齐多重引线对象……142

6.1.13 实例13：修改与移动标注……143
6.1.14 实例14：创建与应用几何约束……145
6.1.15 实例15：创建与应用标注约束……146
6.2 综合项目训练……148
6.2.1 项目1：设计底座零件图标注……148
6.2.2 项目2：应用约束设计平面图……153
6.3 本章小结……156
6.4 课后训练……156

第7章 创建三维实体模型……157
7.1 入门基础技能训练……157
7.1.1 实例01：选择三维建模空间与视图……157
7.1.2 实例02：动态观察三维空间……159
7.1.3 实例03：创建长方体……161
7.1.4 实例04：创建圆柱体……163
7.1.5 实例05：创建圆锥体……163
7.1.6 实例06：创建球体……164
7.1.7 实例07：创建棱锥体……164
7.1.8 实例08：创建楔体……165
7.1.9 实例09：创建圆环体……166
7.1.10 实例10：创建多段体……167
7.1.11 实例11：通过拉伸创建实体或曲面……168
7.1.12 实例12：通过扫掠创建实体或曲面……168
7.1.13 实例13：通过放样创建实体或曲面……169
7.1.14 实例14：通过旋转创建实体或曲面……170
7.1.15 实例15：创建三维网格图元……172
7.1.16 实例16：创建直纹网格图元……173
7.1.17 实例17：创建平移网格图元……174
7.1.18 实例18：创建旋转网格图元……174
7.1.19 实例19：创建边界定义的网格图元……176
7.2 综合项目训练……176
7.2.1 项目1：设计弧形中通零件……176
7.2.2 项目2：设计大肚宽口花瓶……179
7.3 本章小结……182
7.4 课后实训……182

第8章 三维模型编辑与后期处理……183
8.1 入门基础技能训练……183
8.1.1 实例01：设置对象的显示精度……183
8.1.2 实例02：检查三维模型的干涉……185
8.1.3 实例03：移动模型对象……185
8.1.4 实例04：旋转模型对象……186
8.1.5 实例05：缩放模型对象……187
8.1.6 实例06：对齐模型对象……188
8.1.7 实例07：镜像模型对象……189
8.1.8 实例08：创建模型对象的阵列……191
8.1.9 实例09：使用布尔运算编辑实体……192
8.1.10 实例10：编辑实体的边……194
8.1.11 实例11：编辑实体的面……196
8.1.12 实例12：分割实体与抽壳实体……197
8.1.13 实例13：创建实体倒角和圆角……198
8.1.14 实例14：平滑与优化网格模型……199
8.1.15 实例15：重塑网格子对象形状……200
8.1.16 实例16：分离与拉伸网格面……202
8.1.17 实例17：为实体模型添加光源……203
8.1.18 实例18：模拟太阳光渲染模型……205

		8.1.19　实例19：为实体模型应用材质 ······················· 207
		8.1.20　实例20：渲染实体模型 ········ 209
	8.2　综合项目训练 ·································· 210
		8.2.1　项目1：创建螺丝实体模型 ···· 210
		8.2.2　项目1：设计螺丝细节并应用材质 ····················· 217
	8.3　本章小结 ······································· 220
	8.4　课后实训 ······································· 220

第9章　建筑房型平面图设计 ············· 221
	9.1　建筑平面图类别 ····························· 221
	9.2　户型平面图的设计事项 ·················· 222
	9.3　实例展示与设计 ····························· 223
		9.3.1　实例01：绘制墙体图 ············· 224
		9.3.2　实例02：绘制门窗与阳台 ······ 229
		9.3.3　实例03：添加标注和空间说明 ····················· 236
		9.3.4　实例04：制作标题与信息表格 ····················· 240
	9.4　本章小结 ······································· 244
	9.5　课后训练 ······································· 244

第10章　机械零件平面图设计 ············· 245
	10.1　关于机械图样 ······························ 245
	10.2　表达机械零件的视图 ··················· 246
	10.3　机械零件图样的设计 ··················· 247
	10.4　实例展示与设计 ·························· 248

		10.4.1　实例01：绘制零件主视图图样 ····················· 249
		10.4.2　实例02：绘制零件左视图图样 ····················· 255
		10.4.3　实例03：设置图样的特性与标注 ··················· 259
	10.5　本章小结 ····································· 265
	10.6　课后训练 ····································· 265

第11章　家具三维实体模型设计 ········· 267
	11.1　关于三维设计和三维模型 ············ 267
	11.2　AutoCAD在家具模型设计中的应用 ··················· 269
	11.3　实例展示与设计 ·························· 270
		11.3.1　实例01：绘制茶几支脚实体模型 ················· 270
		11.3.2　实例02：绘制茶几带花纹的玻璃板 ··············· 275
		11.3.3　实例03：绘制茶几的底托实体 ····················· 280
		11.3.4　实例04：绘制茶几支脚固件实体 ················· 283
		11.3.5　实例05：对实体进行着色和渲染 ················· 286
	11.4　本章小结 ····································· 291
	11.5　课后训练 ····································· 291

第 1 章 AutoCAD 基础与入门

教学提要

中文版 AutoCAD 2014 是 Autodesk 公司的 AutoCAD 系列中最新推出的一套功能强大的电脑辅助绘图软件。新版本的 AutoCAD 2014 拥有强大的平面和三维绘图功能，用户可以通过它创建、修改、插入、注释、管理、打印、输出、共享及准确设计图形。本章将介绍 AutoCAD 2014 程序的安装与激活、操作程序的用户界面、管理图形文件以及掌握绘图基本操作等内容。

教学重点

➢ 掌握安装、激活与启动 AutoCAD 2014 程序的方法
➢ 掌握操作程序用户界面和定义界面的方法
➢ 掌握管理 AutoCAD 图形文件和图纸集的方法
➢ 掌握手动绘图和使用命令绘图的方法
➢ 掌握在绘图过程中使用透明命令的方法

1.1 入门基础技能训练

本节将从简单的实例设计讲起，带领读者由浅入深的了解 AutoCAD 2014 应用程序的安装、基础使用和入门操作，以便于后续章节的学习和操作。

1.1.1 实例 01：安装 AutoCAD 2014 应用程序

在安装 AutoCAD 2014 前，首先必须查看系统需求，了解管理权限需求，并且要找到 AutoCAD 2014 的序列号并关闭所有正在运行的应用程序。完成上述任务之后，就可以安装 AutoCAD 了，安装完成后还需要注册和激活产品。安装 AutoCAD 2014 应用程序的流程如图 1-24 所示。

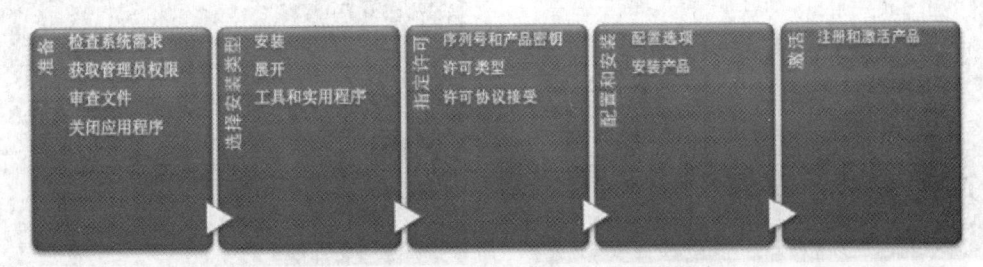

图 1-1 安装 AutoCAD 2014 应用程序的流程

在安装 AutoCAD 2014 前，首要任务是确保计算机满足最低系统要求，否则在 AutoCAD 内和操作系统级别上可能会出现问题。AutoCAD 2014 的硬件和软件需求，如表 1-1 所示。

表 1-1 AutoCAD 2014 的硬件和软件需求

操作系统	• Windows XP Home 和 Professional SP3 或更高版本 • Microsoft Windows 7 SP1 或更高版本
中央处理器	• Windows XP：支持 SSE2 技术的英特尔奔腾 4 或 AMD Athlon 双核处理器（1.6 GHz 或更高主频） • Windows 7：支持 SSE2 技术的英特尔奔腾 4 或 AMD Athlon 双核处理器（3.0 GHz 或更高主频）
内存	• Windows XP：2 GB RAM（推荐 4 GB） • Windows 7：2 GB RAM（推荐 4 GB）
显示器	1024×768 真彩色显示器（推荐 1600×1050 真彩色显示器）支持 1024×768 分辨率和真彩色功能的 Windows 显示适配器
硬盘	6 GB 安装空间
定点设备	MS-Mouse 兼容
浏览器	Internet Explorer 7.0 或更高版本的 Web 浏览器
3D 建模其他要求	Intel Pentium 4 或 AMD Athlon 处理器，3.0 GHz 或更高；或者 Intel 或 AMD Dual Core 处理器，2.0 GHz 或更高 4 GB RAM 或更大 8 GB 硬盘安装空间 1280×1024 32 位彩色视频显示适配器（真彩色），具有 128 MB 或更大显存，且支持 Direct 3D 的工作站级图形卡 提供系统打印机和 HDI 支持 Adobe Flash Player v10 或更高版本

上机实战 安装 AutoCAD 2014 应用程序

1 将装有 AutoCAD 2014 应用程序的 DVD 光盘插进光驱，此时光盘自动播放，稍等片刻即可出现【安装向导】界面。用户可以在右上方选择安装说明的语言［默认状态下会自动选择"中文（简体）"］，接着单击【安装】按钮即可，如图 1-2 所示。

2 打开【许可协议】页面后，先仔细阅读查看适用于用户所在国家/地区的 Autodesk 软件许可协议，然后选择【我接受】单选按钮，再单击【下一步】按钮，如图 1-3 所示。

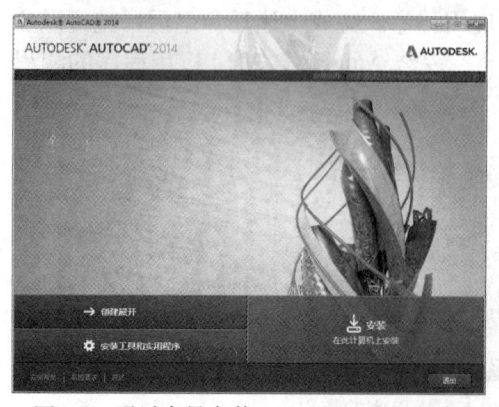

图 1-2 通过向导安装 AutoCAD 2014 程序　　　　图 1-3 接受软件的许可协议

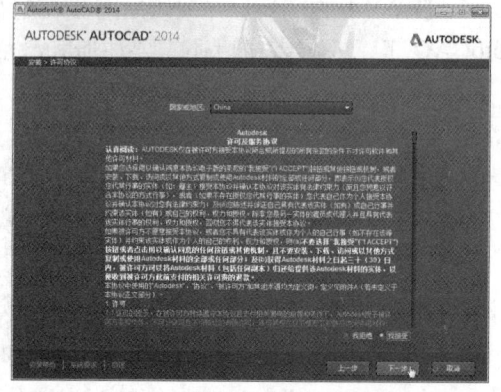

3 此时会出现【产品信息】页面，用户需要在页面上选择安装产品的语言和产品类型（安装单机版可选择【单机】单选按钮），然后输入序列号和产品密钥等信息（如果没有上述信息

可选择【我想要试用该产品 30 天】单选按钮），接着单击【下一步】按钮，如图 1-4 所示。

4　打开【配置安装】页面后，选择要安装的产品。选择安装的产品选项后，在【安装路径】上输入需要保存安装文件的文件路径，或者单击【浏览】按钮指定安装目录。完成后，单击【安装】按钮，如图 1-5 所示。

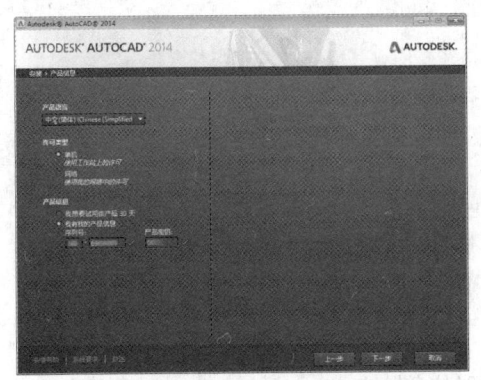

图 1-4　设置安装产品的相关选项和信息　　　　图 1-5　配置安装产品

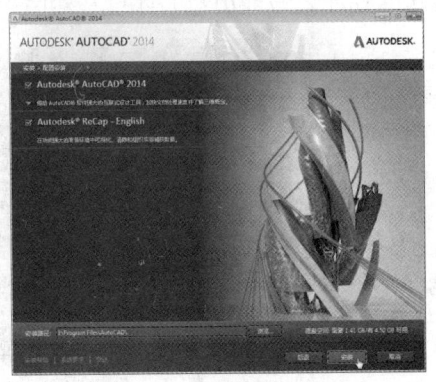

5　此时安装向导将执行 AutoCAD 2014 程序的安装工作，并会显示当前安装的文件和整体进度，如图 1-6 所示。

6　在安装一段时间后，即可完成 AutoCAD 2014 应用程序的安装。此时将显示如图 1-7 所示的【安装完成】页面，并显示各项成功安装的产品信息。最后单击【完成】按钮即可。

图 1-6　安装向导正在执行安装　　　　图 1-7　完成安装

> **技巧**
>
> 本例以安装 AutoCAD 2014 程序单机版为操作示范。"单机版"就是将应用程序安装在当前使用的电脑中，而不需要通过连接互联网来进行使用。在 AutoCAD 安装向导中包含了与安装相关的所有资料。通过安装向导可以访问用户文档，更改安装程序语言，选择特定语言的产品，安装补充工具以及添加联机支持服务。

1.1.2　实例 02：激活并启动 AutoCAD 2014 程序

安装 AutoCAD 2014 应用程序后，可以通过【开始】菜单来启动该程序。在启动的过程中，用户可以激活应用程序，以便可以永久性使用 AutoCAD 2014。如果不进行激活的操作，则只能试用 30 天。

上机实战　激活并启动 AutoCAD 2014 程序

1 通过【开始】菜单启动 AutoCAD 2014 应用程序，程序弹出【Autodesk 许可】界面，让用户选择是否启用个人隐私信息保护，此时选择界面上的复选框，然后单击【我同意】按钮，接着程序会验证用户的许可，如图 1-8 所示。

图 1-8　启用个人隐私信息保护

2 验证完许可后，即显示【请激活您的产品】页面，如果暂时不激活，则可以单击【试用】按钮进行试用。如果需要激活程序，则可以单击【激活】按钮，如图 1-9 所示。

3 进入【产品注册与激活】页面，此时在文本框中输入产品序列号，然后单击【下一步】按钮，如图 1-10 所示。

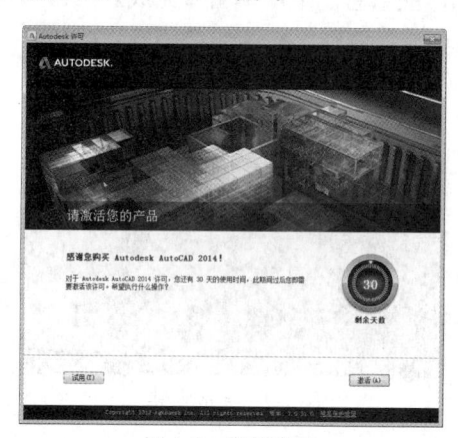

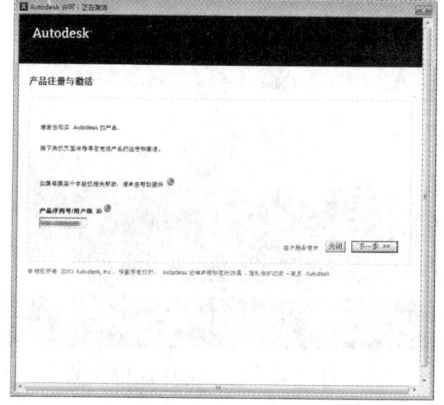

图 1-9　激活产品　　　　图 1-10　输入产品序列号

4 进入【产品许可激活选项】页面后，页面将显示产品完整信息和申请号信息，此时用户可以通过联网激活产品，也可以使用 Autodesk 提供的激活码激活产品。如图 1-11 所示为使用激活码的方法，当输入激活码后，单击【下一步】按钮。

5 如果激活码正确的话，则可以成功激活 AutoCAD 2014，此时将显示【感谢您激活】页面，单击【完成】按钮即可，如图 1-12 所示。

6 激活产品后，AutoCAD 2014 程序将被打开，该程序会弹出【欢迎】窗口，其中提供了执行工作和

图 1-11　使用激活码激活产品

学习与扩展的操作，如图 1-13 所示。

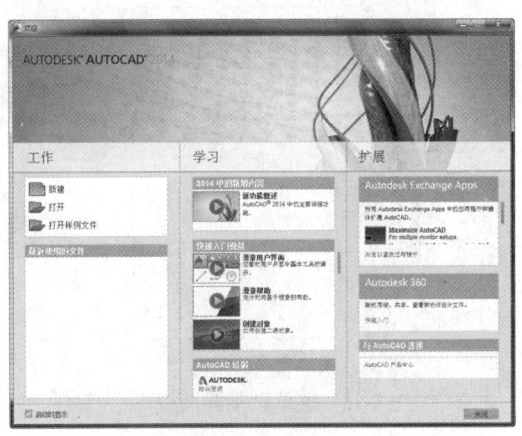

图 1-12　成功激活产品　　　　　图 1-13　AutoCAD 2014 的【欢迎】窗口

1.1.3　实例 03：认识与操作程序的界面

AutoCAD 2014 具备一体化、功能丰富、易操作的用户界面等特性，深得社会各界从事绘图工作的用户的青睐。

上机实战　操作程序界面

1　启动 AutoCAD 2014 应用程序，即可看到程序的用户界面。AutoCAD 2014 提供了"AutoCAD 经典"、"草图与注释"、"三维基础"与"三维建模"4 种工作空间。在快速访问工具栏中打开【工作空间】下拉列表，即可在打开的列表框中选择相应选项，以切换工作空间，如图 1-14 所示。

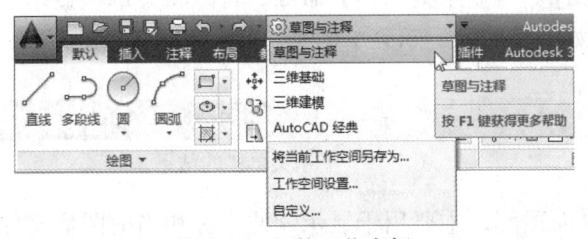

图 1-14　切换工作空间

2　通过菜单浏览器，可以搜索可用的菜单命令，也可以标记常用命令以便日后查找。只要单击【菜单浏览器】按钮，即可打开如图 1-15 所示的菜单浏览器面板。在菜单浏览器面板左侧为一些常用的文件管理命令，将鼠标放在命令右侧的 按钮上，即可显示子菜单列表。

3　使用显示在菜单浏览器顶部的搜索栏可以搜索菜单命令。将鼠标移至命令上停留一秒左右，即会显示相关的提示信息，如图 1-16 所示。

4　在菜单浏览器右下方提供了两个按钮，单击【选项】按钮可以打开如图 1-17 所示的【选项】对话框，通过不同的选项卡，可以对程序进行详细的配置。如果单击【退出 AutoCAD】按钮，则可退出 AutoCAD 2014 主程序。

5　在快速访问工具栏上，存储了经常使用的命令按钮。单击工具栏最右侧的 按钮可以打开如图 1-18 所示的快捷菜单。

图 1-15　菜单浏览器面板

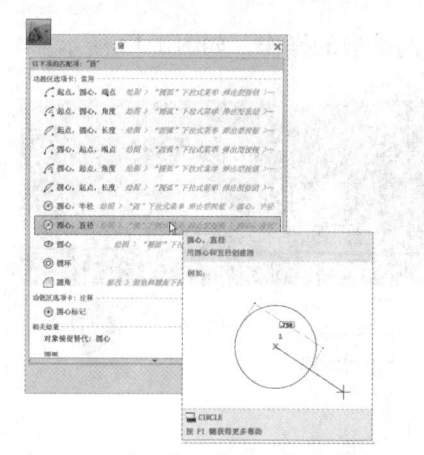

图 1-16　使用命令搜索栏搜索菜单

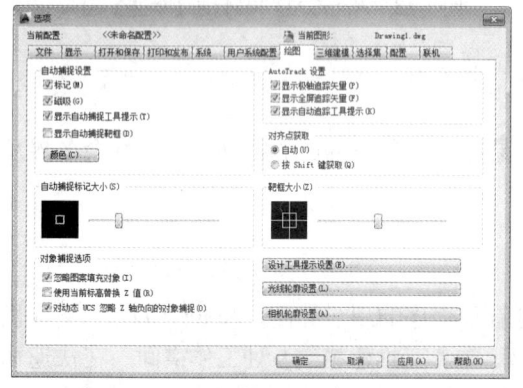

图 1-17　打开【选项】对话框图

图 1-18　快速访问工具栏的快捷菜单

6 在快捷菜单中选择【显示菜单栏】命令，可以将菜单栏显示于快速访问工具栏的下方，如图 1-19 所示。如果要取消显示菜单栏时，再次执行【显示菜单栏】命令取消其选择状态即可。

图 1-19　显示菜单栏的结果

7 标题栏位于界面顶部，主要用于显示软件名称和当前图形文件名称。菜单栏以级联的层次结构来组织各个命令，并以下拉菜单的形式逐级显示，各个命令下面分别有子命令，某些子命令还有下级选项，如图 1-20 所示。

图 1-20　打开菜单栏查看菜单项

8 功能区将传统的菜单命令、工具箱、属性栏等内容分类集中于一个区域中。在功能区中，对于不熟悉的按钮，可以将鼠标移至按钮上停留 1 秒，即会出现详细的提示信息或者图示，如图 1-21 所示。

9 由于窗口范围有限，某些面板不能完全显示所有按钮，只要单击面板名称所在的按钮即可展开这些功能按钮，以便选择隐藏的按钮，如图 1-22 所示。

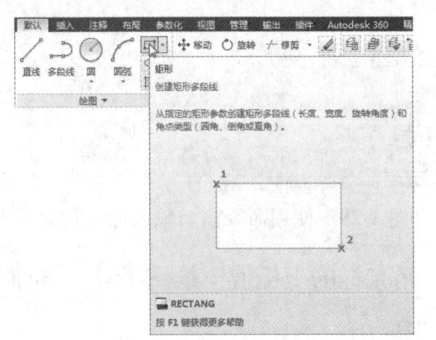

图 1-21　【图案填充】按钮的功能信息提示　　　　图 1-22　显示完整面板

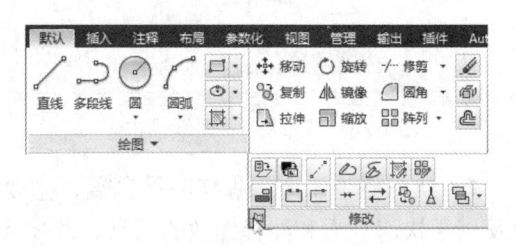

10 在所有选项卡右侧提供了 按钮，在默认状态下，首次单击此按钮可以将功能区的面板最小化为面板图示，如图 1-23 所示；再次单击可以将功能区最小化为面板标题，如图 1-24 所示；第三次单击可以将功能区最小化为选项卡，隐藏所有功能面板，如图 1-25 所示。

图 1-23　最小化为图示

图 1-24　最小化为标题

图 1-25　最小化为选项卡

11 绘图区是图形文件中的区域，是供用户进行绘图的平台。在绘图区的左下方提供了"模型"、"布局 1"、"布局 2" 3 个标签，通过它们可以在模型空间与图纸空间进行切换，如图 1-26、图 1-27 和图 1-28 所示。

图 1-26　"布局 1"图纸模式　　　　图 1-27　"布局 2"图纸模式

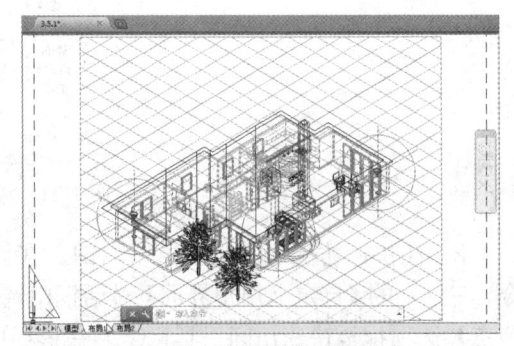

12 命令窗口位于绘图区的下面，主要由历史命令部分与命令行组成。命令窗口使用户

可以从键盘上输入命令信息,从而进行相关的操作,如图 1-29 所示。

图 1-28 "布局 3"图纸模式

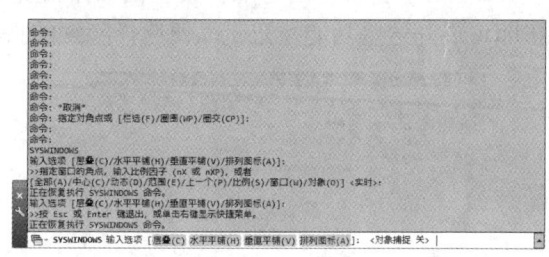

图 1-29 使用命令窗口输入命令信息

13 状态栏位于应用程序的最底端,主要用于显示光标的坐标值、绘图工具、导航工具以及用于快速查看和注释缩放的工具,如图 1-30 所示。

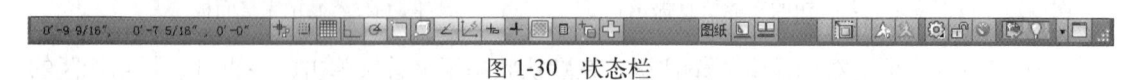

图 1-30 状态栏

1.1.4 实例 04:自定义快速访问工具栏

通过自定义快速访问工具栏,可以将常用的功能按钮添加到工具栏,或者在快速访问工具栏中删除不再常用的功能按钮。

上机实战 自定义快速访问工具栏

1 在快速访问工具栏的最右侧单击 按钮,在打开的快捷菜单中选择【特性】预设选项,将【特性】按钮 添加至快速访问工具栏中,如图 1-31 所示。

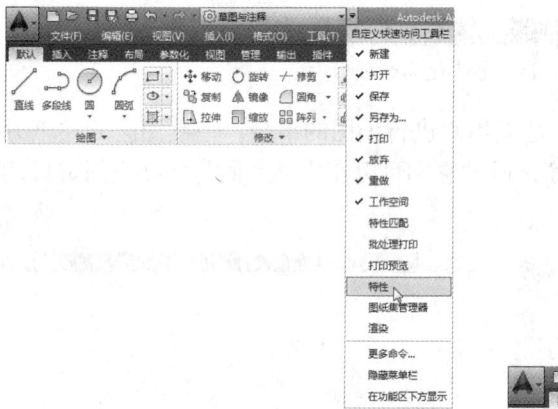

图 1-31 添加预设的按钮

2 在快速访问工具栏上单击右键,在打开的菜单中选择【自定义快速访问工具栏】命令,在打开的【自定义用户界面】对话框中选择【绘图】命令选项,然后在命令列表中将【圆,两点】选项拖至快速访问工具栏上,在该栏中添加【直线】按钮 ,如图 1-32 所示。

3 如果要删除快速访问工具栏中的按钮,可以在指定按钮上单击右键,然后选择【从快速访问工具栏中删除】命令即可,如图 1-33 所示。

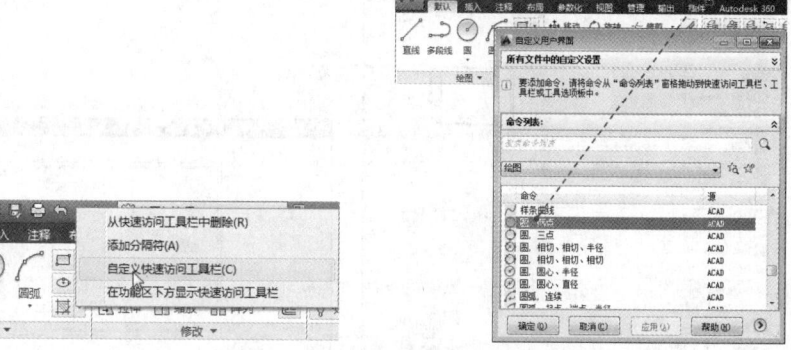

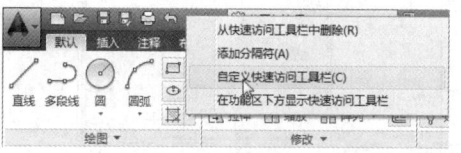

图 1-32　添加命令按钮

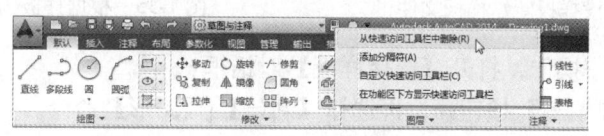

图 1-33　从快速访问工具栏中删除按钮

1.1.5　实例 05：新建与保存图形文件

AutoCAD 2014 在创建图形文件方面取消了过去旧版的【启动】窗口，而且将创建文件的操作集中在【选择样板】对话框中，用户可以在该窗口创建"图形样板(*.dwt)"、"图形(*.dwg)"与"标准(*.dws)"3 种类型的文件。

上机实战　新建与保存图形文件

1　启动 AutoCAD 2014 应用程序，执行以下任一操作，打开【选择样板】对话框：
- 单击【菜单浏览器】按钮，再选择【新建】|【图形】命令。
- 在快速访问工具栏上单击【新建】按钮。
- 按 Ctrl+N 键。

2　在打开的【选择样板】对话框中会自动搜索出"Template"文件夹，这里预设了不同类型的多种样板。确定文件类型为【图形样板(*.dwt)】后，在文件列表中单击选择一个文件样板，接着在【预览】选项组中查看其缩图效果，满意后单击【打开】按钮，如图 1-34 所示。

3　完成上述操作后，程序即可在所选样板的基础上创建出一个新样板文件，但其文件名仍以"Drawing(文件序号).dwt"来命名，如图 1-35 所示。

技巧

如果要创建一个空白的样板文件，可以在【选择模板】对话框中单击【打开】按钮右侧的按钮，在如图 1-36 所示的下拉列表中选择【无样板打开－英制】或【无样板打开－公制】选项即可。两选项的含义如下：

- 无样板打开－英制：使用英制系统变量创建新图形，默认图形边界(栅格界限)为 12 英寸×9 英寸。
- 无样板打开－公制：使用公制系统变量创建新图形，默认图形边界(栅格界限)为 420 毫米×297 毫米。

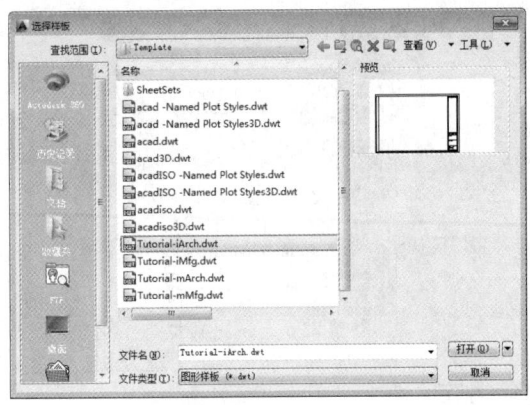

图 1-34　根据预设样板新建样板文件 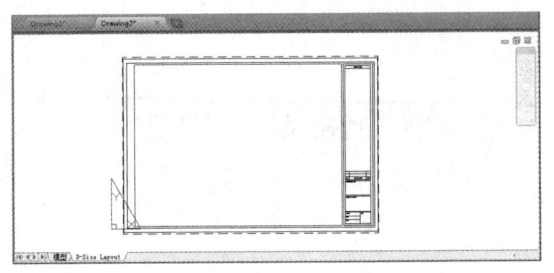　　　　图 1-35　根据样板创建的样板文件

4 执行以下任一操作，打开【选择样板】对话框：
- 单击【菜单浏览器】按钮▲，再选择【新建】|【图形】命令。
- 在快速访问工具栏上单击【新建】按钮。
- 按 Ctrl+N 键。

5 在【文件类型】下拉列表中选择"图形(*.dwg)"，接着在"Template"文件夹，或者计算机中的其他位置选择已有文件，作为样板文件，如图 1-37 所示。最后单击【打开】按钮即可从样板文件创建图形文件。

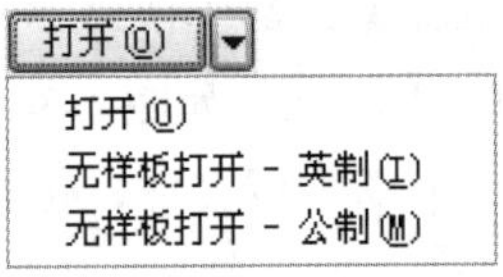

图 1-36　无样板创建样板文件 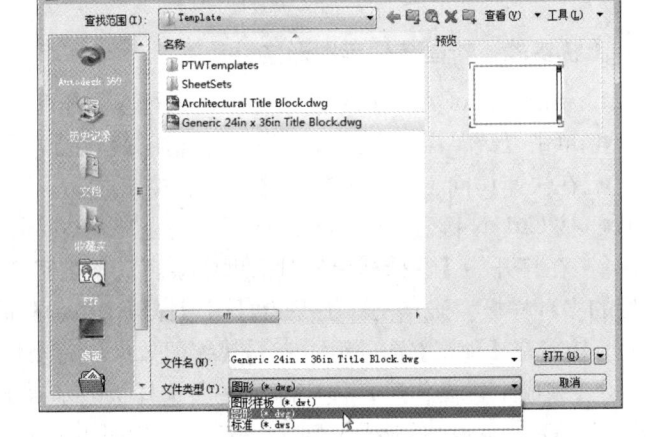　　　　图 1-37　从样板新建图形文件

6 创建出来的图形效果如图 1-38 所示。如果想要新建空白的图形文件，可以单击【打开】按钮右侧的按钮，在下拉列表框中选择【无样板打开 – 英制】或【无样板打开 – 公制】选项即可。

7 当需要保存文件时，执行以下任一操作，打开【图形另存为】对话框。
- 单击【菜单浏览器】按钮▲，再选择【保存】命令。
- 在快速访问工具栏上单击【保存】按钮。
- 按 Ctrl+S 键。

8 在对话框中设置保存位置、文件名与文件类型，并单击【保存】按钮，这样图形文件即会保存到相应的文件夹，如图 1-39 所示。

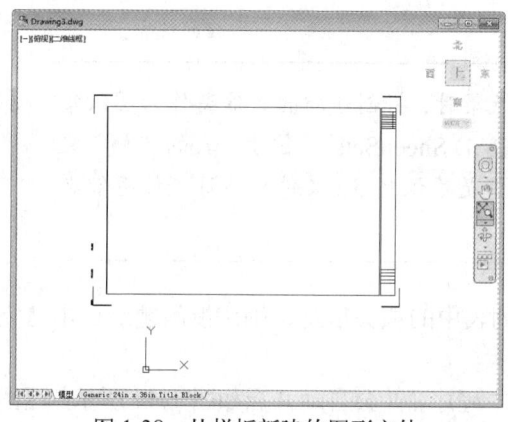

图 1-38 从样板新建的图形文件

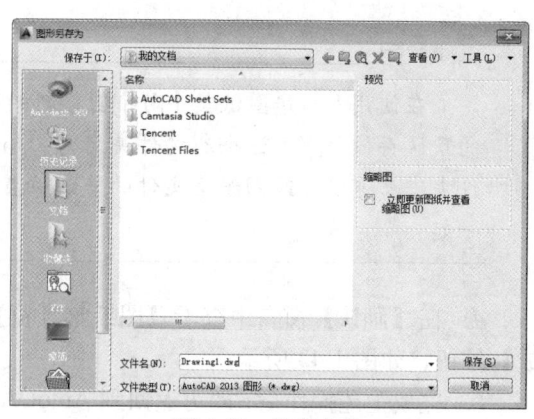

图 1-39 保存文件

1.1.6 实例 06：新建 CAD 文件的图纸集

图纸集是几个图形文件中图纸的有序集合。对于大多数设计组，图形集是主要的提交对象。图形集用于传达项目的总体设计意图并为该项目提供文件和说明。

通过【创建图纸集】向导可以新建图纸集，既可以基于现有图形从头开始创建图纸集，也可以使用图纸集样例作为样板进行创建。

上机实战 新建图纸集

1 单击【菜单浏览器】按钮，选择【新建】|【图纸集】命令，打开【创建图纸集 – 开始】对话框，然后选择【样例图纸集】单选按钮，单击【下一步】按钮，如图 1-40 所示。

2 在【图纸集样例】窗口中选择【选择一个图纸集作为样例】单选按钮，然后选择列表中的第二个项目，再单击【下一步】按钮，如图 1-41 所示。

3 在【图纸集详细信息】窗口中输入新图纸集的名称为"施工图纸集"，如果有需要可以在【说明】文本框中输入描述内容。这里保持默认的保存路径，然后单击【下一步】按钮，如图 1-42 所示。

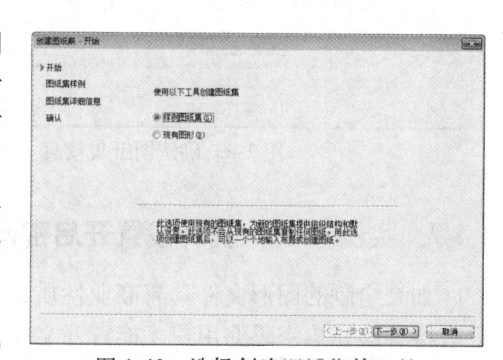

图 1-40 选择创建图纸集的工具

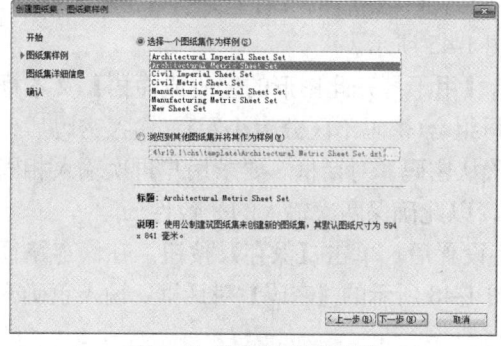

图 1-41 选择图纸集样例

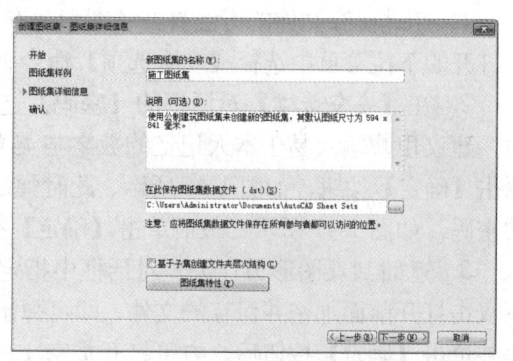

图 1-42 输入图纸集名称并指定保存位置

> **技巧**
>
> 在使用【创建图纸集】向导创建新的图纸集时，将创建新的文件夹作为图纸集的默认存储位置。这个新文件夹名为"AutoCAD Sheet Sets"，位于"我的文档"文件夹中。可以修改图纸集文件的默认位置，但是建议将 dst 文件和项目文件存储在一起。

4 在【确认】窗口中查看【图纸集预览】列表中的相关信息，确认没问题后单击【完成】按钮，如图 1-43 所示。

5 完成上述操作后，即可返回到 AutoCAD 主程序，并会自动开启如图 1-44 所示的【图纸集管理器】面板。

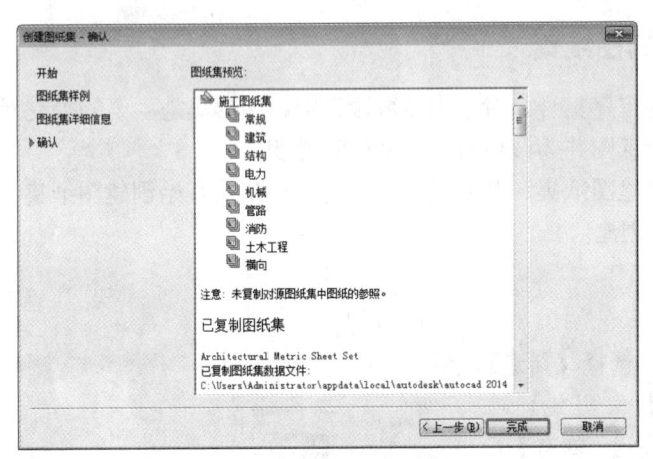

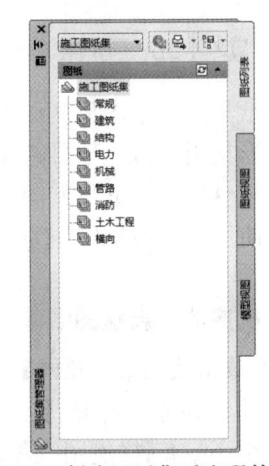

图 1-43　确认图纸集信息　　　　图 1-44　创建图纸集后出现的面板

1.1.7　实例 07：为文件设置开启密码

如果绘制的图形文件具有商业性质，不想让其他人查看时，可以为文件设置开启密码。只有持有该开启密码的用户才能打开文件。但必须注意的是，如果遗忘了密码将不能打开加密文件。

上机实战　为文件设置开启密码

1 通过保存文件的方法打开【图形另存为】对话框，然后单击右上方的【工具】按钮，在打开的下拉菜单中选择【安全选项】命令，如图 1-45 所示。

2 在【安全选项】对话框的【密码】选项卡【用于打开此图形的密码或短语】文本框中，建议用户输入易于本人记忆的数字与英文字母组合(密码不区分大小写)。输入密码后，单击【确定】按钮，如图 1-46 所示。此时弹出【确认密码】对话框，要求用户再次输入相同的密码，如图 1-47 所示，最后单击【确定】按钮，以此确保两次输入的一致性。

3 返回到【图形另存为】对话框中指定保存设置后，单击【保存】按钮。在保存路径下双击打开前面加密并保存的文件，即可弹出如图 1-48 所示的【密码】对话框，输入正确密码并单击【确定】按钮后，方可打开加密文件。

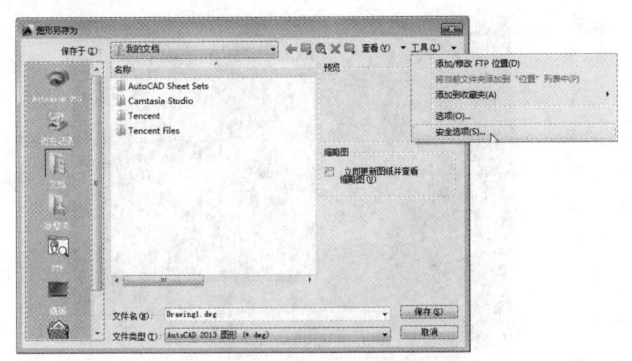

图 1-45　打开【安全选项】对话框　　　　　图 1-46　输入密码

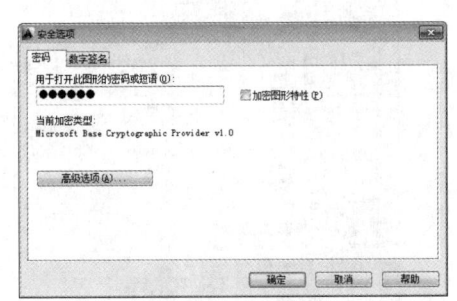

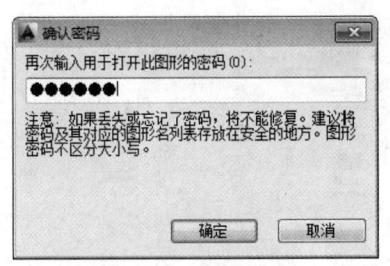

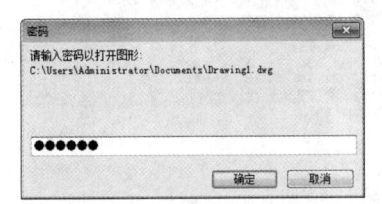

图 1-47　确认密码　　　　　图 1-48　输入正确密码打开图形文件

> **技巧**
>
> 加密主要用于防止数据被盗取,还可以保护数据的机密性。密码仅适用于 AutoCAD 2014 和更新版本的图形文件(DWG、DWS 和 DWT 文件)。

1.1.8　实例 08:打开全部图形或局部图形

有些图形在经过多次的编辑后,才能达到所需要的最终结果,所以要再次修改保存后的图形时,必须先将旧图形文件打开至绘图区中。打开图形文件包含打开文件的全部图形和打开文件的局部图形两种方式。

上机实战　打开全部图形或局部图形

1　执行以下任一操作,打开【选择文件】对话框:

- 单击【菜单浏览器】按钮 ,再选择【打开】|【图形】命令。
- 在快速访问工具栏上单击【打开】按钮 。
- 按 Ctrl+O 键。

2　指定【查找范围】的位置,然后在文件列表中选择所需的图形文件,并单击【打开】按钮,这样即可将选中的文件打开,如图 1-49 所示的。

3　如果需要打开文件的局部图形,则可以打开【选择文件】对话框,然后单击【查看】按钮并选择【缩略图】命令,以缩略图的方式显示文件夹中的图形,接着选择所需的文件,如图 1-50 所示。

4　单击【打开】按钮旁边的 按钮,从打开的下拉菜单中选择【局部打开】命令,如图 1-51 所示。

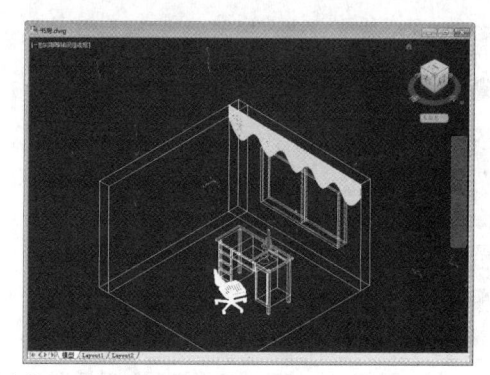

图 1-49 【选择文件】对话框

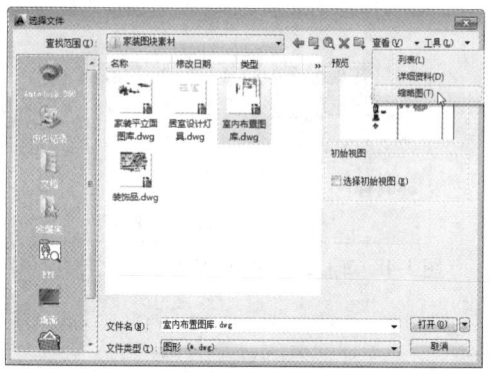

图 1-50 以缩略图查看图形文件　　　　图 1-51 选择局部打开方式

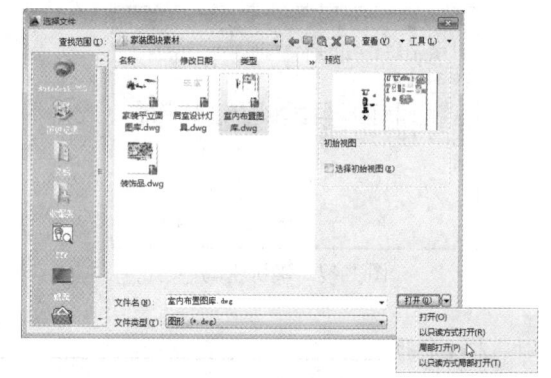

5 弹出【局部打开】对话框后,在【要加载几何图形的视图】列表中选择要加载的视图,默认状态为"范围",表示加载整个图形。

6 在【要加载几何图形的图层】列表中选择要加载的图层,单击【全部加载】按钮,全选所有选项,然后手动取消选择"0"和"ASHADE"两个图层,如图 1-52 所示。

7 选择完成后,单击【打开】按钮,即可打开如图 1-53 所示的图形效果。

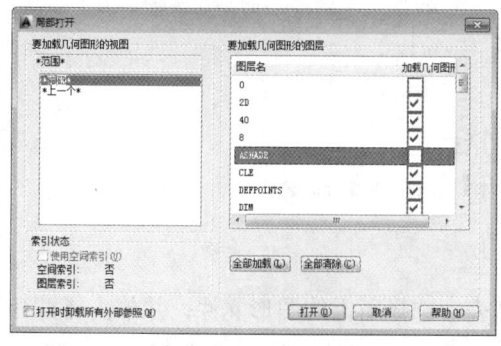

图 1-52 选择加载图形的图层并打开文件　　　　图 1-53 打开文件的结果

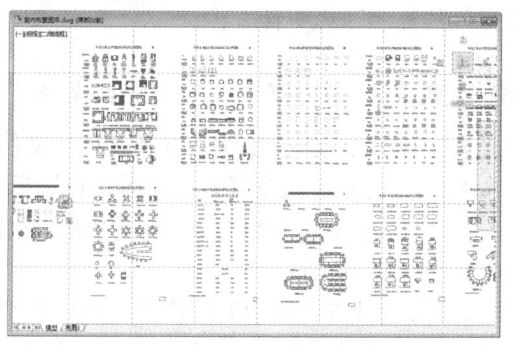

1.1.9 实例 09:以从云绘制方式打开文件

以从云绘制方式打开文件,其实是打开联机存储的图形文件的方式。这种方式可以从各种联机位置打开文件,包括 Autodesk 360、FTP 站点、URL 和 Web 文件夹。在从 Autodesk 360 打开文件时,用户需要预先注册 Autodesk 账户,并通过此账户登录后打开文件。

上机实战　从 Autodesk 360 打开文件

1　启动 AutoCAD 2014 应用程序，单击【菜单浏览器】按钮，再选择【打开】|【从云绘制】命令，此时打开【Autodesk - 登录】对话框并连接互联网，如图 1-54 所示。

图 1-54　选择【从云绘制】命令

2　连接互联网成功后，对话框显示【使用 Autodesk 账户登录】界面，此时用户输入账户和密码即可登录。如果还没有注册 Autodesk 账户，则可以单击【需要 Autodesk ID?】链接文本，然后通过【创建账户】对话框创建 Autodesk 账户，如图 1-55 所示。

3　创建账户完成后即自动登录 Autodesk 360，程序弹出【默认的 Autodesk 360 设置】对话框，用户可以进行相关设置，然后单击【确定】按钮即可，如图 1-56 所示。

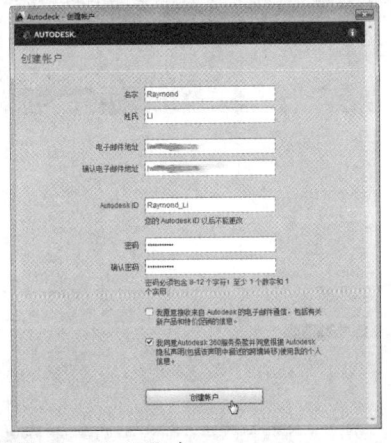

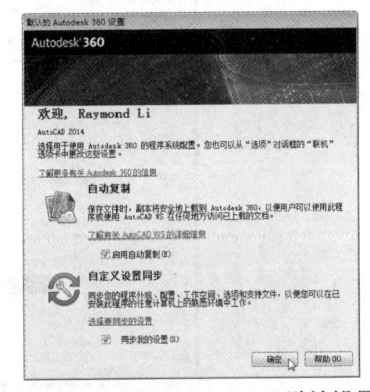

图 1-55　创建 Autodesk 账户　　　　图 1-56　设置 Autodesk 360 默认设置

4　打开【选择文件】对话框，并进入了 Autodesk 360 中的个人账户目录内。选择保存在 Autodesk 360 中的图形文件，再单击【打开】按钮即可，如图 1-57 所示。

技巧

　　如果想要将图形文件保存在 Autodesk 360 中，可以打开【菜单浏览器】并选择【另存为】|【绘制到云】命令，然后执行保存文件的操作即可。还可以复制图形文件，然后在【我的电脑】中打开【Autodesk 360 系统文件夹】，接着粘贴文件到该文件夹即可，如图 1-58 所示。

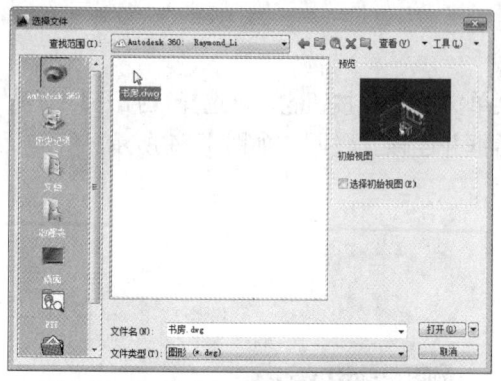

图 1-57　打开 Autodesk 360 中的图形文件 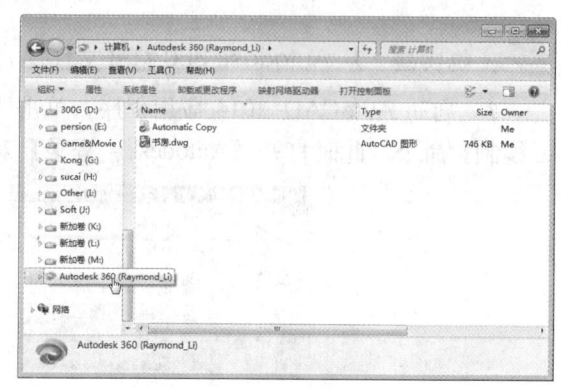　　　图 1-58　将文件粘贴到 Autodesk 360 系统文件夹

1.1.10　实例 10：手动绘图与使用命令绘图

在 AutoCAD 中，可以使用鼠标直接在绘图区上手动绘图，也可以通过命令窗口输入命令和变量的方式绘图。

上机实战　手动绘图与使用命令绘图

1 在程序中选择【默认】选项卡，在【绘图】面板中单击【直线】按钮，执行【直线】命令。光标变成纯"十"状态，表示正在执行【直线】命令，并进入绘制直线的状态，如图 1-59 所示。

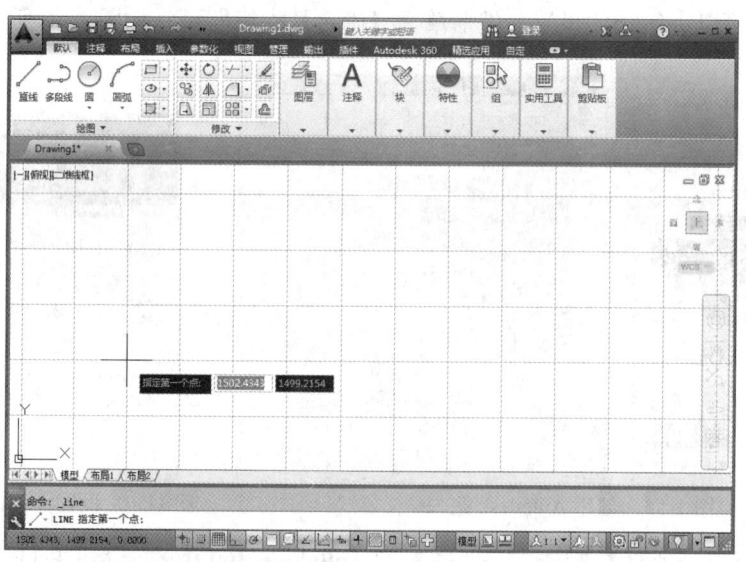

图 1-59　通过单击【直线】按钮执行【直线】命令

2 在任意位置单击左键即可确定直线的起点，移动光标至另一端单击即可确定直线的第 2 点。

3 完成直线绘制后按 Enter 键，或者在屏幕上右击，在弹出的快捷菜单中选择【确认】命令，将直线的第 2 点指定为终点，如图 1-60 所示。

4 在命令窗口中输入"RECTANG"命令并按 Enter 键，执行绘制矩形的指令，如图 1-61 所示。

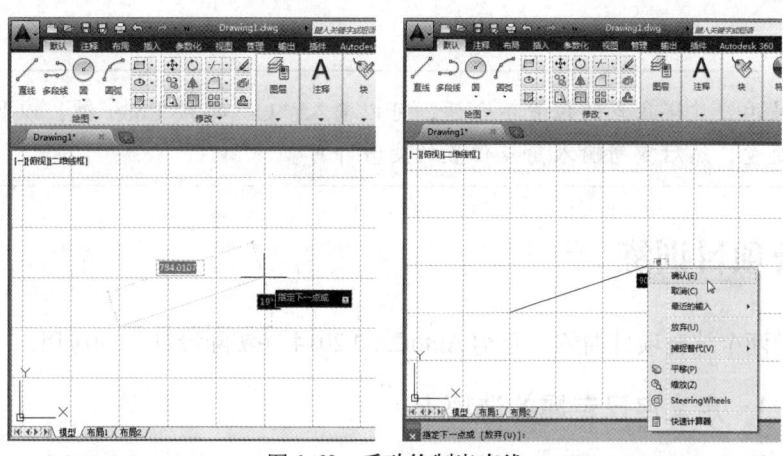

图 1-60　手动绘制出直线

技巧

由于命令的名称一般都很长，因此可以简化输入。例如 Circle 命令可以直接输入"C"来代替，通常把 C 叫做命令别名。在帮助系统中有详细的命令别名列表。

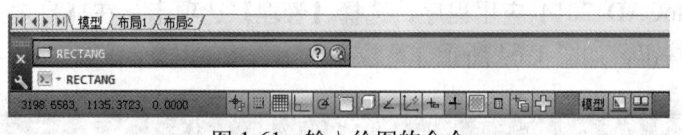

图 1-61　输入绘图的命令

5　系统提示：指定第一个角点或[倒角(C)　标高(E)　圆角(F)　厚度(T)　宽度(W)]，此时输入变量参数"1500"，确定角点位置，如图 1-62 所示。

图 1-62　输入第一个角点的位置

6　系统提示：指定另一个角点或[面积(A)　尺寸(D)　旋转(R)]，此时输入"800"，按 Enter 键指定矩形的第二个角点位置。经过这些操作，即可绘制出矩形，如图 1-63 所示。

绘制矩形的结果

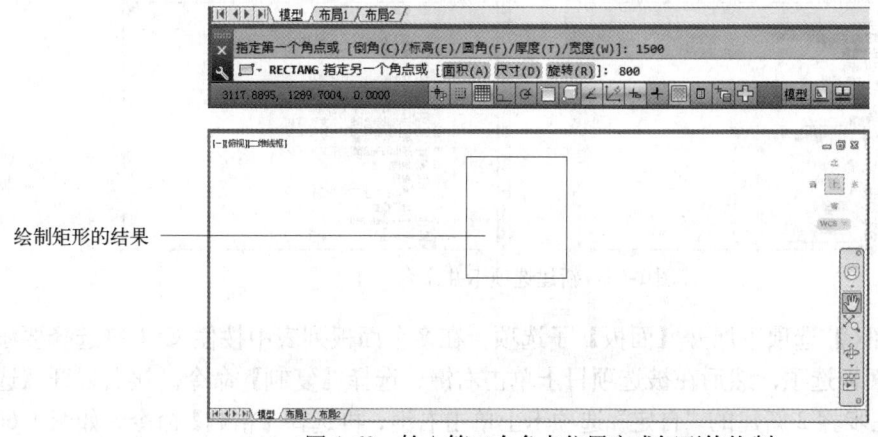

图 1-63　输入第二个角点位置完成矩形的绘制

> **技巧**
>
> 如果用户觉得角点的位置不合适，可以输入"U"再按 Enter 键，以取消之前设置的变量，然后重新输入角点位置的变量即可。

1.2 综合项目训练

下面通过两个综合项目训练，介绍 AutoCAD 2014 在实际设计中的应用。

1.2.1 项目 1：定义自己专属的选项卡

针对不同的绘图项目与适应不同的使用习惯，AutoCAD 2014 允许用户自定义选项卡。可以将一些常用的面板摆放在一个全新的选项卡内，以便提高绘图效率。对于功能区中的选项卡或者面板，均允许用户进行位置与顺序的调整。

上机实战 定义自己专属的选项卡

1 启动 AutoCAD 2014 应用程序，选择【管理】选项卡，在【自定义设置】面板中单击【用户界面】按钮，如图 1-64 所示。

图 1-64 打开【自定义用户界面】对话框

2 在【自定义用户界面】对话框的【自定义】选项卡中展开【功能区】选项，在【选项卡】子选项上单击右键，在打开的快捷菜单中选择【新建选项卡】命令。接着在【选项卡】的最底端输入新选项卡的名称，如图 1-65 所示。

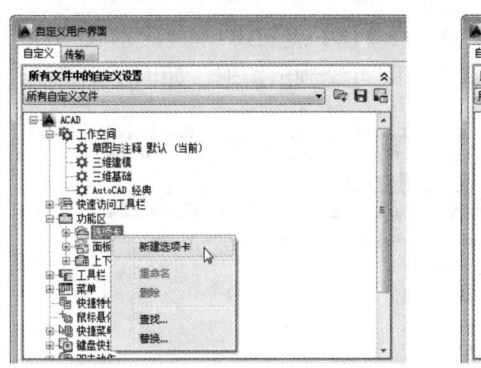

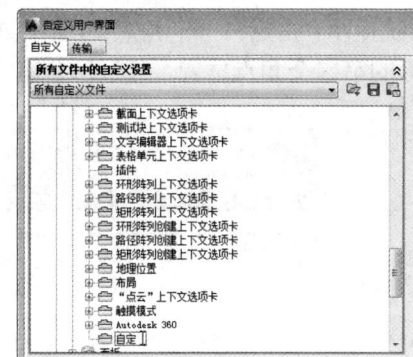

图 1-65 新建选项卡并命名

3 在【功能区】选项下展开【面板】子选项，在多个面板列表中按住 Ctrl 键选择要添加至新选项卡的面板选项，然后在被选项目上单击右键，选择【复制】命令。接着展开【选项卡】子选项，在步骤 2 新建的"自定"选项卡上单击右键，再选择【粘贴】命令，如图 1-66 所示。

图 1-66　将指定面板复制到新选项卡

4 选择【二维草图与注释 默认（当前）】选项，然后在对话框右侧的【工作空间内容】选项区中单击【自定义工作空间】按钮，如图 1-67 所示。

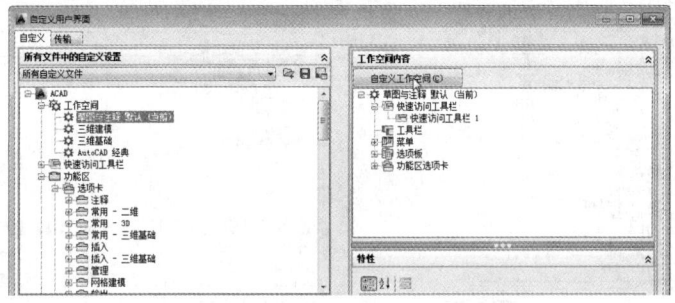

图 1-67　进入自定义工作空间状态

5 在【选项卡】列表中的"自定"新选项卡左侧打勾，然后在【工作空间内容】选项区中可以看到该选项卡已经位于当前列表中，接着单击【完成】按钮退出自定义工作空间状态。最后单击【应用】按钮确定自定义设置，再单击【确定】按钮退出【自定义用户界面】对话框，如图 1-68 所示。

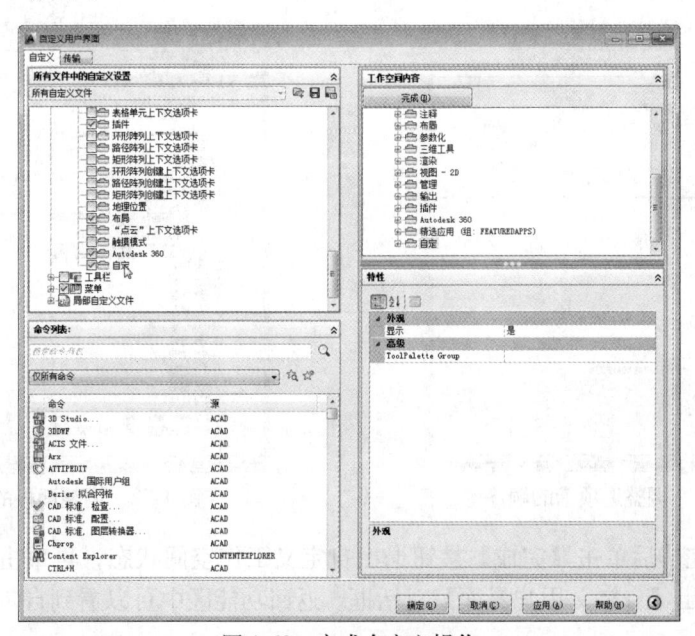

图 1-68　完成自定义操作

6 在一般情况下，新建的"自定"选项卡会默认显示于所有选项卡的最右侧，选择该选项卡即可查看里面的面板，如图 1-69 所示。

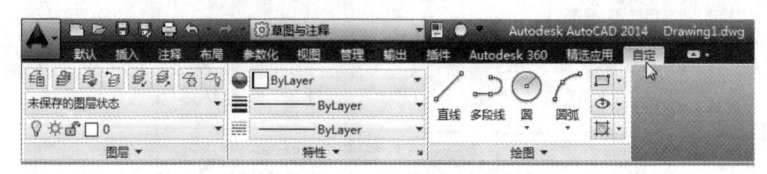

图 1-69　查看新增的选项卡

7 再次选择【管理】选项卡，在【自定义设置】面板中单击【用户界面】按钮，打开【自定义用户界面】对话框，然后选择【二维草图与注释　默认（当前）】子选项，在对话框右侧的【工作空间内容】选项区中单击【自定义工作空间】按钮，如图 1-70 所示。

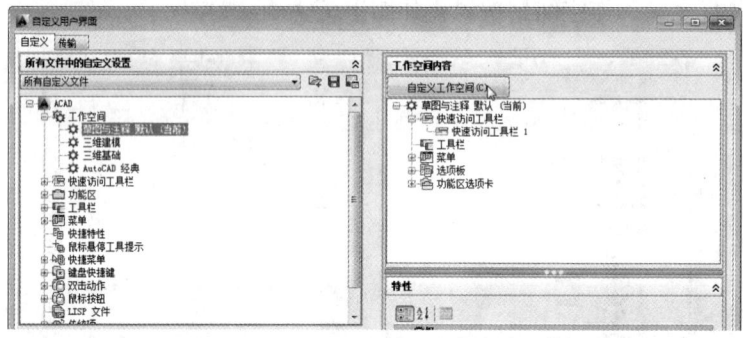

图 1-70　进入自定义工作空间状态

8 展开【功能区选项卡】选项，将【自定】选项卡往上拖至【常用 – 二维】选项的下方，调整选项卡之间的位置关系，如图 1-71 所示。

9 展开【自定】选项卡，将【二维常用选项卡 – 绘图】选项拖至【常用选项卡 – 图层】选项之上，调整面板之间的位置关系，如图 1-72 所示。

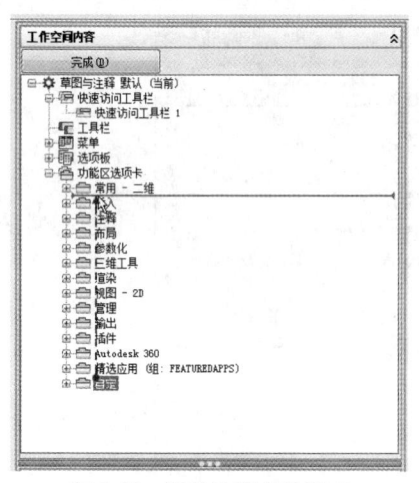

图 1-71　调整选项卡的顺序　　　　图 1-72　调整面板的顺序

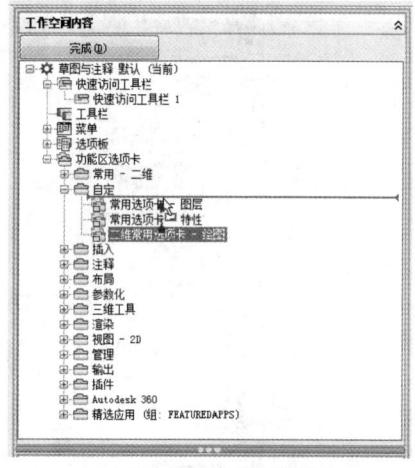

10 自定义完毕后单击【完成】按钮退出自定义工作空间状态，再单击【确定】按钮，完成自定义并退出【自定义用户界面】对话框。返回功能区中可以看到自定义后的结果，如图 1-73 所示。

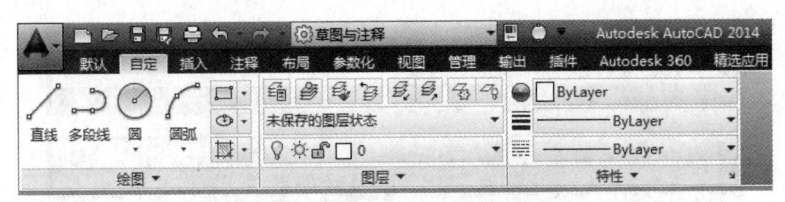

图 1-73 自定义功能区后的结果

1.2.2 项目 2：在绘图中应用透明命令

透明命令是指在不中断执行当前命令时可以再使用另一个命令的统称。在 AutoCAD 中许多命令可以透明使用，例如 grid 或者 zoom 等命令皆可看作是透明命令。

使用透明命令时，可以在命令窗口的任意状态下输入"'+透明命令"，此时命令窗口随即显示该命令的系统变量选项，选取合适变量后即会以">>"标示后续的设置，在该提示下输入所需的值即可，完成后立即恢复执行原命令。

本例先创建一个默认的公制图形文件，然后使用功能区的【圆】功能按钮配合"zoom"透明命令绘制一个圆形，最后将其保存为样板文件。

上机实战　在绘图中应用透明命令

1 按 Ctrl+N 键打开【选择样板】对话框，在【文件类型】列表中选择【图形 (*.dwg)】。单击【打开】按钮右侧的 按钮，在下拉列表中选择【无样板打开 – 公制】选项，如图 1-74 所示。

2 在【常用】选项卡的【绘图】面板中单击【圆】按钮 ，当命令窗口提示指定圆心时在绘图区中单击，如图 1-75 所示。

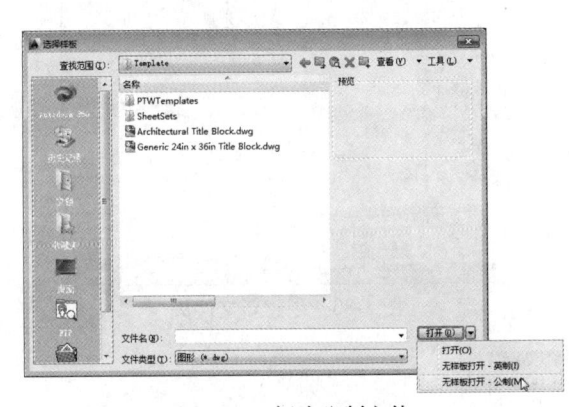

图 1-74　新建公制文件　　　　　　图 1-75　指定圆心位置

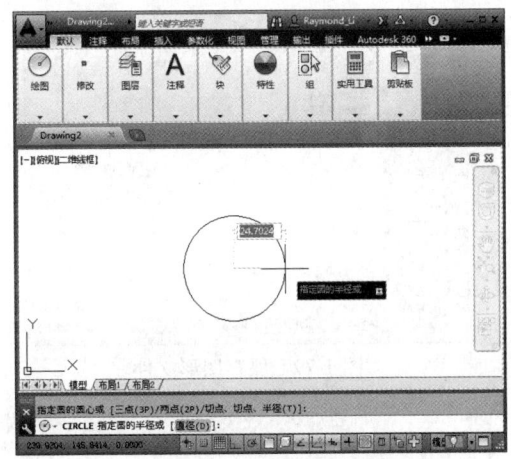

3 当命令窗口提示"指定圆的半径或 [直径(D)]:"时，输入"'zoom"并按 Enter 键。接着输入"S"并按 Enter 键，选择【比例】选项，如图 1-76 所示。

4 当命令窗口提示">>输入比例因子 (nX 或 nXP):"时，输入 0.5 并按 Enter 键，使当前显示比例缩小一倍，如图 1-77 所示。

5 恢复执行 CIRCLE 命令，并提示"指定圆的半径或 [直径(D)]:"，下面在绘图区中单击确定圆形的半径，如图 1-78 所示。

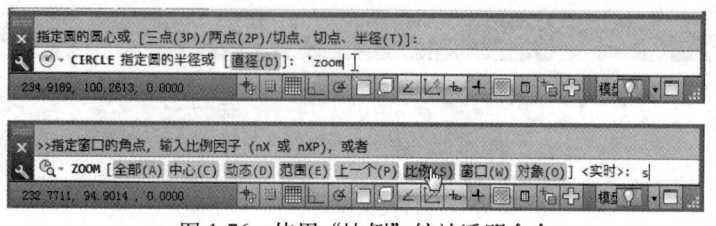

图 1-76　使用"比例"缩放透明命令

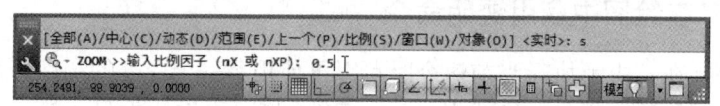

图 1-77　输入比例因子的参数

6 按 Ctrl+S 键打开【图形另存为】对话框，指定保存位置在"上机练习"文件夹中，然后指定文件名与文件类型，如图 1-79 所示。

7 返回程序编辑窗口，按 Ctrl+Shift+S 键打开【图形另存为】对话框，单击【创建新文件夹】按钮，然后输入新文件夹的名称，如图 1-80 所示。

8 双击新创建的文件夹，设置文件的保存类型为"*.dwt"，再输入文件名，单击【保存】按钮。在打开的【样板选项】对话框中输入样板说明，最后单击【确定】按钮，如图 1-81 所示。

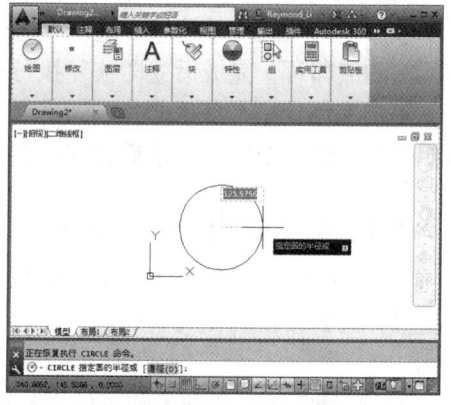

图 1-78　指定圆形的半径

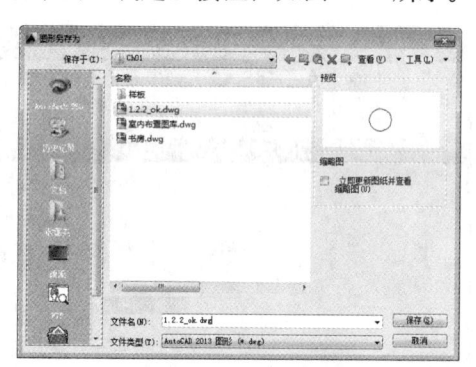

图 1-79　保存图形文件　　　　图 1-80　创建新文件夹

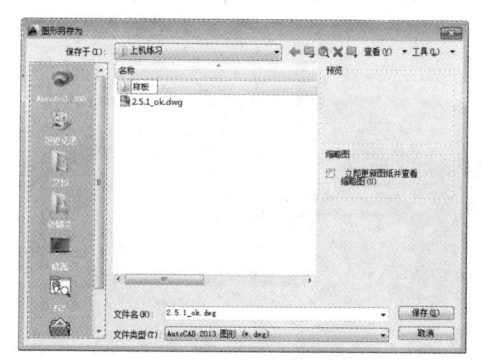

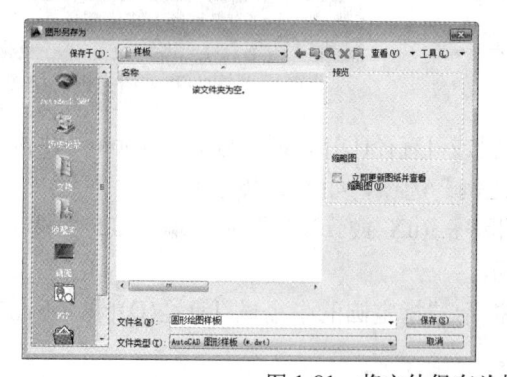

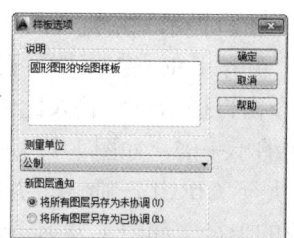

图 1-81　将文件保存为样板

1.3 本章小结

本章主要介绍了 AutoCAD 2014 应用程序的入门操作和基础技能,包括安装应用程序、激活并启动应用程序、认识与操作界面、管理 CAD 图形文件和图纸集、手动绘图与使用命令绘图等。

1.4 课后训练

在绘制线条的过程中,使用透明命令调整屏幕的显示比例,掌握绘图操作和使用透明命令的方法,结果如图 1-82 所示。

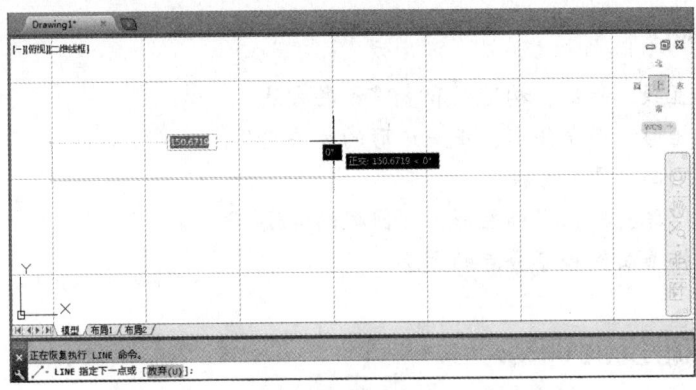

图 1-82 透明命令执行完成后绘制直线

提示:
(1) 在命令窗口中输入"line",然后使用鼠标在绘图区单击确定直线起点。
(2) 在命令窗口中输入"'zoom"并按 Enter 键。
(3) 此时出现变量选项,输入"S"并按 Enter 键。
(4) 在">>输入比例因子(nx 或 nxp)"提示下输入比例因子"2"并按 Enter 键,将屏幕放大两倍显示。
(5) 完成透明命令的执行后,随即出现绘制直线的命令窗口,提示指定直线的下一点,此时在屏幕中单击确定其终点并按 Esc 键完成直线的绘制。

第 2 章 基本二维图形的绘制

教学提要

万丈高楼平地起，在 AutoCAD 中各个基本图形就好比建房子所用的砖块，无论多复杂的图形都是由线条、几何图形、曲线和点等基本对象所组成。对这些基本图形加以编辑修改，即可得到精密的机械零件或庞大的施工图。本章将介绍各种基本图形的绘制方法。

教学重点

- ➢ 掌握绘制直线、射线、构造线和多段线的方法
- ➢ 掌握绘制矩形、圆角矩形、正多边形的方法
- ➢ 掌握徒手绘制草图的方法
- ➢ 掌握绘制圆环、圆弧、椭圆形、椭圆弧的方法
- ➢ 掌握绘制样条曲线和等分点的方法

2.1 入门基础技能训练

本节将以简单的实例介绍绘制各种常规线条和图形，以及针对不同设计需求对视图进行对应操作和管理的方法。

2.1.1 实例 01：绘制直线

在绘制图形时，直线是最基本的图形对象，它能够通过多个不同坐标的点构成不同的二维图形。在 AutoCAD 中，可以通过 line 命令绘制直线，而且 line 命令具有自动重复的特性，它可以将某条直线的终点作为另一条直线的起点。不过，尽管直线能构成很多图形，但每条直线都是一个独立的对象。

技巧

AutoCAD 2014 默认背景颜色是一种暗色，为了让绘图更容易在工作区上显示，可以设置背景颜色为【白色】。方法：通过【菜单浏览器】面板单击【选项】按钮，打开【选项】对话框后单击【显示】选项卡的【颜色】按钮，然后通过【图形窗口颜色】对话框修改背景颜色，如图 2-1 所示。

上机实战 绘制连接直线

1 启动 AutoCAD 2014 程序并创建一个新图形文件，然后设置图形窗口背景颜色为【白色】，在状态栏上单击【栅格显示】按钮，隐藏图形窗口的栅格，如图 2-2 所示。

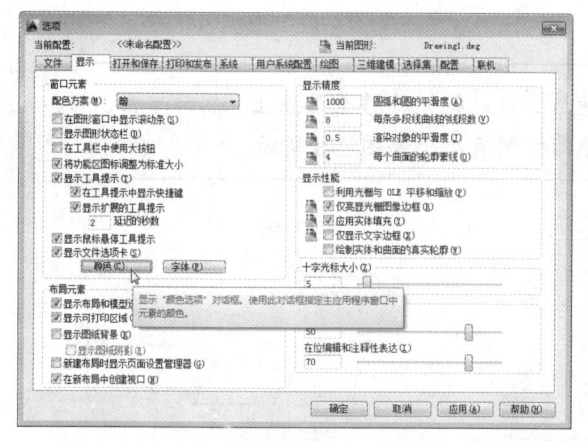

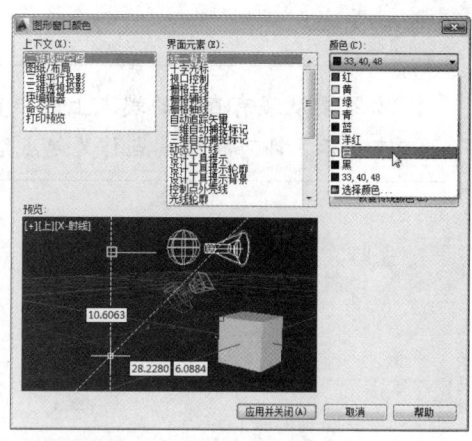

图 2-1　修改图形窗口背景颜色

图 2-2　隐藏栅格

2　在命令窗口中输入"line"或者"L"。

3　系统提示：指定第一点，此时输入坐标(10,20)，指定直线的起点位置，然后按 Enter 键，如图 2-3 所示。

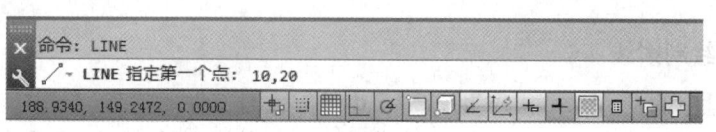

图 2-3　输入第一点的坐标

4　系统提示：指定下一点或[放弃(U)]，此时输入坐标(100,20)并按 Enter 键，确定直线终点，得到一条长度为 90mm 的水平直线，如图 2-4 所示。

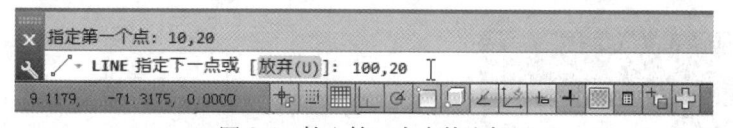

图 2-4　输入第二个点的坐标

5　使用光标在绘图区中单击，即可确定第二条直线的终点，如图 2-5 所示。

6　在第一条直线的起点处单击[也可以输入原点坐标(10,20)]，确定第三条直线的终点并闭合三角形，如图 2-6 所示。单击右键，然后选择【确认】命令，即可完成绘图的操作。

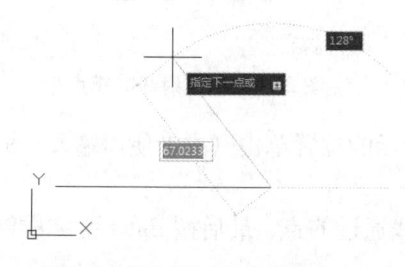

图 2-5　指定第二条直线的终点　　　　　　　　图 2-6　闭合三角形

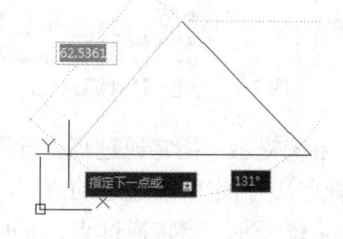

技巧

如果要从现有直线的端点上引出直线，可以将光标移至该点上，然后单击，如图 2-7 所示，即可将该端点作为起点继续绘制直线，如图 2-8 所示。

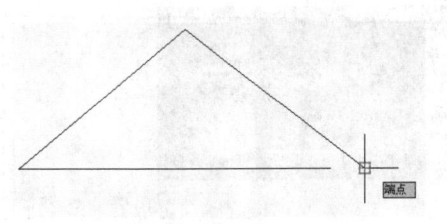

图 2-7 指定现有端点为起点

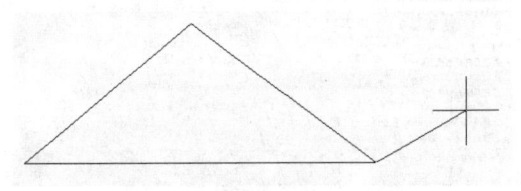

图 2-8 从现有端点引出直线

2.1.2 实例 02：绘制射线

射线是指一端固定，另一端向任意方向无限延伸的直线。射线主要用于作为图形设计的辅助线以帮助用户定位。

在创建射线时，只要指定起点与通过点即可绘制一条射线。指定射线的起点后，可在"指定通过点："提示下指定多个通过点，绘制以起点为端点的多条射线，直到按 Esc 键或按 Enter 键退出为止。

上机实战　绘制射线

1 打开光盘中的"..\Example\Ch02\2.1.2.dwg"练习文件，设置【草图与注释】工作空间，打开【默认】选项卡的【绘图】面板隐藏的列表，然后单击【射线】按钮，或者在命令窗口中输入"ray"并按 Enter 键，如图 2-9 所示。

2 系统提示：指定起点，此时在图形左下角的交点上单击，确定射线的起点，如图 2-10 所示。

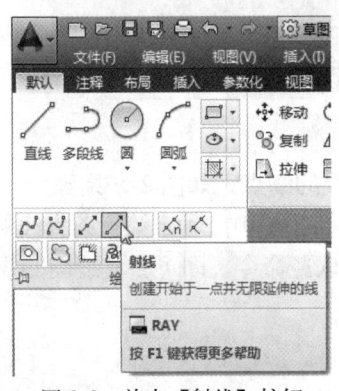

图 2-9 单击【射线】按钮

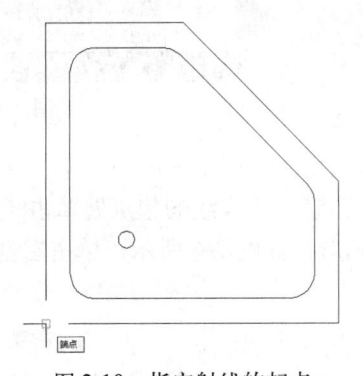

图 2-10 指定射线的起点

3 系统提示：指定通过点，此时在如图 2-11 所示的位置单击（或者使用输入坐标值的方式来确定），指定射线通过的点。

4 系统提示：指定通过点，此时指定第二条射线通过的点，最后按 Enter 键完成射线的绘制，如图 2-12 所示。

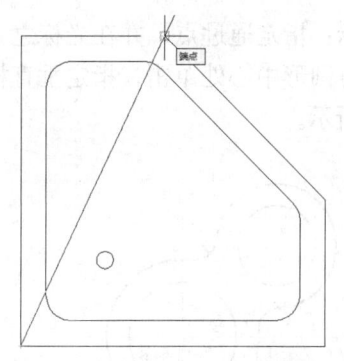

图 2-11　指定第一条射线通过的点 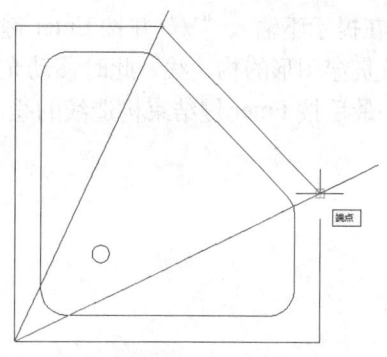　　　　图 2-12　指定第二条射线通过的点

2.1.3　实例 03：绘制构造线

构造线是一种两端可以无限延伸的直线，该直线可以贯穿于文件，没有起点和终点，可以放置在三维空间的任何地方，主要用于绘制辅助线。

上机实战　绘制构造线

1　打开光盘中的 "..\Example\Ch02\2.1.3.dwg" 练习文件，然后在状态栏中单击【对象捕捉追踪】按钮（或直接按下 F11 功能键），激活圆心捕捉，如图 2-13 所示。

图 2-13　激活对象捕捉追踪

2　在命令窗口中输入 "xline"，然后在提示下输入 "H" 并按 Enter 键，如图 2-14 所示。

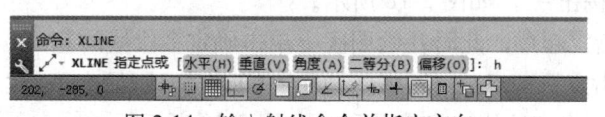

图 2-14　输入射线命令并指定方向

3　系统提示：指定通过点，并在光标之下出现一条水平贯穿图形的构造线，此时移动光标至图形右下方的圆形中心处单击，即可指定水平构造线的位置，如图 2-15 所示。

4　系统再提示：指定通过点，此时在图形中单击右键结束执行该命令。

5　在图形中单击右键，在弹出的快捷菜单中选择【重复 XLINE】命令，如图 2-16 所示。

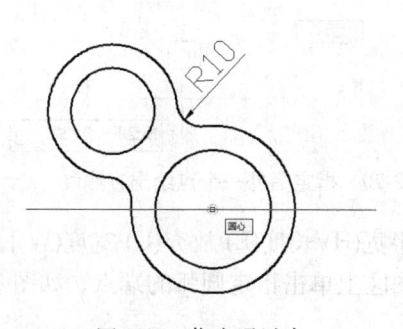

图 2-15　指定通过点 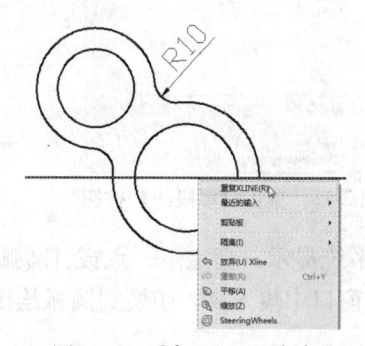　　　　图 2-16　重复 XLINE 命令

6 在提示下输入"V"并按 Enter 键，系统再次提示：指定通过点，并在光标之下出现一条垂直贯穿图形的构造线，此时移动光标至图形右下方圆形中心处单击，指定垂直构造线的位置，最后按 Enter 键结束构造线的绘制，如图 2-17 所示。

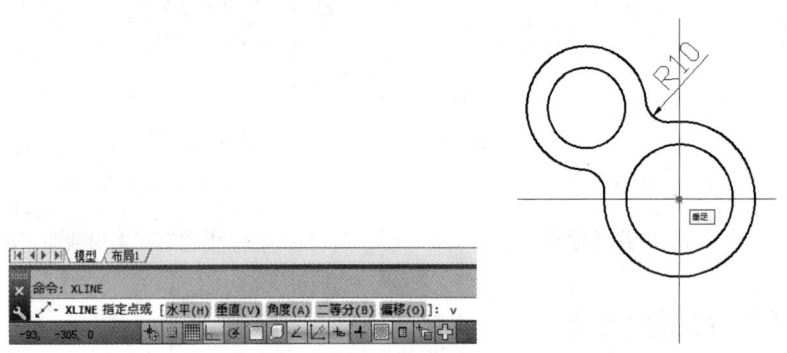

图 2-17 绘制垂直的构造线

2.1.4 实例 04：绘制多段线

多段线是作为单个对象创建的相互连接的线段序列，它可以创建直线段、圆弧段或两者的组合线段。

多段线的命令为 pline，与单一直线相比，它具有一定的优势，它提供了多种直线所不具备的编辑功能。可以绘制不同宽度、线型、宽度渐变与填充的圆，还可以运算出二维多段线的周长和面积。在机械制图中，多段线通常用于绘制边框线。

上机实战 绘制多段线

1 启动 AutoCAD 2014 程序，创建一个无样板的公制图形文件，然后在【默认】选项卡中单击【多段线】按钮 ，如图 2-18 所示。

2 系统提示：指定起点，此时在绘图区上单击确定多段线的起点，如图 2-19 所示。

3 系统提示：指定下一点或 [圆弧(A)/闭合(C)/半宽(H)/长度(L)/放弃(U)/宽度(W)]，此时再次单击确定另外一个点绘出一条直线段，如图 2-20 所示。

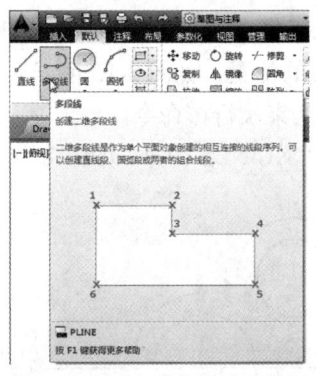

图 2-18 单击【多段线】按钮

图 2-19 指定多段线的起点

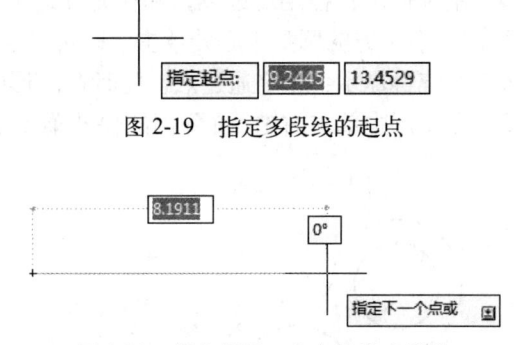

图 2-20 指定另外一个点绘出直线段

4 系统提示：指定下一点或 [圆弧(A)/闭合(C)/半宽(H)/长度(L)/放弃(U)/宽度(W)]，此时在命令窗口中输入 A，切换到圆弧绘图，接着在绘图区上单击指定圆弧的端点，如图 2-21 所示。

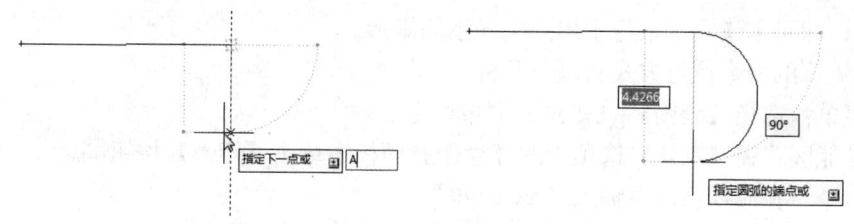

图 2-21 切换到圆弧绘图并指定圆弧端点

5 系统提示：[角度(A)/圆心(CE)/闭合(CL)/方向(D)/半宽(H)/直线(L)/半径(R)/第二个点(S)/放弃(U)/宽度(W)]，输入"L"切换到直线绘图，然后在绘图区上单击指定直线段的一个端点，如图 2-22 所示。

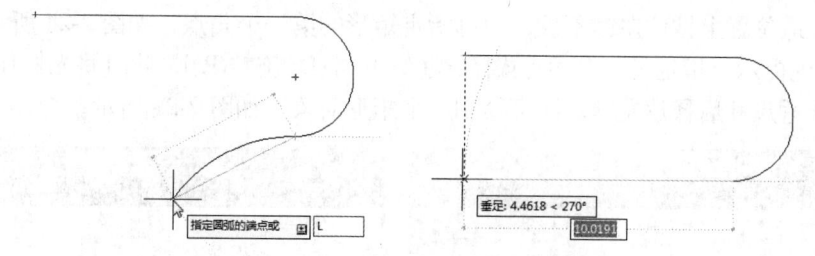

图 2-22 切换到直线绘图并指定直线端点

6 系统提示：指定下一点或 [圆弧(A)/闭合(C)/半宽(H)/长度(L)/放弃(U)/宽度(W)]，此时在起点上单击，闭合多段线，然后单击右键并从弹出菜单中选择【确认】命令，结束绘图的操作，如图 2-23 所示。

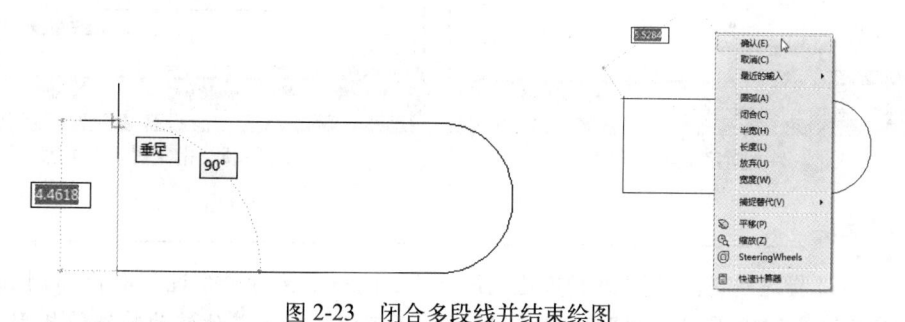

图 2-23 闭合多段线并结束绘图

> **技巧**
>
> 在 AutoCAD 中，"fill"命令主要用于控制多段线、多线及填充直线等对象的填充状态，该命令处于关闭状态时，程序只会显示多段线等对象的轮廓线状态，但要检查关闭 fill 命令后的结果时，必须先执行 regen【重生成】命令方可。
>
> 关闭与开启多段线填充状态的操作过程如下：
> 命令: fill
> 输入模式 [开(ON)/关(OFF)] <开>: OFF
> 命令: _regen　　正在重生成模型

2.1.5 实例 05：绘制矩形

通过 4 条封闭的多段线，即可组成一个矩形。在 AutoCAD 中绘制矩形时，只要指定两个对角点，即可创建一个平行于用户坐标系的矩形。

绘制矩形的命令执行方式有以下几种。

- 菜单：选择【绘图】|【矩形】菜单命令。
- 功能区：在【默认】选项卡的【绘图】面板中单击【矩形】按钮▭。
- 命令：在命令窗口中输入"rectangle"。

上机实战　绘制矩形

1 启动 AutoCAD 2014 程序，创建一个无样板的公制图形文件，在【默认】选项卡的【绘图】面板中单击【矩形】按钮▭。

2 系统提示：指定第一个角点或 [倒角(C)/标高(E)/圆角(F)/厚度(T)/宽度(W)]，此时在绘图区的合适位置上按住左键不放，即可指定矩形的第一个角点，如图 2-24 所示。

3 系统提示：指定另一个角点或[面积(A)/尺寸(D)/旋转(R)]，此时将光标往对角方向拖动，得到合适尺寸后释放左键，即可绘制一个矩形对象，如图 2-25 所示。

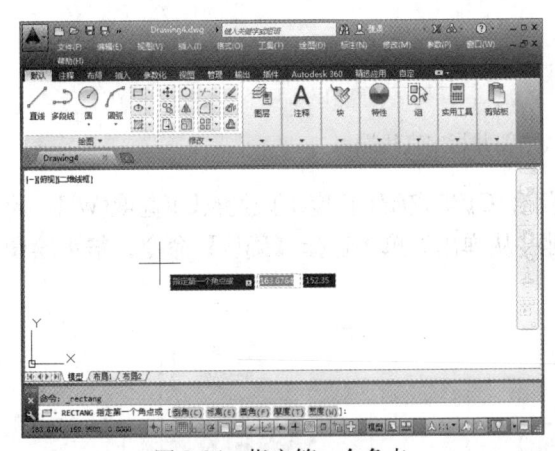

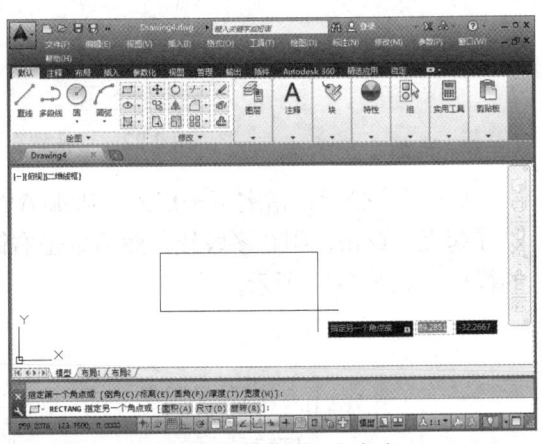

图 2-24　指定第一个角点　　　　　图 2-25　指定另一个角点

> **技巧**
> 通过指定对角点绘制矩形只是默认方式，使用在执行命令过程中的"[倒角(C)/标高(E)/圆角(F)/厚度(T)/宽度(W)]"选项，还可以创建出其他较为特殊的矩形，例如倒角矩形、圆角矩形或者具有线宽的矩形等。

2.1.6　实例 06：绘制圆角矩形

绘制圆角矩形是绘制矩形操作的延伸，它的原理是在绘制图形时以指定半径的圆弧替代原来矩形的直角。在确定圆角时，可以单击指定两个点，两点之间的距离即为圆角的半径，或者直接在命令窗口提示下输入准确数值即可。

上机实战　绘制圆角矩形

1 启动 AutoCAD 2014 程序，创建一个无样板的公制图形文件，在命令窗口中输入"rectangle"，并按 Enter 键。

2 系统提示：指定第一个角点或[倒角(C)/标高(E)/圆角(F)/厚度(T)/宽度(W)]，此时输入

"F"并按 Enter 键,以选择【圆角】选项,如图 2-26 所示。

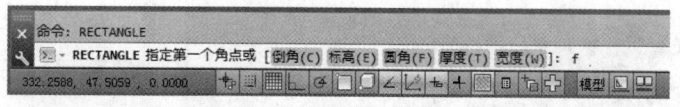

图 2-26 选择【圆角】选项

3 系统提示:指定矩形的圆角半径<0.0000>,此时输入"30"并按 Enter 键,如图 2-27 所示。

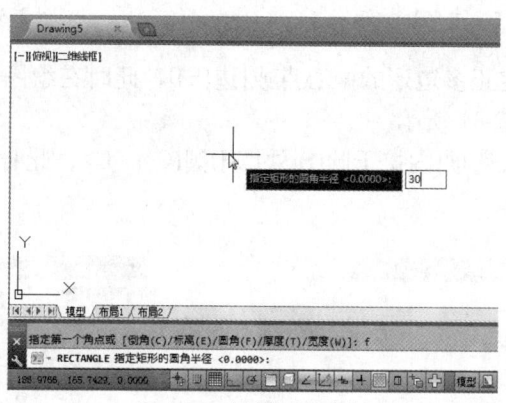

图 2-27 设置圆角半径

4 系统提示:指定第一个角点或[倒角(C)/标高(E)/圆角(F)/厚度(T)/宽度(W)],此时通过指定两个对角点的方法,即可得到如图 2-28 所示的圆角矩形。

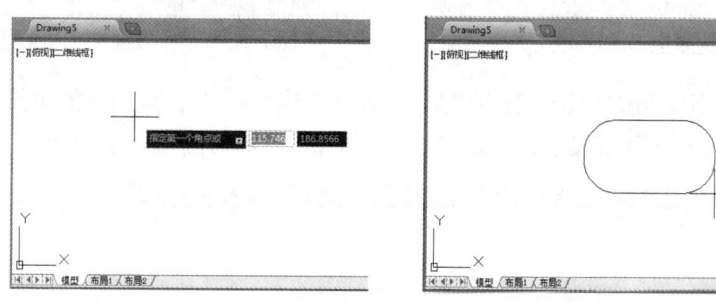

图 2-28 通过指定两个角点绘制圆角矩形

2.1.7 实例 07:绘制正多边形

在 AutoCAD 中,使用"ploygon"命令,可以快速创建出等边三角形、正方形、五边形和六边形等规则的多边图形,其中多边形的边数范围在 3～1024 之间。

在默认状态下,只要指定多边形的中心点,然后往外指定另一个点,即可确定中心至多边形各顶点之间的距离,从而绘制出正多边形。

上机实战 绘制正多边形

1 启动 AutoCAD 2014 程序,创建一个无样板的公制图形文件,在【默认】选项卡的【绘图】面板中单击【多边形】按钮,如图 2-29 所示。

2 系统提示:输入侧面数<4>,此时可以输入 3～1024 范围中的任一整数来指定正多边形的边数。本例输入"12"并按 Enter 键,如图 2-30 所示。

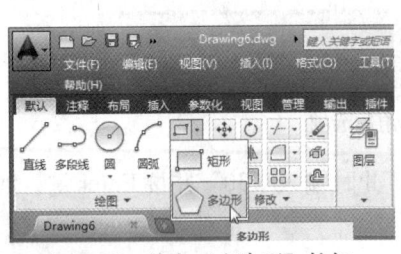

图 2-29　单击【多边形】按钮　　　　　图 2-30　输入侧面数

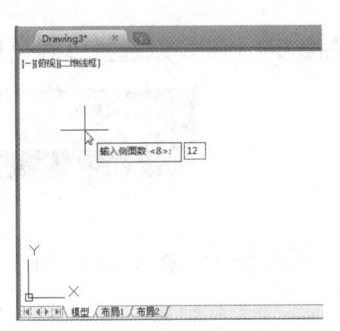

3 系统提示：指定正多边形的中心点或[边(E)]，此时在绘图区的合适位置单击确定正多边形的中心点，如图 2-31 所示。

4 系统提示：输入选项[内接于圆(I)/外切于圆(C)] <C>，此时选择【内接于圆】选项，如图 2-32 所示。

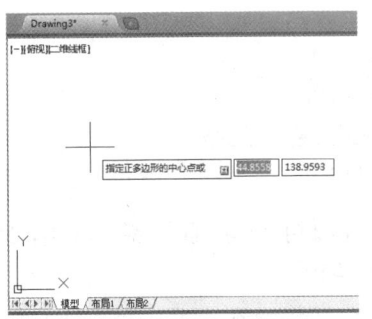

图 2-31　指定多边形的中心点　　　　　图 2-32　选择【内接于圆】选项

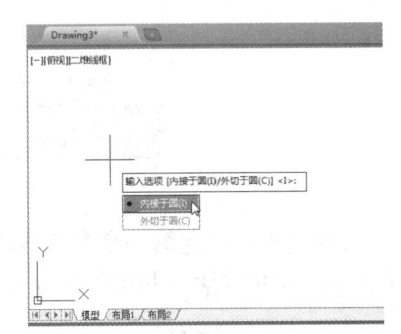

5 系统提示：指定圆的半径，此时拖动光标单击确定中心点至顶点的位置，或者通过输入半径值来确定正多边形的大小，最后得到如图 2-33 所示的内接正多边形。

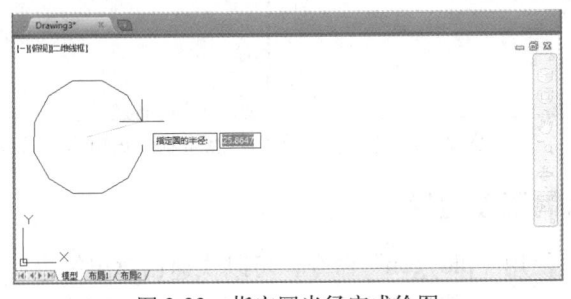

图 2-33　指定圆半径完成绘图

2.1.8　实例 08：徒手绘制草图

在 AutoCAD 中，可以使用"sketch"命令徒手绘制草图，该命令对于创建不规则边界或使用数字化仪追踪时非常有用。通过这种方法，只需在绘图区中移动光标，即可绘制草图，然后将它们转换成直线、多段线或样条曲线。

上机实战　徒手绘制草图

1 启动 AutoCAD 2014 程序，创建一个无样板的公制图形文件，在命令窗口中输入

"sketch",然后按 Enter 键。

2　系统提示：指定草图或[类型(T)　增量(I)　公差(L)]，此时输入"I"，选择使用增量方式绘图，如图 2-34 所示。

3　系统提示：指定草图增量<1.0000>，此时直接按 Enter 键，使用默认的增量，如图 2-35 所示。

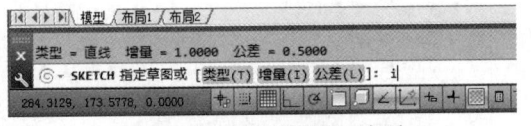

图 2-34　选择【增量】选项　　　　　图 2-35　使用默认增量

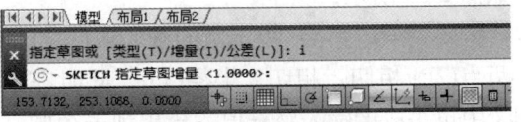

4　系统提示：指定草图或[类型(T)/增量(I)/公差(L)]，此时可以直接使用鼠标在绘图区上进行绘图，如图 2-36 所示。

5　绘图完成后，直接按 Enter 键，保存已生成的线段并退出该项命令，此时系统提示已记录的样条曲线数量，如图 2-37 所示。

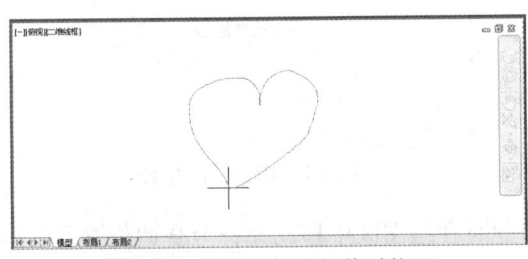

图 2-36　使用鼠标进行徒手绘画　　　　　图 2-37　徒手绘制的草图

2.1.9　实例 09：绘制圆形

圆形是 AutoCAD 中一种使用率较高的图形对象。在默认状态下，可以通过鼠标在绘图区中单击，分别指定圆心与半径的长度；或者通过指定直径两端的两个点，创建出一个圆；另外，也可以通过指定圆周上的 3 个点来确定一个圆。

上述都是较为常用的绘制圆形的方式，另外还可以创建与其他对象相切的圆。各种绘制圆形的方法如图 2-38 所示。

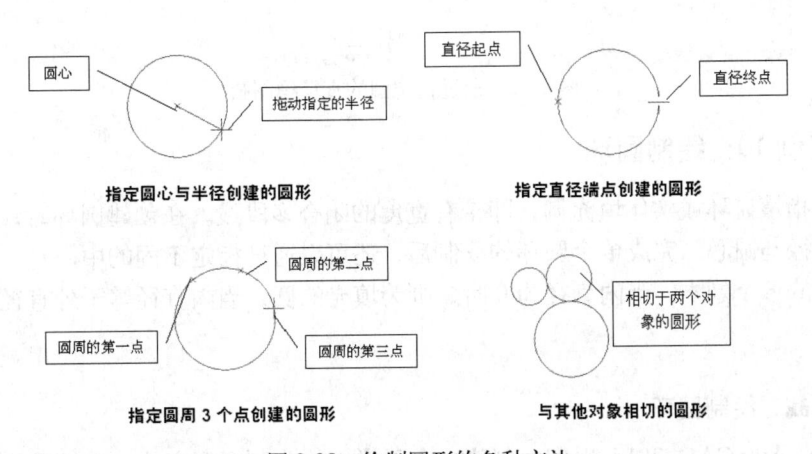

图 2-38　绘制圆形的各种方法

上机实战　绘制圆形

1 启动 AutoCAD 2014 程序，创建一个无样板的公制图形文件，在【默认】选项卡的【绘图】面板中单击【圆心、半径】按钮，如图 2-39 所示。

2 系统提示：指定圆的圆心或[三点(3P)/两点(2P)/相切、相切、半径(T)]，此时在绘图区中单击或者输入坐标值，会出现一个圆，光标变成了十字形状，可以随意拖动改变尺寸，如图 2-40 所示。

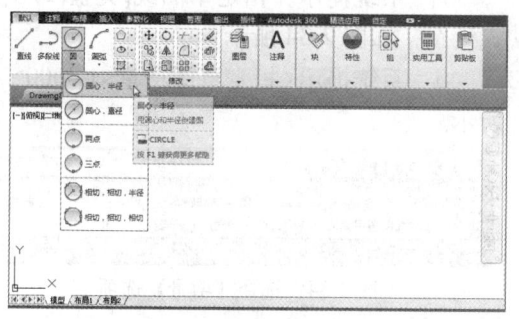

图 2-39　新建文件并单击【圆心、半径】按钮

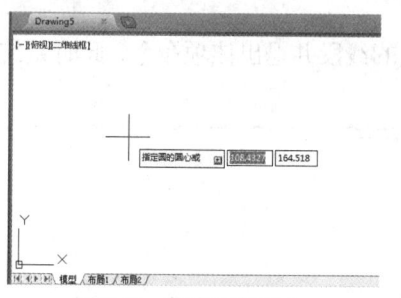

图 2-40　指定圆的圆心

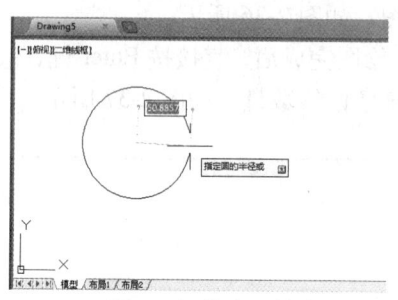

图 2-41　指定圆的半径

3 系统提示：指定圆的半径或[直径(D)]，此时在绘图区中移动光标至合适位置后单击，或者输入半径值，都可指定圆形的半径，如图 2-41 所示。

4 如果输入"D"并按 Enter 键，系统将提示：指定圆的直径，此时也可以使用移动光标或者输入数值的方式来指定圆形的直径，如图 2-42 所示。完成上述操作后即可得到一个圆形。

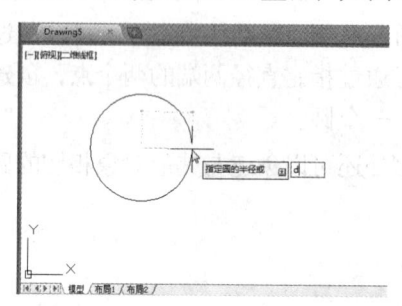

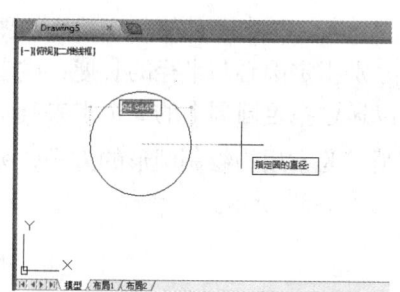

图 2-42　通过指定圆的直径绘制圆

2.1.10　实例 10：绘制圆环

圆环是指填充环或实体填充圆，即带有宽度的闭合多段线。在创建圆环时，必须先指定其内、外直径与圆心。完成单个圆环的绘制后，还可以通过指定不同的中心点，继续复制具有相同直径的多个副本。当内直径为 0 时，则为填充的圆；当内直径等于外直径时，则为普通的圆。

上机实战　绘制圆环

1 启动 AutoCAD 2014 程序，创建一个无样板的公制图形文件，在【默认】选项卡的

【绘图】面板中单击【圆环】按钮◎，如图2-43所示。

2　系统提示：指定圆环的内径<1>，此时输入圆环的内直径为"300"并按Enter键，如图2-44所示。

3　系统提示：指定圆环的外径<2>，此时输入"500"指定圆环的外直径按Enter键后，在绘图区将出现一个指定大小的圆环形状，如图2-45所示。

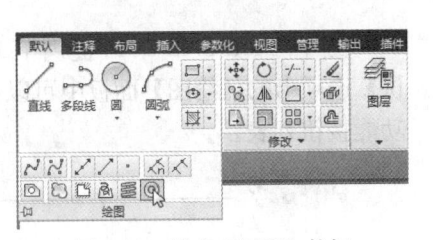

图2-43　单击【圆环】按钮

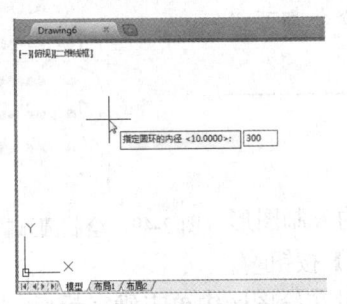

图2-45　指定圆环的外径 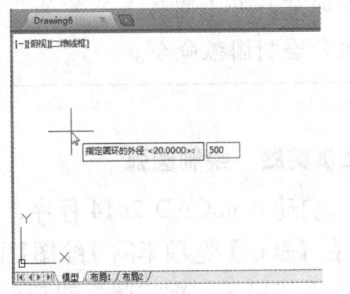　　　　图2-44　指定圆环的内径

4　系统提示：指定圆环的中心点或<退出>，接着在绘图区的适合位置上单击，确定中心点，或者直接输入坐标值。此时程序即会自动为圆环填充黑色，如图2-46所示。

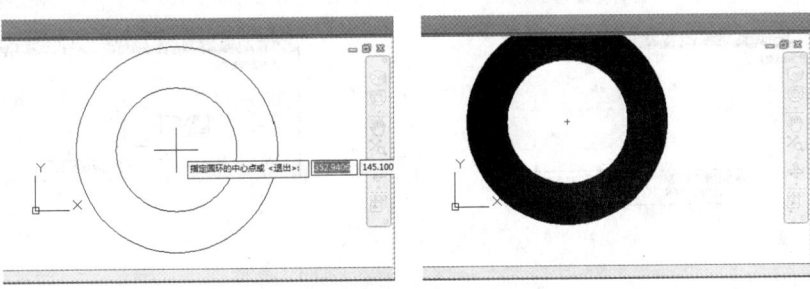

图2-46　指定圆环的中心绘出圆环形

5　此时命令依然提示指定中心点，移动光标并单击，即可复制出相同的圆环副本，如图2-47所示。

6　复制一个圆环后单击右键，结束圆环绘制，最终结果如图2-48所示。

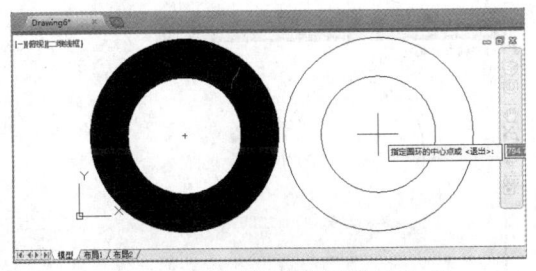

图2-47　指定另一个圆环的中心点 　　　　图2-48　复制出另一个圆环的结果

2.1.11　实例11：绘制圆弧

绘制圆弧时可以通过圆心、起点、端点、弧半径、角度、弦长与方向值等主要参数进行绘制。在默认状态下，程序会以起点、第二点、终点的方式利用三点确定一段圆弧。

另外，AutoCAD 2014 提供了 11 种绘制圆弧的方式，在【默认】选项卡的【绘图】面板中可以打开如图 2-49 所示的【圆弧】功能按钮列表。

技巧

除了使用【绘图】面板外，选择【绘图】|【圆弧】命令即可打开【圆弧】子菜单，或者使用【arc】命令都可以执行绘制圆弧命令。

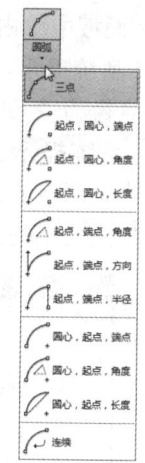

图 2-49　绘制圆弧的功能按钮

上机实战　绘制圆弧

1　启动 AutoCAD 2014 程序，创建一个无样板的公制图形文件，在【默认】选项卡的【绘图】面板中单击【三点】按钮。

2　系统提示：指定圆弧的起点或[圆心(C)]，此时在绘图区中单击确定起点，也就是圆弧的第一个点，如图 2-50 所示。

3　系统提示：指定圆弧的第二个点或[圆心(C)/端点(E)]，此时在绘图区单击指定第二个点，如图 2-51 所示。

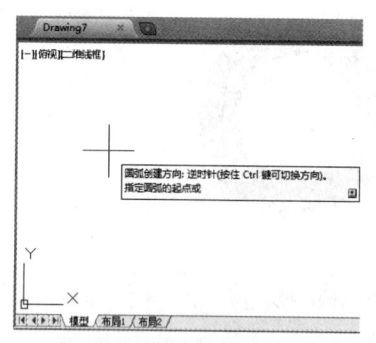

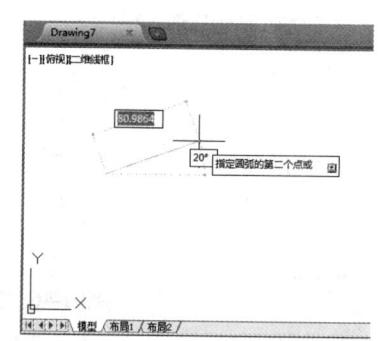

图 2-50　指定圆弧的起点　　　　　　　图 2-51　指定圆弧的第二个点

4　系统提示：指定圆弧的端点，此时单击确定第三个点，即可得到如图 2-52 所示的圆弧对象。

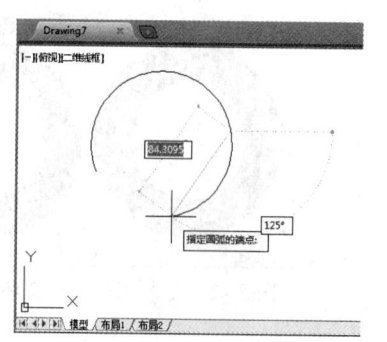

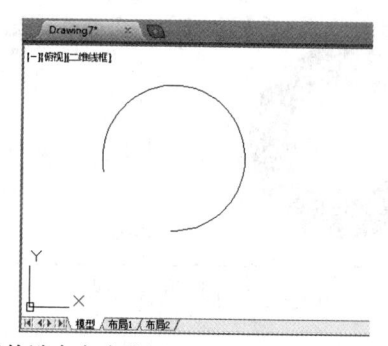

图 2-52　指定圆弧的端点完成绘图

2.1.12　实例 12：绘制椭圆形

在 AutoCAD 2014 中，可以使用"ellipse"命令绘制椭圆形。椭圆由定义其长度和宽度的两条轴决定，椭圆上的前两个点确定第一条轴的位置和长度，第三个点确定椭圆的圆心与第二条轴的端点之间的距离，如图 2-53 所示。

上机实战　绘制椭圆形

1 启动 AutoCAD 2014 程序，创建一个无样板的公制图形文件，在【默认】选项卡的【绘图】面板中单击【圆心】按钮，如图 2-54 所示。

2 系统提示：指定椭圆的中心点，此时在绘图区上单击，确定椭圆的中心点，如图 2-55 所示。

图 2-53　椭圆形的绘图概要

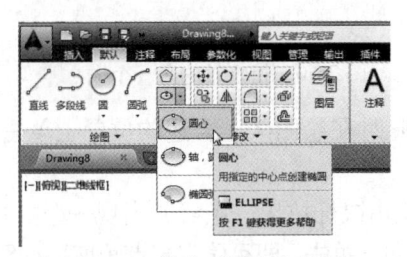

图 2-54　单击【圆心】按钮

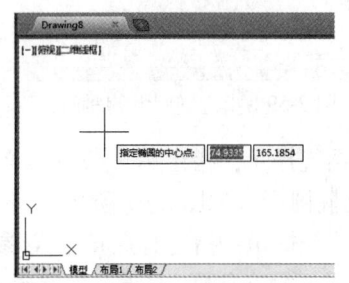

图 2-55　单击指定椭圆的中心点

3 系统提示：指定轴的端点，此时在绘图区上单击，确定椭圆的端点，如图 2-56 所示。

4 系统提示：指定另一条轴长度或[旋转(R)]，此时可以输入数值或在绘图区上单击指定另一条轴的长度，如图 2-57 所示。

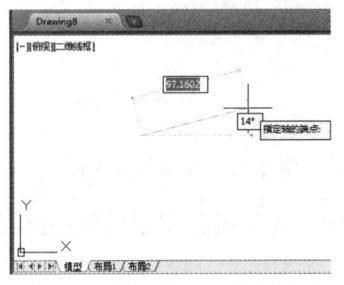

图 2-56　指定第一条轴的端点

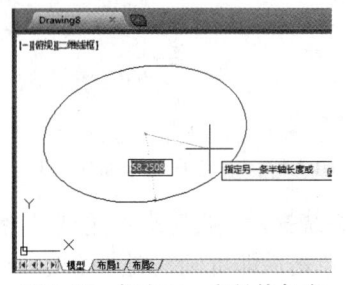

图 2-57　指定另一条轴的长度

2.1.13　实例 13：绘制椭圆弧

椭圆弧是指未封闭的椭圆弧线，其命令也是"ellipse"。绘制椭圆弧的方式是利用第一条轴的角度确定了椭圆弧的角度（第一条轴可以根据其大小定义长轴或短轴），另外，椭圆弧上的前两个点确定第一条轴的位置和长度，第三个点则确定椭圆弧的圆心与第二条轴的端点之间的距离，最后通过第四个点和第五个点确定起点和端点角度，如图 2-58 所示。

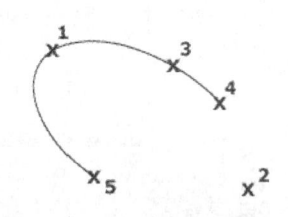

图 2-58　绘制椭圆弧的方式

上机实战　绘制椭圆弧

1 启动 AutoCAD 2014 程序，创建一个无样板的公制图形文件，在【默认】选项卡的【绘图】面板中单击【椭圆弧】按钮。

2 系统提示：指定椭圆弧的轴端点或[中心点(C)]，此时在绘图区的合适位置上单击确定椭圆弧轴端点，如图 2-59 所示。

3 系统提示：指定轴的另一个端点，此时在绘图区上单击确定椭圆弧轴的另一个端点，如图 2-60 所示。

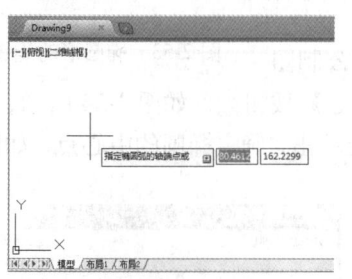

图 2-59 指定椭圆弧的轴端点 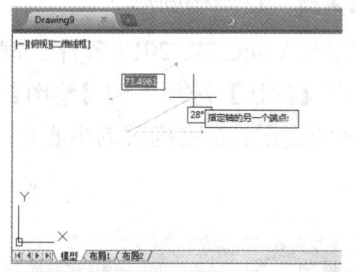　　　　图 2-60 指定轴的另一个端点

4 系统提示：指定另一条轴长度或[旋转(R)]，此时在绘图区上合适的位置上单击，即可绘制出椭圆形，如图 2-61 所示。

5 系统提示：指定起点角度或[参数(P)]，此时使用鼠标拉出一条线并出现一个文本框，在鼠标旁显示角度参数，只需在椭圆形上合适的角度方向上单击，即可确定起点角度，如图 2-62 所示。

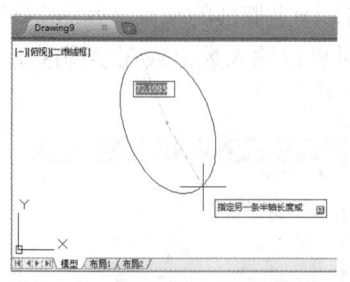

图 2-61 指定另一条轴的长度 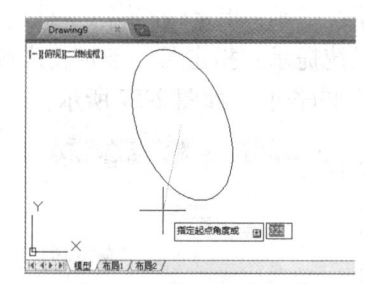　　　　图 2-62 指定起点角度

6 系统提示：指定端点角度或[参数(P) 包含角度(I)]，此时可以移动鼠标围绕椭圆中心点旋转，单击后即可确定端点角度，如图 2-63 所示。

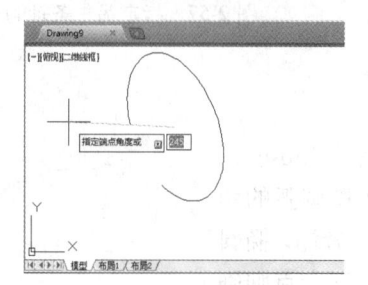

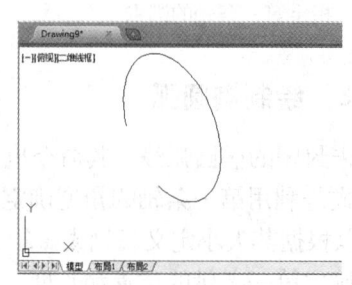

图 2-63 指定端点角度完成绘图

技巧

在指定起始与终止角度时，如果选择 P "参数模式" 选项即可通过以下公式计算椭圆弧：$P(n)=c+a\times\cos(n)+b\times\sin(n)$

在公式中，n 表示用户输入的数值，c 表示椭圆形的中点，a、b 分别表示长轴与半轴的长度。

2.1.14 实例 14：绘制样条曲线

样条曲线是指按拟合数据点的方式，在各个控制点之间生成一条光滑的曲线，与其他绘图软件中的贝塞尔曲线相似。它主要用于创建弧状不规则的图形，例如船体、地图、风扇机的叶片等。

可以通过指定点来创建样条曲线，也可以封闭样条曲线，使起点和端点重合。其中在绘制过程中的"公差"表示样条曲线拟合所指定的拟合点集时的拟合精度。公差越小，样条曲线与拟合点越接近。当公差为 0 时，样条曲线将通过该点。在绘制样条曲线时，可以改变样条曲线拟合公差以查看效果。

上机实战　绘制样条曲线

1 启动 AutoCAD 2014 程序，创建一个无样板的公制图形文件，在【默认】选项卡的【绘图】面板中单击【样条曲线拟合】按钮或者单击【样条曲线控制点】按钮。

2 系统提示：指定第一个点或[方式(M)/节点(K)/对象(O)]，此时输入点坐标或者使用十字光标在绘图区单击，确定样条曲线的起点，如图 2-64 所示。

3 系统提示：输入下一个点或[起点切向(T)/公差(L)]，此时在绘图区上单击确定第二个点，如图 2-65 所示。

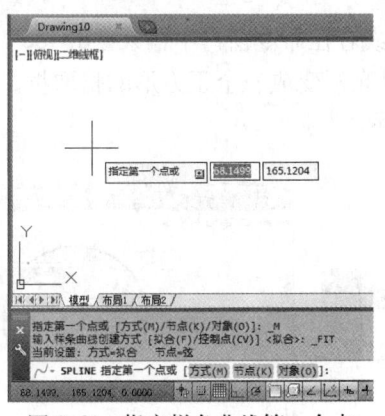

图 2-64　指定样条曲线第一个点 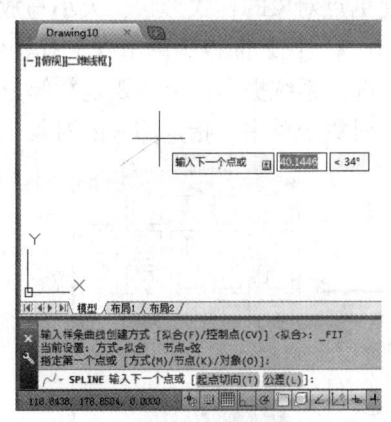　　　　图 2-65　指定样条曲线第二个点

4 使用步骤 3 的方法，连续在绘图区上单击指定第 3 点至第 6 点，创建出如图 2-66 所示的样条曲线，当需要结束绘图时按 Enter 键即可。

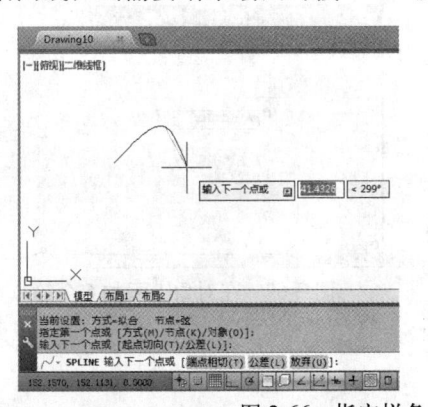

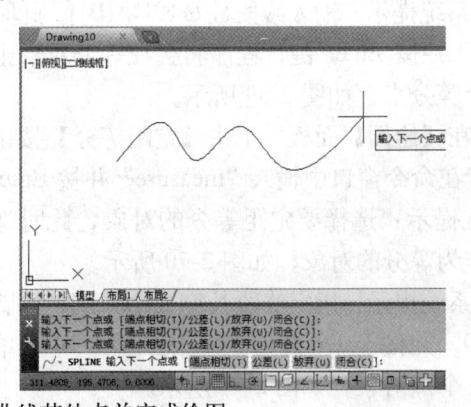

图 2-66　指定样条曲线其他点并完成绘图

> **技巧**
>
> 当完成点的指定后，可以在命令窗口中输入"C"并按 Enter 键，然后分别指定起点与端点切向即可闭合曲线。

2.1.15 实例 15：绘制点并等分点

在 AutoCAD 2014 中，点作为节点或参照几何图形的点对象，对于对象捕捉和相对偏移非常有用，用户可以相对于屏幕或使用绝对单位设置点的样式和大小。

点作为节点应用于几何图形时，可以使用【定数等分】和【定距等分】两种方式绘制点。这两种方式的说明如下：

- 定数等分：创建沿对象的长度或周长等间隔排列的点对象。
- 定距等分：沿对象的长度或周长按测定间隔创建点对象。

上机实战 绘制点并等分点

1 打开光盘中的"..\Example\Ch02\2.1.15.dwg"练习文件，在【默认】选项卡的【实用工具】面板中单击【点样式】按钮，即可打开如图 2-67 所示的【点样式】对话框，根据需求变更点对象的样式形状、大小与放大方式等。

2 在【绘图】面板中单击【定数等分】按钮，或者在命令窗口中输入"divide"并按下 Enter 键。系统提示：选择要定数等分的对象，此时光标变成一个正方形的拾取框，将其移至圆形对象上单击，指定等分的对象，如图 2-68 所示。

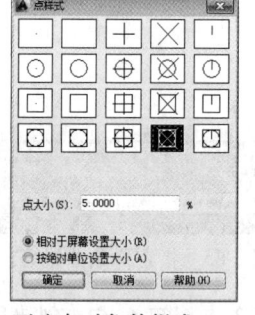

图 2-67 更改点对象的样式

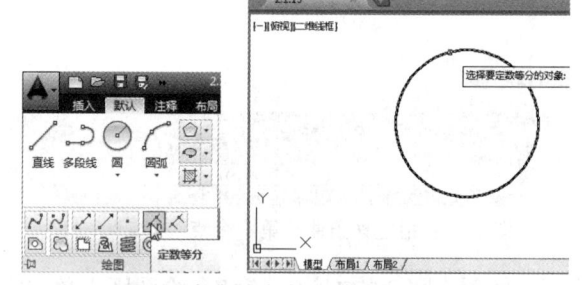

图 2-68 执行定数等分并选择圆形对象

3 系统提示：输入线段数目或[块(B)]，此时输入"6"并按 Enter 键，程序将会在等分对象上添加 6 个等分点，如图 2-69 所示。

4 在【绘图】面板中单击【定距等分】按钮，或者在命令窗口中输入"measure"并按 Enter 键。系统提示：选择要定距等分的对象，此时选择直线作为等分的对象，如图 2-70 所示。

5 系统提示：指定线段长度或[块(B)]，接着输入"10"并按 Enter 键，直线即会每隔 10 个单位添加一个点对象，如图 2-71 所示。

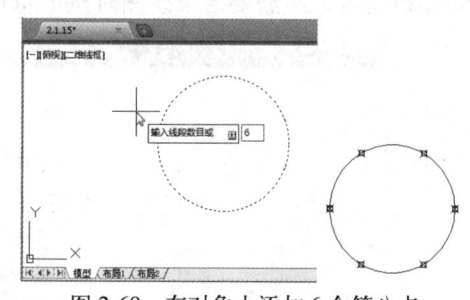

图 2-69 在对象上添加 6 个等分点

图 2-70　执行定距等分并选择直线对象

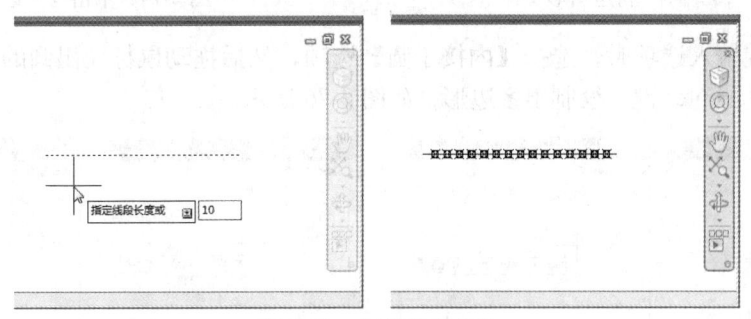

图 2-71　定距等分直线

2.2　综合项目训练

经过上述设计基础技能的训练，相信大家已经掌握了通过 AutoCAD 2014 应用程序绘制各种基本线条和图形的方法。下面将通过两个综合项目训练，综合介绍 AutoCAD 2014 在平面绘图中的应用。

2.2.1　项目1：绘制带花盘的鲜花平面图

本例将绘制一个种在花盘中的鲜花图形。在本例操作中，首先使用了多边形和直线的辅助并通过绘制弧线绘制鲜花图形，然后绘制花茎和花盘图形，最后构成了一个生长在花盘中鲜花平面图形，结果如图 2-72 所示。

上机实战　绘制带花盘的鲜花平面图

1 启动 AutoCAD 2014 程序，在程序快速工具栏上单击【新建】按钮，打开【选择样板】对话框后，单击【打开】按钮右侧的倒三角按钮，并选择【无样板打开-公制】选项，新建一个图形文件，如图 2-73 所示。

图 2-72　绘制鲜花图形的结果

2 新建图形文件后，在【默认】选项卡中打开列表框，再单击【多边形】按钮，执行绘制多边形命令，如图 2-74 所示。

3 系统提示：输入侧面数，此时输入侧面数为 10 再按 Enter 键，然后在绘图区上单击执行正多边形的中心点，如图 2-75 所示。

图 2-73　新建图形文件 　　　　　　　　图 2-74　单击【多边形】按钮

4 当出现输入选项时，选择【内接于圆】选项，然后拖动鼠标拉出圆的半径长度，接着单击鼠标并按 Enter 键，绘制出多边形，如图 2-76 所示。

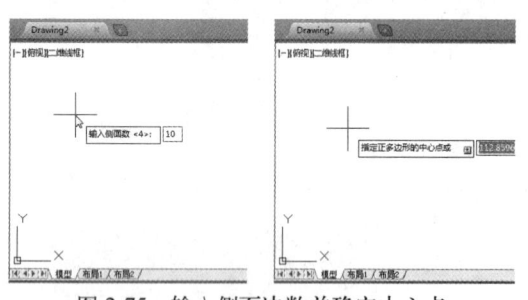

图 2-75　输入侧面边数并确定中心点 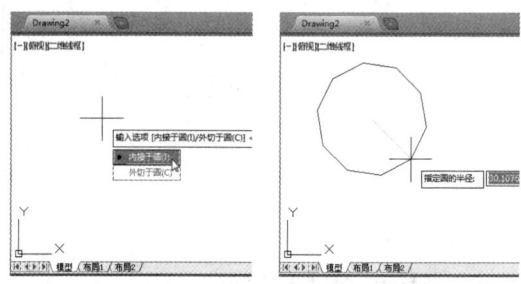　　　　图 2-76　选择输入选项并指定内接圆的半径

5 在【默认】选项卡中单击【直线】按钮，系统提示：指定第一个点，此时在多边形上选择一个点单击作为直线的端点，系统接着提示：指定下一个点，在多边形另外一个点上单击作为直线第二个端点，接着按 Enter 键完成直线的绘制，如图 2-77 所示。

6 再次单击【直线】按钮，系统提示：指定第一个点，此时在多边形上选择一个点单击作为直线的端点，系统接着提示：指定下一个点，在多边形另外一个点上单击作为直线第二个端点，接着按 Enter 键完成第 2 条直线的绘制，如图 2-78 所示。

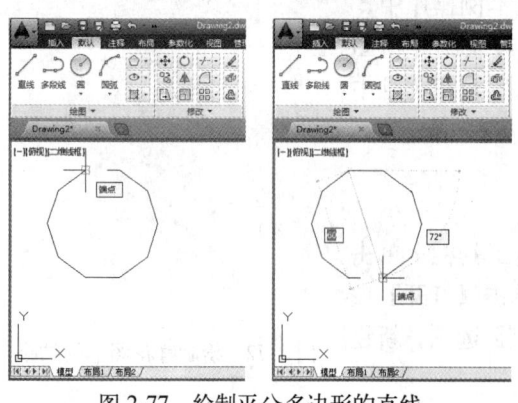

图 2-77　绘制平分多边形的直线 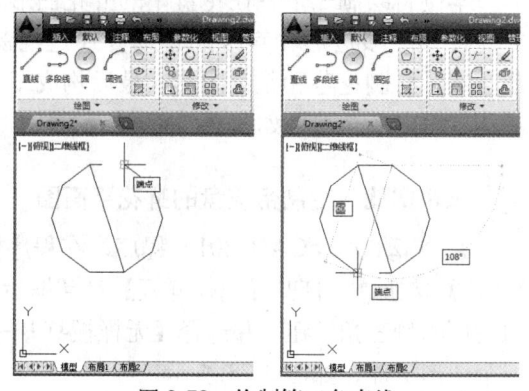　　　　　　图 2-78　绘制第二条直线

7 在【默认】选项卡的【绘图】面板中单击【三点】按钮。系统提示：指定圆弧的起点或[圆心(C)]，此时单击确定起点，也就是圆弧的第一个点，如图 2-79 所示。

8 系统提示：指定圆弧的第二个点或[圆心(C)/端点(E)]，此时指定第二个点。系统再次提示：指定圆弧的端点，最后单击确定第三个点，如图 2-80 所示。

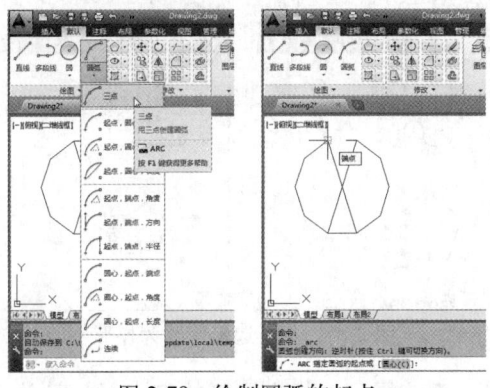

图 2-79　绘制圆弧的起点

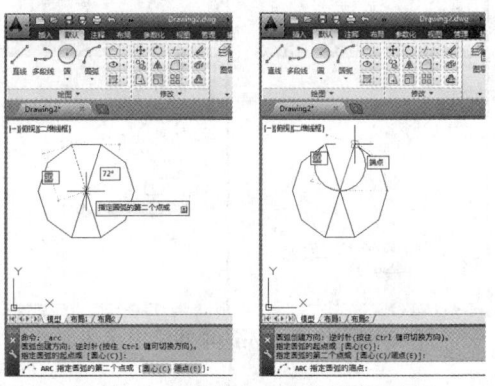

图 2-80　通过其他两点绘制出圆弧

9　使用步骤 7 和步骤 8 的方法，通过三点绘制出另外一个圆弧，接着重复相同的操作，绘制多个圆弧，以构成如图 2-81 所示的图形。

10　选择多边形对象和两条直线对象，然后按 Delete 键删除这些对象，剩余的图案即构成鲜花图形，如图 2-82 所示

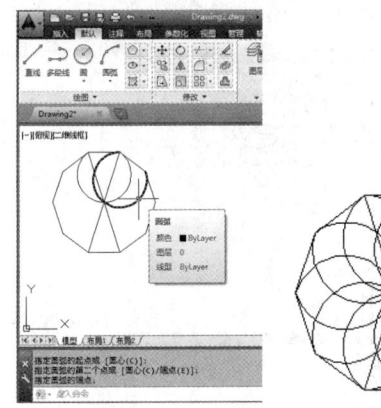

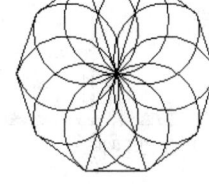

图 2-81　绘制其他圆弧构成图形

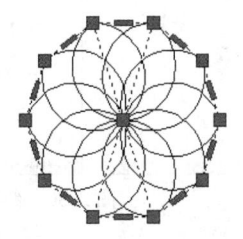

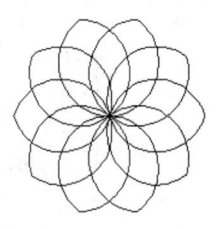

图 2-82　删除多边形和直线对象

11　在【默认】选项卡的【绘图】面板上单击【591A 边形】按钮，系统提示：输入侧面数，此时输入 5 并按 Enter 键，系统再提示：指定正多边形的中心点，接着在花朵下方单击确定多边形的中心点，如图 2-83 所示。

12　当出现输入选项时，选择【内接于圆】选项，然后拖动鼠标，拉出圆的半径长度，接着单击鼠标并按 Enter 键，绘制出五边形，如图 2-84 所示。

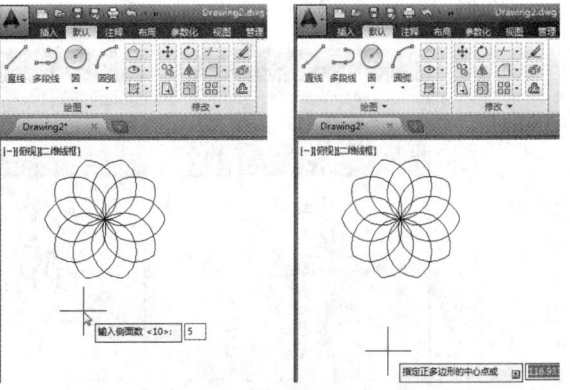

图 2-83　输入多边形侧面数并确定中心点

13　将鼠标移动到多边形上并单击选择多边形，再按住多边形上方的端点，然后向下移动，将五边形修改为梯形，以作为花盘图形，如图 2-85 所示。

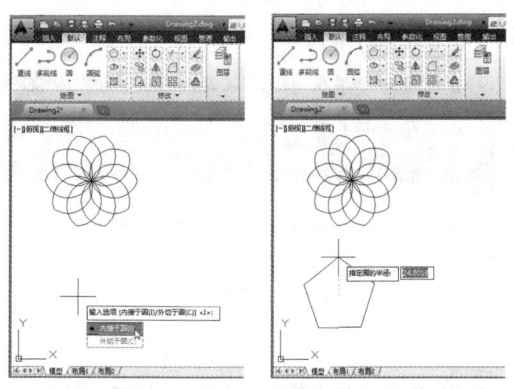

图 2-84 设置输入选项并绘出多边形 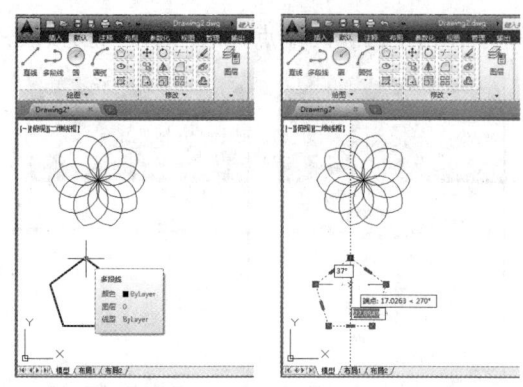　　　　图 2-85 将五边形修改为梯形

14 在【默认】选项卡中单击【三点】按钮，系统提示：指定圆弧的起点，此时单击确定起点，也就是圆弧的第一个点；系统再次提示：指定圆弧的第二个点或[圆心(C)/端点(E)]，继续在绘图区上指定第二个点；系统第三次提示：指定圆弧的端点，最后在梯形上边中点上单击确定圆弧的第三个点，如图 2-86 所示。

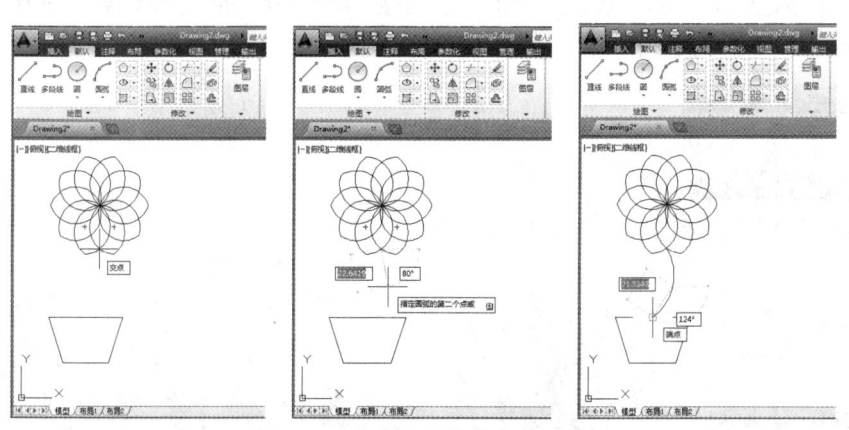

图 2-86 绘制圆弧作为花茎图形

15 再单击【三点】按钮，然后使用确定 3 点的方法绘制出两个弧形，以构成花朵的叶子图形，如图 2-87 所示。

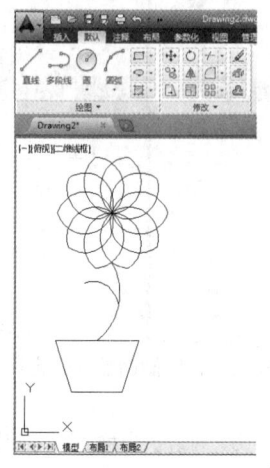

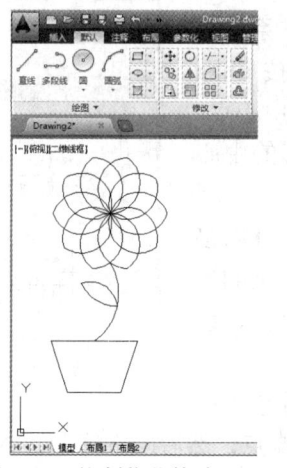

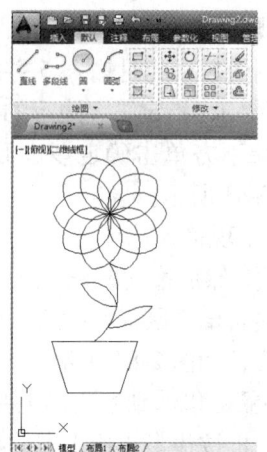

图 2-87 绘制花朵的叶子图形

2.2.2 项目 2：绘制双火头煤气炉平面图

本例将绘制一个带有双火头的煤气炉平面图。在本例中，首先绘制一个矩形作为煤气炉面板图形，然后通过绘制圆环、圆和点等图形，构成煤气炉的火头图形，接着绘制矩形作为煤气炉面板，再绘制两个圆形和矩形，构成打火开关图形，最后绘制椭圆形和点，绘制出煤气炉的操作显示屏图形，结果如图 2-88 所示。

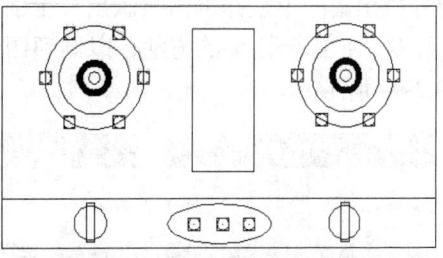

图 2-88 双火头煤气炉的平面图

上机实战 绘制双火头煤气炉平面图

1 启动 AutoCAD 2014 程序，新建一个无样板公制图形文件，在【默认】选项卡的【绘图】面板上单击【矩形】按钮，然后在绘图区上单击确定矩形的第一个角点，如图 2-89 所示。

2 系统提示：指定另一个角点或 [面积(A)/尺寸(D)/旋转(R)]，此时拖动鼠标拉出矩形再单击确定矩形的另外一个角点，如图 2-90 所示。

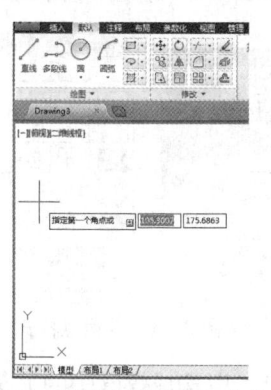

图 2-89 确定矩形的第一个角点 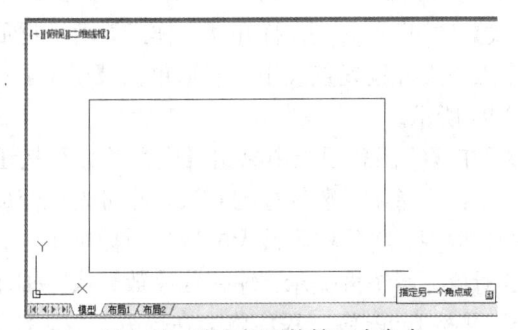　　　图 2-90 确定矩形的第二个角点

3 在【默认】选项卡的【绘图】面板上单击【圆环】按钮，系统提示：指定圆环的内径，此时输入 10 并按 Enter 键，如图 2-91 所示。

4 系统提示：指定圆环的外径，此时输入 15 并按 Enter 键，系统再提示：指定圆环的中心点或 <退出>，将鼠标移到矩形左上方并单击，然后按 Enter 键绘制出一个圆环图形，如图 2-92 所示。

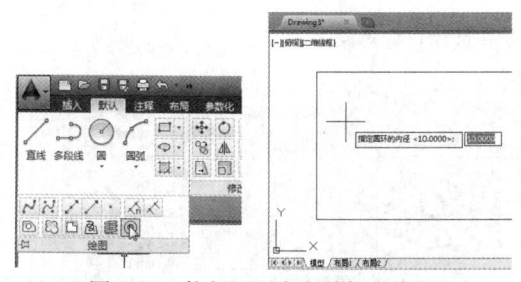

图 2-91 执行圆形命令并指定内径 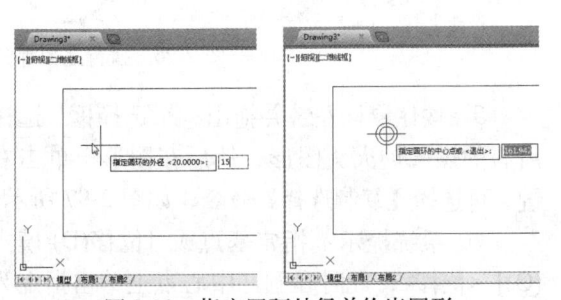　　　图 2-92 指定圆环外径并绘出圆形

5 在【默认】选项卡的【绘图】面板上单击【圆】按钮，系统提示：指定圆的圆心

或 [三点(3P)/两点(2P)/切点、切点、半径(T)]，此时在圆环中心上单击确定圆的圆心点，接着向外拉出圆的半径并单击绘制出一个圆形，如图 2-93 所示。

6　使用步骤 5 的方法，以圆环图形的中心为圆形，绘制一大一小的两个圆形，结果如图 2-94 所示。

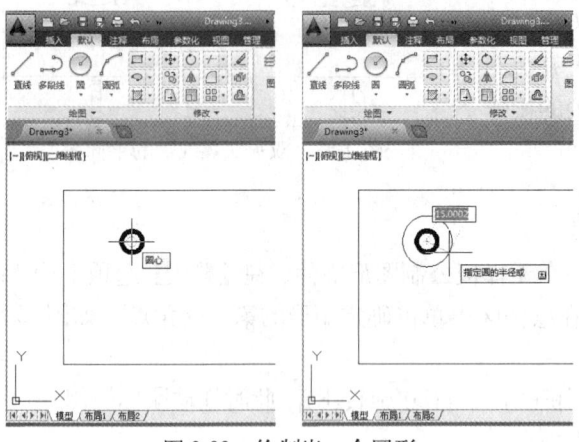

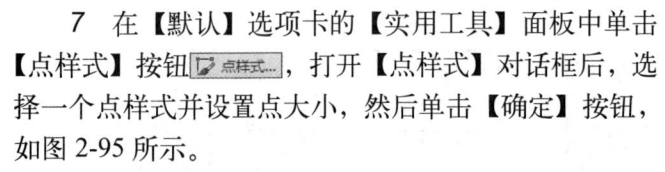

图 2-93　绘制出一个圆形 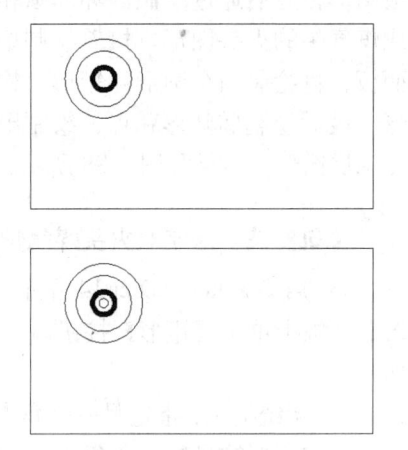　　　　　　　　图 2-94　绘制两个同心圆形

7　在【默认】选项卡的【实用工具】面板中单击【点样式】按钮，打开【点样式】对话框后，选择一个点样式并设置点大小，然后单击【确定】按钮，如图 2-95 所示。

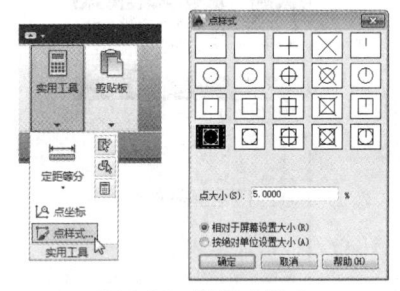

8　在【绘图】面板中单击【定数等分】按钮，系统提示：选择要定数等分的对象，此时光标变成一个正方的拾取框，将其移至最大的圆形对象上单击，指定等分的对象；系统再提示：输入线段数目或[块(B)]，输入"6"并按 Enter 键，程序将会在等分对象上添加 6 个等分点，以构成煤气炉的火头图形，如图 2-96 所示。

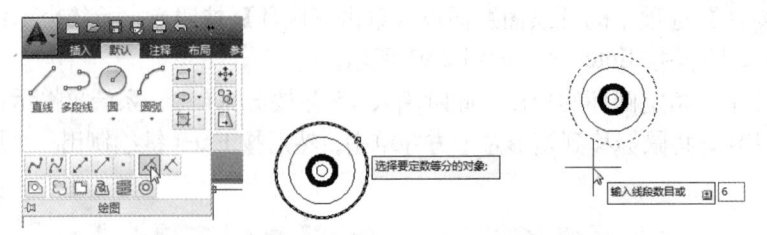

图 2-95　设置点样式

图 2-96　执行定数等分命令并选择目标对象

9　按住鼠标左键并拖出一个选择框，选择所有的煤气炉火头图形，然后在图形上单击右键，再选择【复制选择】命令，如图 2-97 所示。

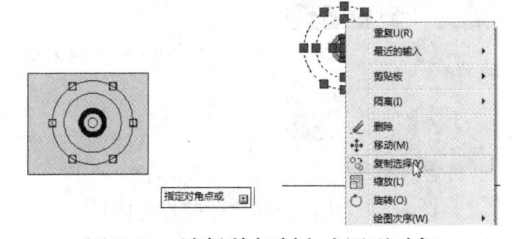

10　系统提示：指定基点或 [位移(D)/模式(O)] <位移>，此时在圆环中心点上单击指定为基点，系统再提示：指定第二个点或 [阵列(A)] <使用第一个点作为位移>，接着在矩形右上方

图 2-97　选择并复制火头图形对象

单击复制出另外一个火头图形，如图 2-98 所示。

11 在【默认】选项卡的【绘图】面板上单击【矩形】按钮，然后通过确定两个角点的方法，在两个火头图形中间绘制一个矩形，如图 2-99 所示。

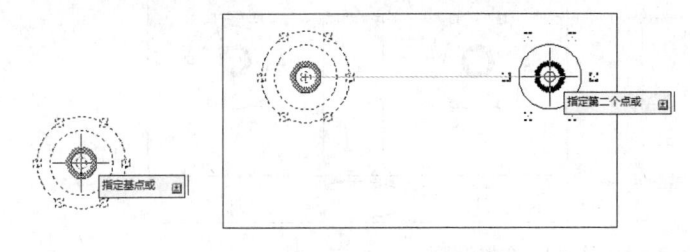

图 2-98　复制出另外一个火头图形

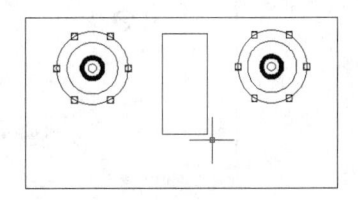

图 2-99　绘制出矩形图形

12 单击【矩形】按钮，然后通过确定两个角点的方法，在大矩形的下方绘制一个矩形作为煤气炉的面板图形，如图 2-100 所示。

13 在【默认】选项卡的【绘图】面板上单击【圆】按钮，然后通过指定圆心和半径的方式在煤气炉面板矩形上分别绘制两个圆形，如图 2-101 所示。

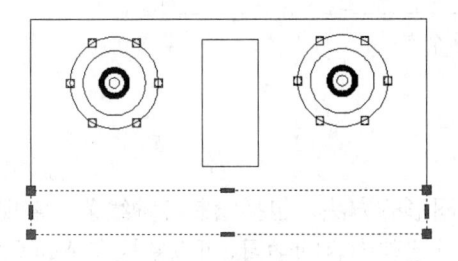

图 2-100　绘制出煤气炉面板矩形图形

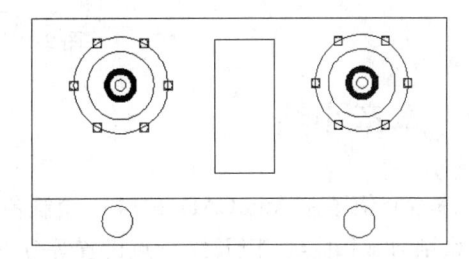

图 2-101　绘制两个圆形

14 在程序界面的状态栏上单击【对象捕捉】按钮，使该按钮处于未按下状态，以取消对象捕捉功能，然后单击【矩形】按钮，通过确定两个角点的方法在煤气炉面板的两个圆形上分别绘制两个矩形，制成煤气炉打火开关图形，如图 2-102 所示。

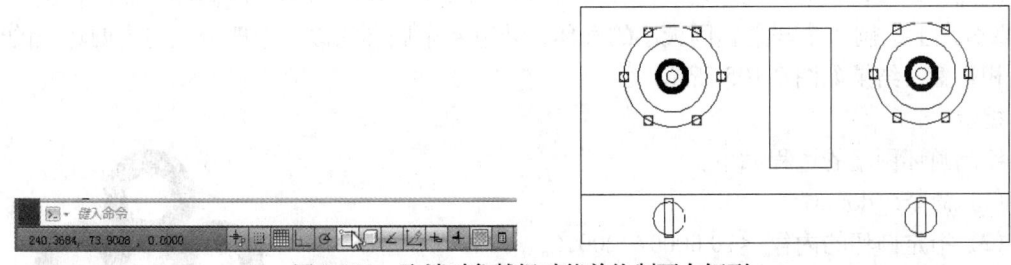

图 2-102　取消对象捕捉功能并绘制两个矩形

15 在【默认】选项卡的【绘图】面板中单击【圆心】按钮，系统提示：指定椭圆的中心点，此时在两个打火开关图形中心上单击，确定椭圆的中心点，然后指定轴端点和轴长度，绘制出椭圆形，如图 2-103 所示。

16 在【默认】选项卡的【绘图】面板上单击【多点】按钮，然后在椭圆形内绘制三个点，作为煤气炉的功能显示图形，如图 2-104 所示。

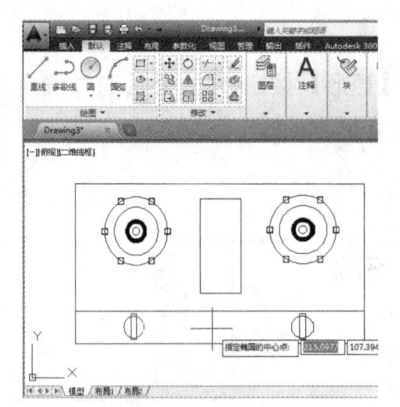

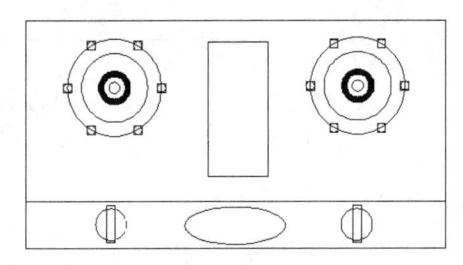

图 2-103　绘制一个椭圆形

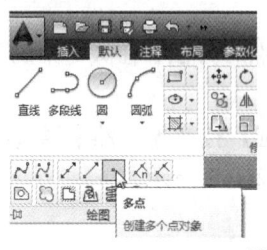

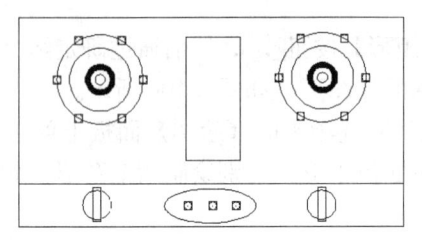

图 2-104　绘制多个点

2.3　本章小结

本章介绍了在 AutoCAD 2014 中绘制各种二维图形的方法，包括绘制各种线条、常规图形、绘制圆弧和曲线，以及绘制点设置等分点等。通过这些内容的学习，可以掌握在 AutoCAD 的二维空间中进行各种绘图的基本方法。

2.4　课后训练

以点（1000，1500）为中心，绘制一个内径为 200，外径为 400 的圆环，然后在圆环的 4 个四分点上绘制 4 个与之相同大小的圆环，外边 4 个圆环均以一个四分点与内圆环上的四分点相重叠，结果如图 2-105 所示。

提示：

绘制圆环图案的过程如下：

(1) 命令：_donut↙。
(2) 指定圆环的内径 <10.0000>: 200↙。
(3) 指定圆环的外径 <20.0000>: 400↙。
(4) 指定圆环的中心点或 <退出>: 1000,1500↙。
(5) 指定圆环的中心点或 <退出>: 700,1500↙。
(6) 指定圆环的中心点或 <退出>: 1300,1500↙。
(7) 指定圆环的中心点或 <退出>: 1000,1800↙。
(8) 指定圆环的中心点或 <退出>: 1000,1200↙。
(9) 指定圆环的中心点或 <退出>:↙。

图 2-105　绘制圆环的结果

第 3 章　视图管理与图形编辑

教学提要

AutoCAD 2014 提供了多种用于控制与显示视图的功能和工具，通过它们可以帮助用户便捷地观察绘图窗口中的图形效果，例如平移、缩放、创建视图等。另外，针对图形的设计，AutoCAD 2014 同样提供了多种编辑功能，包括移动、旋转、缩放、镜像、拉伸、修剪、打断等。本章将详细介绍视图管理和图形编辑方面的各种方法和技巧。

教学重点

- 掌握各种缩放视图的方法
- 掌握移动视图和使用导航控制盘的方法
- 掌握保存视图和编组图形的方法
- 掌握使用夹点模式编辑图形的方法
- 掌握使用不同功能编辑图形的方法

3.1　入门基础技能训练

本节将以简单的实例设计讲起，介绍使用各种工具或功能控制图形文件视图，以及选择图形、编组图形和编辑图形的各种方法。

3.1.1　实例 01：实时缩放视图

视图是指按一定比例、位置与角度显示图形的区域，【缩放】是一个放大或缩小视图的查看功能，它类似于相机中的镜头，具备拉近或者拉远的对焦功能，可以随意放大或者缩小拍摄的对象，但图形的实际大小不变。使用实时缩放功能，可以按住鼠标向上拖动放大整个图形，而往下拖动即可缩小图形。

上机实战　使用实时缩放视图

1　打开光盘中的 "..\Example\Ch03\3.1.1.dwg" 练习文件，在【视图】选项卡的【二维导航】面板中单击【范围】按钮右侧 按钮，打开缩放功能列表并选择【实时】选项 ，鼠标光标随即变成 状态，缩放前的对象如图 3-1 所示。

2　移动光标到图形上，按鼠标左键不放并往上方拖动，整个图形对象就会放大显示，如图 3-2 所示。

技巧

在缩放过程中，在【视图】选项卡的【视图】面板中单击【后退】按钮 ，可以返回上一个缩放操作；单击【前进】按钮 ，可以恢复下一个缩放操作。

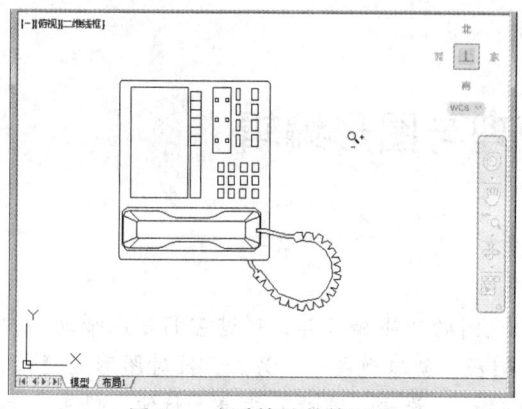

图 3-1　实时缩放前的图形　　　　　　　图 3-2　实时放大图形

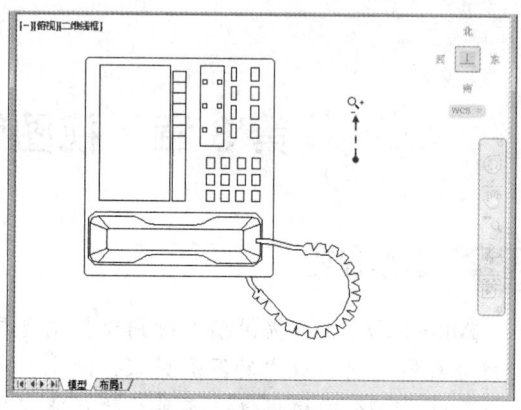

3 移动光标至图形上，按住鼠标左键不放并往下方拖动，整个图形对象就会缩小显示，如图 3-3 所示。

4 完成缩放处理后在图形中右击，在打开的快捷菜单中选择【退出】命令，或者按 Enter 键完成缩放操作，如图 3-4 所示。

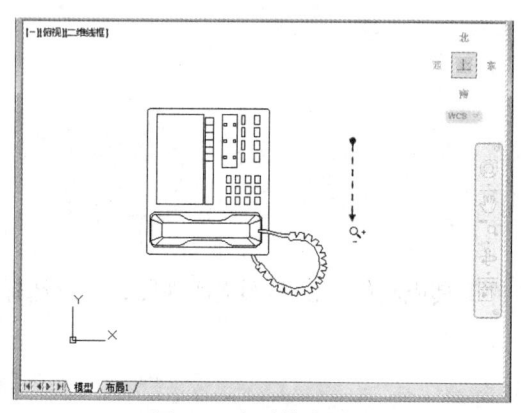

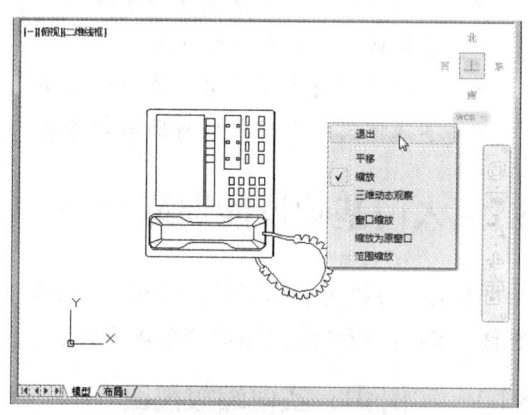

图 3-3　实时缩小图形　　　　　　　　　图 3-4　退出实时缩放状态

3.1.2 实例 02：窗口缩放视图

使用窗口缩放视图可以在屏幕上指定两个对角点，以确定一个矩形范围来将指定区域放大至填满整个绘图区域。在指定角点的操作中，较为常用的是使用十字光标来确定，但有时为了更加精确，也允许在命令行中输入两个点的坐标来确定。

上机实战　使用窗口缩放视图

1 打开光盘中的"..\Example\Ch03\3.1.2.dwg"练习文件，在【视图】选项卡的【二维导航】面板中单击 按钮，打开缩放功能列表并选择【窗口】选项 ，光标随即变成"十"字形状。

2 将光标移至目标图形的左上角，在此以电话图形的下半部分图形为放大目标，所以在电话图形的下半部分单击指定第 1 个角点，如图 3-5 所示。

3 拖动光标至电话图形的右下方，单击确定第 2 个角点，如图 3-6 所示，两个角点之间的区域就会以满屏的形式显示，结果如图 3-7 所示。

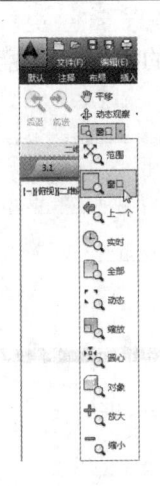

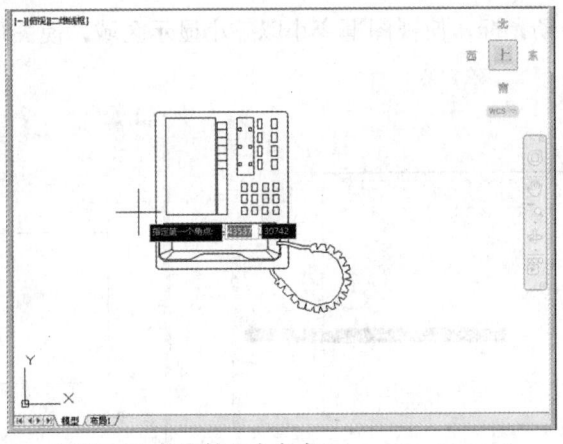

图 3-5　指定第 1 个角点

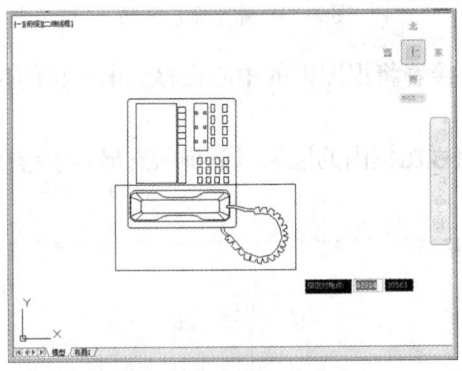

图 3-6　指定第 2 个角点

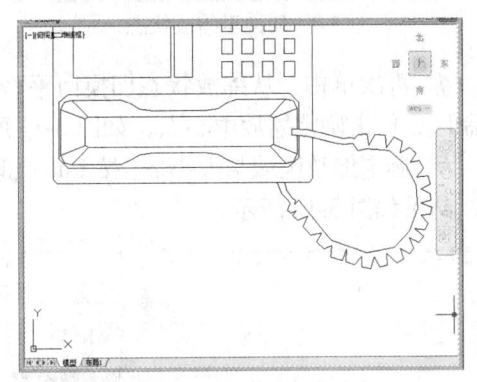

图 3-7　使用窗口缩放方式放大图形

3.1.3　实例 03：动态缩放视图

动态缩放视图是指可以将视图框（视图框是一个比例与屏幕尺寸相同且可以随意移动与缩放的矩形）选中的区域满屏显示于绘图区内，通过单击即可在平移与缩放两种状态之间切换。

上机实战　使用动态缩放视图

1　打开光盘中的"..\Example\Ch03\3.1.3.dwg"练习文件，在【视图】选项卡的【二维导航】面板中单击 按钮，打开缩放功能列表并选择【动态】选项 ，图形立刻缩小至绘图区的左下角处，并出现一个与缩图尺寸相同的矩形框(视图框)，中间的"×"主要用于平移指定缩放的中心点，如图 3-8 所示。

2　单击将视图区从平移状态切换至缩放状态，原来的"×"符号消失，并在矩形框的右边增加"→"箭头符号，表示进入缩放状态，如图 3-9 所示。

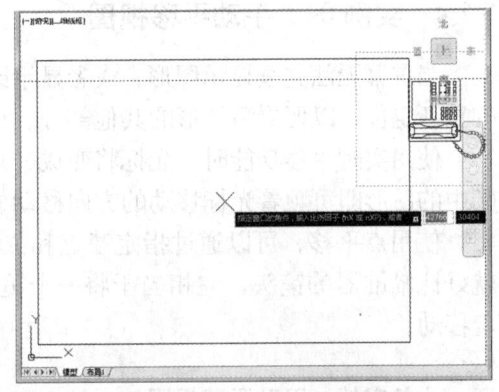

图 3-8　进入动态缩放后的结果

3 往左拖动光标，使视图框变小以缩小显示区域，使图形的缩放因子更大，如图 3-10 所示。

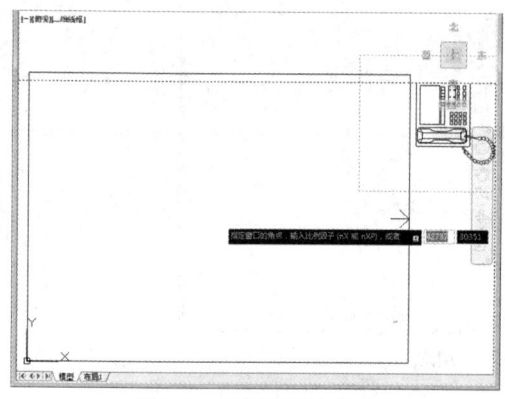

图 3-9 切换至缩放状态　　　　　　　图 3-10 缩小显示区域

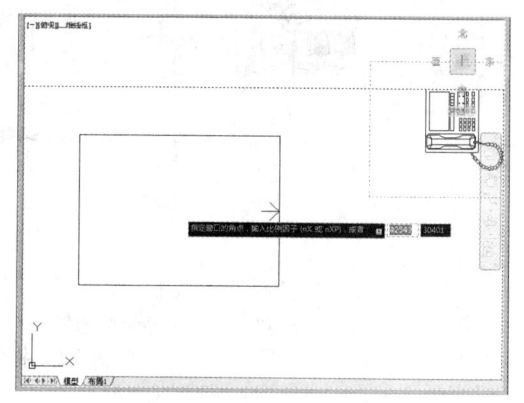

4 再次单击，从缩放状态切换回平移状态，接着将视图框的中心点移至电视机的按钮控制区，单击确定缩放中心点，如图 3-11 所示。

5 确定缩放区域与大小后，按 Enter 键即可将视图框内的区域以满屏状态显示于绘图区内，结果如图 3-12 所示。

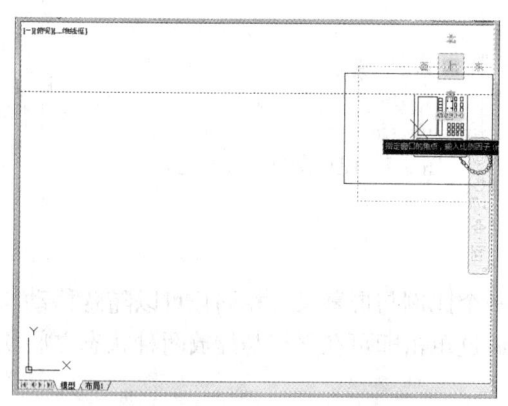

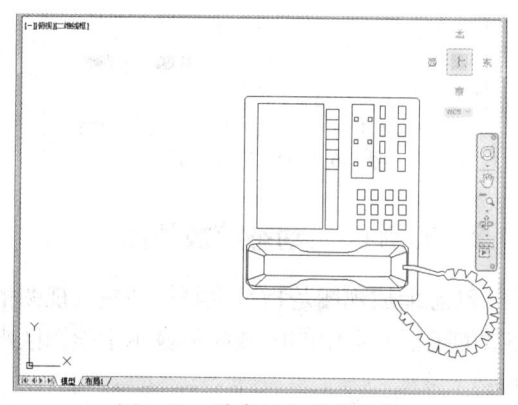

图 3-11 指定缩放中心点　　　　　　　图 3-12 动态放大后的结果

3.1.4 实例 04：手动平移视图

当屏幕无法完全显示图形，或者显示比例大于原图形时，可以通过平移的方式进行图形的重新定位，以便看清图形的其他部分。平移视图常用的有实时平移和点平移两种方式。

使用实时平移功能时，光标将变成一只小手，只要按住鼠标左键向四周随意拖动，绘图区中的图形即可顺着光标移动的方向移动显示。

使用点平移，可以通过指定基点和位移值来平移视图。在 AutoCAD 2014 中，点平移就好比瞄准器的镜头，它相当于将一个镜头对准视图，当镜头移动时，视口中的图形也跟着移动。

上机实战　手动平移视图

1 打开光盘中的"..\Example\Ch03\3.1.4.dwg"练习文件，如图 3-13 所示。

2 如果想要查看右侧的零件俯视图，可以执行以下任一操作，进入实时平移模式：
- 选择【视图】|【平移】|【实时】菜单命令。
- 在【视图】选项卡的【二维导航】面板中单击【平移】按钮 ⚙平移。
- 在工作区窗口右侧的工具栏中单机【平移】按钮 ✋。

3 当光标变成 ✋ 形状时，按住鼠标左键不放并向上拖动，即可显示图形下边的结果，如图 3-14 所示。

4 右击鼠标，在弹出的快捷菜单中选择【退出】命令，或按 Esc 键或 Enter 键，即可退出实时平移模式，完成平移操作。

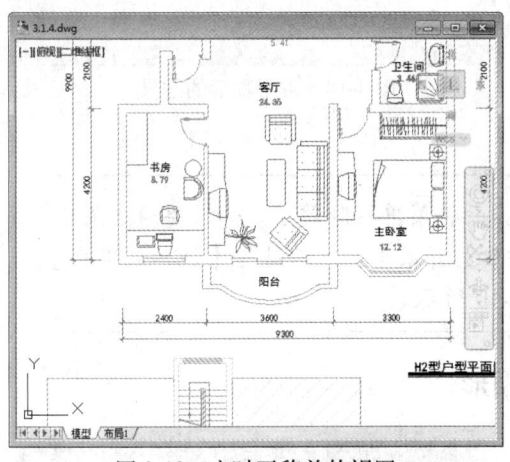

图 3-13 实时平移前的视图　　　　图 3-14 实时平移后的结果

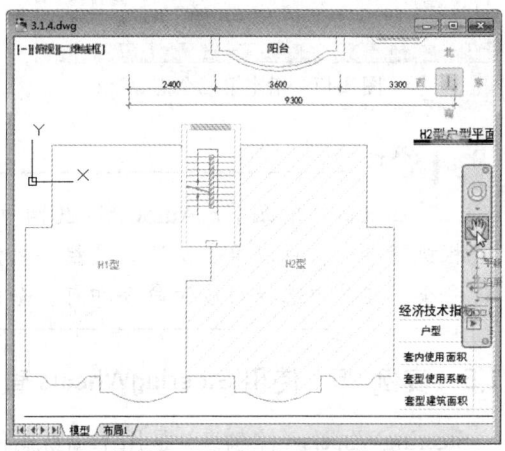

5 如果要进行点平移，可以选择【视图】|【平移】|【点】菜单命令，或者在命令行中输入"-pan"并按 Enter 键，如图 3-15 所示。

6 系统提示：指定基点或位移，并且光标会变成十字符号，此时在图形中的右侧单击确定平移的基点，如图 3-16 所示。

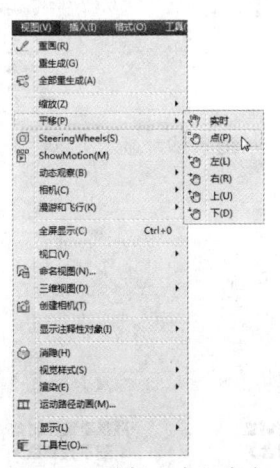

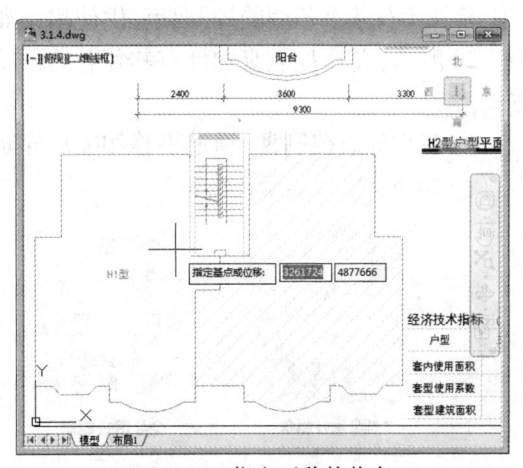

图 3-15 选择【点】命令　　　　图 3-16 指定平移的基点

7 系统提示：指定第二点，此时接着拖动十字光标至绘图区右侧的合适位置单击，如图 3-17 所示，确定平移的终点。

8 完成上述操作后，程序将会根据前面指定的两个点来平移图形，结果如图 3-18 所示。

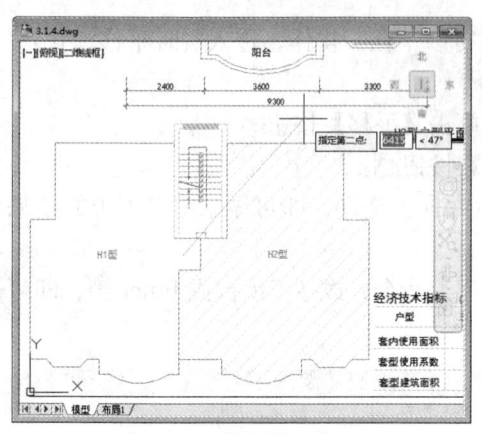

图 3-17 指定第二个点 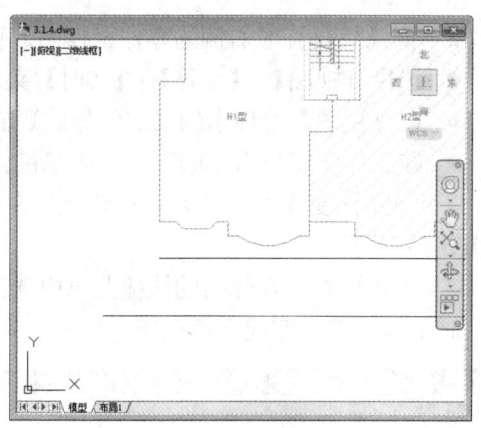　　　　　图 3-18 点平移后的结果

> **技巧**
>
> 在默认的情况下，AutoCAD 2014 用户界面将菜单栏隐藏了。如果要通过菜单栏执行命令，可以单击快速工具栏的功能按钮打开菜单，然后选择【显示菜单栏】命令，在其中选择对应的命令即可，如图 3-19 所示。

3.1.5 实例 05：使用 SteeringWheels 查看图形

SteeringWheels（控制盘）是用于追踪悬停在绘图窗口上的光标的菜单，通过这些菜单可以从单一界面中访问二维和三维导航工具。

SteeringWheels 控制盘分为若干个按钮，每个按钮包含一个导航工具。可以通过单击按钮或单击并拖动悬停在按钮上的光标来启动导航工具。共有 4 个不同的控制盘可供使用，如图 3-20 所示。每个控制盘均拥有其独有的导航方式。

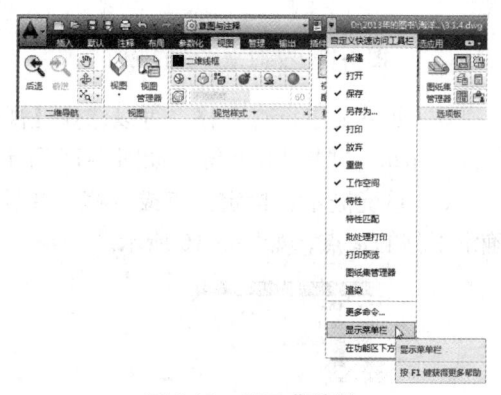

- 二维导航控制盘：通过平移和缩放导航模型。

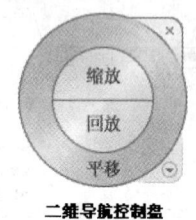

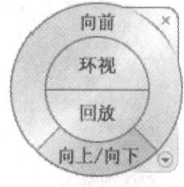

图 3-19 显示菜单栏

二维导航控制盘　　全导航控制盘　　查看对象控制盘　　巡视建筑控制盘
　　　　　　　　　　　　　　　　（基本控制盘）　　（基本控制盘）

图 3-20 SteeringWheels 控制盘的 4 种导航方式

- 查看对象控制盘：将模型置于中心位置，并定义轴心点以使用【动态观察】工具。缩放和动态观察模型。
- 巡视建筑控制盘：通过将模型视图移近或移远、环视以及更改模型视图的标高来导航模型。

- 全导航控制盘：将模型置于中心位置并定义轴心点以使用【动态观察】工具、漫游和环视、更改视图标高、动态观察、平移和缩放模型。

上机实战　使用 SteeringWheels 查看图形

1 打开光盘中的"..\Example\Ch03\3.1.5.dwg"练习文件，在工作区窗口工具栏中单击【全导航控制盘】按钮，显示控制盘，将鼠标移至控制盘的【缩放】按钮上如图 3-21 所示。

2 按住左键不放，当指标变成"🔍"状态后往上或者右方拖动，即可放大图形。如果想缩小图形，可以往左或下方拖动，如图 3-22 所示。当调整到合适比例时，即可释放鼠标左键，此时缩放操作就完成了。

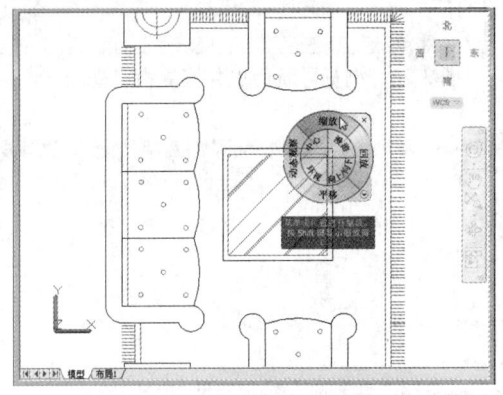

图 3-21　显示控制盘并选择【缩放】操作　　　　图 3-22　放大图形

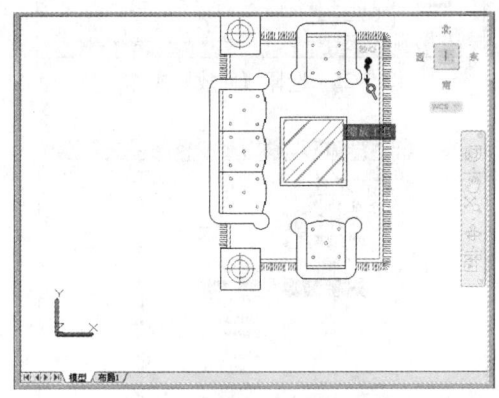

3 重新显示控制盘，将鼠标移至【平移】按钮上，如图 3-23 所示。此时按下鼠标左键不放，当指标变成"✥"状态后，拖动鼠标平移图形，如图 3-24 所示。至合适位置后释放左键，完成平衡操作。

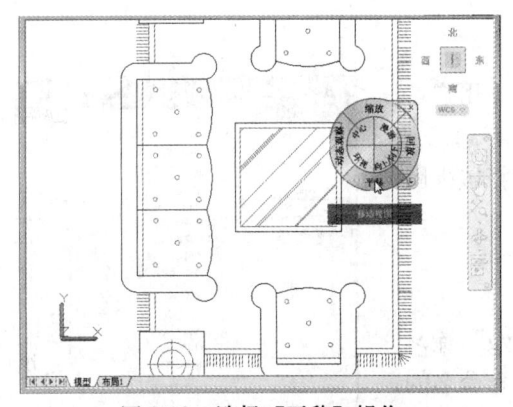

图 3-23　选择【平移】操作　　　　图 3-24　平移图形

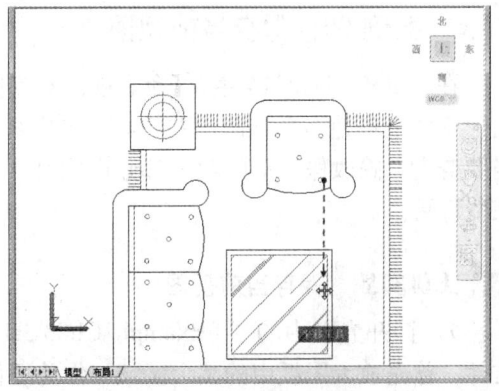

4 使用控制盘上的工具导航模型时，先前的视图将保存到模型的导航历史中。如果要从导航历史恢复视图，可以移动鼠标至控制盘中的【回放】按钮上，如图 3-25 所示。

5 当出现历史缩图后，将鼠标在图像上面拖动，即可显示回放历史。如果要恢复先前的某个视图，只要在该视图上释放鼠标左键即可，如图 3-26 所示。

6 单击【显示控制盘菜单】按钮，即可弹出如图 3-27 所示的菜单，在此可以切换不同方式的控制盘。如果选择【SteeringWheels 设置】命令，可以打开如图 3-28 所示的

【SteeringWheels 设置】对话框，可以对控制盘进行深入的设置。

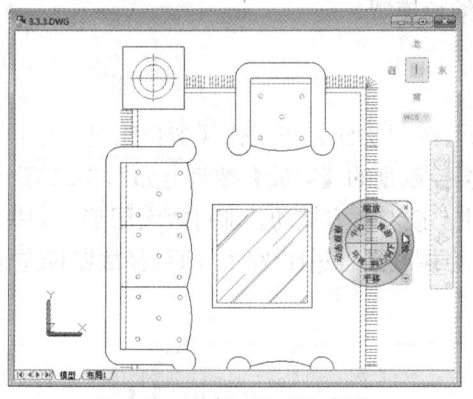

图 3-25 选择【回放】操作

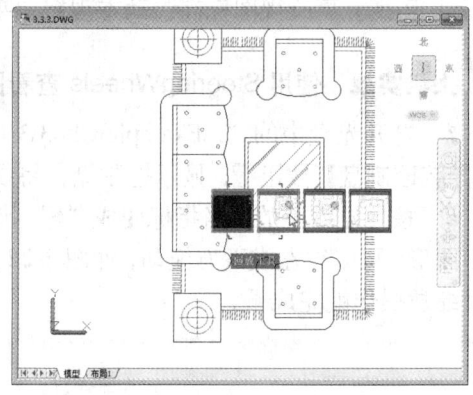

图 3-26 浏览导航历史并恢复指定视图

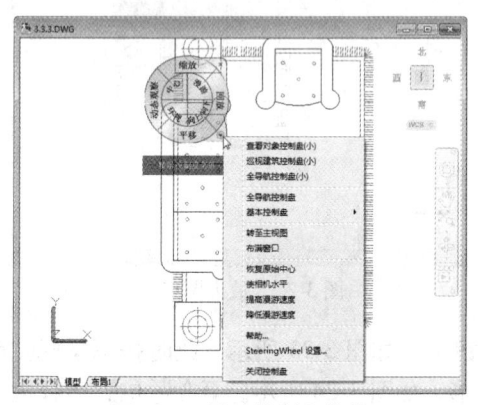

图 3-27 显示控制盘菜单

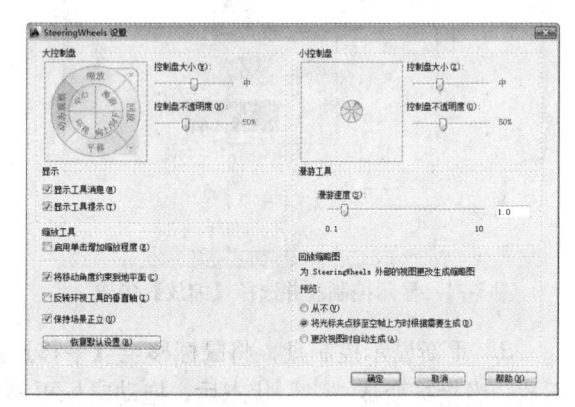

图 3-28 【SteeringWheels 设置】对话框

3.1.6 实例 06：保存当前视图

在 AutoCAD 2014 中，【命名视图】功能允许用户在图形文件上创建多个视图，并将某个特定视图保存起来。当要查看、修改保存后的某一部分视图时，只要将该视图恢复即可。

上机实战 保存当前视图

1 打开光盘中的"..\Example\Ch03\3.1.6.dwg"练习文件，首先放大图纸中的某个区域，作为要保存和命名的视图，此时通过菜单栏选择【视图】|【命令视图】命令，如图 3-29 所示。

2 打开【视图管理器】对话框，单击【新建】按钮，如图 3-30 所示。

3 在打开的【新建视图/快照特性】对话框中输入视图名称（如果图形是图纸集的一部分，系统将列出该图纸集的视图类别，可以向列表中添加类别或从中选择类别）。

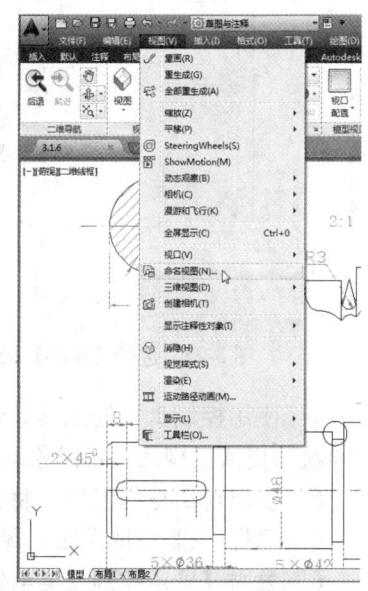

图 3-29 设置当前视图并命令视图

接着在【边界】选项组中选中【当前显示】单选按钮，表示当前绘图区中可见的所有图形，如图3-31所示。

4 单击【确定】按钮，返回【视图管理器】对话框，在这里即可显示命令视图的相关属性，包括"名称"、"UCS"、"视觉样式"等。此外在右下方还显示目前指定视图缩览图，如果单击【删除】按钮即可将其取消命名。最后单击【应用】与【确定】按钮，完成当前视图的保存操作，如图3-33所示。

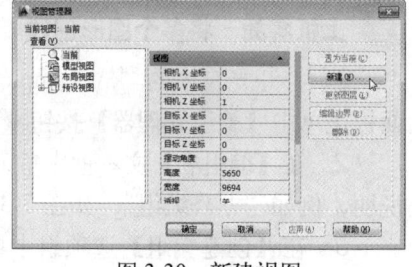

图3-30 新建视图

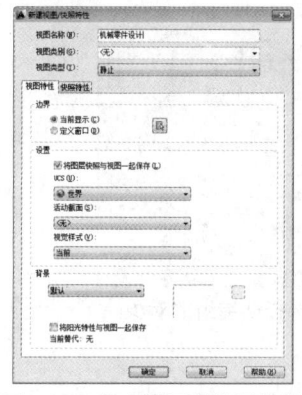

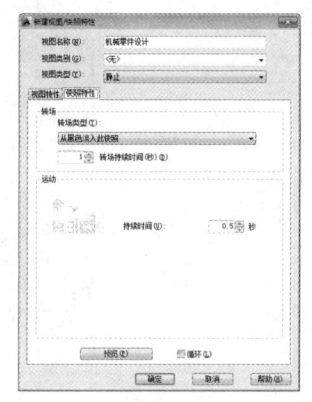

图3-31 命名视图并设置特性　　图3-32 【快照特性】选项卡　　图3-33 查看与保存命令视图

5 当需要使用新建的视图时，可以通过【视图】选项卡【视图】面板的视图列表选择创建的视图，如图3-34所示。

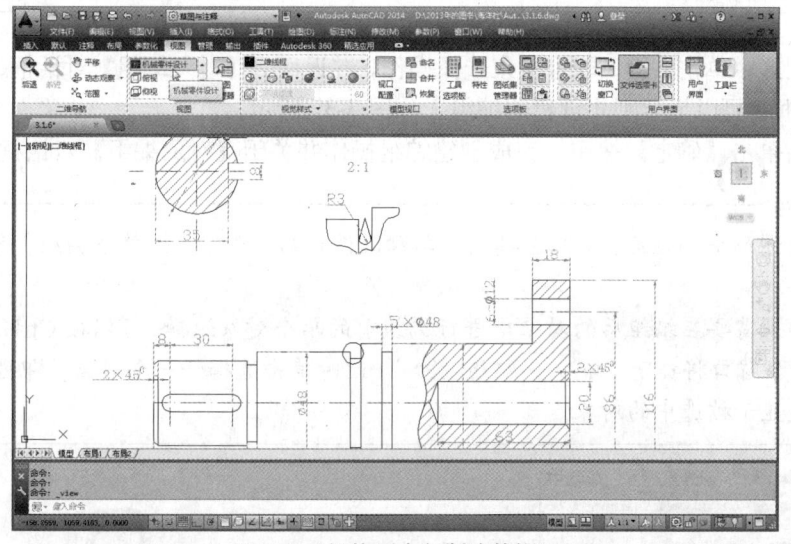

图3-34 切换到自行创建的视图

3.1.7　实例07：将多个图形创建成编组

编组对象是指保存的对象集，可以根据需要同时选择和编辑这些对象，也可以分别进行。创建编组时，可以为编组指定名称并添加说明。如果选择某个可选编组中的一个成员并将其包含到一个新编组中，那么该编组中的所有成员都将包含在新编组中。

上机实战　将多个图形创建成编组

1 打开光盘中的"..\Example\Ch03\3.1.7.dwg"练习文件，在【默认】选项卡的【组】面板上单击【编组管理器】按钮，打开【编组管理器】对话框。

2 在【编组名】文本框中输入编组名，例如"G1"，然后在【说明】文本框中输入添加说明，例如"办公编组"，如图 3-35 所示。

3 在【创建编组】选项组中单击【新建】按钮，此时对话框将会暂时关闭，以便用户在图形中选择需要编组的对象。拖动鼠标框选需要编组的图形，如图 3-36 所示。

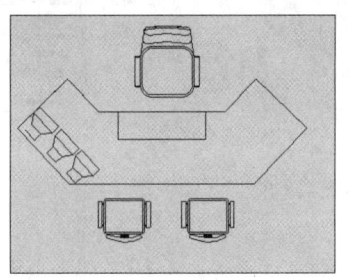

图 3-35　新建编组　　　　　　　　图 3-36　选择要编组的对象

> **技巧**
> 若已经有编组，则会在【编组名】列表框中列出，如果选中【包含未命名的】复选框，可以隐藏未命名的编组。另外，如果复制编组，副本将被指定默认名"Ax"，并认为是未命名。

4 在图形中单击右键，即可结束选择操作，并返回到【对象编组】对话框，此时在【编组名】列表框中可以显示刚才创建的编组，如图 3-37 所示。

5 最后单击【确定】按钮，完成创建编组操作并关闭【对象编组】对话框。

> **技巧**
> 当图形被编组后，用户选择任一单独的图形后，都会选择整个编组，如图 3-38 所示。
> 如果需要在编组后的对象中进行编组前的单个对象选择，可以按 Ctrl+Shift+A 键，命令窗口将提示"命令:<编组 关>"。此时单击选择任一个对象，即可以以亮显方式显示被选中的对象。

图 3-37　创建编组后的对话框　　　　　　图 3-38　选择图形编组

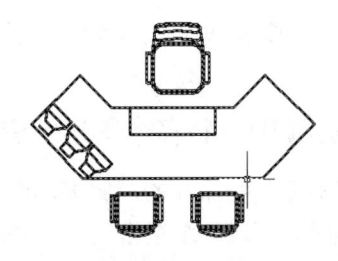

3.1.8 实例 08：使用夹点模式编辑图形

在选择对象的状态下进行编辑操作，称为夹点模式。夹点是一些实心的小方框，在夹点模式下指定对象时，对象关键点(如圆心、中点和端点等特征点)上将出现夹点。拖动这些夹点即可快速进行拉伸、移动、旋转、缩放或镜像对象等编辑操作。夹点打开后，可以在输入命令之前选择要操作的对象，然后使用定点设备操作这些对象。如图 3-39 所示即是不同图形显示的夹点。

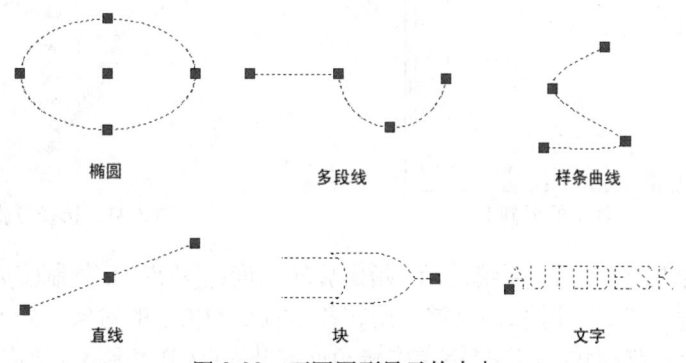

图 3-39　不同图形显示的夹点

几种常用的夹点编辑模式说明如下。

- 使用夹点拉伸：可以通过将选定夹点移动到新位置来拉伸对象，但对于文字、块参照、直线中点、圆心和点对象上的夹点，对其进行操作时是移动对象而不是拉伸它。夹点拉伸是移动块参照和调整标注的好方法。
- 使用夹点移动：可以通过选定的夹点移动对象。选定的对象会产生亮显，并按指定的下一点位置，通过一定的方向和距离进行移动。
- 使用夹点旋转：可以通过拖动和指定点位置来绕基点旋转选定对象，还可以输入角度值进行准确旋转，此方法通常用于旋转块参照。
- 使用夹点缩放：可以相对于基点缩放选定对象，通过从基夹点向外拖动并指定点位置来增大对象尺寸，或通过向内拖动减小尺寸，也可以为相对缩放输入一个值，进行准确的缩放操作。
- 使用夹点创建镜像：可以沿临时镜像线为选定对象创建镜像，在操作过程中打开正交模式有助于指定垂直或水平的镜像线。

技巧

要使用夹点模式，需要选择作为操作基点的夹点，即基准夹点。选定的夹点也称为热夹点。然后选择一种夹点模式，通过按 Enter 键或空格键可以循环选择这些模式。还可以使用快捷键或单击右键查看所有模式和选项。

下面将以使用夹点旋转为例，介绍使用夹点编辑图形的方法。

上机实战　使用夹点模式编辑图形

1　打开光盘中的"..\Example\Ch03\3.1.8.dwg"练习文件，该文件绘图区上有一个竖放的椭圆，如图 3-40 所示。

2 选择该对象后单击下方夹点，将其指定为基点，接着单击右键，在弹出的快捷菜单中选择【旋转】命令，如图 3-41 所示。

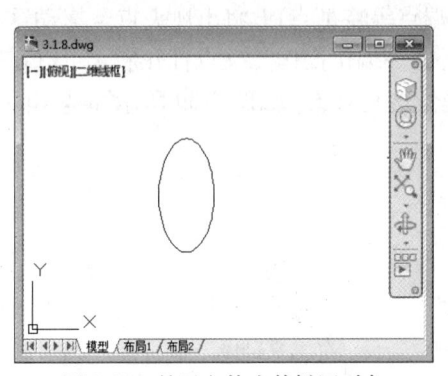

图 3-40　练习文件上的椭圆对象　　　　　　图 3-41　选择【旋转】命令

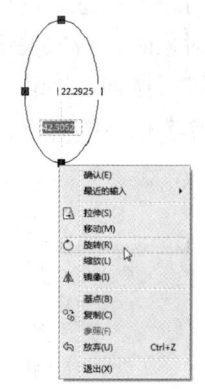

3 选择【旋转】命令后，系统提示：指定旋转角度或[基点(B)/复制(C)/放弃(U)/参照(R)/退出(X)]，此时输入"C"并按 Enter 键，旋转并多重复制指定的对象，如图 3-42 所示。

4 系统提示：**旋转(多重)**指定旋转角度或 [基点(B)/复制(C)/放弃(U)/参照(R)/退出(X)]，接着输入角度为"90"并按 Enter 键，将指定的椭圆根据基点复制并旋转 90°，如图 3-43 所示。

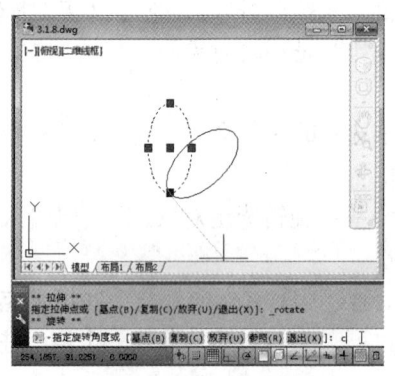

图 3-42　指定复制选项　　　　　　图 3-43　输入旋转角度

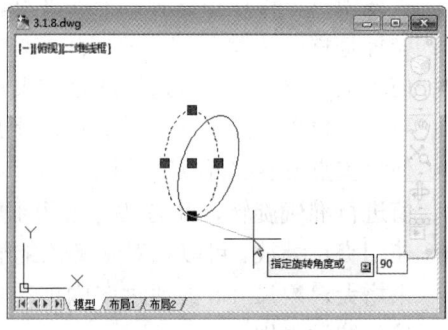

5 由于前面选择了多重复制选项，所以继续在命令提示下输入"180"、"270"并分别按 Enter 键，表示根据输入的旋转角度，再复制两个椭圆，最后按 Enter 键结束旋转操作，结果如图 3-44 所示。

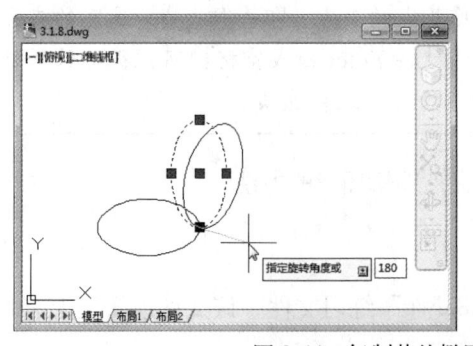

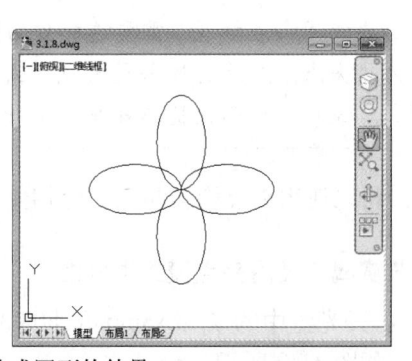

图 3-44　复制其他椭圆构成图形的结果

> **技巧**
>
> 可以使用多个夹点作为操作的基夹点，当选择多个夹点(也称为多个热夹点选择)时，选定夹点间对象的形状将保持原样。要选择多个夹点，需按住 Shift 键，然后选择适当的夹点。

3.1.9 实例09：移动、旋转与缩放图形

在绘图过程中，通常需要改变图形的位置、角度与大小。通过【移动】、【旋转】和【缩放】命令即可精确、便捷地进行位置、角度和大小等调整操作。

- 【移动】：可以从原对象以指定的角度和方向移动对象。在移动对象时，只要先指定移动的基点，再指定移动的目的点，即可完成移动的操作。
- 【缩放】：可以在保持对象比例的前提下，使对象变得更大或者更小。
- 【旋转】：可以绕指定基点旋转图形中的对象。可以通过输入角度或者使用光标进行拖动，也可以指定参照角度的方式去旋转对象。

上机实战　移动、旋转与缩放图形

1 打开光盘中的"..\Example\Ch03\3.1.9.dwg"练习文件，在【默认】选项卡的【修改】面板中单击【移动】按钮，如图3-45所示。

2 系统提示：选择对象，此时选择要移动的对象并单击右键，如图3-46所示。

3 系统提示：指定基点或[位移(D)] <位移>，此时在选定对象的中心上单击指定为基点，如图3-47所示。

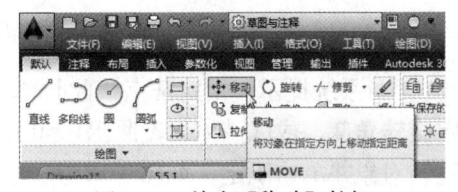

图3-45　单击【移动】按钮

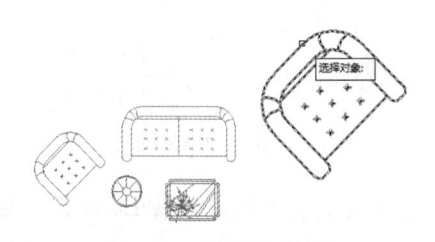

图3-46　选择图形对象

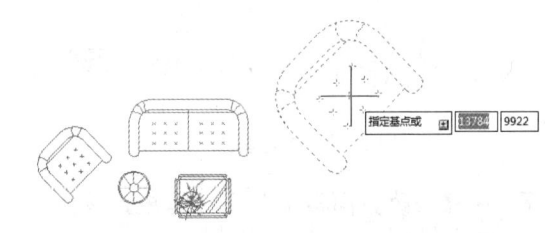

图3-47　指定基点

4 系统提示：指定第二个点或<使用第一个点作为位移>，此时将对象往下方拖动，然后在合适的位置上单击，以移动选定的对象，如图3-48所示。

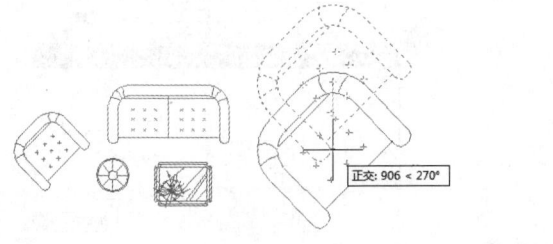

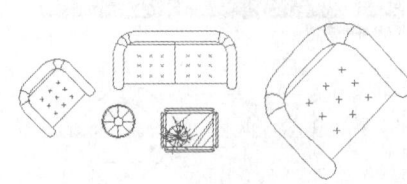

图3-48　移动对象

> **技巧**
>
> 在移动对象中输入相对坐标时,无需像通常情况下那样包含 @ 标记,因为相对坐标是假设的。另外,如果要按指定距离复制对象,还可以在"正交"与"极轴追踪"模式打开的同时使用直接距离输入。

5 在【修改】面板中单击【旋转】按钮,然后如图 3-49 所示选择旋转对象,并单击右键确定对象。

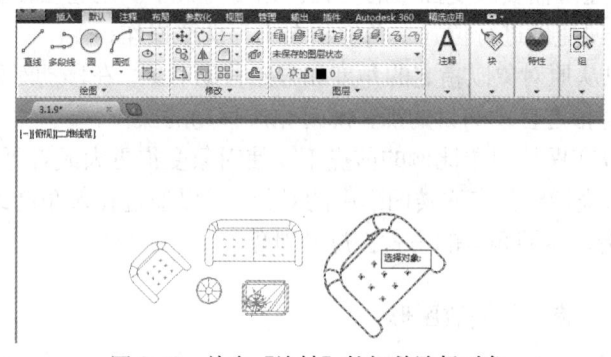

图 3-49 单击【旋转】按钮并选择对象

6 系统提示:指定基点,此时单击如图 3-50 所示的位置指定基点,系统再次提示:指定旋转角度,或[复制(C)/参照(R)] <0>,此时启用"正交模式",并启用"交点"捕捉,然后旋转对象并单击确定,如图 3-51 所示。

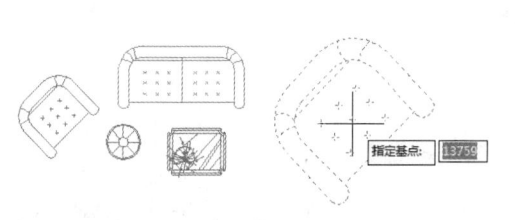

图 3-50 指定基点

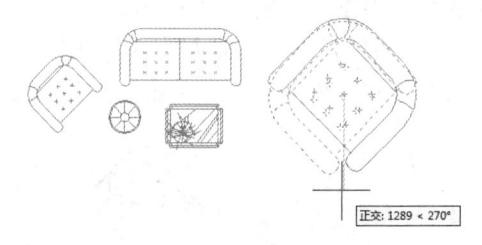

图 3-51 旋转对象并确定

7 在【修改】面板中单击【缩放】按钮,然后选择要缩放的对象并按 Enter 键,如图 3-52 所示。

8 系统提示:指定基点,此时可以在选定图形对象的中心处单击,作为缩放基点,如图 3-53 所示。

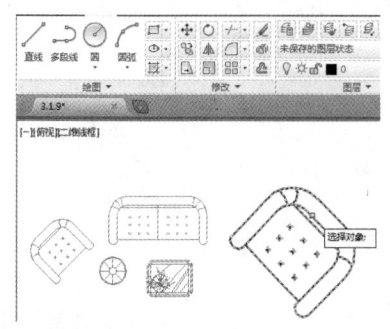

图 3-52 单击【缩放】按钮并选定对象

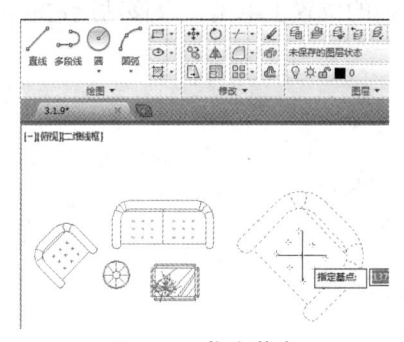

图 3-53 指定基点

9　系统提示：指定比例因子或[复制(C)/参照(R)]，此时输入比例因子为"0.5"，如图 3-54 所示。当按 Enter 键后即可将图形缩小到原来的 50%，结果如图 3-55 所示的结果。

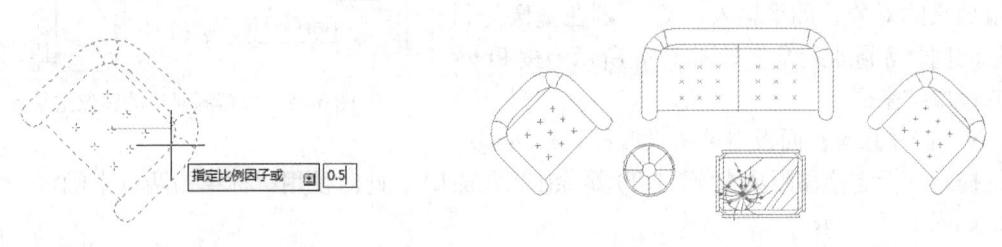

图 3-54　输入比例因子　　　　　图 3-55　放大图形后的结果

技巧

在缩放对象时，当比例因子大于 1 时将放大对象；在比例因子介于 0 和 1 之间时将缩小对象。另外，根据当前图形单位，还可以指定要用作比例因子的长度。

3.1.10　实例 10：镜像与偏移图形

【镜像】命令可以绕指定轴翻转对象创建对称的镜像图形。由于可以快速地绘制半个对象，并将其镜像复制，而不需绘制整个对象，大大提高了绘图效率与准确性。

【偏移】命令用于创建造型与选定对象造型平行的新对象。该功能可作用于直线、圆弧、椭圆、椭圆弧、多段线、构造线与样条曲线，其中偏移圆或圆弧等曲线对象时，可以创建更大或更小的圆或圆弧，看结果取决于向哪一侧偏移。

上机实战　镜像与偏移对象

1　打开光盘中的"..\Example\Ch03\3.1.10.dwg"练习文件，在【修改】面板中单击【镜像】按钮，然后选择要镜像的对象并按 Enter 键，如图 3-56 所示。

图 3-56　单击【镜像】按钮并选择对象

2　系统提示：指定镜像线的第一点，此时分别捕捉对象右侧的上端点与下端点，通过两点指定镜像线，如图 3-57 所示。

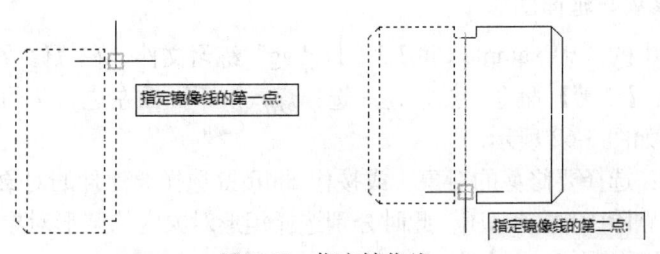

图 3-57　指定镜像线

3 系统提示：要删除源对象吗？[是(Y)/否(N)] <N>，如果直接按 Enter 键，则镜像复制对象，并保留原来的对象；如果输入"Y"，则在镜像复制对象的同时删除原对象。如图 3-58 所示为按 Enter 键的镜像结果。

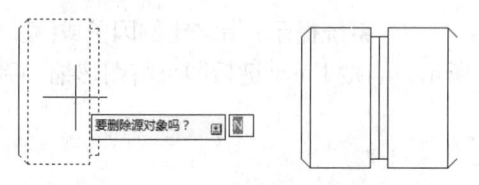

图 3-58　保留源对象的镜像结果

4 在【修改】面板中单击【偏移】按钮。系统提示：指定偏移距离或[通过(T)/删除(E)/图层(L)]，此时使用鼠标单击两点来确定一个距离，如图 3-59 所示。

5 系统提示：选择要偏移的对象或[退出(E)/放弃(U)] <退出>，此时选中镜像后生成图形的线条，指定其为偏移的对象，如图 3-60 所示。

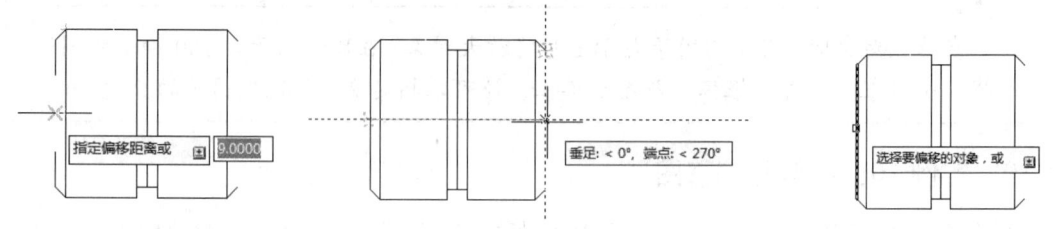

图 3-59　单击【偏移】按钮并指定偏移距离

图 3-60　指定偏移对象

6 系统提示：指定要偏移的那一侧上的点或[退出(E)/多个(M)/放弃(U)] <退出>，此时在选择的对象内单击，确定偏移的方向，如图 3-61 所示。最后按 Enter 键复制偏移的对象并退出偏移命令。

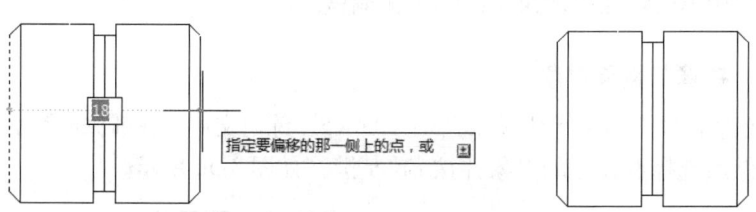

图 3-61　指定偏移那一侧的点偏移选定的直线

3.1.11　实例 11：修剪与延伸图形

【修剪】命令可以精确地将某一对象终止于另一对象上所定义的边界处。修剪的对象包括直线、圆、圆弧、多段线、椭圆、椭圆弧、构造线、样条曲线、块等。

【延伸】命令可以将对象精确地延伸到另一对象所定义的边界，也可延伸到隐含边界，即两个对象延长后相交的某个边界上。

上机实战　修剪与延伸图形

1 打开光盘中的"..\Example\Ch03\3.1.11.dwg"练习文件，在【修改】面板中单击【修剪】按钮，执行【修剪】命令，然后逐一选择煤气炉平面图左边火头图形上的所有矩形，接着按 Enter 键，如图 3-62 所示。

2 系统提示：选择要修剪的对象，或按住 Shift 键选择要延伸的对象，或[栏选(F)/窗交(C)/投影(P)/边(E)/删除(R)/放弃(U)]，此时分别选择矩形对象内的圆形对象，修剪掉位于矩形内的一段线，完成后单击 Enter 键结束，如图 3-63 所示。

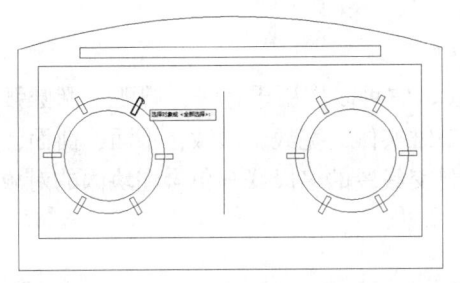

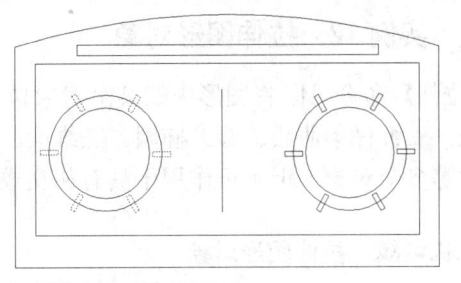

图 3-62　单击【修剪】按钮并选择多个矩形图形

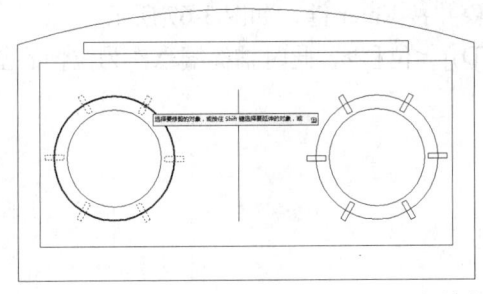

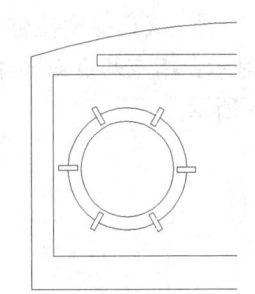

图 3-63　选择修剪对象并完成修剪

3 执行【修剪】命令，然后使用相同的方法，对煤气炉平面图右边火头图形进行修剪处理，结果如图 3-64 所示。

4 在【修改】面板单击【延伸】按钮，然后指定如图 3-65 所示的矩形为延伸的目的地并按 Enter 键。

5 选择直线为要延伸的对象再按 Enter 键，如图 3-66 所示。

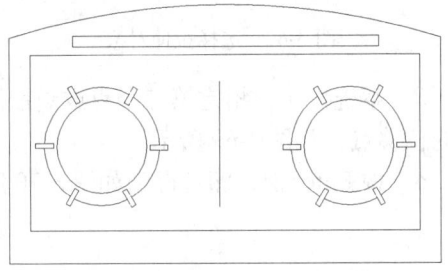

图 3-64　修剪另一个火头图形的结果

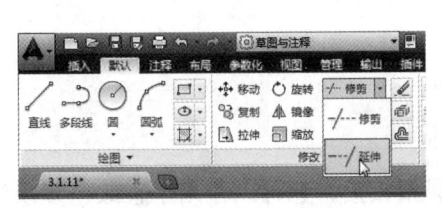

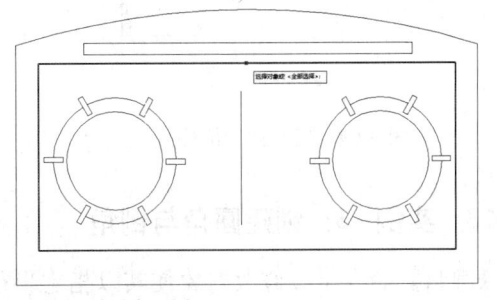

图 3-65　单击【延伸】按钮并选择对象

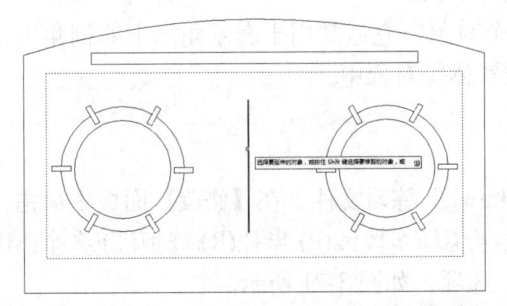

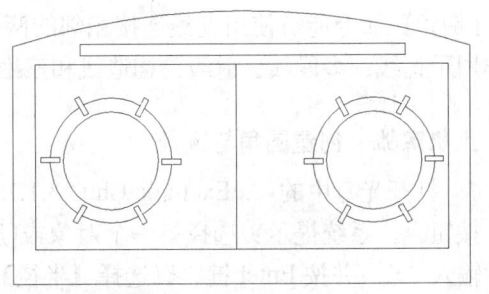

图 3-66　选择要延伸的对象并完成延伸

3.1.12 实例12：拉伸图形对象

【拉伸】命令可以将图形中的某个对象拉长，它可以作用于直线、圆弧、椭圆弧、二维多段线、二维样条曲线、圆、椭圆、三维面、二维实体、宽线、面域、平面、曲面、实体上的平面等多个对象，但不可作用于具有相交或自交线段的多段线与包含在块内的对象。

上机实战 拉伸图形对象

1 打开光盘中的 "..\Example\Ch03\3.1.12.dwg" 练习文件，在【修改】面板中单击【拉伸】按钮，然后交叉选择要拉伸对象并按 Enter 键，如图 3-67 所示。

2 系统提示：指定基点或[位移(D)] <位移>，此时捕捉端点作为拉伸的基点并按 Enter 键，如图 3-68 所示。

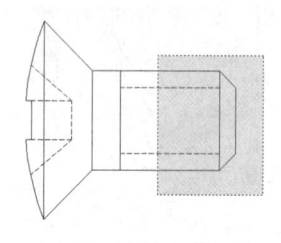

图 3-67　选择拉伸对象　　　　　　图 3-68　指定拉伸基点

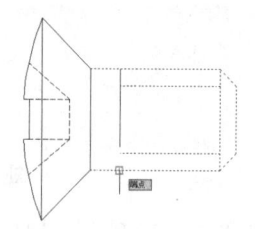

3 系统提示：指定第二个点或<使用第一个点作为位移>，接着捕捉另一个端点作为拉伸的位移点，如图 3-69 所示。

4 按 Enter 键，即可得到如图 3-70 所示的结果。

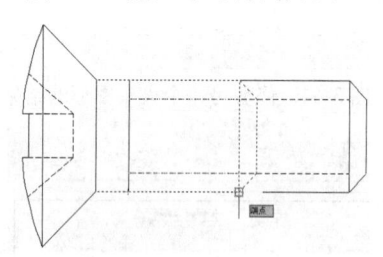

图 3-69　指定拉伸位移点　　　　　　图 3-70　拉伸后的图形

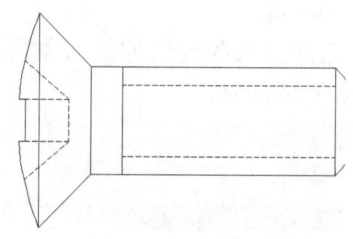

3.1.13 实例13：创建圆角与倒角

【圆角】命令可以修改对象使其以指定半径的圆弧相接。它可以作用于直线、多段线、构造线、圆弧、圆、椭圆、椭圆弧、样条曲线等对象。

【倒角】命令能够使用直线连接相邻的两个对象，它通常用于表示角点上的倒角边，可以作用于直线、多段线、射线、构造线和三维实体等对象中。

上机实战 创建圆角与倒角

1 打开光盘中的 "..\Example\Ch03\3.1.13.dwg" 练习文件，在【修改】面板中单击【圆角】按钮。系统提示：选择第一个对象或[放弃(U)/多段线(P)/半径(R)/修剪(T)/多个(M)]，此时输入 "R" 并按 Enter 键，以选择【半径】选项，如图 3-71 所示。

2 系统提示：指定圆角半径<0.0000>，此时输入 "3" 并按 Enter 键，如图 3-72 所示。

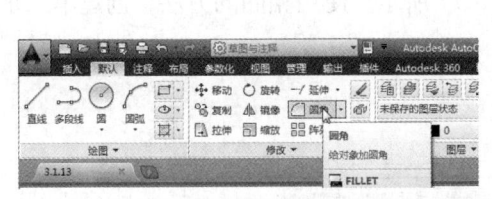

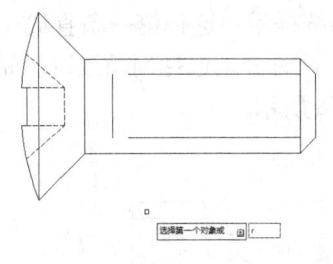

图 3-71 单击【圆角】按钮并选择【半径】选项

3 系统提示：选择第二个对象或[放弃(U)/多段线(P)/半径(R)/修剪(T)/多个(M)]，此时逐一选择零件图形右端右上方两条直线边，如图 3-73 所示。

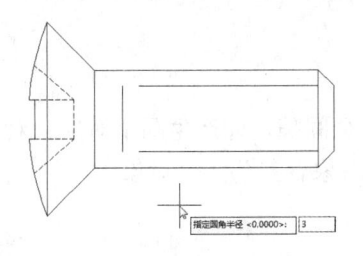

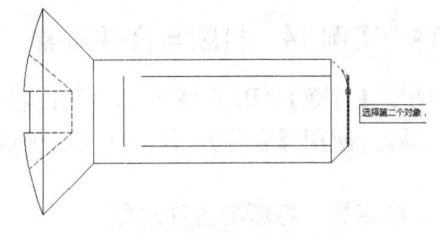

图 3-72 设置圆角半径　　　　　　　图 3-73 选择两条直线边

4 使用相同的方法，创建零件图形右端右下方两条直线边的圆角效果，结果如图 3-74 所示。

5 在【修改】面板中单击【倒角】按钮。系统提示：选择第一条直线或[放弃(U)/多段线(P)/距离(D)/角度(A)/修剪(T)/方式(E)/多个(M)]，此时输入"D"并按 Enter 键，以选择【距离】选项，如图 3-75 所示。

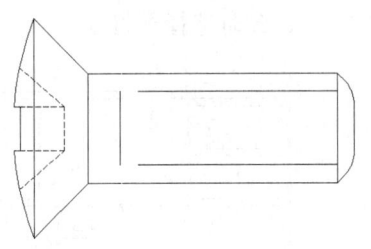

图 3-74 制作另外一个圆角的结果

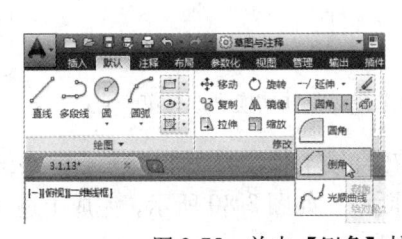

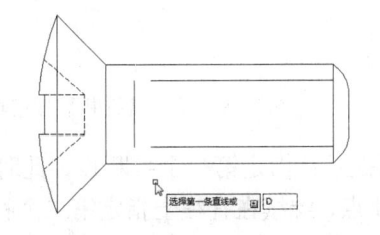

图 3-75 单击【倒角】按钮并选择【距离】选项

6 系统提示：指定第一个倒角距离<0.0000>:指定第二个倒角距离<3.0000>，接着输入第一个倒角距离为 3、第二个倒角距离为 5，然后按 Enter 键，如图 3-76 所示。

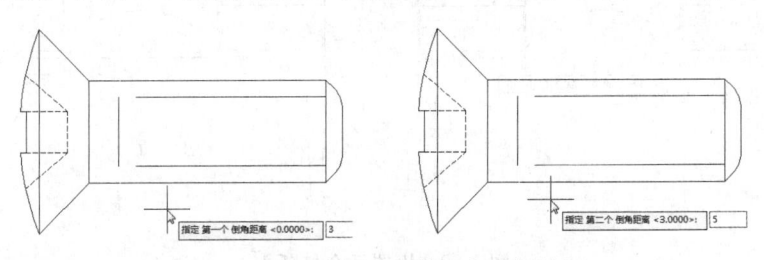

图 3-76 设置第一个和第二个倒角距离

7 系统提示：选择第一条直线或[放弃(U)/多段线(P)/距离(D)/角度(A)/修剪(T)/方式(E)/多个(M)]，此时分别选择倒角线段，如图 3-77 所示。使用相同的方法，创建第二个倒角，结果如图 3-78 所示。

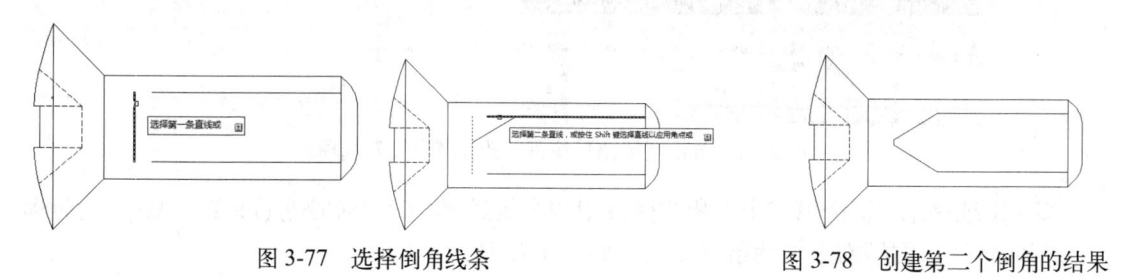

图 3-77　选择倒角线条　　　　　　　　　　　　图 3-78　创建第二个倒角的结果

3.1.14　实例 14：打断与合并对象

使用【打断】（BREAK）命令可以在对象上创建一个间隙，即产生两个对象，对象之间具有间隙。使用【合并】（JOIN）命令则可以将相似的对象合并为一个对象。

上机实战　打断与合并对象

1 打开光盘中的"..\Example\Ch03\3.1.14.dwg"练习文件，在【修改】面板中单击【打断】按钮，此时选择要打断的对象，再输入"F"并按 Enter 键，如图 3-79 所示。

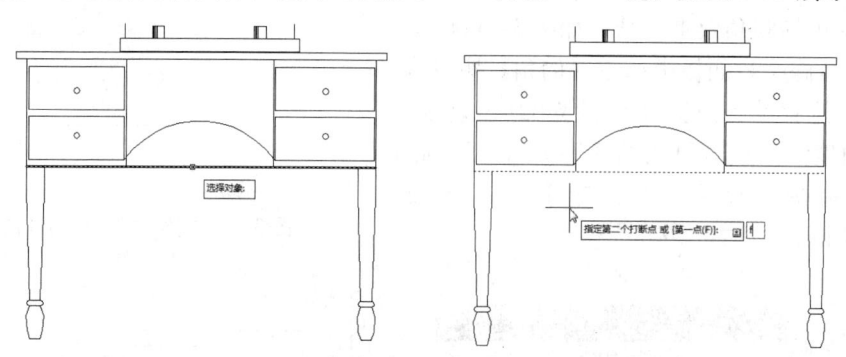

图 3-79　单击【打断】按钮再选择对象并切换到选择第一点

2 系统提示：指定第一个打断点，此时在直线上指定打断的第一点，系统再提示：执行第二个打断点，继续在直线上指定第二个打断点，如图 3-80 所示。完成上述操作后，即可打断直线。

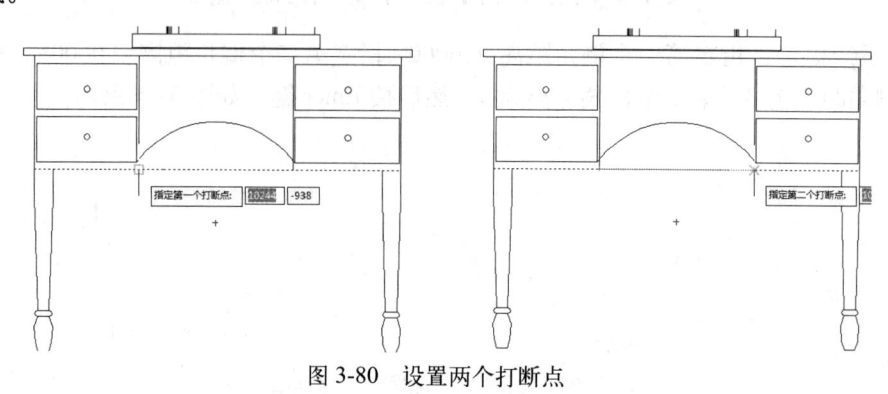

图 3-80　设置两个打断点

3 在【修改】面板中单击【合并】按钮 。系统提示：选择源对象或要一次合并的多个对象，此时选择如图3-81所示的直线。

4 系统提示：选择要合并的对象，此时选择另外一条直线，如图3-82所示。合并直线的结果如图3-83所示。

> **技巧**
> 如果要打断对象而不创建间隙，可以在相同的位置指定两个打断点。完成此操作的最快方法是在提示输入第二个打断点时输入@0,0，以指定上一点。

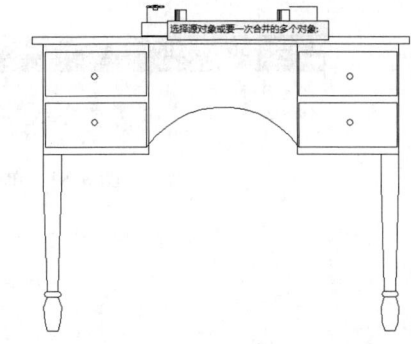

图3-81 单击【合并】按钮并选择第一条直线

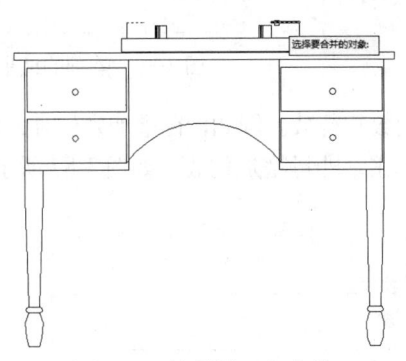

图3-82 选择第二条直线

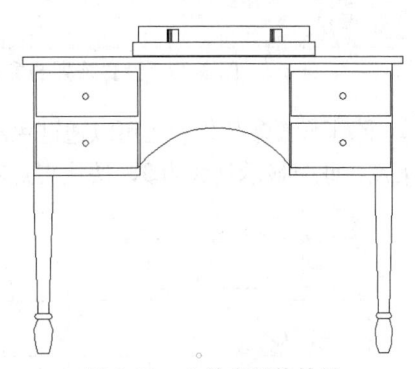

图3-83 合并直线的结果

3.1.15 实例15：创建对象的阵列

【阵列】命令可以为对象进行有规则的多重复制操作。在AutoCAD中，包括"矩形阵列"、"环形阵列"和"路径阵列"3种阵列的方式。

- 矩形阵列：可以通过控制行和列的数目以及它们之间距离的方式进行多重复制。通常用于将某个对象创建成一个矩形方阵。但创建的方式也可以是指定距离的单独一列或者一行。
- 环形阵列：可以按指定数量和旋转角度或对象间的角度创建多个环形等距的对象，此方法比复制更加快速准确。
- 路径阵列：可以将对象均匀地沿路径或部分路径分布。路径可以是直线、多段线、三维多段线、样条曲线、螺旋、圆弧、圆或椭圆。

> **上机实战** 创建矩形阵列

1 打开光盘中的"..\Example\Ch03\3.1.15.dwg"练习文件，在【修改】面板中单击【阵列】按钮 ，系统提示：选择对象，此时选择文件中的办公椅图形并按Enter键，如图3-84所示。

2 此时程序界面上出现了【阵列创建】选项卡。在选项卡中设置各项参数，如图3-85所示。设置参数后，结果如图3-86所示。

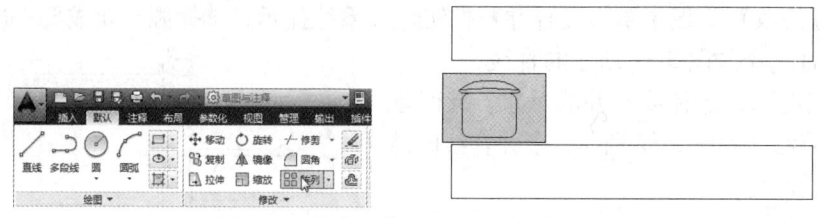

图 3-84　单击【阵列】按钮并选择对象

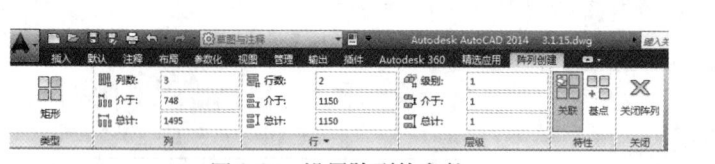

图 3-85　设置阵列的参数　　　　　　　　图 3-86　阵列的结果

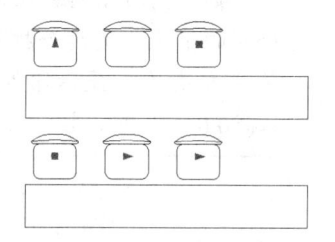

3 除了设置参数外，还可以通过手动操作增加列数和行数。例如，在增加列数时，将鼠标移到夹点，此时显示列数为 3，按住夹点向右移动并单击，即可增加列数，如图 3-87 所示。

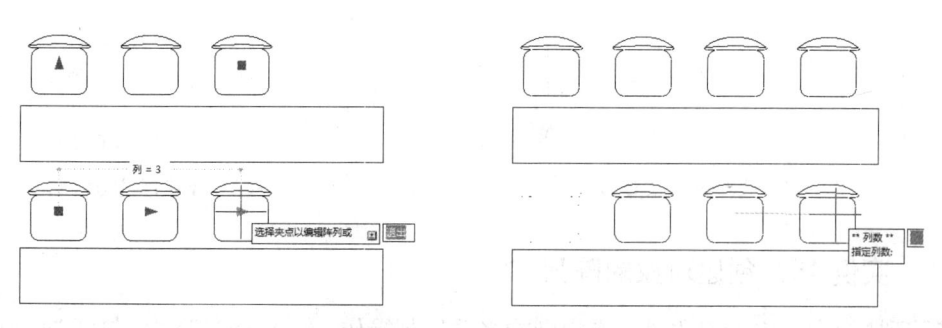

图 3-87　手动增加列数

4 除了可以手动增加行数和列数外，还可以增加或减少阵列对象的间距。例如，如果要增加间距，将鼠标移到夹点，此时显示间距的数值，按住夹点向右移动并单击即可，如图 3-88 所示。

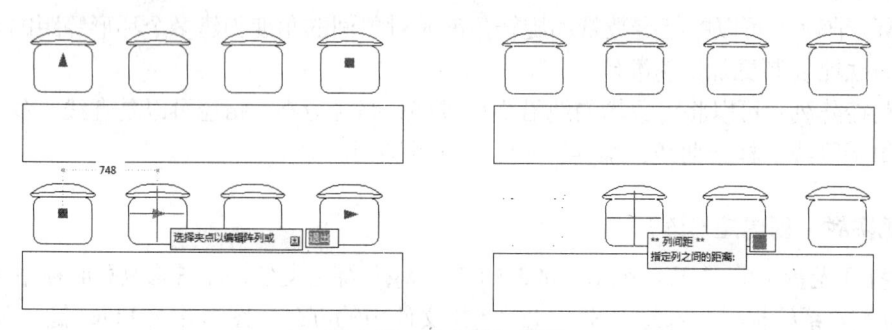

图 3-88　手动增加间距

5 如果要结束编辑阵列，可以直接按 Enter 键，或者在【阵列创建】选项卡中单击【关闭阵列】按钮，此时可以返回工作区查看阵列的最终结果，如图 3-89 所示。

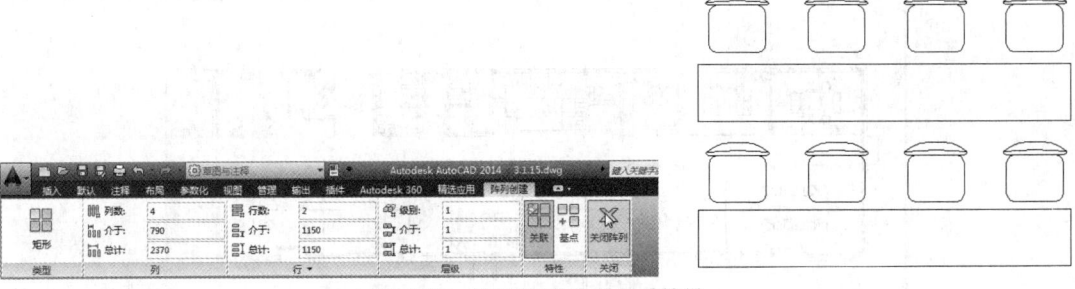

图 3-89　关闭阵列并或查看结果

3.2　综合项目训练

经过上述设计基础技能的训练，已经详细介绍了在 AutoCAD 2014 中查看、管理视图和编辑图形的基本方法。下面将通过两个综合项目训练，综合介绍利用视图管理和编辑功能，管理图形文件和设计平面图形作品的方法。

3.2.1　项目 1：查看与管理办公楼平面图

本例通过控制视图的方法查看办公大楼平面图并将最佳的视觉视图进行保存。在本例中将应用到各种管理视图的功能，包括缩放、平移、回放与命名视图等。

上机实战　查看与管理办公楼平面图

1　打开光盘中的"..\Example\Ch03\3.2.1.dwg"练习文件，在文件工作区的【SteeringWheels】面板中打开【缩放】选项列表框，然后选择【缩小】选项，缩小当前视图以便查看整个图形，如图 3-90 所示。

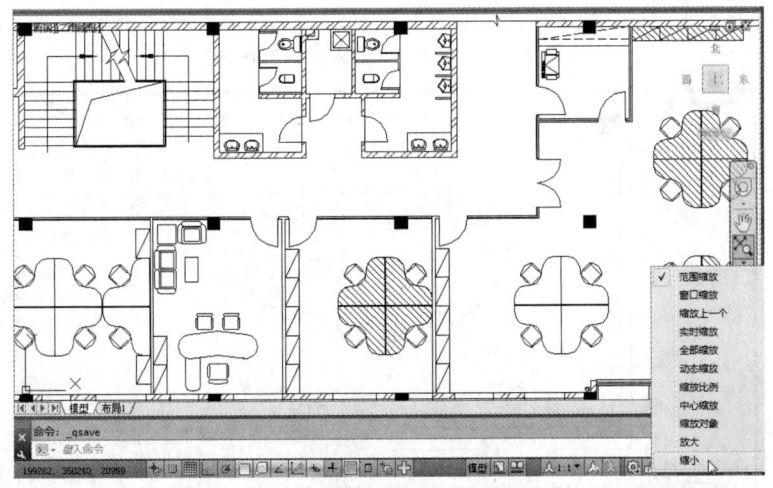

图 3-90　缩小视图

2　缩小平面图后，有部分图形未能在视图中查看到。因此需要在文件工作区的【SteeringWheels】面板中单击【平移】按钮，然后按住鼠标左键以移动视图，查看平面图，如图 3-91 所示。平移完成后按 Enter 键即可。

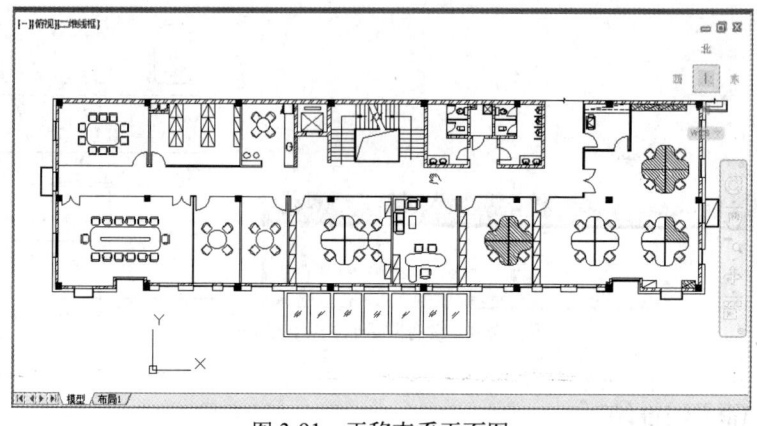

图 3-91 平移查看平面图

3 在文件工作区的【SteeringW0068eels】面板中打开【缩放】选项列表框，然后选择【窗口缩放】命令，当光标变成"十"形状后，指定两个角点选择平面图中的大会议室区域，以便将此区域进行放大显示，如图 3-92 所示。放大后的结果如图 3-93 所示。

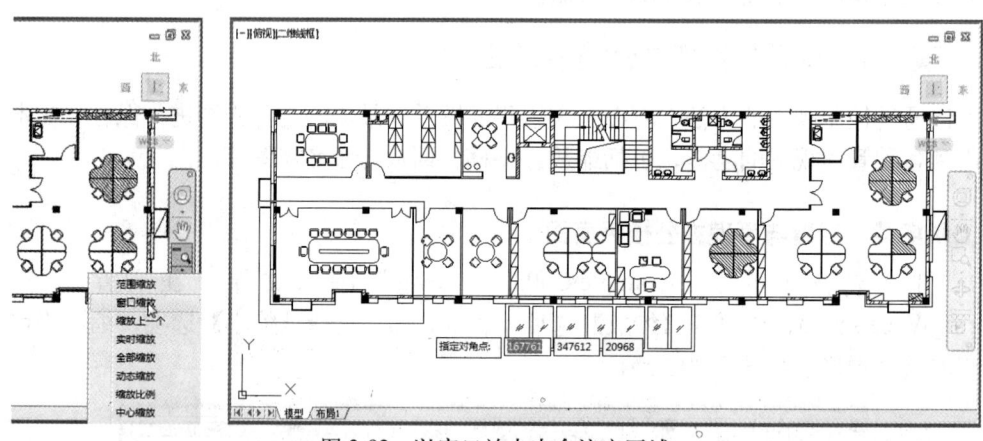

图 3-92 以窗口放大大会议室区域

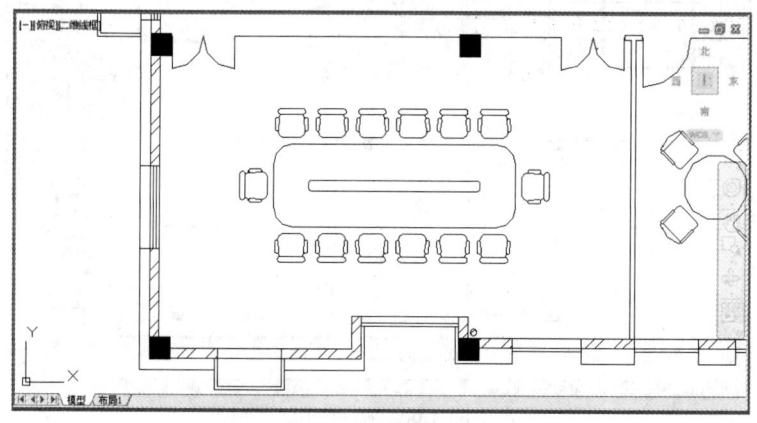

图 3-93 放大大会议室区域的结果

4 在【视图】选项卡的【二维导航】面板中打开【缩放】选项列表框，再选择【实时】选项 。当光标变成 状态后，在图形中按住左键不放并往下方拖动，适当缩小图形显示，最后按 Enter 键结束实时缩放，如图 3-94 所示。

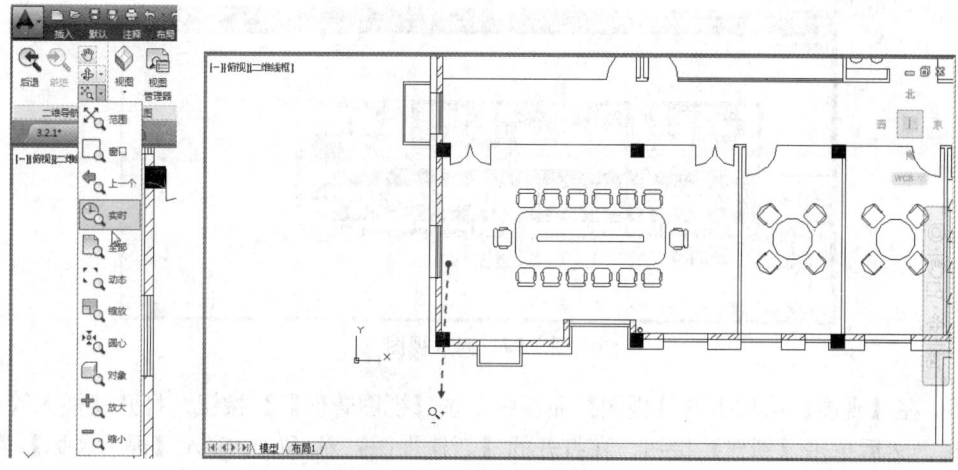

图 3-94　实时缩放视图

5　当需要再次清楚查看平面图的大会议室区域时，可以在【视图】选项卡的【二维导航】面板中单击【后退】按钮，返回上一次查看大会议室区域的视图中，如图 3-95 所示。

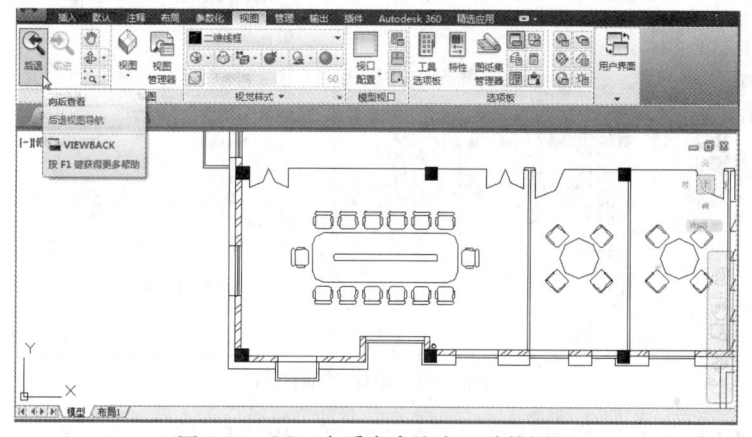

图 3-95　返回查看大会议室区域的视图

6　在文件工作区工具栏中单击【全导航控制盘】按钮 ◎，然后将鼠标移到【平移】按钮上并单击，接着移动鼠标，以平移方式查看视图，如图 3-96 所示。

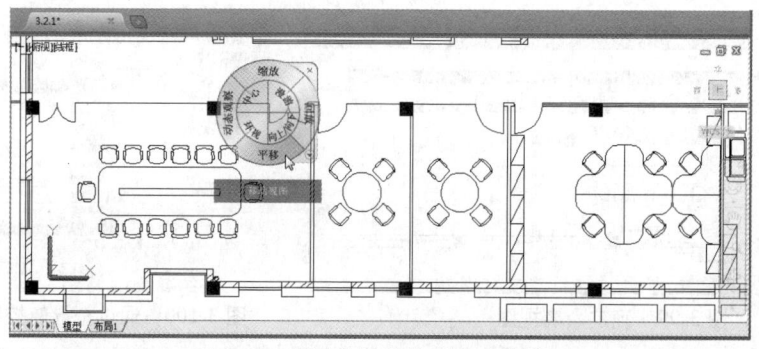

图 3-96　通过全导航控制盘平移视图

7　将鼠标移到【全导航控制盘】的【回放】按钮上，然后选择回放的视图，如图 3-97 所示。

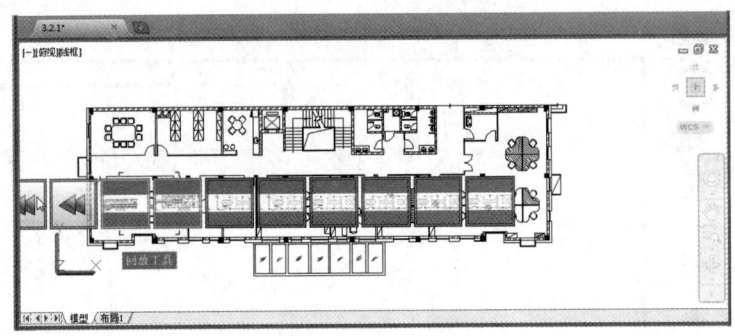

图 3-97 回放视图

8 在【视图】选项卡的【视图】面板中单击【视图管理器】按钮,打开【视图管理器】对话框,然后单击【新建】按钮,在打开的【新建视图】对话框中输入【视图名称】为【办公楼全图】,单击【确定】按钮,如图 3-98 所示。

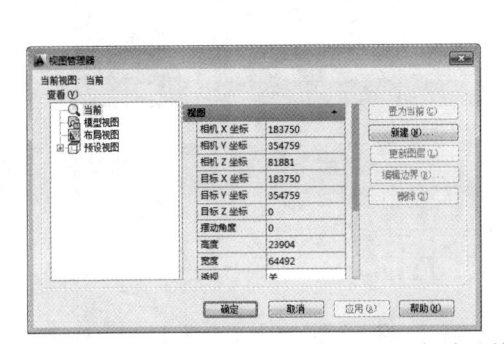

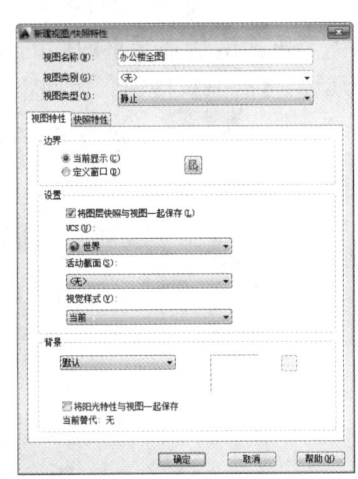

图 3-98 新建当前视图

9 返回【视图管理器】对话框,检查缩览图与相关属性无误后,再次单击【确定】按钮,将【办公楼全图】画面命名成视图,如图 3-99 所示。

10 在工作区工具栏中单击【全导航控制盘】按钮,将鼠标移到【全导航控制盘】的【回放】按钮上,然后选择查看大会议室区域的回放视图,如图 3-100 所示。

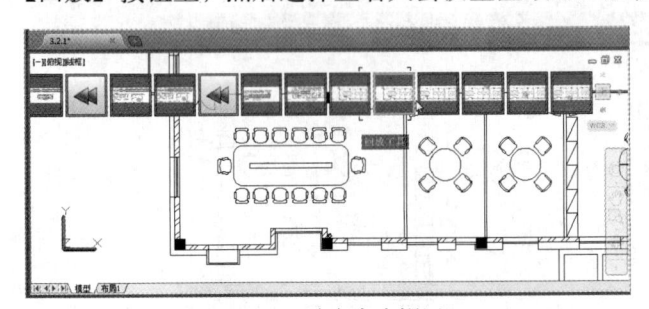

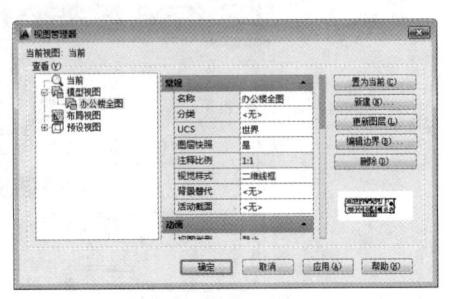

图 3-99 确定命名视图　　　　图 3-100 通过全导航控制盘回放视图

11 在【视图】选项卡的【视图】面板中单击【视图管理器】按钮,打开【视图管理器】对话框,然后单击【新建】按钮,在打开的【新建视图】对话框中输入【视图名称】为【办公楼大会议室】,接着连续单击【确定】按钮,关闭所有对话框,如图 3-101 所示。

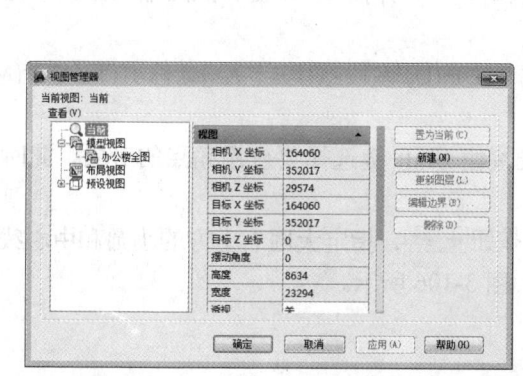

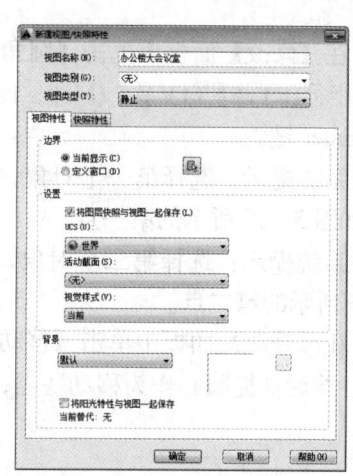

图 3-101 命名当前视图并保存

3.2.2 项目 2：快速设计机械零件图

本例将使用已经设计好的局部零件图，通过使用夹点编辑、圆角、延伸、旋转、移动、镜像等命令，快速设计出一个完整的机械零件图，结果如图 3-102 所示。

上机实战　快速设计机械零件图

1 打开光盘中的"..\Example\Ch03\3.2.2.dwg"练习文件，单击选择直角多段线对象，然后按住 Shift 键选择右侧的两个夹点，如图 3-103 所示。

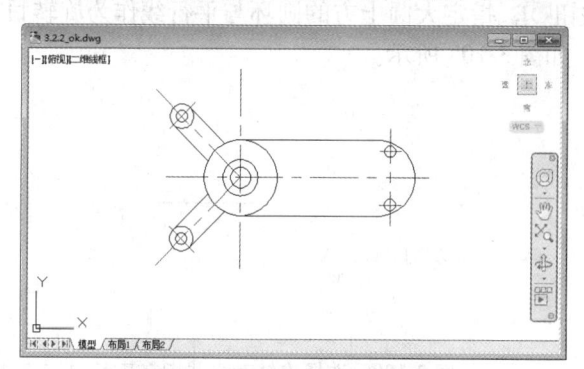

图 3-102 设计机械零件图的结果　　　　图 3-103 选择多个夹点

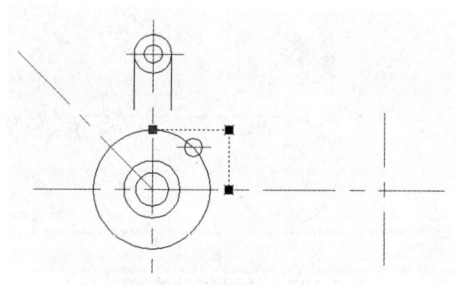

2 通过状态栏启动【正交模式】与【动态输入】功能，将选中的夹点往右拖动，然后输入"85"并按 Enter 键，快速拉伸对象，如图 3-104 所示。

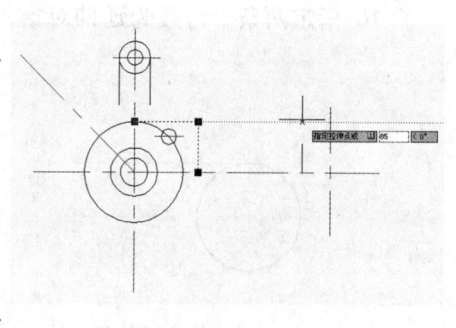

图 3-104 拉伸夹点

3 在【修改】面板中单击【圆角】按钮◻,系统提示:选择第一个对象或 [放弃(U)/多段线(P)/半径(R)/修剪(T)/多个(M)]:,此时输入"r"并按 Enter 键,然后输入圆角半径为 25,再次按 Enter 键。

4 系统提示:选择第一个对象,或 [放弃(U)/多段线(P)/半径(R)/修剪(T)/多个(M)],此时单击如图 3-105 所示的第一点。

5 系统提示:选择第二个对象,或按住 Shift 键选择要应用角点的对象,此时单击如图 3-105 所示的第二点。

6 在【修改】面板中单击【移动】按钮 移动,指定大圆右上方的小圆和中心线作为目标对象,然后捕捉圆心作为移动基点,如图 3-106 所示。

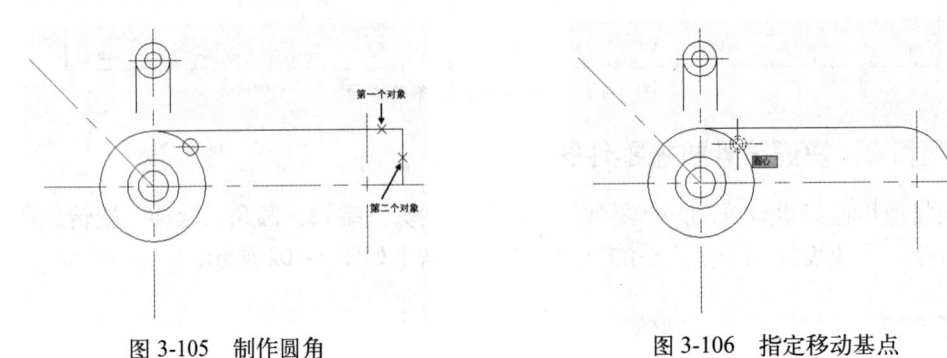

图 3-105 制作圆角　　　　　　　　　图 3-106 指定移动基点

7 移动鼠标,指定右侧垂直中心线上的交点为移动终点,如图 3-107 所示。

8 在【修改】面板中单击【旋转】按钮◯,指定大圆上方的圆环与平行线作为旋转目标对象,然后捕捉大圆的圆心为旋转基点,如图 3-108 所示。

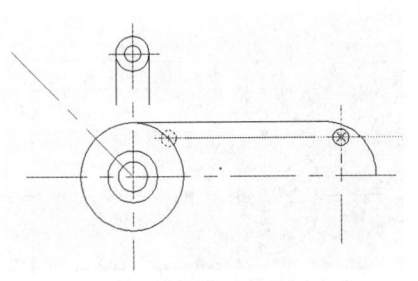

图 3-107 捕捉移动的第二个点 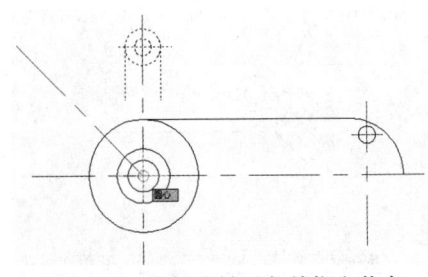　　　　图 3-108 选择旋转对象并指定基点

9 在【修剪】工具栏中单击【延伸】按钮,选择大圆为延伸的目的地,如图 3-109 所示。

10 指定两条平行线为延伸对象,最后按 Enter 键结束【延伸】命令,如图 3-110 所示。

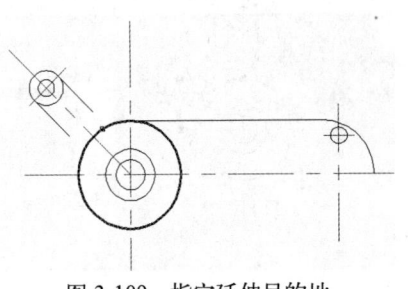

图 3-109 指定延伸目的地 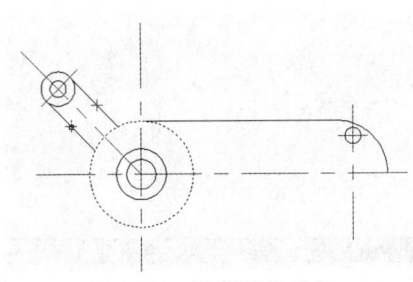　　　　　　图 3-110 选择延伸对象

11 在【修改】面板中单击【镜像】按钮▲,指定要镜像的对象,如图 3-111 所示。

12 通过水平中心线上的两个点确定镜像线,如图 3-112 所示。

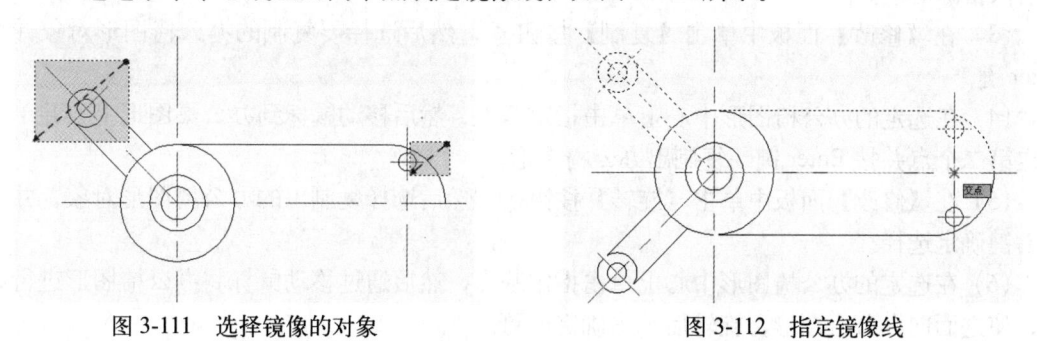

图 3-111　选择镜像的对象　　　　图 3-112　指定镜像线

13 系统提示:要删除源对象吗? [是(Y)/否(N)] <N>,直接按 Enter 键复制镜像对象并退出【镜像】命令即可。

3.3　本章小结

本章主要介绍了在 AutoCAD 2014 中使用各种工具或功能控制图形文件视图的缩放、平移、使用导航控制盘和创建视图,以及移动、旋转、缩放、修剪、拉伸、打断图形等编辑图形的各种方法。

3.4　课后训练

将练习文件中的办公椅图形进行镜像处理,生成另一个办公椅,然后通过复制和旋转的方式,复制出第二个办公椅并放置在办公台图形的上方,接着对复制出的办公椅图形进行放大处理,结果如图 3-113 所示。

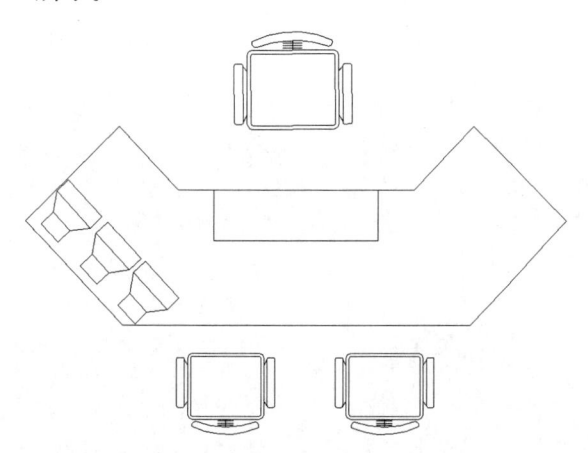

图 3-113　编辑训练题图形后的结果

提示:

(1)打开光盘中的"..\Example\Ch03\3.4.dwg"练习文件,在【修改】面板中单击【镜像】按钮▲,然后选择要镜像的办公椅图形对象并按 Enter 键。

（2）系统提示：指定镜像线的第一点，此时在办公椅右侧通过指定两点来确定镜像线，然后保留源对象。

（3）在【修改】面板中单击【复制】按钮，然后选择要复制的办公椅图形对象并按 Enter 键。

（4）在选定的办公椅图形中心上单击指定基点，然后移动鼠标到办公桌图形上方并单击指定第二个点并按 Enter 键，复制出办公椅图形。

（5）在【修改】面板中单击【旋转】按钮，然后选择复制出的办公椅图形对象，并单击右键确定选择。

（6）在选定的办公椅图形中心上单击指定基点，然后通过移动鼠标将办公椅图形进行旋转，使之面向办公台图形，旋转后单击确定即可。

（7）在【修改】面板中单击【缩放】按钮，然后选择刚旋转后的办公椅图形对象并按 Enter 键。

（8）系统提示：指定基点，此时可以在选定图形对象的中心处单击，作为缩放基点。

（9）系统提示：指定比例因子，此时输入 1.2 并按 Enter 键即可。

第 4 章　管理对象特性与应用填充

教学提要

特性是所有对象专有的属性，它可以表示对象的相关设置，例如颜色、线型、线宽，甚至半径、面积、长度、角度等。通过控制对象的特性，可以改变对象的显示和打印效果，便于对象的实际应用。本章将详细介绍在 AutoCAD 2014 中管理和修改对象特性以及为对象应用图案填充和渐变填充的方法。

教学重点

➢ 掌握显示与修改对象特性的方法
➢ 掌握使用图层管理对象与修改特性的方法
➢ 掌握为对象进行特性匹配的方法
➢ 掌握修改对象颜色、线宽和线型的方法
➢ 掌握为对象应用图案填充和渐变色填充的方法

4.1　入门基础技能训练

在 AutoCAD 中，绘制的每个对象都具有自己的特性。有些特性是基本特性，适用于多数对象，例如图层、颜色、线型和打印样式。下面将详细介绍对象特性设置和修改，以及为对象应用填充的基本方法。

4.1.1　实例 01：显示与查看对象特性

在 AutoCAD 中，每个对象都有自己的特性，可以显示与修改这些特性，以改变对象的显示效果以及大小、样式等。

上机实战　显示与查看对象特性

1　打开光盘中的"..\Example\Ch04\4.1.1.dwg"练习文件。如果要通过图层特性管理器查看对象特性，可以在【默认】选项卡的【图层】面板中单击【图层特性】按钮，并通过【图层特性管理器】面板查看对象特性，如图 4-1 所示。

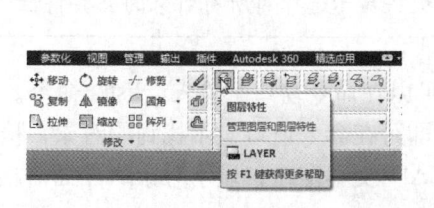

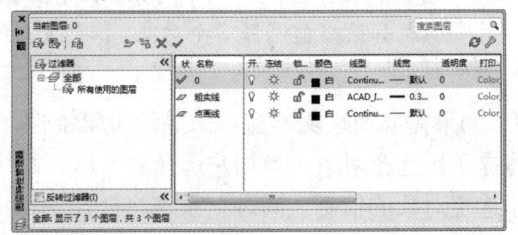

图 4-1　通过图层特性管理器查看对象特性

2 可以通过【图层特性管理器】面板修改对象特性，例如，当需要修改【点画线】图层对象的颜色时，可以双击【点画线】图层的【颜色】列的"颜色"按钮，然后通过【选择颜色】对话框选择一种颜色，再单击【确定】按钮即可，如图 4-2 所示。

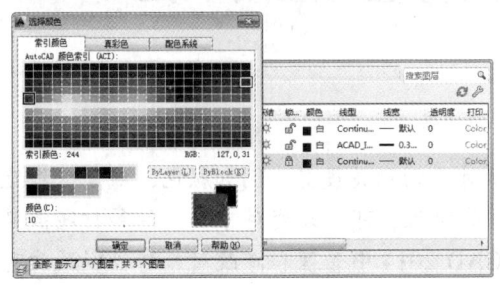

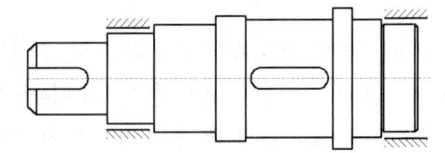

图 4-2　修改对象的颜色

3 如果需要通过【特性】面板查看对象特性时，可以通过【默认】选项卡的【特性】面板中查看和修改对象的特性，也可以直接打开【特性】面板，如图 4-3 所示。

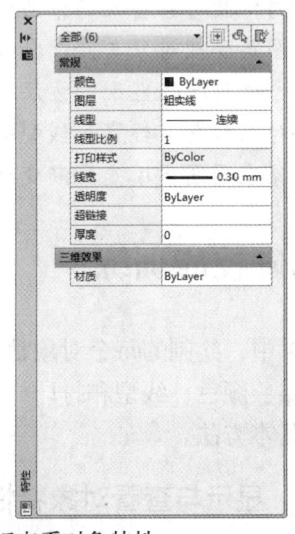

图 4-3　通过【特性】面板查看对象特性

> 【特性】面板用于列出选定对象或对象集的特性设置。可以修改任何通过指定新值的对象的特性。
> （1）如果当前没有选择对象，【特性】面板只会显示当前图层和布局的基本特性、附着在图层上的打印样式表名称，以及视图特性和 UCS 的相关信息。
> （2）如果当前选择一个对象，【特性】面板只会显示当前对象的特性。
> （3）如果当前选择多个对象，【特性】面板将显示选择对所有对象的公共特性。

4 如果需要通过文本窗口来显示对象特性，可以在命令窗口上输入"list"命令。此时系统将提示：选择对象，当用户选择对象后，系统即可在命令窗口显示找到的对象，接着依次显示选定对象的信息。同时，系统将打开 AutoCAD 文本窗口，显示对象的详细信息，如图 4-4 所示。

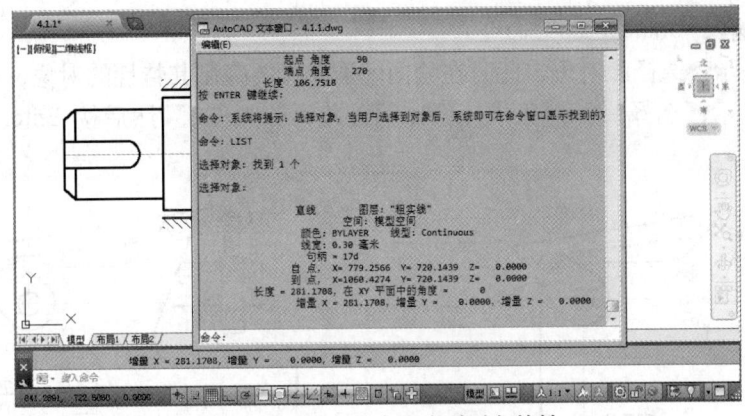

图 4-4 通过文本窗口查看对象特性

4.1.2 实例 02：为对象进行特性匹配

AutoCAD 提供了一个【特性匹配】功能，可以将一个对象的某些或所有特性复制到其他对象上。可以复制的特性类型包括颜色、图层、线型、线型比例、线宽、打印样式和三维厚度等。

上机实战　为对象进行特性匹配

1　打开光盘中的 "..\Example\Ch04\4.1.2.dwg" 练习文件，选择【修改】|【特性匹配】菜单命令（或输入 "matchprop" 命令）。

2　系统提示：选择源对象，此时在绘图区的零件图上选择要复制其特性的对象，如图 4-5 所示。

3　系统提示：选择目标对象或[设置(S)]，继续在绘图区上选择一个或多个要应用已复制的特性的对象，最后按 Enter 键即可，如图 4-6 所示。

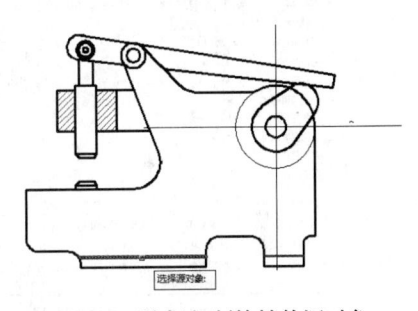

图 4-5 选择复制特性的源对象

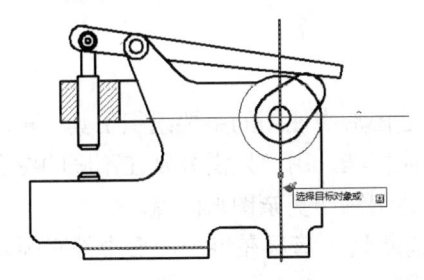

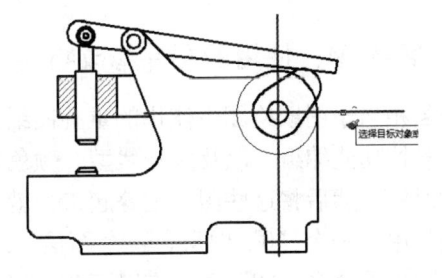

图 4-6 选择目标对象以匹配特性

4.1.3 实例 03：设置取消要匹配的特性

在默认状态下，对象的所有可应用的特性可以被复制并应用到目标对象上，如果不想某些特性应用到目标对象，则可以在应用特性前进行设置，取消要匹配的某些特性。

上机实战　设置取消要匹配的特性

1　打开光盘中的 "..\Example\Ch04\4.1.3.dwg" 练习文件，选择【修改】|【特性匹配】

菜单命令（或输入"matchprop"命令）。

2 系统提示：选择源对象，此时在绘图区上选择要复制其特性的对象，如图4-7所示。

3 系统提示：选择目标对象或[设置(S)]，此时输入"S"然后按Enter键，如图4-8所示。

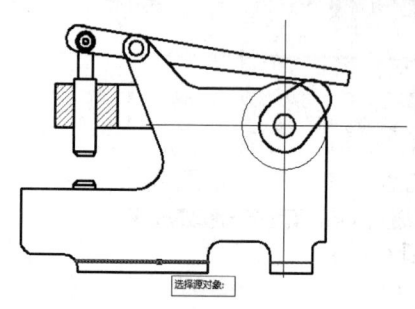

图4-7 执行特性匹配命令并选择源对象

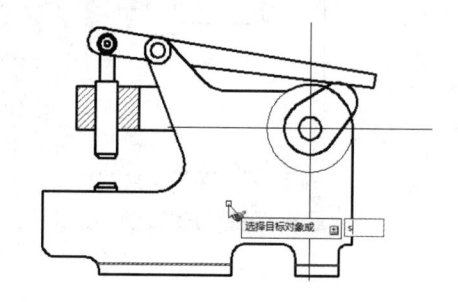

图4-8 选择【设置】选项

4 打开【特性设置】对话框，取消选择不需要匹配的特性，例如取消【线型】、【线型比例】、【线宽】等特性，然后单击【确定】按钮，如图4-9所示。

5 设置完成后，继续在绘图区上选择一个或多个要应用已复制的特性的对象，最后按Enter键即可，如图4-10所示。

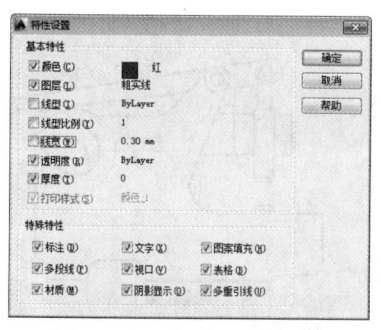

图4-9 取消要匹配的特性

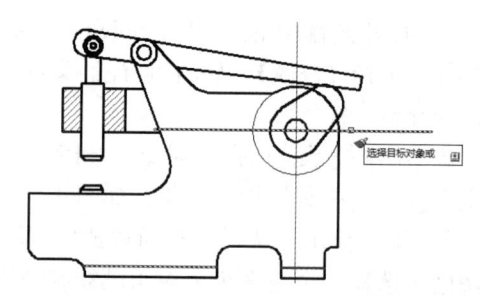

图4-10 选择目标对象匹配特性

4.1.4 实例04：使用图层并修改特性

图层相当于图纸绘图中使用的重叠图纸，它是图形中使用的主要组织工具，可以使用图层将信息按功能编组，以及执行线型、颜色及其他标准。用户只需分别在不同的图层上绘制不同的对象，然后将这些图层重叠起来，就可以达到制作复杂图形的目的。

图层中有一个"0"图层，这个图层可以称为基层。基层在每个图形中都必须有，而且不能删除或重命名。"0"图层有以下两个用途。

（1）确保每个图形至少包括一个图层，即基层。
（2）提供与块中的控制颜色相关的特殊图层。

上机实战 使用图层并修改特性

1 打开光盘中的"..\Example\Ch04\4.1.4.dwg"练习文件，选择【默认】选项卡，在【图层】面板中单击【图层特性】按钮。

2 打开【图层特性管理器】面板后，单击【新建图层】按钮，此时面板右边窗格中新建了一个图层，在亮显的图层名上输入新图层名，如图4-11所示。

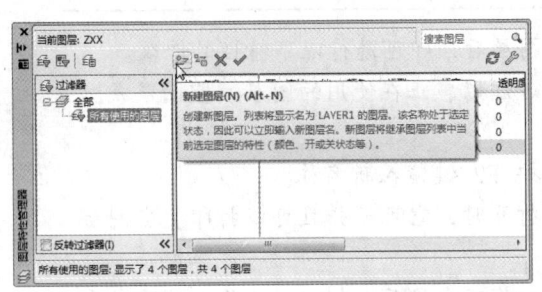

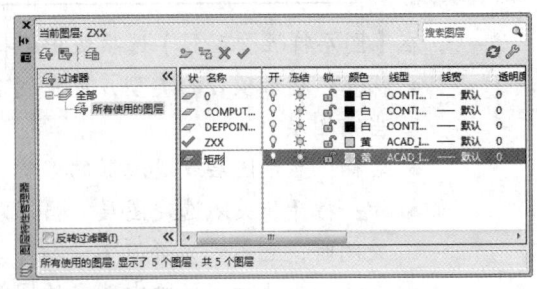

图4-11 新建图层并命名图层

技巧

图层名最多可以包含255个字符，可以包括字母、数字和特殊字符，例如美元符号($)、连字符( )和下划线(_)。另外，图层名不能包含空格。

3 在【默认】选项卡的【图层】面板中打开【图层】列表框，然后选择【矩形】图层，使之变成当前编辑图层，如图4-12所示。

4 在【绘图】面板上单击【矩形】按钮，然后在工作区上绘制一个矩形，与现有的图层构成洗菜盘图形，如图4-13所示。

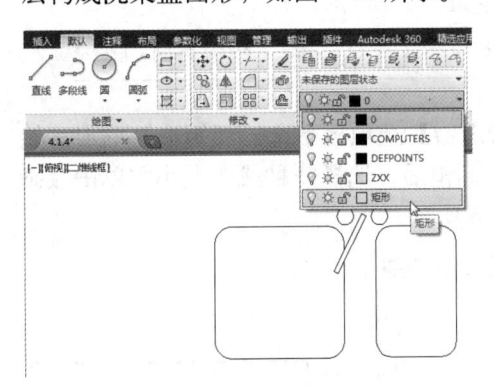

图4-12 切换当前图层　　　　图4-13 绘制矩形

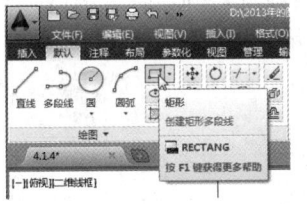

5 由于新建图层时设置的图层颜色为【黄色】，所以绘制的矩形为黄色。可以在【图层】面板中单击【图层特性】按钮，打开【图层特性管理器】选项板后，选择【矩形】图层，然后打开【选择颜色】对话框，修改矩形颜色为【黑色】，如图4-14所示。

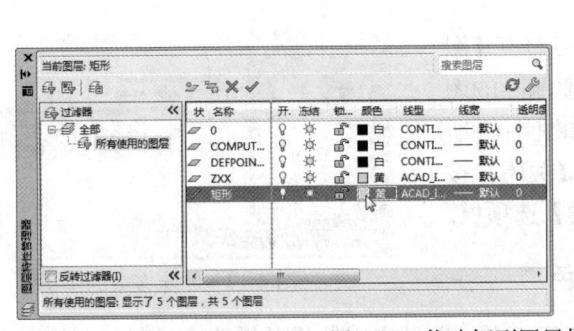

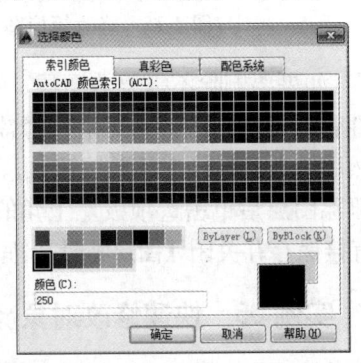

图4-14 修改矩形图层的颜色

技巧

在【图层特性管理器】选项板中选择图层后，即可进行以下特性的修改。

- 状态：指示项目的类型，包括图层过滤器、正在使用的图层、空图层或当前图层。
- 名称：显示图层或过滤器的名称，按 F2 键输入新名称。
- 开：打开和关闭选定图层。当图层打开时，它可见并且可以打印。当图层关闭时，它不可见并且不能打印。
- 冻结：冻结所有视口中选定的图层，将不会显示、打印、消隐、渲染或重生成冻结图层上的对象。
- 锁定：锁定和解锁选定图层，但无法修改锁定图层上的对象。
- 颜色：更改与选定图层关联的颜色，单击颜色名可以打开【选择颜色】对话框。
- 线型：更改与选定图层关联的线型，单击线型名称可以打开【选择线型】对话框。
- 线宽：更改与选定图层关联的线宽，单击线宽名称可以打开【线宽】对话框。
- 打印样式：更改与选定图层关联的打印样式。
- 打印：控制是否打印选定图层。
- 新视口冻结：在新布局视口中冻结选定图层。

在菜单栏中选择【插入】｜【时间轴】｜【图层】命令，也可以插入新图层。

6 如果要修改矩形线宽，可以在【图层特性管理器】选项板中选择【矩形】图层，然后双击【矩形】图层的【线宽】列，打开【线宽】对话框后，选择一种线宽大小并单击【确定】按钮，如图 4-15 所示。修改线宽的结果如图 4-16 所示。

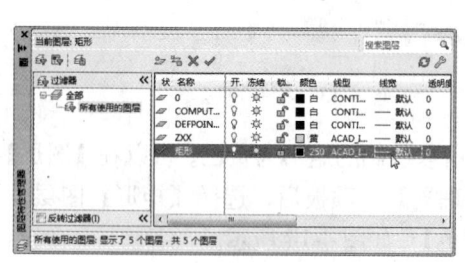

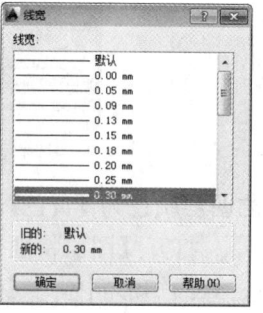

图 4-15 修改矩形图层的线宽

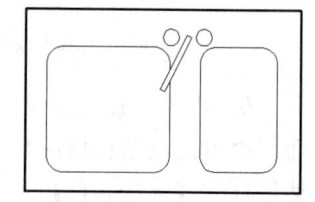

图 4-16 修改线宽的结果

7 如果要删除不需要的图层，可以打开【图层特性管理器】选项板，然后选择需要删除的图层，然后单击【删除图层】按钮，如图 4-17 所示。删除图层后单击选项板左上角的【关闭】按钮，直接保存并关闭【图层特性管理器】选项板。

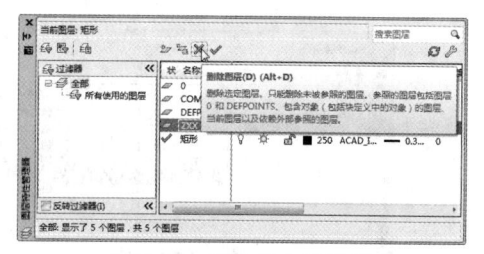

图 4-17 删除多余的图层

4.1.5 实例 05：快速修改对象颜色

在绘图中，可以给不同对象使用不同颜色，以便直观地将对象编组。可以在绘图之前设置当前颜色，将其用于绘图中所有对象的创建上，也可以通过改变对象的颜色来重新设置对象的颜色。

上机实战　快速修改对象颜色

1　打开光盘中的"..\Example\Ch04\4.1.5.dwg"练习文件，拖动鼠标选择文件上的全部图形对象，如图 4-18 所示。

2　选择【默认】选项卡，在【特性】面板中打开【对象颜色】下拉列表框，并选择一种预设颜色，此时即可为选中的对象填充选择的颜色，如图 4-19 所示。

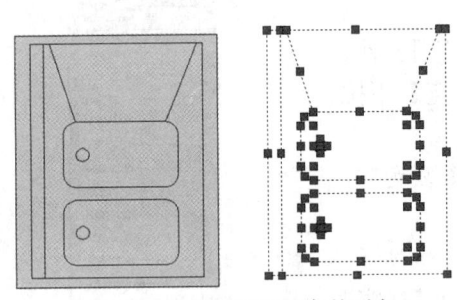

图 4-18　选择要设置颜色的对象　　　　图 4-19　选择一种颜色

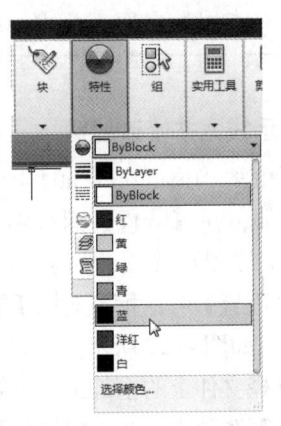

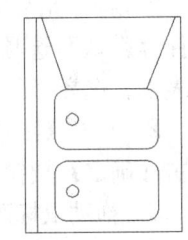

3　如果预设颜色不能满足需求，可以打开【对象颜色】下拉列表框，再选择【选择颜色】选项，接着会打开【选择颜色】对话框，默认显示【索引颜色】选项卡，只要在【AutoCAD 颜色索引】列表中单击选择一种颜色块，最后单击【确定】按钮即可，如图 4-20 所示。

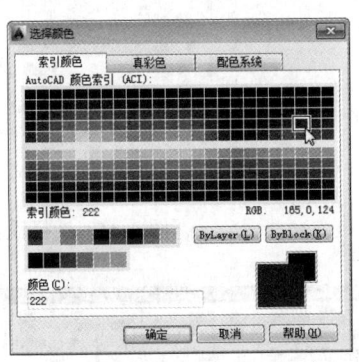

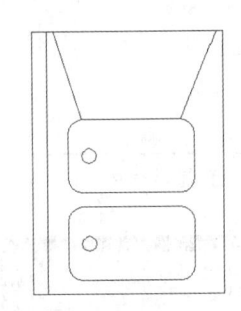

图 4-20　通过【选择颜色】对话框设置对象颜色

技巧

【索引颜色】选项卡中的选项说明如下。

- AutoCAD 颜色索引：在此颜色列表框上可以选择新的颜色。
- ByLayer(L)：单击此按钮，可以使绘制的新对象使用随层(即当前图层)的颜色。
- ByBlock(K)：单击此按钮，使用当前的颜色绘制新对象(直到将对象编组到块中)。将块插入到图形中时，块中的对象将采用当前的颜色设置。
- 颜色：在此文本框中输入颜色名或颜色编号来定义所选颜色。

4.1.6 实例 06：显示线宽并修改线宽

线宽是指定给图形对象以及某些类型的文字的宽度值。使用线宽，可以用粗线和细线清楚地表现出截面的剖切方式、标高的深度、尺寸线和刻度线以及细节上的不同。例如，通过为不同的图层指定不同的线宽，可以轻松区分新建构造、现有构造和被破坏的构造。

技巧

在 AutoCAD 中，必须启用【显示线宽】特性才可以显示对象线宽。另外，除了 TrueType 字体、光栅图像、点和实体填充(二维实体)以外的所有对象，都可以显示线宽，并且在图纸空间布局中，线宽以实际打印宽度显示。

上机实战 显示线宽并修改线宽

1 打开光盘中的"..\Example\Ch04\4.1.6.dwg"练习文件，选择【默认】选项卡，在【特性】面板中打开【线宽】下拉列表框，选择【线宽设置】选项，如图 4-21 所示。

2 打开【线宽设置】对话框，选择【显示线宽】复选框，单击【确定】按钮，如图 4-22 所示。

3 拖动鼠标选择文件上的全部图形对象，如图 4-23 所示。

4 选择【默认】选项卡，在【特性】面板中打开【线宽】下拉列表框，并选择一种预设的线宽选项，此时即可为选择的对象显示对应的线宽效果，如图 4-24 所示。

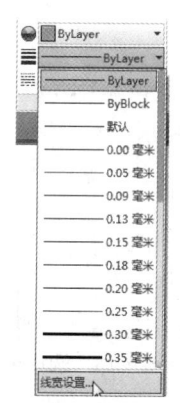

图 4-21　选择【线宽设置】选项

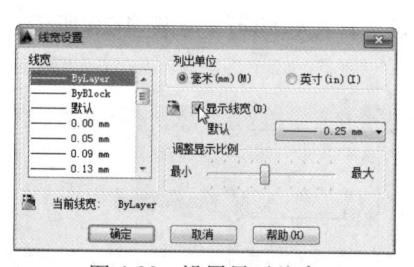

图 4-22　设置显示线宽

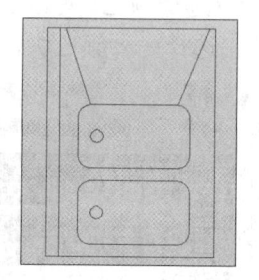

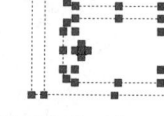

图 4-23　选择设置线宽的对象

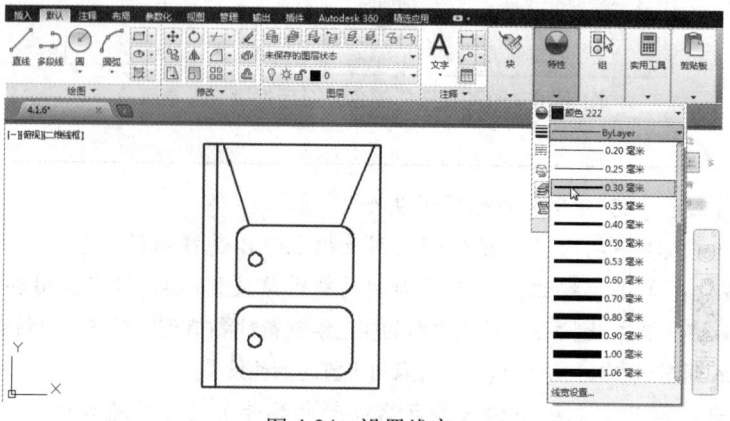

图 4-24　设置线宽

> **技巧**
>
> 在命令行中输入"lwdisplay"并按 Enter 键，接着输入变量为 1 即打开线宽显示，输入变量为 0 即关闭线宽显示。

4.1.7 实例 07：修改线型和线型比例

线型是由沿图线显示的线、点和间隔（空格）组成的图样，而复杂线型则是由符号与点、横线、空格组合的图案。在绘制对象时，将对象设置为不同的线型，可以方便对象间的相互区分，而且使图形易于观看。

在使用线型时，除了可以使用不同类型的线型外，还可以通过全局修改或单个修改每个对象的线型比例，以不同的比例使用同一个线型。

上机实战　修改线型和线型比例

1　打开光盘中的"..\Example\Ch04\4.1.7.dwg"练习文件，使用鼠标在需要修改线型的两条直线上单击，选择两条直线作为作用对象，如图 4-25 所示。

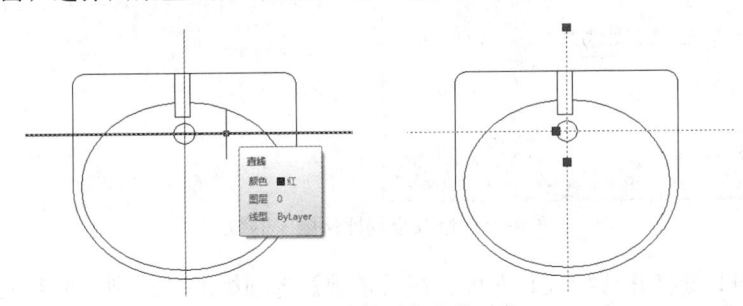

图 4-25　选择两条直线对象

2　选择【默认】选项卡，在【特性】面板中打开【线型】下拉列表框，选择一种合适的线型选项，如图 4-26 所示。此时线型的比例因子过大，工作区中暂时看不到线型效果。

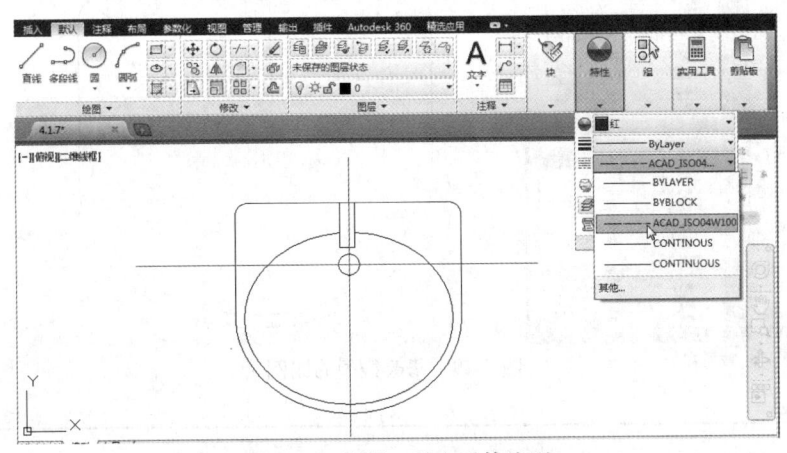

图 4-26　选择一种合适的线型

3　在【特性】面板中打开【线型】下拉列表框，选择【其他】选项，当打开【线型管理器】对话框后，单击【显示细节】按钮，如图 4-27 所示。

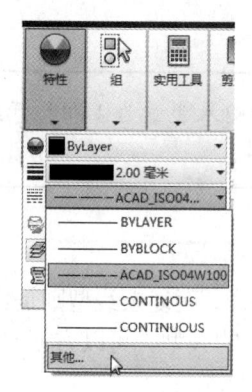

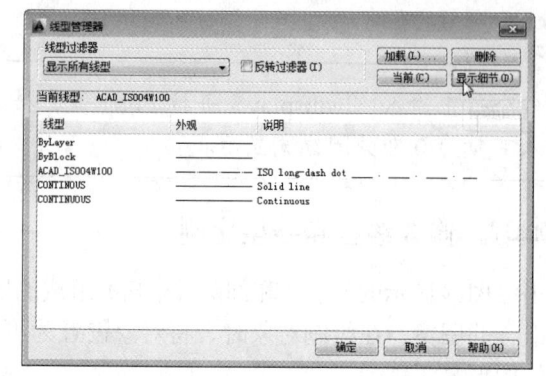

图 4-27 显示线型的细节设置

4 修改【全局比例因子】为 1,然后单击【确定】按钮。完成操作后,直线的线型效果将显示出来,如图 4-28 所示。

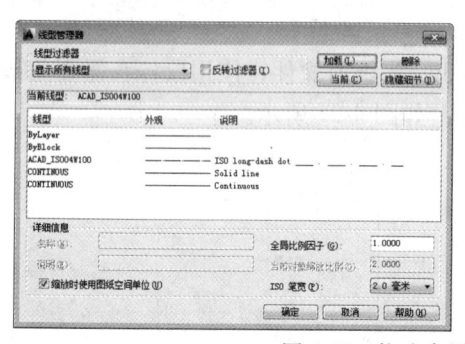

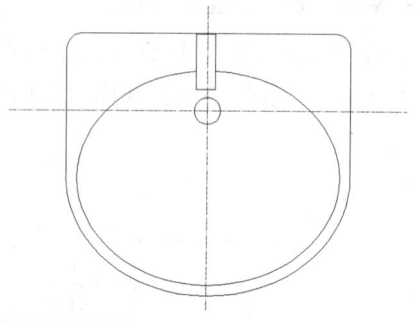

图 4-28 修改全局比例因子的数值

5 按 Ctrl+1 键打开【特性】面板,在【常规】选项组的【线型比例】文本框中输入线型比例的数值,本例输入数值为 2,如图 4-29 所示。

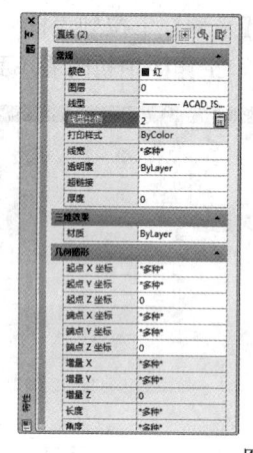

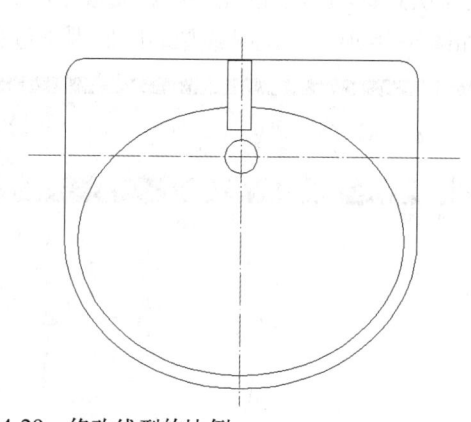

图 4-29 修改线型的比例

技巧

默认情况下,AutoCAD 使用全局的和单独的线型比例值为 1.0。比例越小,每个绘图单位中生成的重复图案就越多。例如,设置线型比例为 0.5 时,每一个图形单位在线型定义中显示重复两次的同一图案。

4.1.8 实例 08：加载或重载线型

在绘图时，可以加载不同的线型，以便需要时使用。不过在加载线型到图形前，必须确定线型可以显示在图形中加载，或者存储在 LIN（线型定义）文件的线型列表中。其线型定义文件包括 acad.lin 和 acadiso.lin 两种。其中 acad.lin 线型定义文件用于英制测量系统的绘图；而 acadiso.lin 线型定义文件则用于公制测量系统的绘图。无论使用哪种线型定义文件，都包含若干个复杂线型。

上机实战　加载或重载线型

1　打开光盘中的"..\Example\Ch04\4.1.7.dwg"练习文件，选择【默认】选项卡，在【特性】面板中打开【线型】下拉列表框，选择【其他】选项，如图 4-30 所示。

2　打开【线型管理器】对话框，单击【加载】按钮，如图 4-31 所示。

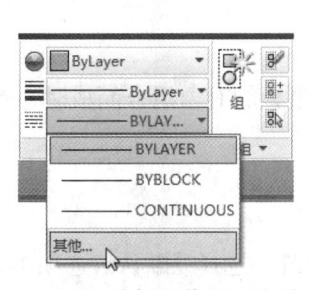

图 4-30　选择【其他】选项　　　　图 4-31　加载线型

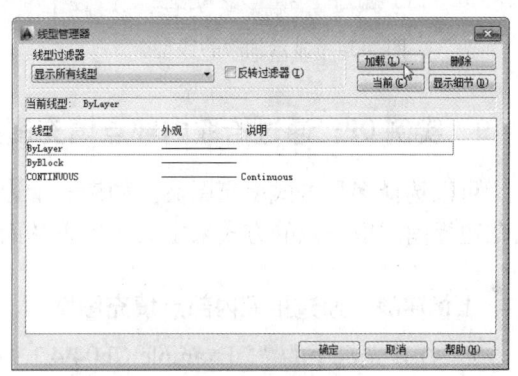

3　打开【加载或重载线型】对话框后，可以单击【文件】按钮，并通过【选择线型文件】对话框选择 acad.lin 或 acadiso.lin 线型定义文件，如图 4-32 所示。

4　返回【加载或重载线型】对话框中，选择需要加载的线型，然后单击【确定】按钮，如图 4-33 所示。

图 4-32　选择线型文件　　　　图 4-33　加载线型

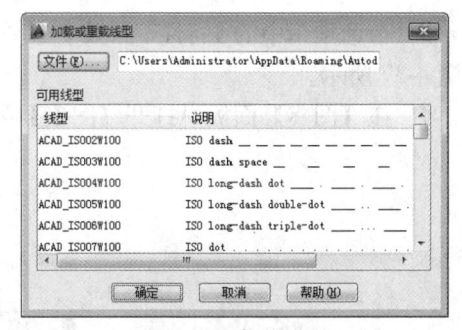

5　加载的线型将显示在【线型管理器】对话框上，单击【确定】按钮，如图 4-34 所示。

6　选择直线对象并打开【线型】下拉列表框，即可选择加载的线型作为当前线型，如图 4-35 所示。

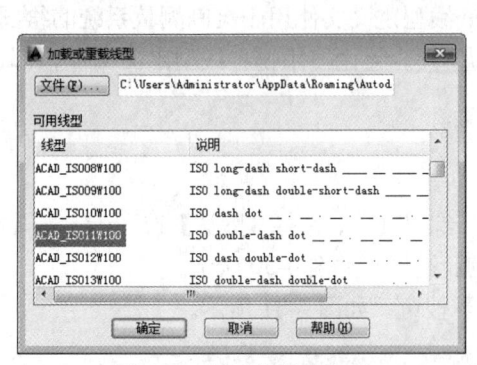

图 4-34　显示加载的线型　　　　　　图 4-35　设置当前线型

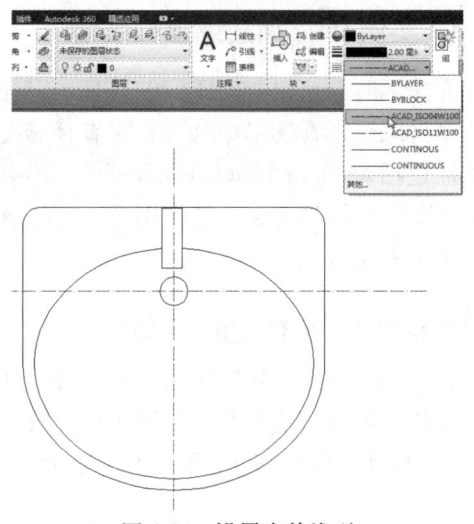

4.1.9　实例 09：通过拾取内部点填充图案

可以选择多种方式填充图案。如果一个边界是由多个重叠的对象组合而成时，就必须使用在边界内部取一点的方式来定义边界，从而应用填充。

上机实战　通过拾取内部点填充图案

1　打开光盘中的"..\Example\Ch04\4.1.9.dwg"练习文件，选择【默认】选项卡，在【绘图】面板中单击【图案填充】按钮，打开【图案填充创建】选项卡。

2　在【边界】选项组中单击【拾取点】按钮，如图 4-36 所示。

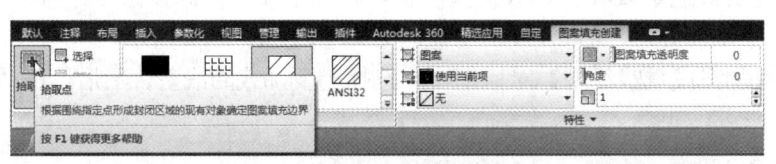

图 4-36　单击【拾取点】按钮

3　在选项卡中的【特性】面板中选择图案填充类型为【图案】，图案填充颜色为【红色】，如图 4-37 所示。

4　在【图案】面板中打开【图案】列表框，选择一种预设的图案，如图 4-38 所示。

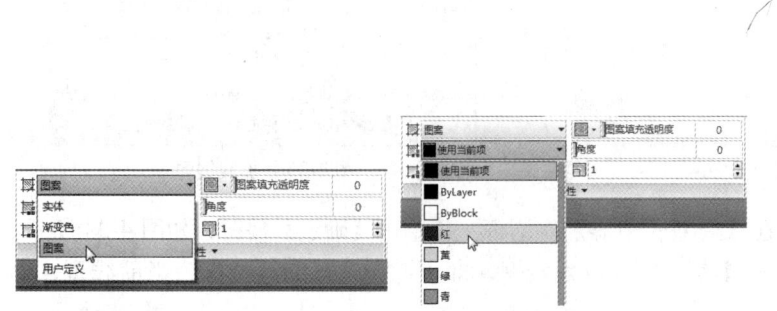

图 4-37　设置图案填充类型和颜色　　　　　　图 4-38　选择预设的图案

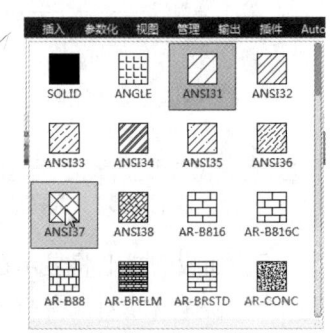

5　系统提示：拾取内部点或[选择对象(S)/放弃(U)/设置(T)]，此时在需要填充的区域中单击，指定填充的内部点，如图 4-39 所示。

6　按 Enter 键后，看到拾取的内部点一片红色，并没有出现图案。这是因为图案填充过密导致的，继续打开【图案填充创建】选项卡，先选择填充的图案，然后设置较大的【填充图案比例】，如图 4-40 所示。

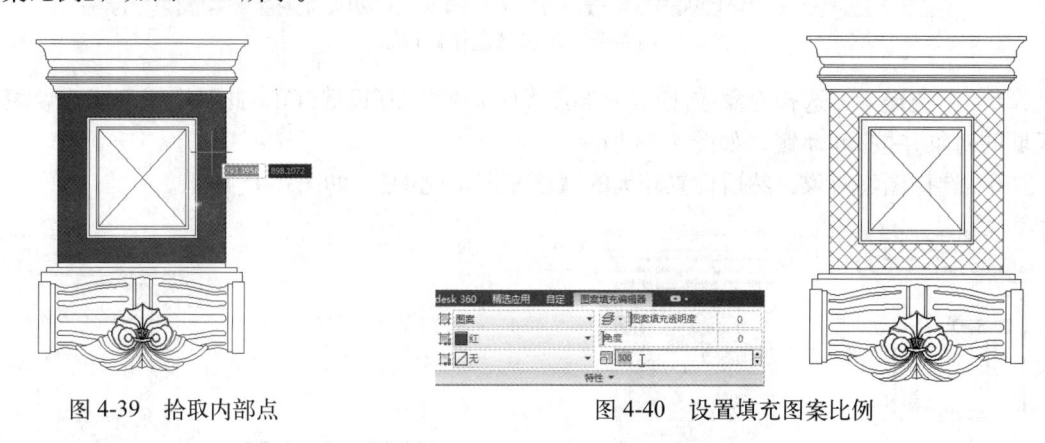

图 4-39　拾取内部点　　　　　　　　图 4-40　设置填充图案比例

技巧

使用"拾取点"单击的区域必须构成完全封闭的区域。

4.1.10　实例 10：通过选择边界填充图案

除了通过拾取内部点的方式为图形填充图案外，还可以通过选择边界对象的方式填充图案。这种方式根据形成封闭区域的选定对象确定填充图案的边界。例如，如果要填充三角形内部，可以选择三角形的三边条，由此三条边形成的封闭区域将被填充。

上机实战　通过选择边界填充图案

1　打开光盘中的"..\Example\Ch04\4.1.10.dwg"练习文件，选择【默认】选项卡，在【绘图】面板中单击【图案填充】按钮，打开【图案填充创建】选项卡。

2　在选项卡中的【特性】面板中选择图案填充类型为【图案】，图案填充颜色为【蓝色】，如图 4-41 所示。

3　在【图案】面板中打开【图案】列表框，选择一种预设的图案，如图 4-42 所示。

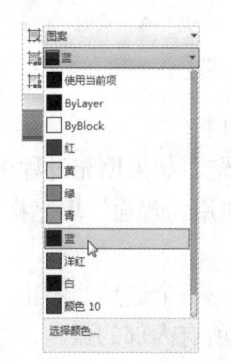

图 4-41　选择图案填充的颜色　　　　　　　　图 4-42　选择要填充的图案

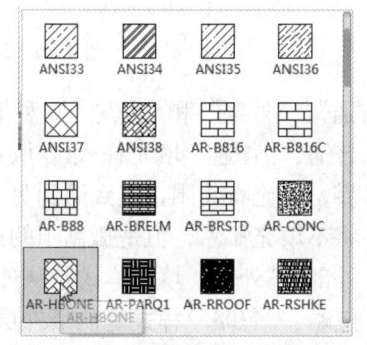

4 在【边界】选项组中单击【选择】按钮，如图4-43所示。

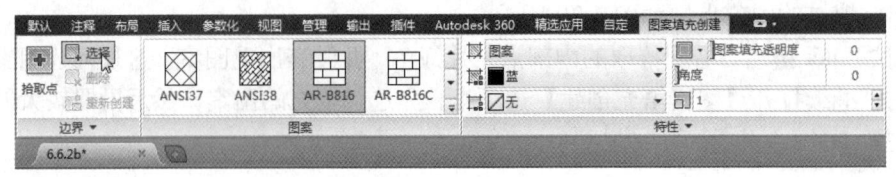

图4-43　单击【选择】按钮

5 系统提示：选择对象或[拾取内部点或(K)/放弃(U)/设置(T)]，此时选择形成需要填充区域的对象并按Enter键，如图4-44所示。

6 选择图案对象，然后设置较大的【填充图案比例】，如图4-45所示。

图4-44　选择边界对象

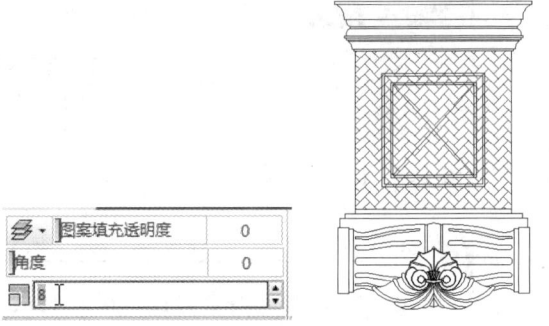

图4-45　设置填充图案比例

4.1.11　实例11：控制孤岛中的填充

所谓孤岛就是指那些处于填充边界内的封闭对象或者文本对象。通过【图案填充和渐变色】对话框中的【孤岛】选项组可以控制孤岛的填充方式。可以使用"普通"、"外部"和"忽略"3种填充样式填充孤岛，如图4-46所示。

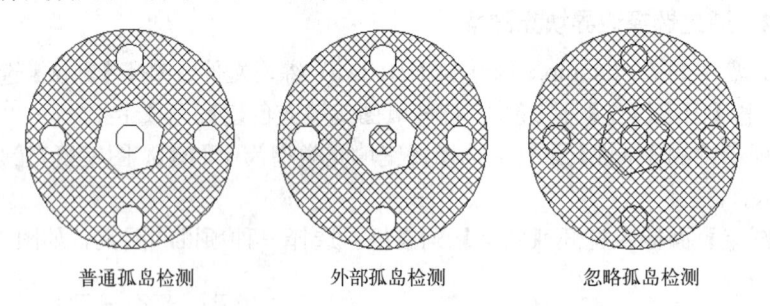

普通孤岛检测　　　　外部孤岛检测　　　　忽略孤岛检测

图4-46　3种不同孤岛的检测模式结果

"普通"、"外部"和"忽略"3种填充孤岛方式的说明如下。
- 普通："普通"填充样式(默认)将从外部边界向内填充。如果填充过程中遇到内部边界，填充将关闭，直到遇到另一个边界为止。如果使用"普通"填充样式进行填充，将不填充孤岛，但是孤岛中的孤岛将被填充。
- 外部："外部"填充样式是从外部边界向内填充并在下一个边界处停止。
- 忽略："忽略"样式是从最外层边界向内填充，忽略所有内部的孤岛，外层边界内的所有对象都被填充。

第 4 章 管理对象特性与应用填充

> **技巧**
>
> 在"孤岛检测"中的控制项用于确定如何处理孤岛以及位于外层边界内的其他对象。如果使用"拾取点"的方式确定填充边界，将自动识别这些孤岛。

上机实战　控制孤岛中的填充

1 打开光盘中的"..\Example\Ch04\4.1.11.dwg"练习文件，在【绘图】面板中单击【图案填充】按钮，打开【图案填充创建】选项卡，单击【选项】面板标题右侧的【图案填充设置】按钮，如图 4-47 所示。

2 打开【图案填充和渐变色】对话框后，单击【边界】选项组右下角的【更多选项】按钮，打开【孤岛】选项组。在【孤岛】选项组下选择【外部】单选按钮，再单击【确定】按钮，如图 4-48 所示。

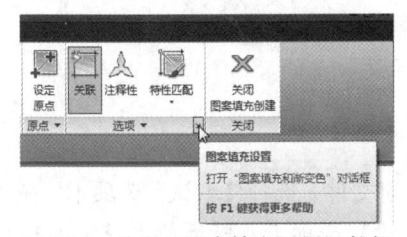

图 4-47　单击【图案填充设置】按钮　　　　图 4-48　设置【孤岛】选项

3 在【图案填充创建】选项卡中设置图案填充类型、颜色、填充图案比例和图案，然后单击【拾取点】按钮，如图 4-49 所示。

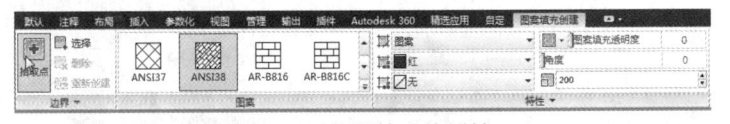

图 4-49　设置填充的属性

4 系统提示：拾取内部点或[选择对象(S)/放弃(U)/设置(T)]，此时在需要填充的区域中单击，指定填充的内部点并按 Enter 键，如图 4-50 所示。

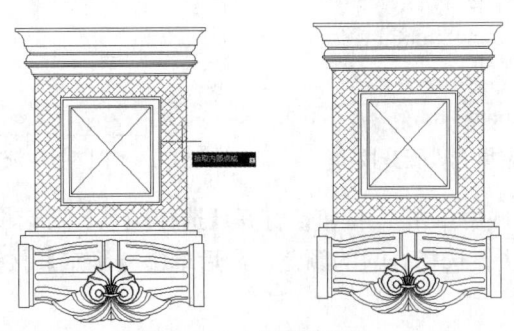

图 4-50　应用填充图案

4.1.12 实例 12：为对象填充渐变颜色

使用【图案填充和渐变色】对话框中的【渐变色】选项卡，可以为图形对象填充单色或者双色，当选择【单色】单选按钮时，能够以目前设置的颜色配合白色，通过预设的渐变样式显示于【渐变色】选项卡内。在选择【双色】单选按钮时，则允许用户设置两种颜色来更改预设样式的颜色属性。此外，还可以将渐变颜色的方向设置为居中，或自定义其他角度，如图 4-51 所示。

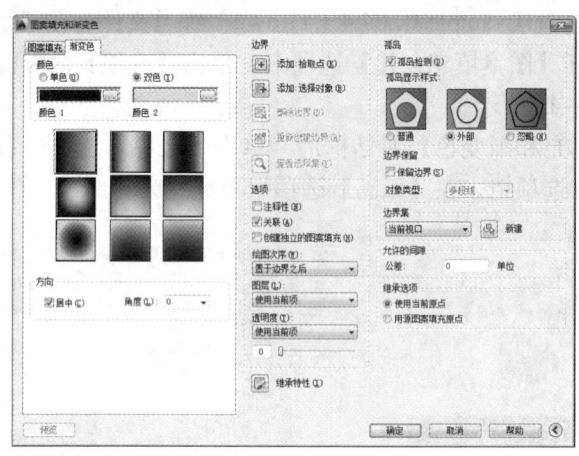

图 4-51　渐变色设置对话框

上机实战　为对象填充渐变颜色

1　打开光盘中的"..\Example\Ch04\4.1.12.dwg"练习文件，选择【默认】选项卡，在【绘图】面板中单击【渐变色】按钮，打开【图案填充创建】选项卡，然后单击【选项】面板标题右侧的【图案填充设置】按钮，如图 4-52 所示。

2　选择【渐变色】选项卡，再选择【双色】单选按钮，如图 4-53 所示。

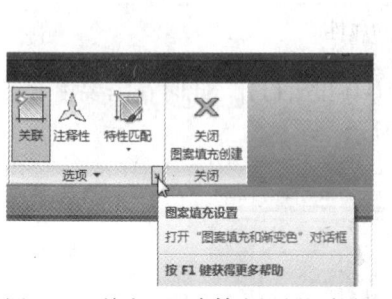

图 4-52　单击【图案填充设置】按钮　　　　图 4-53　选择双色渐变类型

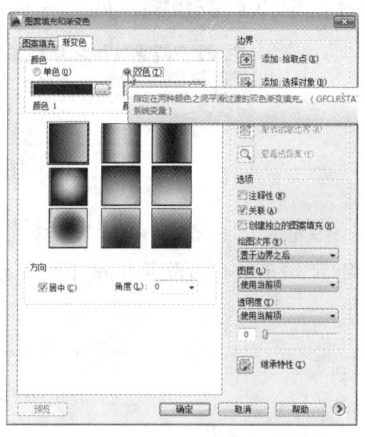

3　在【颜色 1】区域中单击 按钮，打开【选择颜色】对话框，然后在【AutoCAD 颜色索引】列表中单击色块，选择合适的颜色，最后单击【确定】按钮，完成"颜色 1"的设置，如图 4-54 所示

4　返回【图案填充和渐变色】对话框后，在【颜色 2】区域中单击 按钮，然后在

【AutoCAD 颜色索引】列表中单击色块，选择合适的颜色，最后单击【确定】按钮，完成"颜色 2"的设置，如图 4-55 所示。

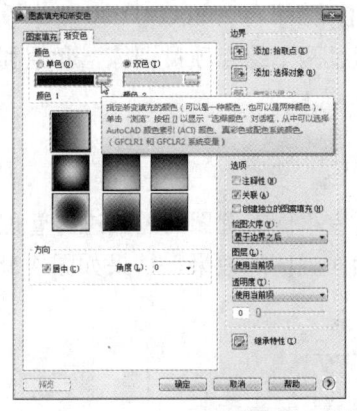

图 4-54 设置第一个颜色

图 4-55 设置第二个颜色

5 返回【图案填充和渐变色】对话框后，在【渐变色】选项卡中选择第一行第二列的渐变样式，然后在【方向】选项组中选择【居中】复选框，并指定【角度】为 45 度，最后单击【确定】按钮，如图 4-56 所示。

6 返回工作区后，系统提示：拾取内部点或[选择对象(S)/放弃(U)/设置(T)]，此时在电视机图形的屏幕上单击，为屏幕区域填充渐变颜色，如图 4-57 所示。

图 4-56 设置渐变样式和方向 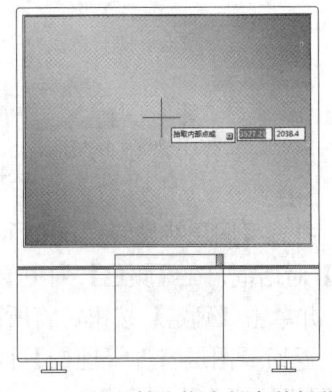　　　　图 4-57 执行填充渐变颜色的操作

4.2 综合项目训练

经过上述设计基础技能的训练，已经详细介绍了在 AutoCAD 2014 中设置对象特性与修改特性，以及应用填充的基本方法。下面将通过两个综合项目训练，介绍利用设置特性和填充完成平面图形作品设计的方法。

4.2.1 项目1：设计居室平面布置图

本例将通过【图层特性管理器】面板对居室平面布置图的图层进行管理，并修改部分图形对象的特性；从而更完善地设计好居室平面布置图的效果，结果如图 4-58 所示。

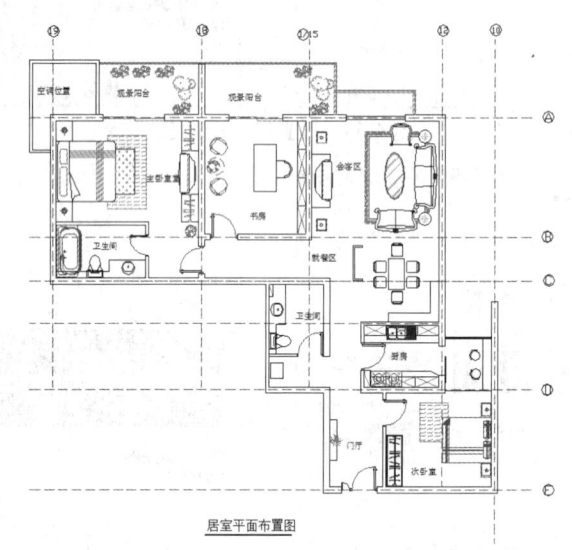

图 4-58　通过图层特性管理器处理平面图的结果

上机实战　设计居室平面布置图

1　打开光盘中的"..\Example\Ch04\4.2.1.dwg"练习文件，选择【默认】选项卡，然后在【图层】面板中单击【图层特性】按钮，如图 4-59 所示。

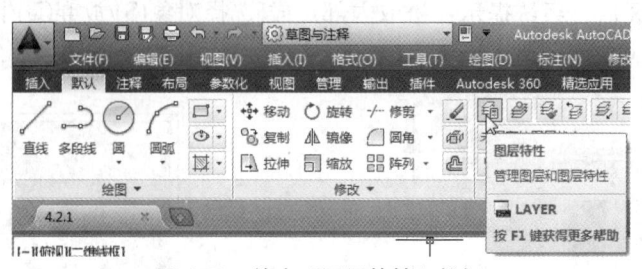

图 4-59　单击【图层特性】按钮

2　打开【图层特性管理器】面板后，单击【新建特性过滤器】按钮，打开【图层过滤器特性】对话框，在【颜色】列中单击并从【选择颜色】对话框中输入过滤器名称，然后选择【绿色】并单击【确定】按钮，将所有应用绿色的图层显示在图层过滤器中，如图 4-60 所示。

3　返回【图层特性管理器】面板，选择【绿色的对象】过滤器，然后分别修改过滤器中各个图层的颜色为【黑色】，如图 4-61 所示。

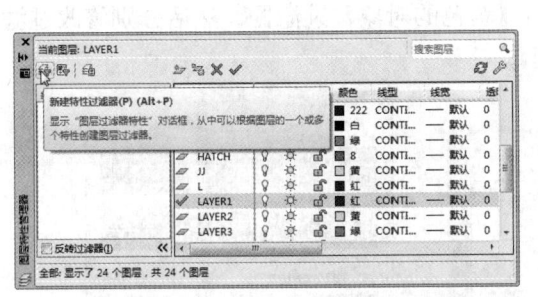

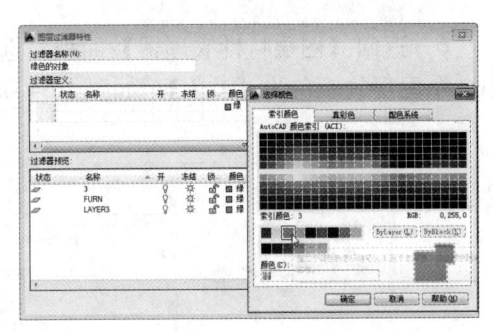

图 4-60 新建特性过滤器

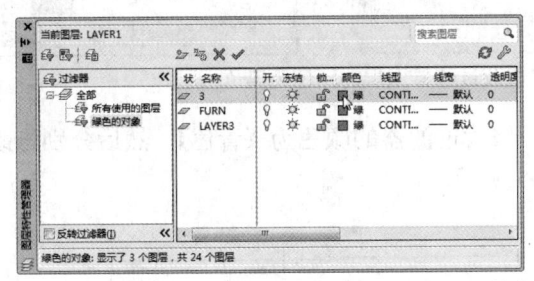

图 4-61 修改图层的颜色

4 当过滤器所有图层修改为【黑色】后,该过滤器中将不会显示这些图层,因为它们的颜色已经不再是【绿色】,同时修改颜色的结果显示在工作区中,如图 4-62 所示。

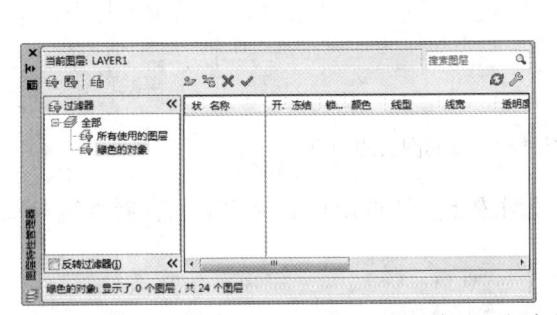

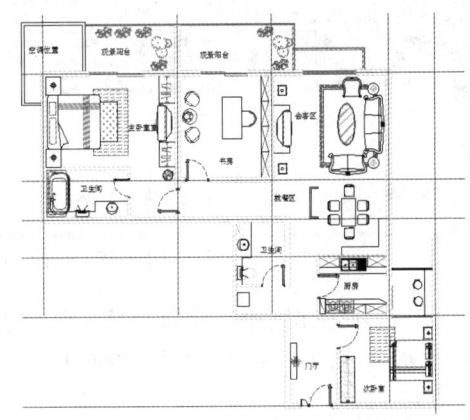

图 4-62 将绿色图层颜色修改为黑色后的结果

5 在【图层特性管理器】面板中双击【绿色的对象】过滤器,打开【图层过滤器特性】对话框后,修改过滤器名称,再设置过滤器的颜色为【黄色】,以过滤出使用黄色填充的图层,最后单击【确定】按钮,如图 4-63 所示。

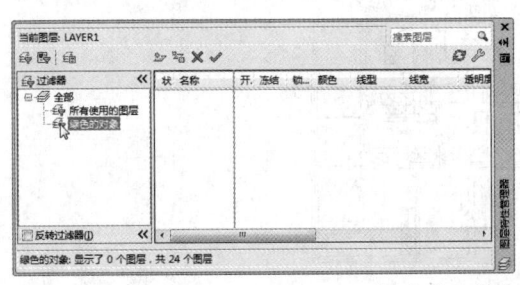

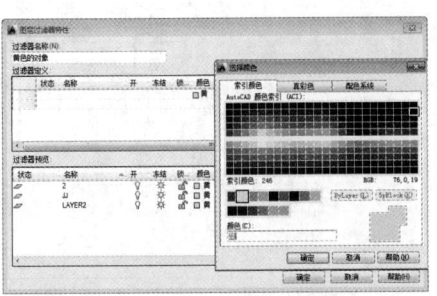

图 4-63 修改图层过滤器

6 返回【图层特性管理器】面板，选择【黄色的对象】过滤器，然后分别修改过滤器中各个图层的颜色为【黑色】，如图 4-64 所示。

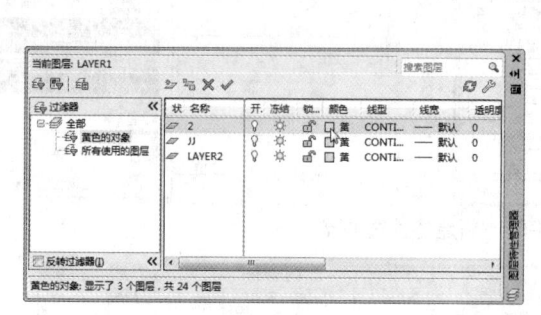

图 4-64 修改过滤器图层的颜色为黑色

7 使用步骤 5 和步骤 6 的方法，修改过滤器的颜色为【青色】，然后分别修改过滤器中各个图层的颜色为【黑色】，如图 4-65 所示。

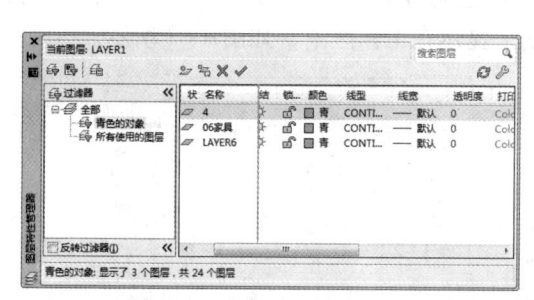

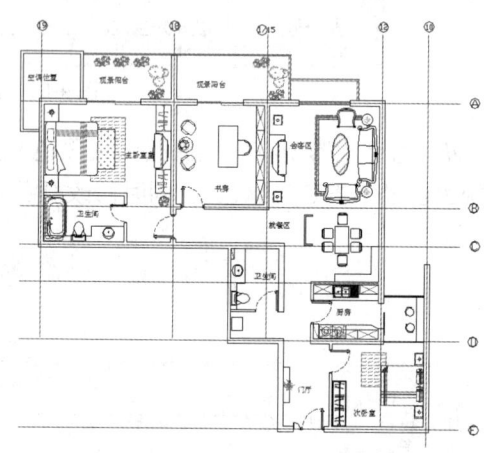

图 4-65 修改图层过滤器及其图层的颜色

8 返回工作区中，将鼠标移到红色直线对象上，通过出现的说明信息查看直线对象的图层名称为【LAYER1】，如图 4-66 所示。

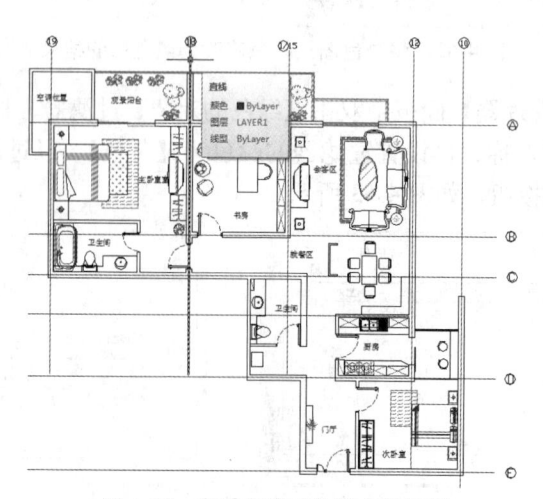

图 4-66 查看直线对象所在的图层

9 打开【图层特性管理器】面板,选择【所有使用的图层】过滤器,再选择【LAYER1】图层,然后在【线型】列中单击该图层的线型按钮,打开【选择线型】对话框后,选择【DASHED2】线型,接着单击【确定】按钮,如图 4-67 所示。

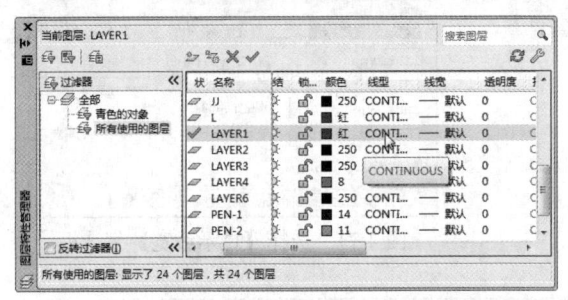

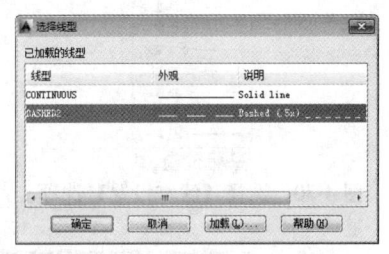

图 4-67 修改直线对象所在图层的线型

10 在【特性】面板中打开【线型】下拉列表框,选择【其他】选项,当打开【线型管理器】对话框后,单击【显示细节】按钮,此时修改【全局比例因子】为 50,接着单击【确定】按钮,如图 4-68 所示。

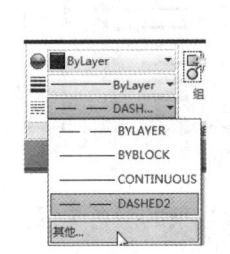

图 4-68 修改线型的全部比例因子

4.2.2 项目 2:设计机械零件的草图

本例将通过【默认】选项卡的【特性】面板,对零件草图的构成实线进行加宽处理,然后分别修改中心线的颜色和线型,为零件草图设置图案选项并进行填充,最终结果如图 4-69 所示。

上机实战 设计机械零件的草图

1 打开光盘中的 "..\Example\Ch04\4.2.2.dwg"练习文件,选择【默认】选项卡,在【特性】面板中打开【线宽】下拉列表框,选择【线宽设置】选项,如图 4-70 所示。

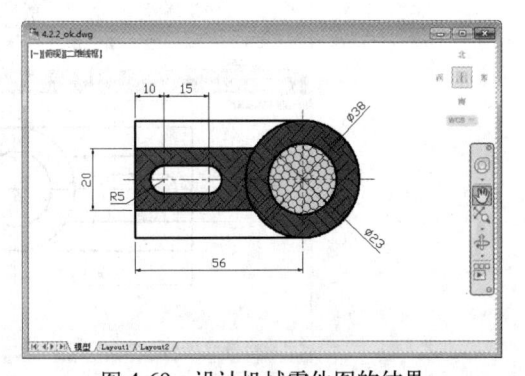

图 4-69 设计机械零件图的结果

2 打开【线宽设置】对话框,选择【显示线宽】复选框,最后单击【确定】按钮,如图 4-71 所示。

3 使用鼠标连续单击机械零件的构成线条,选择机械零件图形,然后打开【线宽】下拉列表框并选择一种线宽,如图 4-72 所示。

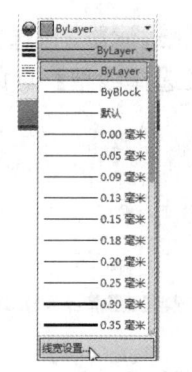

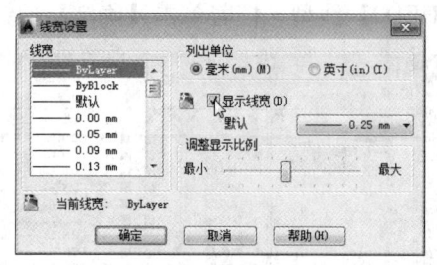

图 4-70　选择【线宽设置】选项　　　　　图 4-71　选择【显示线宽】复选框

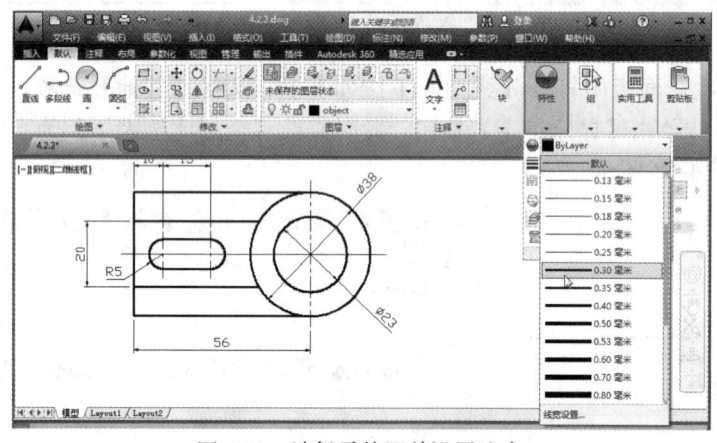

图 4-72　选择零件图并设置线宽

4 选择机械零件图圆形中央的垂直中心线,然后更改线条的颜色为【红色】,如图 4-73 所示。

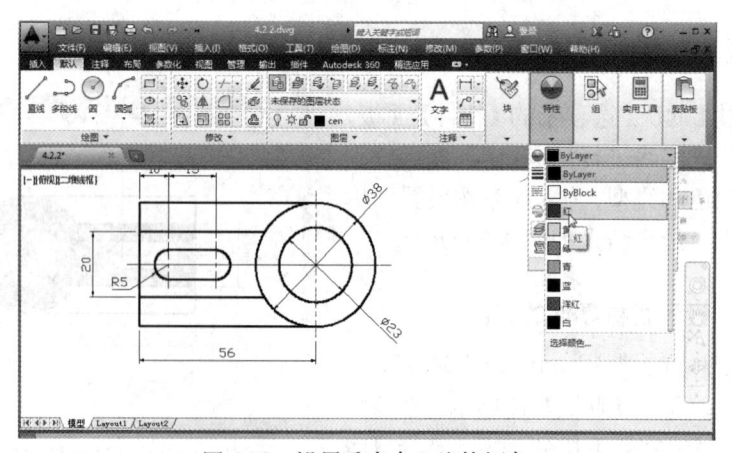

图 4-73　设置垂直中心线的颜色

5 选择机械零件图圆形中心的水平中心线,然后更改线条的颜色为【红色】、线型为【CENTER】虚线,如图 4-74 所示。

6 选择【默认】选项卡,在【绘图】面板中单击【图案填充】按钮,打开【图案填充创建】选项卡,如图 4-75 所示。

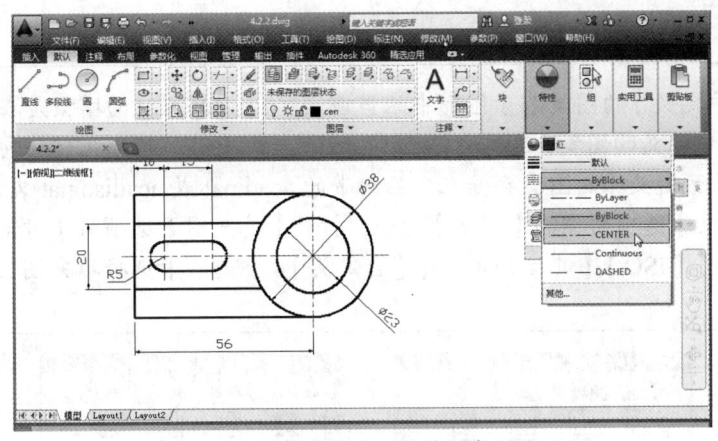

图 4-74 设置水平中心线的颜色和线型

7 系统提示：拾取内部点或[选择对象(S)/放弃(U)/设置(T)]，此时在命令窗口中输入"T"并按 Enter 键，打开【图案填充和渐变色】对话框，如图 4-76 所示。

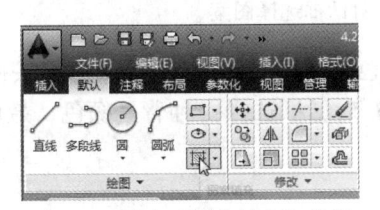

图 4-75 单击【图案填充】按钮

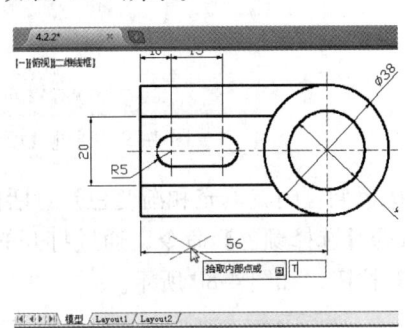

图 4-76 输入命令并确定

8 选择【图案填充】选项卡，然后打开【类型】下拉列表框，从【预定义】、【用户定义】和【自定义】3 种类型中选择【预定义】填充类型，如图 4-77 所示。

9 选择填充类型后，可以在【图案】下拉列表框中选择可用的预定义图案，当选择图案后，可以在【样例】选项左侧预览填充的图案效果，如图 4-78 所示。

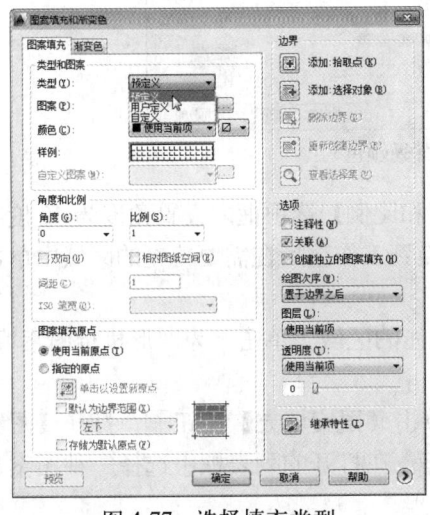

图 4-77 选择填充类型

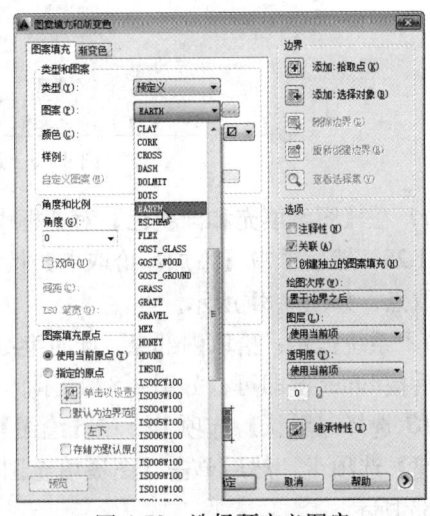

图 4-78 选择预定义图案

> **技巧**
>
> 【用户定义】的图案基于图形中的当前线型;【自定义】的图案是在任何自定义 PAT 文件中定义的图案,这些文件已添加到搜索路径中,可以控制任何图案的角度和比例;【预定义】的图案存储在产品附带的 acad.pat 或 acadiso.pat 文件中。另外,单击【图案】选项右侧的【浏览】按钮,打开【填充图案选项板】对话框,可以通过【ANSI】、【ISO】、【其他预定义】、【自定义】4 个选项卡选择填充图案,如图 4-79 所示。

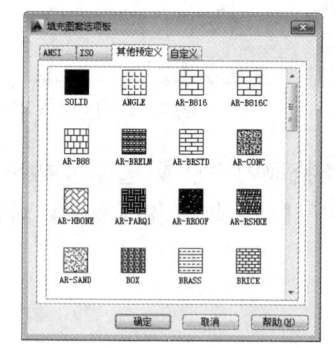

图 4-79　通过【填充图案选项板】对话框选择图案

10 返回【图案填充和渐变色】对话框中,在【颜色】项目中单击【选择颜色】按钮，然后选择【选择颜色】命令,通过打开的【选择颜色】对话框选择一种背景颜色,最后单击【确定】按钮,如图 4-80 所示。

图 4-80　选择图案的背景颜色

11 在【图案填充和渐变色】对话框中的【角度和比例】选项框内设置角度为 45 度、比例为 1.25,然后单击【添加:拾取点】按钮，切换到工作区后在需要填充的区域中单击确定拾取点,如图 4-81 所示。

12 系统提示:拾取内部点,此时继续在需要填充的区域上单击,为图形执行图案填充,完成后按 Enter 键即可,如图 4-82 所示。

13 选择【默认】选项卡,在【绘图】面板中单击【图案填充】按钮，打开【图案填充创建】选项卡,然后单击【图案填充图案】按钮，在打开的列表框中选择一种图案,如图 4-83 所示。

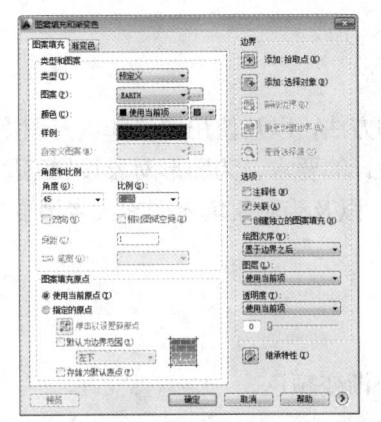

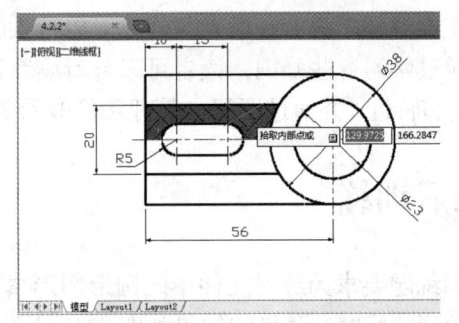

图 4-81 设置角度和比例后添加拾取点

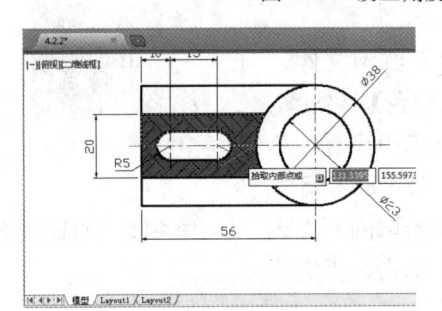

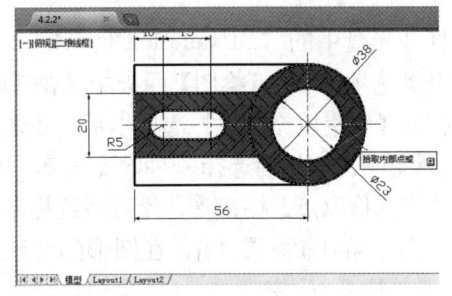

图 4-82 为其他区域执行图案填充

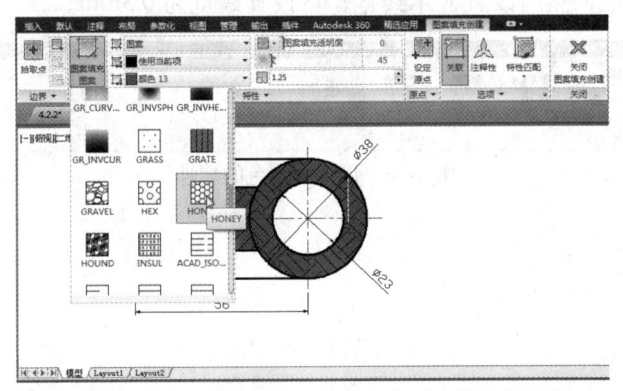

图 4-83 打开【图案填充创建】选项卡并选择图案

14 在【图案填充创建】选项卡中设置背景色为【黄色】、填充图案比例为 0.5,然后在零件图小圆形内单击,为小圆形填充图案,最后按 Enter 键即可,如图 4-84 所示。

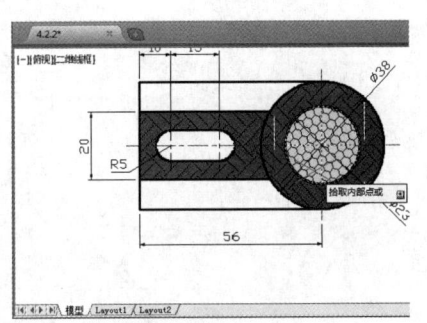

图 4-84 设置背景色和比例后执行图案填充

4.3 本章小结

本章主要介绍了查看、设置与修改对象特性的方法，以及使用图层和填充图案、渐变色的方法。通过学习这些知识，读者可以针对绘图设计的要求，为图形对象设置不同的颜色、线宽、线型等特性，并通过图层来管理和修改对象，以及为对象填充图案或者渐变颜色效果。

4.4 课后训练

本章训练题要求为练习文件中的圆形图形填充渐变颜色，然后修改圆形的线宽，最终的结果如图 4-85 所示。

提示：

1 打开光盘中的"..\Example\Ch04\4.4.dwg"练习文件，选择【默认】选项卡，在【绘图】面板中单击【渐变色】按钮。

2 打开【图案填充创建】选项卡后，在选项卡中设置红色到黄色的渐变颜色，然后选择一种渐变图案，如图 4-86 所示。

3 单击【拾取点】按钮，此时系统提示：拾取内部点或 [选择对象(S)/放弃(U)/设置(T)]，在圆形的区域中单击，指定填充的内部点并按 Enter 键。

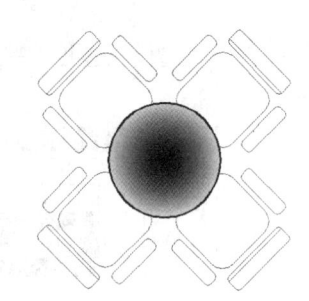

图 4-85 训练题的结果

4 选择圆形的边，然后设置显示线宽，再设置线宽为 0.3mm。

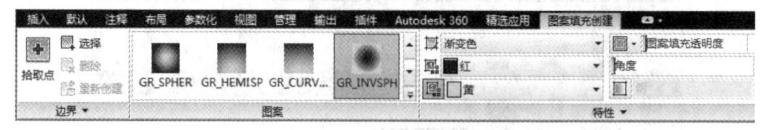

图 4-86 设置渐变色的属性

第 5 章　创建与编辑文字和表格

教学提要

在制作各种类型的绘图作品时，必要的文字对象是组成作品的重要元素，例如机械工程图形中的技术要求、装配说明以及工程制图中的材料说明、施工要求等。因此，AutoCAD 提供了多种创建文字的方法，包括输入简短说明的单行文字，或内部格式较长的多行文字。另外，使用表格功能还可以创建不同类型的表格，以便使用表格来编排文字内容。

教学重点

➢ 掌握创建单行文字和多行文字的方法
➢ 掌握指定文字样式和编辑文字的方法
➢ 掌握创建堆叠字符和插入特殊字符的方法
➢ 掌握创建和设置注释型文字对象的方法
➢ 掌握创建表格和表格样式的方法

5.1　入门基础技能训练

AutoCAD 提供了多种创建文字和表格的方法。本节将详细介绍在 AutoCAD 2014 中创建和编辑文字、表格的各种方法。

5.1.1　实例 01：创建单行文字

使用【单行文字】命令（TEXT）可以创建一行或多行文字，可以通过按 Enter 键的方式来换行。创建的每行文字都是独立的对象，均允许重新定位、调整格式或者进行其他修改。

上机实战　创建单行文字

1　打开光盘中的"\Example\Ch05\5.1.1.dwg"练习文件，在【默认】选项卡的【注释】面板中打开【文字】下拉列表，再选择【单行文字】选项，此时光标变成一个十字符号，如图 5-1 所示。

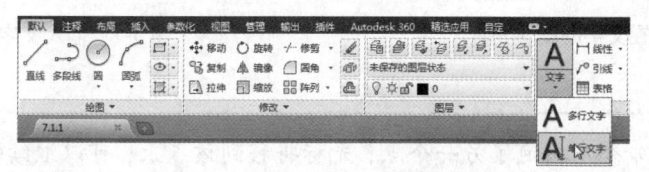

图 5-1　选择【单行文字】选项

2　当用户还没有设置文字样式时，系统提示：输入样式名或[?]<标注 1>，此时可以输入样式名称，本例输入【H1】，如图5-2所示。

3 系统提示：指定文字的起点或[对正(J)/样式(S)]，此时单击指定第一个字符的插入点，如图5-4所示。

> **技巧**
>
> 如果不知道有哪些文字样式，可以在命令窗口中输入"?"，然后在提示下输入"*"，即可列出所有的文字样式。另外，也可以打开【默认】选项卡的【注释】面板列表框，从【文字样式】下拉列表中选择样式，如图7-3所示。

图5-2 输入样式名

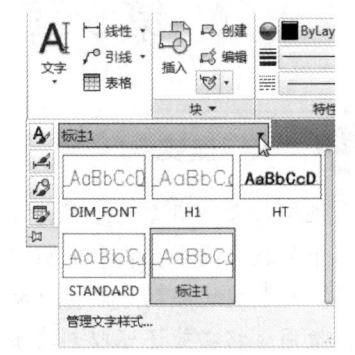

图5-3 通过列表框选择文字样式

4 系统提示：指定字高，此时输入"10"并按Enter键，设置字高为10，如图5-5所示。

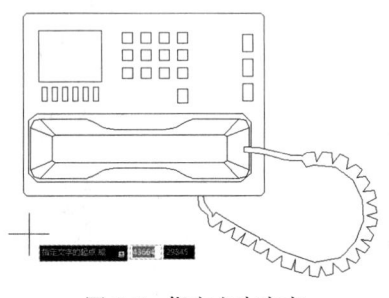

图5-5 指定文字字高

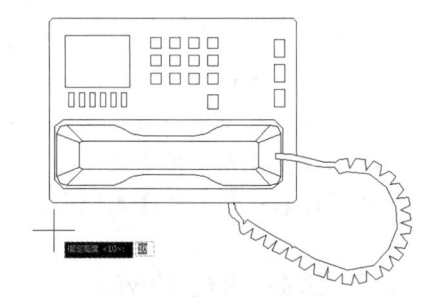

图5-4 指定文字的起点

5 系统提示：指定文字的旋转角度<0>，可以输入角度值或配合极轴追踪确定旋转角度。本例使用默认的0°，按Enter键，如图5-6所示。

6 输入文字内容，按Enter键换第二行，如图5-7所示。如果在每一行结尾按Enter键，可以根据相同属性输入更多文字。

7 按Enter键两次，确定输入的内容并退出【单行文字】命令。

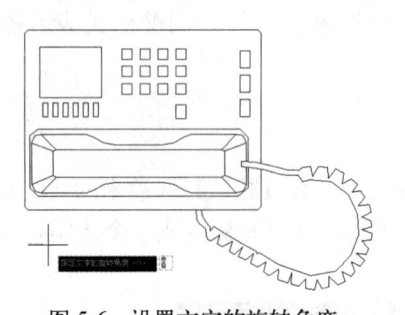

图5-6 设置文字的旋转角度

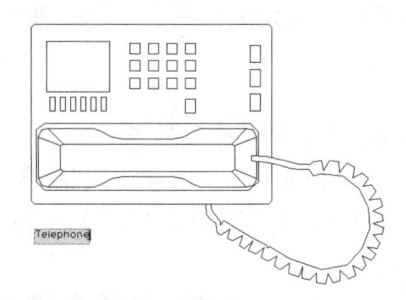

图5-7 输入文字内容

> **技巧**
>
> 如果在此命令中指定了另一个点，光标将移到该点上，可以继续输入。每次按下Enter键或指定点时，都会创建新的文字对象。另外，输入指定高度与旋转角度时必须注意，指定合适的文字大小与方向，可以让用户轻松地阅读和编辑文字。

5.1.2 实例 02：指定文字样式

在创建文字时，可以通过在命令行中选择相关选项，然后在"输入样式名"提示下输入样式名来指定现有样式。其中，文字样式可以设置输入对象的默认特征。

上机实战 指定文字样式

1 在命令窗口中输入"text"并按 Enter 键。

2 系统提示：指定文字的起点或[对正(J)/样式(S)]，此时输入"S"并按 Enter 键，选择【样式】选项。

3 系统提示：输入样式名或 [?] <Standard>，此时可以输入已用的样式名并按 Enter 键，其中"Standard"为 AutoCAD 的默认文字样式。

4 在忘记样式名时，可以在上一步提示下输入"？"再按 Enter 键，然后输入"*"符号，此时可打开【AutoCAD 文本窗口】窗口查看信息，如图 5-8 所示。

图 5-8 【AutoCAD 文本窗口】窗口

5 窗口的命令行中输入找到的样式，然后按 Enter 键，即可继续创建单行文字。

5.1.3 实例 03：对齐单行文字

创建单行文字时，除了指定文字样式外，还可以设置对齐方式。对齐决定字符的哪一部分与插入点对齐，AutoCAD 的对齐方式可以参考图 5-9 所示。其中左对齐是默认选项，因此要左对齐文字时，不必在【对正】提示下输入选项。

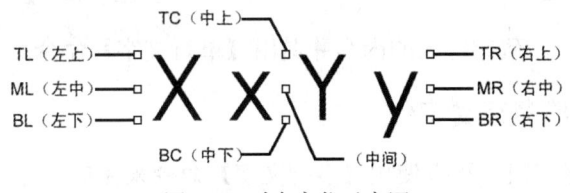

图 5-9 对齐方位示意图

为图形添加注释文字时，设置文字的对齐方式非常重要，如图 5-10 所示的参考图中，可以看出不同的对齐方式对设计效果来说都是很重要的。

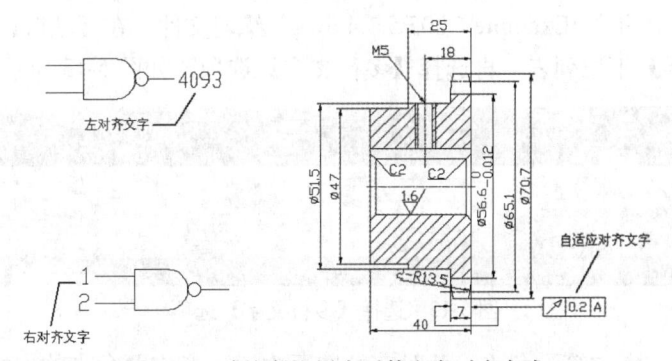

图 5-10 为注释设置合适的文字对齐方式

上机实战　对齐单行文字

1 打开光盘中的"..\Example\Ch05\5.1.3.dwg"练习文件，在【默认】选项卡的【注释】面板中打开【文字】下拉列表，再选择【单行文字】选项A，接着在命令窗口输入"text"并按 Enter 键。

2 在命令提示行下输入"J"并按 Enter 键，选择【对正】选项。

3 系统提示：输入选项[左(L)/居中(C)/右(R)/对齐(A)/中间(M)/布满(F)/左上(TL)/中上(TC)/右上(TR)/左中(ML)/正中(MC)/右中(MR)/左下(BL)/中下(BC)/右下(BR)]，此时输入"M"并按 Enter 键，选择【中间】选项，如图 5-11 所示。

4 系统提示：指定文字的中间点，接着在图形中单击指定中心点，然后使用依次指定高度与旋转角度。

5 在文字点处输入"Telephone"文字内容，然后按 Enter 键，光标即会自动在下一行的中间位置闪动。

6 输入"2014 Classics"文字内容并结束命令，即可得到如图 5-12 所示的中间对齐的结果。

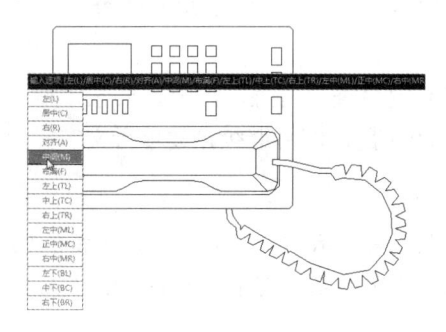

图 5-11　选择对齐方式　　　　　　　图 5-12　输入文字内容

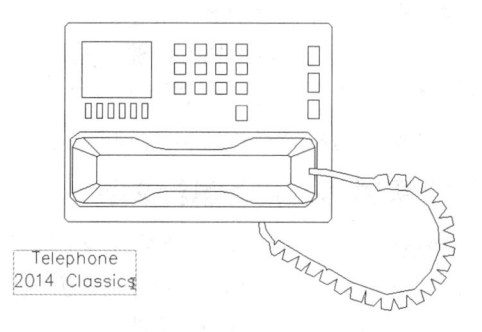

7 按 Enter 键两次，确定输入的内容并退出【单行文字】命令。

5.1.4　实例 04：创建多行文字

如果添加的文本较多时，可以使用【多行文字】命令来完成，它允许用户创建的对象包含一个或多个文字段落，创建完毕的文字可作为单一对象处理。

上机实战　创建多行文字

1 打开光盘中的"..\Example\Ch05\5.1.4.dwg"练习文件，在【默认】选项卡的【注释】面板中打开【文字】下拉列表，再选择【多行文字】选项，如图 5-13 所示。

图 5-13　选择【多行文字】选项

2 系统提示：指定第一角点，此时在绘图区中通过指定两角点的方式，拖动出一个矩

形区域，指定边框的对角点以定义多行文字对象的宽度，如图 5-14 所示。

3 此时将显示【文字编辑器】选项卡，在绘图区中出现标尺。在【文字编辑器】选项卡中设置样式和文字高度，如图 7-15 所示。

4 根据图纸需要，在文本区中输入文字内容。可以使用按 Enter 键的方法进行换行输入，如图 5-16 所示。

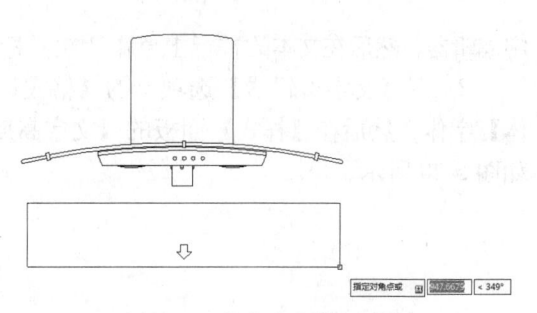

图 5-14 指定文字输入区域

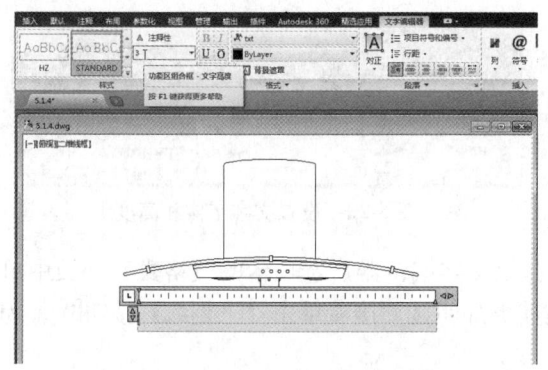

图 5-15 在选项卡中设置样式和文字高度

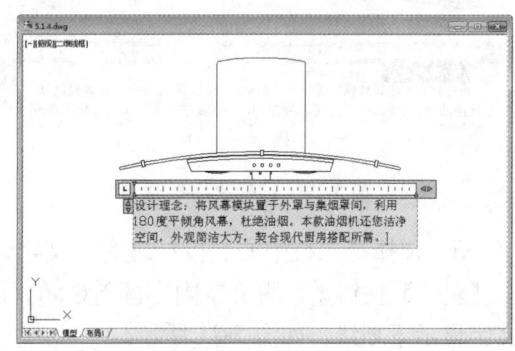

图 5-16 输入文字内容

5 为了让项目条列更加清晰，输入多行文字后，可以设置文字的缩进格式。首先将光标定位至文字前，然后移动光标至标尺上的下方缩进滑块，并将其向后拖动两格，如图 5-17 所示。

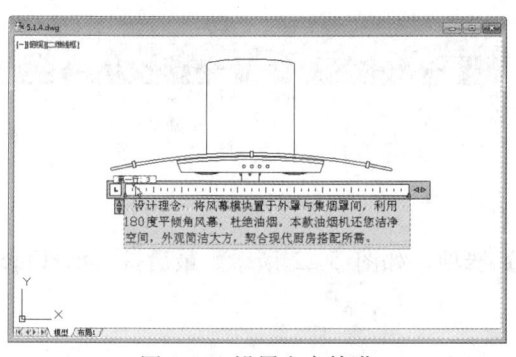

6 最后在【文字编辑器】选项卡中单击【关闭文字编辑器】按钮 ，保存输入并退出编辑器，结果如图 5-18 所示。

图 5-17 设置文字缩进

图 5-18 关闭文字编辑器的结果

5.1.5 实例 05：设置多行文字格式

可以在文字编辑器或在命令窗口上执行【多行文字】命令，通过该命令可以创建一个或多个多行文字段落。当创建多行文字时，会在功能区中增加一个【文字编辑器】选项卡，其中包括多种设置文字属性的功能按钮，用于编辑文字。

上机实战 设置多行文字

1 打开光盘中的"..\Example\Ch05\5.1.5.dwg"练习文件，在多行文字上双击，打开多行文字编辑器，然后在文本的首行上单击 3 次鼠标左键，选择该段落，如图 5-19 所示。

2 在【文字编辑器】选项卡的【格式】面板中，打开【字体】下拉列表框，选择【黑体】字体，然后在【样式】面板的【文字高度】文本框中输入"5"，调整文字的高度，结果如图 5-20 所示。

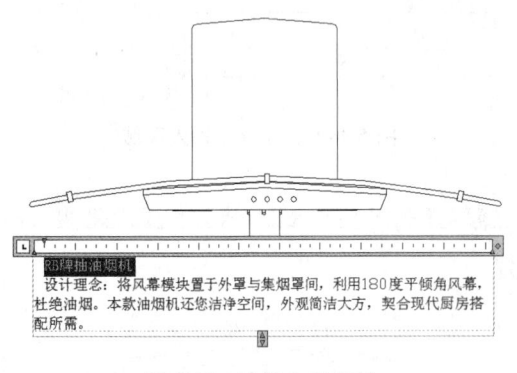

图 5-19　选择文字段落　　　　　　　　图 5-20　设置文字字体和高度

3 选择第二行中的"设计理念"文字，在【文字编辑器】选项卡的【格式】面板中单击【斜体】按钮 I ，将文字内容倾斜显示，使其更加明显。接着单击【下划线】按钮 U ，为文字显示下划线，如图 5-21 所示。

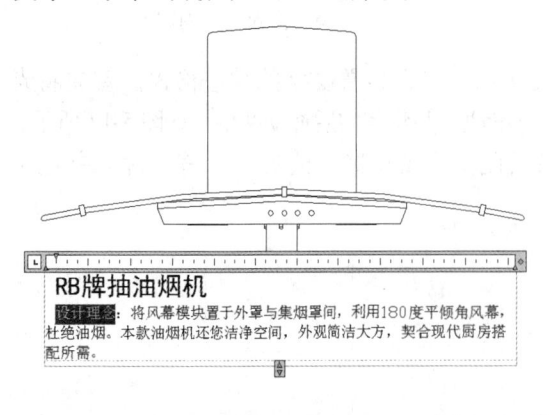

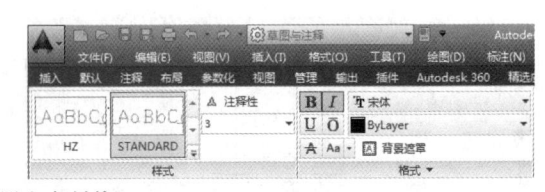

图 5-21　设置文字斜体

4 打开【颜色】下拉列表框，并选择【红】选项，如图 5-22 所示。最后按 Ctrl+Enter 键保存修改并退出多行文字编辑器。

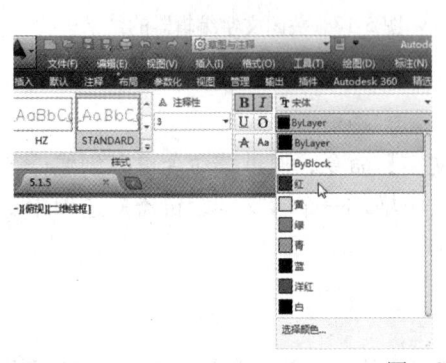

图 5-22　设置文字的颜色

5.1.6 实例06：创建堆叠字符

堆叠字符主要用于标记公差或测量单位的文字或分数，如图5-23所示。但是，堆叠文字功能目前还不支持中文字符，所以必须使用特殊字符才可以指示选定文字的堆叠位置。

使用特殊字符可以指示如何堆叠选定的文字。

斜杠（/）：以垂直方式堆叠文字，由水平线分隔。

井号（#）：以对角形式堆叠文字，由对角线分隔。

插入符（^）：创建公差堆叠（垂直堆叠，且不用直线分隔）。

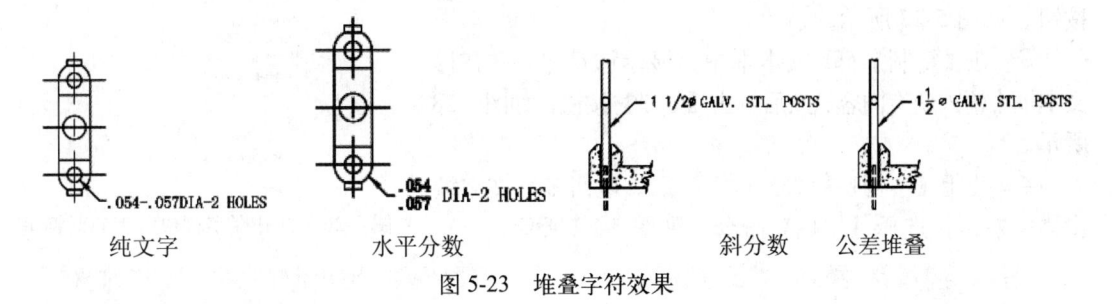

| 纯文字 | 水平分数 | 斜分数 | 公差堆叠 |

图 5-23　堆叠字符效果

上机实战　创建堆叠字符

1　创建一个无样式公制图形文件，然后在【默认】选项卡的【注释】面板中打开【文字】下拉列表，再选择【多行文字】选项。

2　系统提示：指定第一角点，此时在绘图区中通过指定两角点的方式，拖动出一个矩形区域，指定边框的对角点以定义多行文字对象的宽度，再设置文字高度为20。

3　输入由堆叠字符分隔的数字，然后输入非数字字符或按空格键，比如输入"1/2"后再按空格键，此时将显示【自动堆叠特性】对话框，如图5-24所示。

4　在【自动堆叠特性】对话框中，选择【转换为水平分数形式】单选按钮，即可建立堆叠字符，接着单击【确定】按钮。

5　按Ctrl+Enter键保存修改后退出编辑器，得到如图5-25所示的结果。

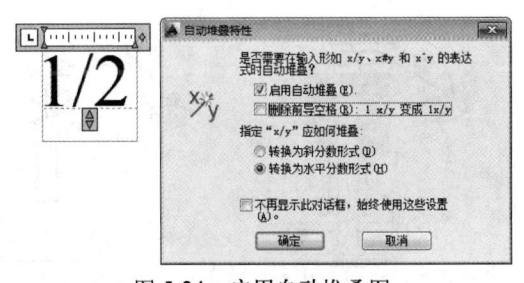

图 5-24　启用自动堆叠图　　　　　　　　5-25　堆叠后的字符结果

5.1.7 实例07：插入特殊字符

在创建文字的过程中，通常要输入一些难以使用键盘输入的符号，例如，用于表征度数、直径或者差值的"°""⌀""Δ"等符号。

上机实战　插入特殊字符

1 打开光盘中的"..\Example\Ch05\5.1.7.dwg"练习文件，在多行文字对象上双击进入编辑状态，然后在【文字编辑器】选项卡的【插入】面板中单击【符号】按钮，在打开的下拉列表中选择【其他】选项，如图 5-26 所示。

2 打开【字符映射表】对话框后，在 Arial 字体列表中选择的"版权所有标记"符号，接着单击【选择】按钮，如图 5-27 所示。

3 在【复制字符】文本框中会显示该符号，并在该文本框中输入所有内容，然后单击【复制】按钮，如图 5-28 所示。

4 关闭【字符映射表】对话框后，返回多行文字编辑器中右击，选择【粘贴】命令，如图 5-29 所示。

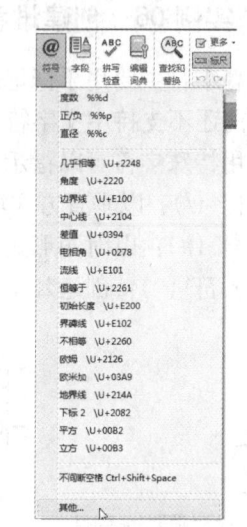

图 5-26　打开【字符映射表】对话框

图 5-27　选择并复制符号

图 5-28　输入内容并复制

5 按 Ctrl+Enter 键保存修改后退出编辑器即可，结果如图 5-30 所示。

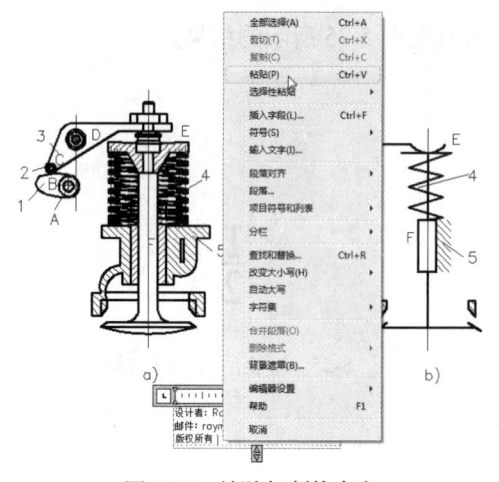

图 5-29　粘贴复制的内容

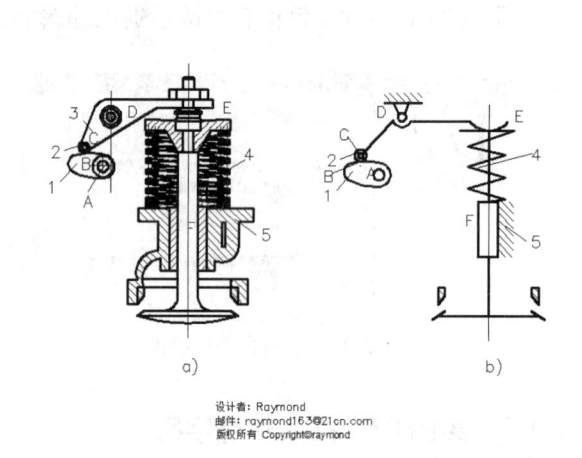

图 5-30　插入特殊字符的结果

5.1.8　实例 08：创建注释性文字对象

注释性是指通常用于对图形加以注释的对象的特性，该特性使用户可以自动完成注释缩放过程。在大多数应用中，可以将注释性对象定义为图纸高度，并在布局视口和模型空间中，按照这些空间的注释比例设置确定的尺寸显示。

创建注释性文字对象的方法有很多种，许多用于创建文字、多行文字、标注、引线等对象的对话框或者面板都有【注释性】复选框或按钮，可以从中指定，使对象是注释性的。

上机实战　创建注释性文字对象

1 打开光盘中的"..\Example\Ch05\5.1.8.dwg"练习文件，双击文字对象进入文字编辑器，然后在【样式】面板中单击【注释性】按钮，如图 5-31 所示。

2 按 Ctrl+Enter 键保存并退出，将鼠标悬停在图形中的注释性对象上时，在十字光标的右上方会显示一个专用的三角图标，如图 5-32 所示。

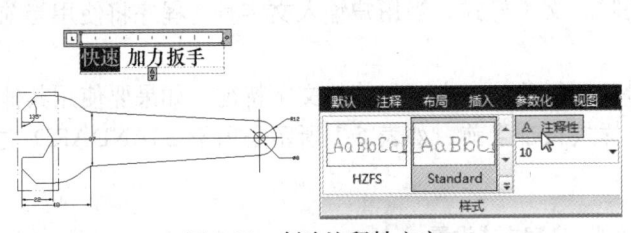

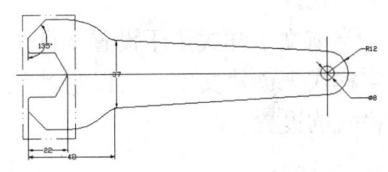

图 5-31　创建注释性文字　　　　　图 5-32　图标表明多行文字为注释性对象

5.1.9　实例 09：设置注释比例和可见性

启动文字对象的注释性后，即可通过状态栏快速设置注释性对象的比例，还可以通过状态栏设置注释的可见性。

上机实战　设置注释比例和可见性

1 打开光盘中的"..\Example\Ch05\5.1.9.dwg"练习文件，在状态栏中单击激活按钮，表示当注释比例更改时，自动将比例添加至注释对象中。

2 在状态栏中单击【注释比例】按钮，在打开的列表中选择【1∶2】选项，表示将原对象放大一倍显示，如图 5-33 所示。

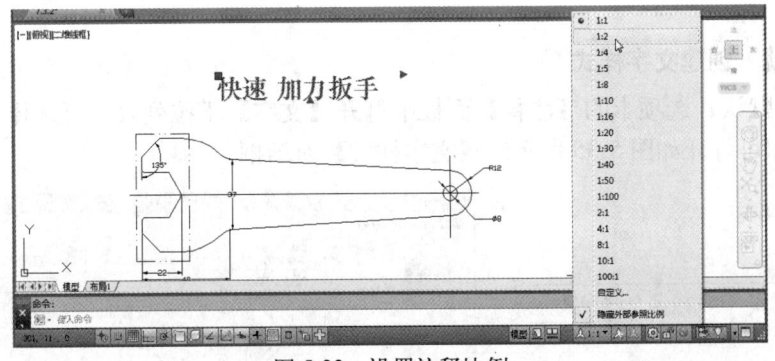

图 5-33　设置注释比例

3 如果想要显示特性注释比例的内容，可以单击状态栏的【注释可见性】按钮。例如，先设置注释比例为 1∶4，然后单击【注释可见性】按钮，显示该比例的注释文字。文件上注释比例为 1∶2 的注释文字因为不符合要求，则会被隐藏，如图 5-34 所示。

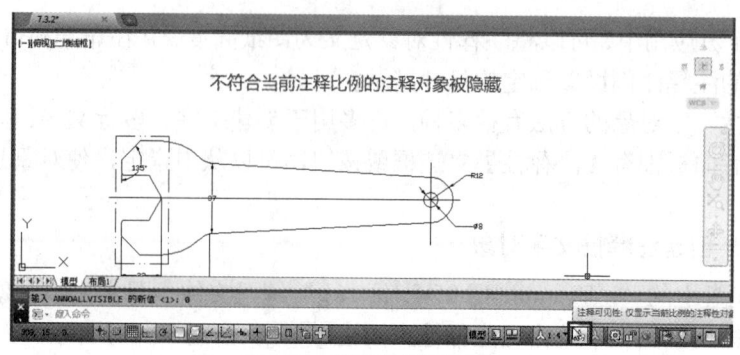

图 5-34 设置注释可见性

5.1.10 实例 10：创建文字样式

图形中的所有文字都具有与之相关联的文字样式，当用户输入文字时，程序将使用当前文字样式。

当前文字样式用于设置字体、字号、倾斜角度、方向和其他文字特征。如果要使用其他文字样式来创建文字，可以将其他文字样式置于当前。如表 5-1 所示是用于 STANDARD 文字样式的设置。

表 5-1 文字样式设置

设 置	默 认	说 明
样式名	STANDARD	名称最长为 255 个字符
字体名	txt.shx	与字体相关联的文件（字符样式）
大字体	无	用于非 ASCII 字符集（例如日语汉字）的特殊形定义文件
高度	0	字符高度
宽度因子	1	扩展或压缩字符
倾斜角度	0	倾斜字符
反向	否	反向文字
颠倒	否	颠倒文字
垂直	否	垂直或水平文字

上机实战 创建文字样式

1 在【默认】选项卡的【注释】面板中打开【文字】下拉列表，再选择【管理文字样式】选项，即可打开如图 5-35 所示的【文字样式】对话框。

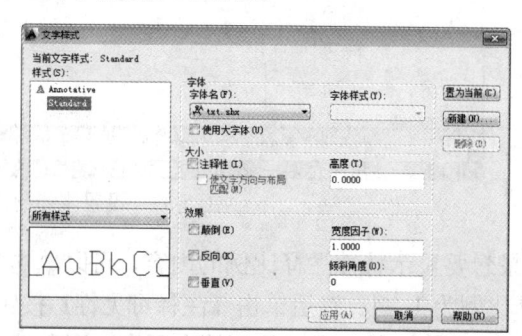

图 5-35 打开【文字样式】对话框

2　单击【新建】按钮打开【新建文字样式】对话框，在样式名文本框中输入新样式的名称，接着单击【确定】按钮，如图 5-36 所示。

3　返回【文字样式】对话框后，设置有关的【字体】属性，例如选择字体名、字体样式、高度等，如图 5-37 所示。

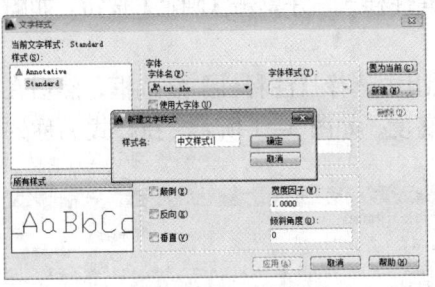

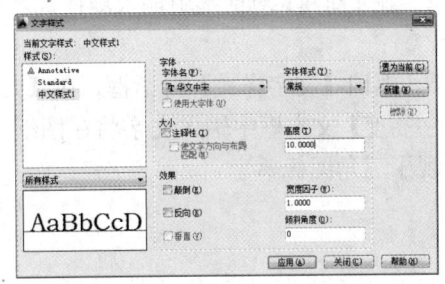

图 5-36　新建文字样式　　　　　　　图 5-37　设置文字字体属性

> **技巧**
> 文字样式名称最长包括 255 个字符。名称中可以包含字母、数字和特殊字符，如美元符号（$）、下划线（_）和连字符（-）。如果不输入文字样式名，将自动把文字样式命名为 Stylen，其中 n 是从 1 开始的数字。

4　在【效果】选项组中修改字体的特性，例如宽度因子、倾斜角度以及是否颠倒显示、反向或垂直对齐。本例设置宽度比例为 1∶5000、倾斜角度为 30，如图 5-38 所示。

5　完成设置后单击【应用】按钮，确定设置，最后单击【关闭】按钮关闭对话框，完成新建文字样式的操作。

6　在【注释】面板中打开【文字样式】下拉列表，即可查看到新样式与预设样式，如图 5-39 所示。

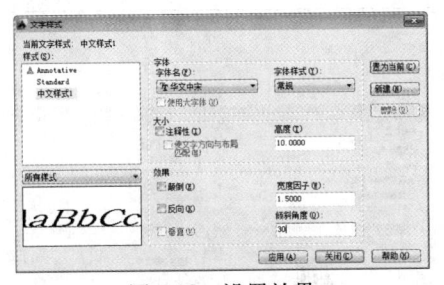

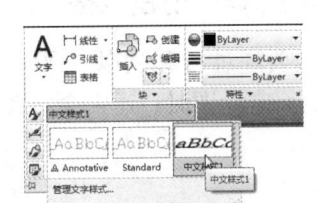

图 5-38　设置效果　　　　　　　图 5-39　查看新建的文字样式

> **技巧**
> 【宽度因子】主要用于设置字符间距。输入小于 1.0 的值将压缩文字，输入大于 1.0 的值则扩大文字；而【倾斜角度】主要用于设置文字的倾斜角度，允许用户输入一个 –85~85 之间的值使文字倾斜。倾斜角的值为正数时，文字向右倾斜，反之向左倾斜。

5.1.11　实例 11：创建注释性样式

如果要使文字样式具有注释性文字的特性时，可以在新增过程中为其添加注释性。

上机实战　创建注释性样式

1 在【默认】选项卡的【注释】面板中打开【文字】下拉列表，再选择【管理文字样式】选项，打开【文字样式】对话框，然后单击【新建】按钮。

2 在【新建】对话框中输入新样式名称为"注释性样式"并单击【确定】按钮，如图 5-40 所示。

3 返回【文字样式】对话框，在【大小】选项组中选择【注释性】复选框，然后在【图纸文字高度】文本框中输入文字将在图纸上显示的高度，如图 5-41 所示，在样式名称的左侧也出现了三角图标。

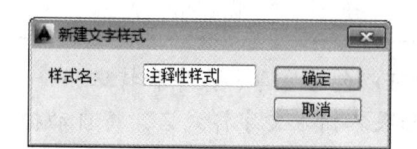

图 5-40　指定样式名称

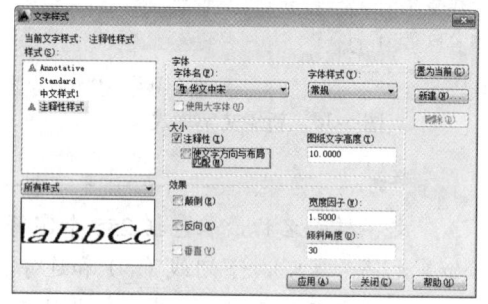

图 5-41　设置注释性样式属性

4 单击【应用】按钮，此时如果单击【置为当前】按钮即可将此样式设置为当前文字样式，最后单击【关闭】按钮。

> **技巧**
>
> 如果选择【使文字方向与布局匹配】复选框，可以指定图纸空间视口中的文字方向与布局方向匹配。如果取消【注释性】复选框的勾，则【使用文字方向与布局匹配】选项不可用。

5.1.12　实例 12：创建表格

表格主要通过行和列以一种简洁清晰的形式提供信息。在绘图时，通常会将各信息以表格的形式列明。

上机实战　创建表格

1 创建一个空白文件，然后在【注释】选项卡的【表格】面板中单击【表格】按钮，打开如图 5-42 所示的【插入表格】对话框。

图 5-42　【插入表格】对话框

2 在【表格样式】选项组的下拉列表框中选择一个表格样式，或者单击按钮重新创建一个新的表格样式，在【插入选项】选项组中选择【从空表格开始】单选按钮，指定从头开始创建表格。

3 在【插入方式】选项组中指定表格位置，包括以下两种插入方式。

- 指定插入点：指定表格左上角的位置。可以使用定点设备，也可以在命令窗口中输入坐标值。如果表格样式将表格的方向设置为由下而上读取，则插入点位于表格的左下角。

- 指定窗口：指定表格的大小和位置。可以使用定点设备，也可以在命令窗口中输入坐标值。选定此选项时，行数、列数、列宽和行高取决于窗口的大小以及列和行设置。

4　选择【指定窗口】插入方式，在【列和行设置】选项组中只能各选择一种设置行列的方式，详细属性如下。

- 设置列数和列宽：如果使用窗口插入方法，可以选择列数或列宽，但是不能同时选择两者。
- 设置行数和行高：如果使用窗口插入方法，行数由指定的窗口尺寸和行高决定。

5　指定【列数】为 4、【数据行数】为 11，完成插入设置。

6　在【设置单元样式】选项组中设置第一、二行与所有其他行单元样式。本例保持默认设置不变。

7　单击【确定】按钮，系统提示指定两个角点来确定插入表格，此时指定表格位置，如图 5-43 所示。释放鼠标左键后，即可出现如图 5-44 所示的结果。

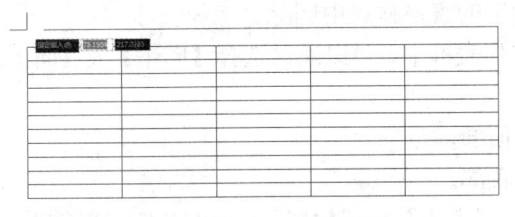

图 7-43　指定表格的位置　　　　　　图 5-44　创建的表格

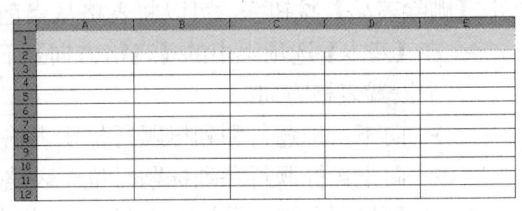

5.1.13　实例 13：创建表格样式

表格的外观由表格样式控制，可以使用默认表格样式，也可以创建自己的表格样式。创建新的表格样式时，可以指定一个起始表格。起始表格是图形中用作设置新表格样式的表格样例。另外，选定表格后，即可指定要从此表格复制到表格样式的结构和内容。

上机实战　创建表格样式

1　在程序界面中选择【注释】选项卡，在【表格】面板中单击【表格样式】按钮，打开如图 5-45 所示的【表格样式】对话框。

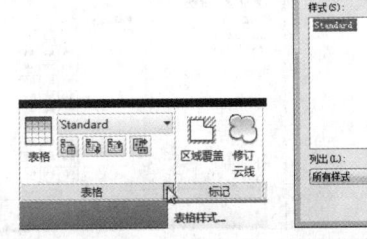

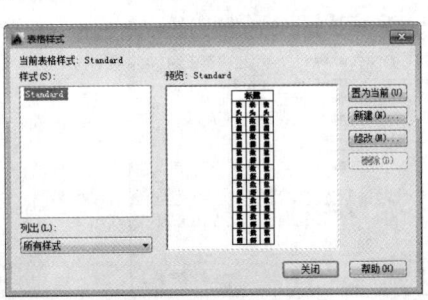

图 5-45　打开【表格样式】对话框

2　单击【新建】按钮，打开【创建新的表格样式】对话框，在【新样式名】文本框中输入样式名称，例如"表格 A"，然后在【基础样式】下拉列表框中选择一个表格样式为新的表格样式，如图 5-46 所示。

3　单击【继续】按钮，打开【新建表格样式：表格 A】对话框，如图 5-47 所示。

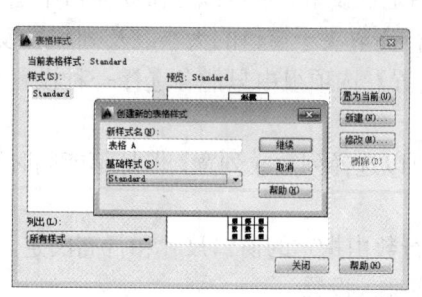

图 5-46 新建表格样式　　　　　　　图 5-47 打开【新建表格样式】对话框

4 可以在【起始表格】、【常规】选项组和【单元样式】区域中，对整个表格进行设置。

在【起始表格】选项组中单击 按钮，可以使用户在图形中指定一个表格用作样例来设置此表格样式的格式。选择表格后，可以指定要从该表格复制到表格样式的结构和内容；而单击【删除表格】按钮 ，可以将表格从当前指定的表格样式中删除。

- 在【基本】选项组中的【表格方向】下拉列表框中，可以通过选择【向下】或【向上】来设置表格方向。
  - ➢ 向下：标题行和列标题行位于表格的顶部。
  - ➢ 向上：标题行和列标题行位于表格的底部。
- 在【单元样式】区域中可以通过"标题"、"表头"与"数据"3大部分定义新的单元样式或修改现有单元样式。程序允许创建任意数量的单元样式来对表格进行细节上的设置。
- 在设置数据单元、单元文字和单元边界的外观时，可以通过【常规】、【文字】和【边框】选项卡来完成。

5 完成其他选项卡的表格样式定义操作后，单击【确定】按钮退出对话框，如图 5-48 所示。

6 返回【表格样式】对话框中即可预览新建的表格样式。单击【置为当前】按钮并单击【关闭】按钮，即可马上使用该样式。如果单击【修改】或者【删除】按钮，则可以重新修改或者删除目前的表格样式，如图 5-49 所示。

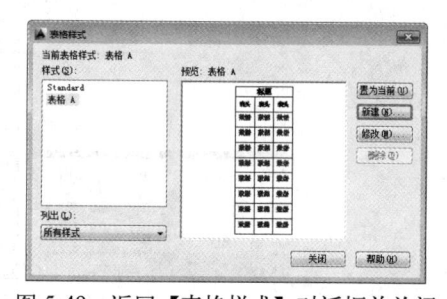

图 5-48 设置表格样式　　　　　　　图 5-49 返回【表格样式】对话框并关闭

5.1.14 实例 14：编辑表格

表格创建完成后，可以单击该表格上的任意网格线以选中该表格，然后通过使用【特性】选项板或夹点来编辑该表格。编辑表格的高度或宽度时，行或列将按比例变化。编辑列的宽度时，表格将加宽或变窄以适应列宽的变化。

上机实战　编辑表格

　　1　打开光盘中的"..\Example\Ch05\5.1.14.dwg"练习文件，然后单击表格的任一边框，选择整个表格。

　　2　单击左上角的夹点并按住鼠标左键拖动，即可移动整个表格的位置，如图 5-50 所示。

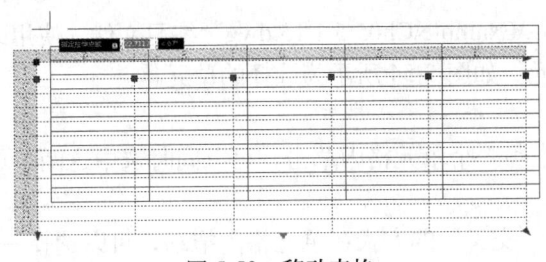

图 5-50　移动表格

　　3　单击右上角的夹点并按住鼠标左键向左边或者右边拖动，即可编辑表格宽度并按比例编辑所有列宽，如图 5-51 所示。

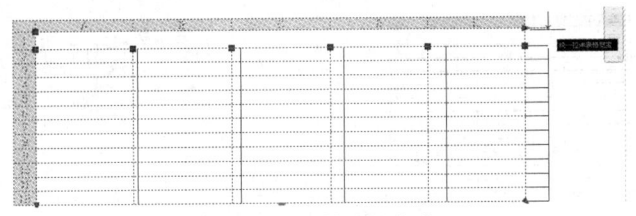

图 5-51　调整表格宽度

　　4　单击左下角的夹点并按住鼠标左键向上方或者下方拖动，即可编辑表高并按比例编辑所有行高，如图 5-52 所示。

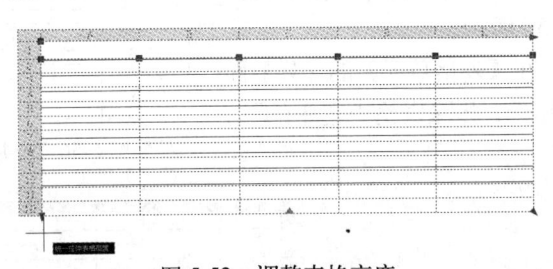

图 5-52　调整表格高度

　　5　单击右下角的夹点并按住鼠标左键向左上角或者右下角拖动，即可编辑表高和表宽并按比例编辑行和列，如图 5-53 所示。最后按 Esc 键可以取消选择，结束表格的编辑。

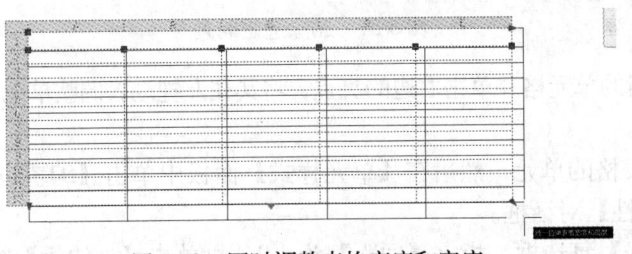

图 5-53　同时调整表格高度和宽度

5.1.15 实例 15：编辑单元格

单元格是由行、列的边线构架成的独立方块，用于在表格中填写内容。当选中单元格后，再拖动单元格上的夹点可以使单元格及其列或行变得更宽或更小。另外，还可以通过多个编辑命令，进行删除、合并单元格与插入、删除行和列等操作。

上机实战　编辑单元格

1　打开光盘中的"..\Example\Ch05\5.1.15.dwg"练习文件，使用以下方法之一选择一个或多个要编辑的表格单元。如图 5-54 所示为选择的单元格。
- 在单元格内单击。
- 按住 Shift 键并在另一个单元格内单击，可以同时选中这两个单元格以及它们之间的所有单元格。
- 以"窗口"或者"交叉"的方式在单元格内拖动，可以选择一个或者多个单元格。

2　此时功能区会新增【表格单元】选项卡，在【合并】面板中单击【合并单元】按钮，在打开的下拉列表中选择【按列合并】选项，将选择的单元格以列为单位合并，如图 5-55 所示。

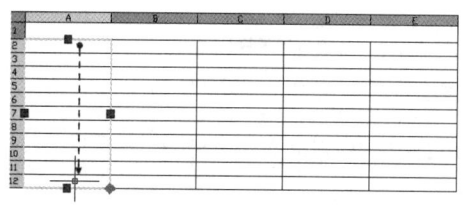

图 5-54　选择单元格

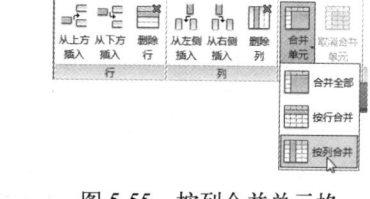

图 5-55　按列合并单元格

3　使用合并单元功能，适当使用【按行合并】、【按列合并】与【合并全部】功能，合并表格中的其他单元格，结果如图 5-56 所示。

4　选择最后 1 列，在【表格单元】的【列】面板中单击【删除列】按钮，删除表格中选中的列，结果如图 5-57 所示。

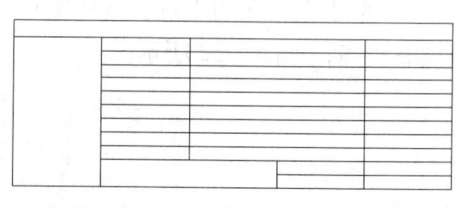

图 5-56　合并其他单元格的结果

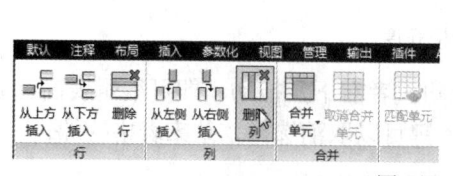

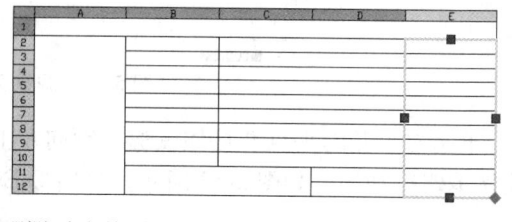

图 5-57　删除选定的列

5　选择要编辑的单元格并单击右边的夹点，将其往左拖动，调整单元格的宽度，如图 5-58 所示。

6　选择整个表格的单元，然后在【单元样式】面板中单击【编辑边框】按钮，打开【单元边框特性】对话框。

7　选择【双线】复选框，指定【间距】为 1.2，再单击【外边框】按钮，预览效果满

意后单击【确定】按钮，将设置的双线应用至表格外边框上，如图 5-59 所示。

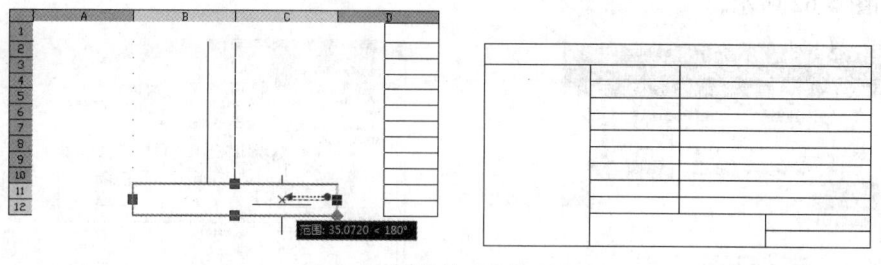

图 5-58 调整单元格的列宽

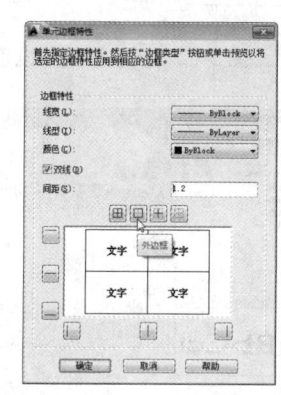

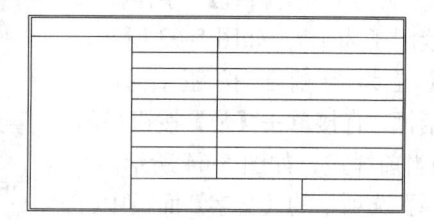

图 5-59 设置双线表格外边框

5.2 综合项目训练

经过上述设计基础技能的训练，详细介绍了在 AutoCAD 2014 中创建文字、设置多行文字格式、创建文字样式、创建表格和编辑表格的基本方法。下面将通过两个综合项目训练，介绍利用文字编辑和使用表格完善平面图形作品设计的应用。

5.2.1 项目 1：设计图纸标题和所有者

本例将为儿童睡房布置图纸设计一个醒目的标题并添加所有者内容。在本例中，首先创建一个新的文字样式，然后将此样式设置为当前样式并输入标题内容，接着创建多行文字内容并输入设计者，最后通过复制特殊符号的方式，添加电子邮件内容，结果如图 5-60 所示。

上机实战 设计图纸标题和所有者

1 打开光盘中的 "..\Example\Ch05\5.2.1.dwg" 练习文件，选择【注释】选项卡，在【文字】面板中打开【文字样式】下拉列表，再选择【管理文字样式】命令，打开【文字样式】对话框，如图 5-61 所示。

图 5-60 设计标题和所有者的结果

2 单击【新建】按钮，然后在【新建文字样式】对话框中输入样式名，单击【确定】按钮，如图 5-62 所示。

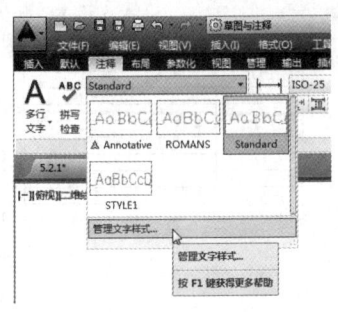

图 5-61 管理文字样式

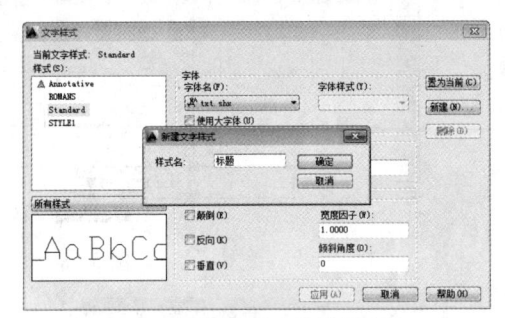

图 5-62 新建样式并设置名称

3 返回【文字样式】对话框，在【字体】选项组中设置字体名为【华文新魏】、字体样式为【常规】、宽度因子为 1.5，如图 5-63 所示。

4 单击【置为当前】按钮，打开【AutoCAD】对话框，直接单击【是】按钮将新建的样式设置为当前样式，如图 5-64 所示。

5 在【注释】选项卡的【文字】面板中打开【文字】下拉列表，再选择【单行文字】选项，系统提示：指定文字的起点，此时在图形上方单击确定文字起点，如图 5-65 所示。

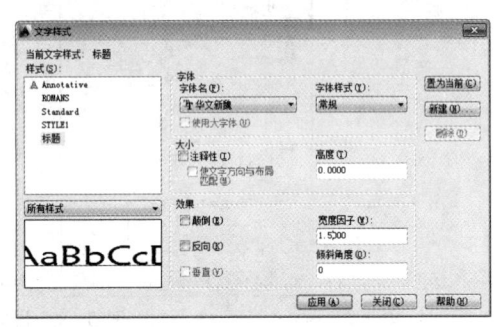

图 5-63 设置文字样式

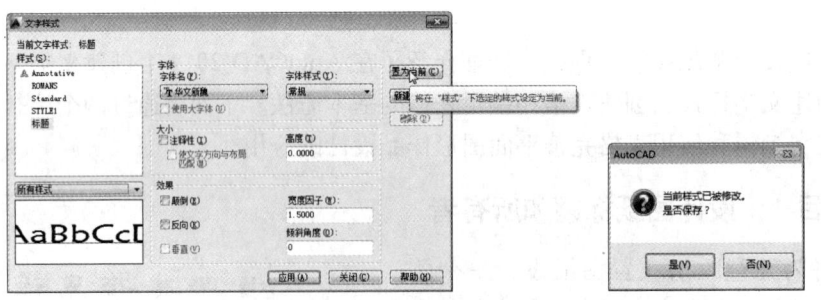

图 5-64 将新建文字样式设置为当前样式

图 5-65 选择单行文字选项并确定起点

6　系统提示：指定高度，此时输入文字高度为 12，系统再提示：指定文字的旋转角度 <0>，此时按 Enter 键使用默认的参数并进入下一步操作，如图 5-66 所示。

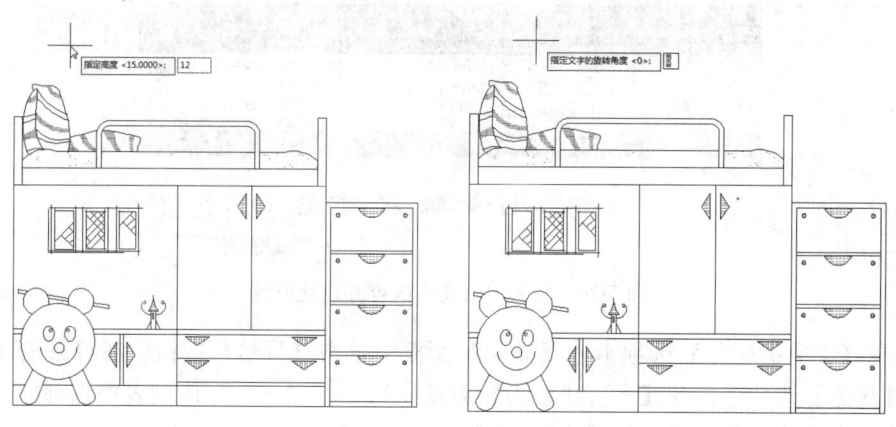

图 5-66　指定高度和旋转角度

7　在文件上输入标题内容，再按两次 Enter 键退出单行文字命令，如图 5-67 所示。

8　选择【默认】选项卡，再选择标题文字对象，然后打开【对象颜色】列表框，选择红色，设置标题文字为红色，如图 5-68 所示。

9　在【注释】选项卡的【文字】面板中打开【文字】下拉列表，再选择【多行文字】选项，通过指定对角点创建出多行文字输入区域，如图 5-69 所示。

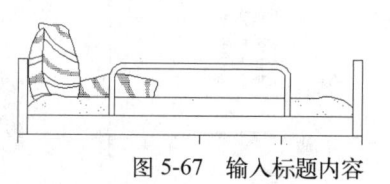

图 5-67　输入标题内容

图 5-68　设置标题颜色

图 5-69　创建多行文字

10 在文字输入区域中输入设计者内容，然后选择文字，再选择一种文字样式，并设置文字高度为 5，接着设置字体为【华文细黑】，如图 5-70 所示。

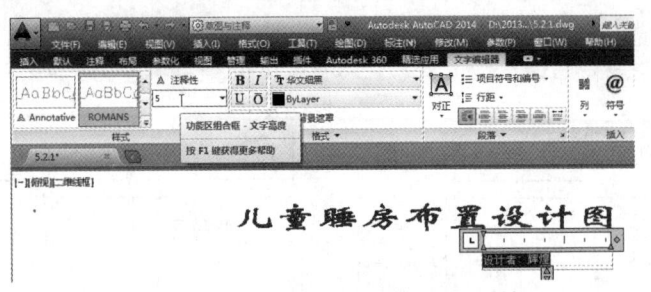

图 5-70 输入多行文字内容并设置属性

11 在【文字编辑器】选项卡的【插入】面板中单击【符号】按钮，在打开的下拉列表中选择【其他】选项，打开【字符映射表】对话框后，在 Arial 字体列表中选择的 "@" 符号，接着单击【选择】按钮，如图 5-71 所示。

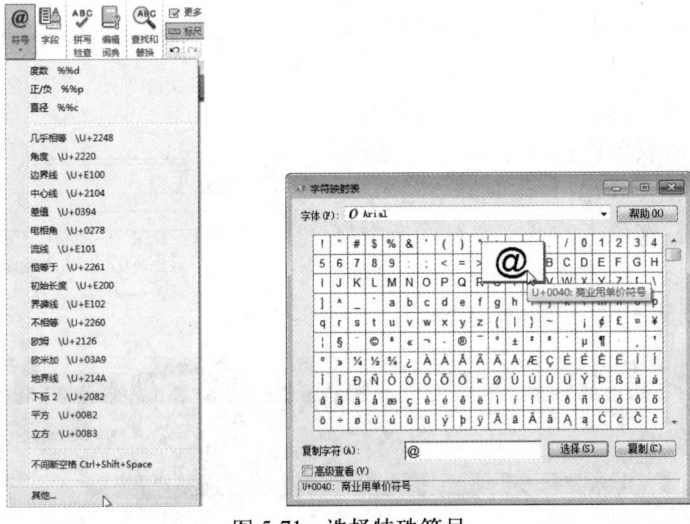

图 5-71 选择特殊符号

12 在【复制字符】文本框中会显示该符号，在该文本框中输入设计者的电子邮件内容，然后单击【复制】按钮并关闭【字符映射表】对话框，返回多行文字编辑器右击，选择【粘贴】命令，如图 5-72 所示。

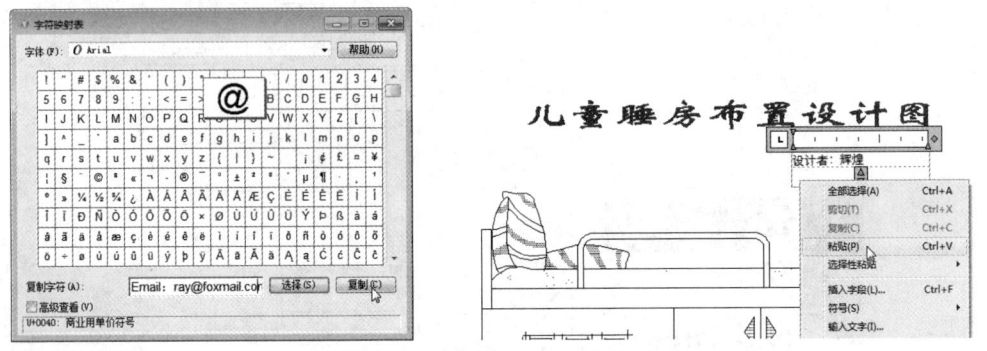

图 5-72 输入并复制内容再执行粘贴

5.2.2 项目2：设计机械图纸标签表格

本例将为机械零件加工图纸设计标签表格。在本例中，首先在图纸上创建一个表格，然后通过编辑表格和单元格的方式，使表格适合标签内容编排的规格，接着在单元格中输入标签内容，最后适当设置标签文字的样式即可，结果如图5-73所示。

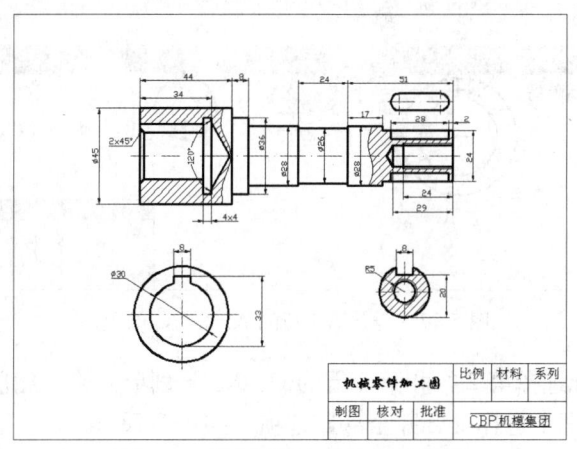

图5-73 设置图纸标签表格的结果

上机实战　设计机械图纸标签表格

1 打开光盘中的"..\Example\Ch05\5.2.2.dwg"练习文件，选择【注释】选项卡，然后单击【表格】按钮，如图5-74所示。

图5-74 单击【表格】按钮

2 打开【插入表格】对话框后，选择【从空表格开始】单选按钮，再选择【指定插入点】单选按钮，然后设置列数、列宽、数据行数、行高和单元格样式，接着单击【确定】按钮，如图5-75所示。

3 返回工作区中，系统提示：指定插入点，此时在图纸右下方合适的位置上单击，插入表格，如图5-76所示。

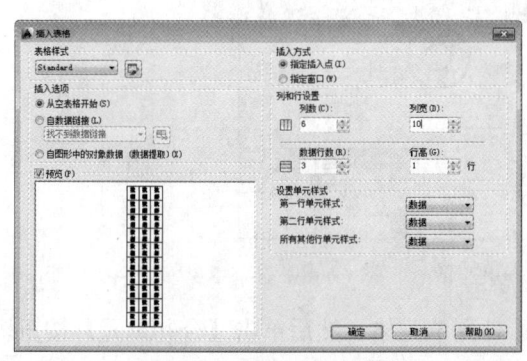

图5-75 设置表格选项

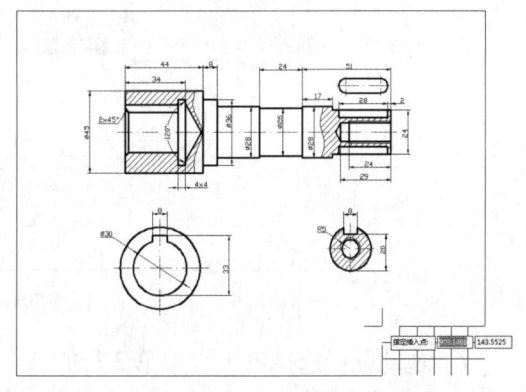

图5-76 插入表格

4 使用鼠标拖动选择表格的第 1 行 A、B、C 这 3 列单元格，然后在【表格单元】选项卡中单击【合并单元】按钮并从列表框中选择【按行合并】选项，合并单元格，如图 5-77 所示。

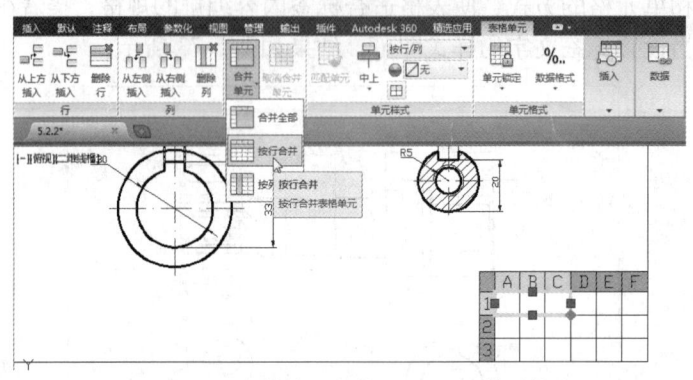

图 5-77 合并第 1 行的 A、B、C 单元格

5 通过拖动鼠标选择第 2 行和第 3 行的 D、E、F 列单元格，然后单击【合并单元】按钮，再从打开的列表框中选择【合并全部】选项，如图 5-78 所示。

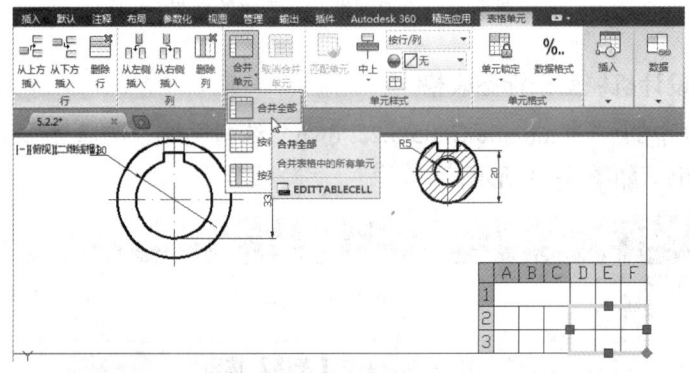

图 5-78 合并第 2 行和第 3 行的 D、E、F 列单元格

6 拖动鼠标选择第 1 行的 D、E、F 列单元格，然后单击【从下方插入】按钮，插入 1 行单元格，如图 5-79 所示。

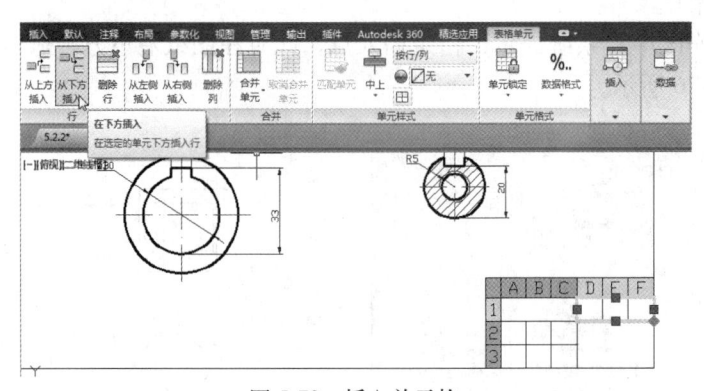

图 5-79 插入单元格

7 拖动鼠标选择第 1 行和第 2 行的 A、B、C 列单元格，然后单击【合并单元】按钮，再选择【合并全部】选项，合并选定的单元格，如图 5-80 所示。

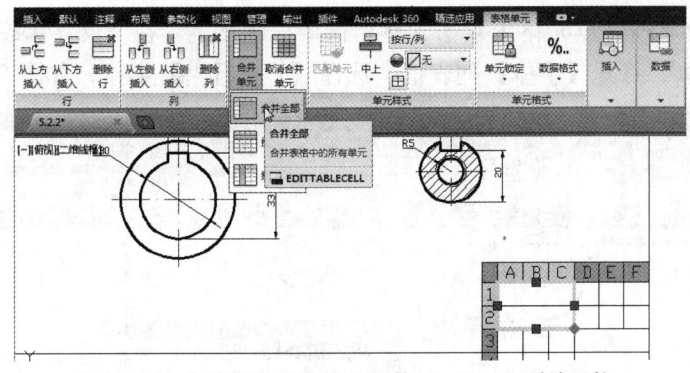

图 5-80 合并第 1 行和第 2 行的 A、B、C 列单元格

8 使用鼠标在表格上单击，显示夹点后，按住第 1 列左侧的夹点，然后向左移动并单击，拉伸表格第 1 列单元格，增加该单元格的列宽，如图 5-81 所示。

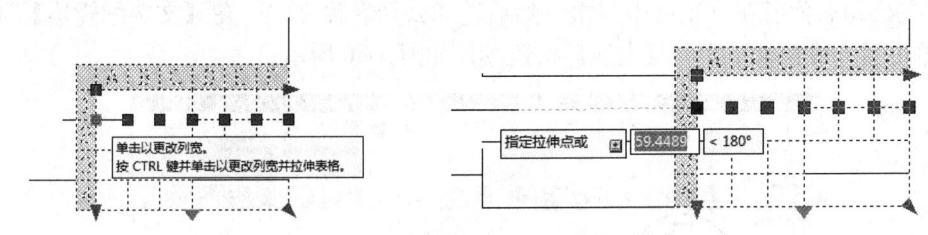

图 5-81 增加第 1 列单元格的列宽

9 使用步骤 8 的方法，分别调整其他单元格的列宽，结果如图 5-82 所示。

10 使用鼠标单击表格左上角的夹点，然后移动鼠标，以调整表格的位置，如图 5-83 所示。

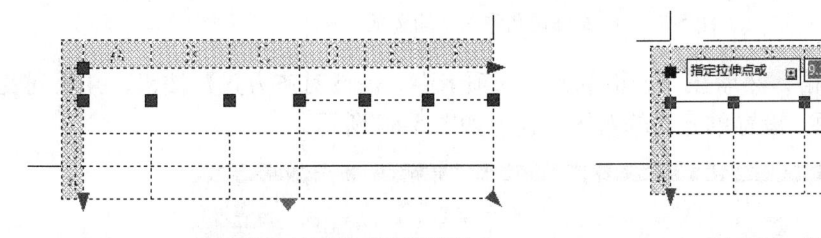

图 5-82 调整其他单元格列宽的结果

图 5-83 调整表格的位置

11 在单元格上单击切换到文本输入状态，然后通过【文字编辑器】选项卡设置文字选项，接着在各个单元格内输入文字内容，如图 5-84 所示。

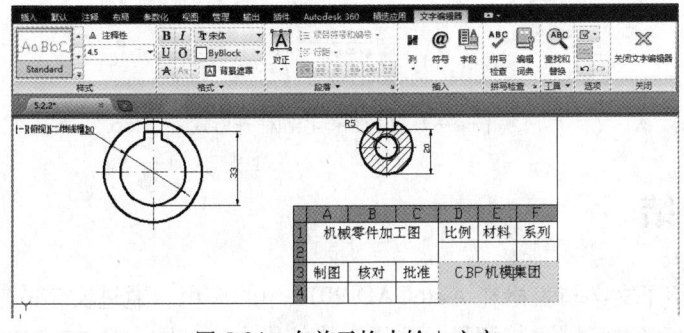

图 5-84 在单元格内输入文字

12 在标题文字所在单元格上双击，然后选择标题文字，在【文字编辑器】选项卡中单击【粗体】按钮 B，打开【字体】列表框，选择【华文行楷】字体，如图 5-85 所示。

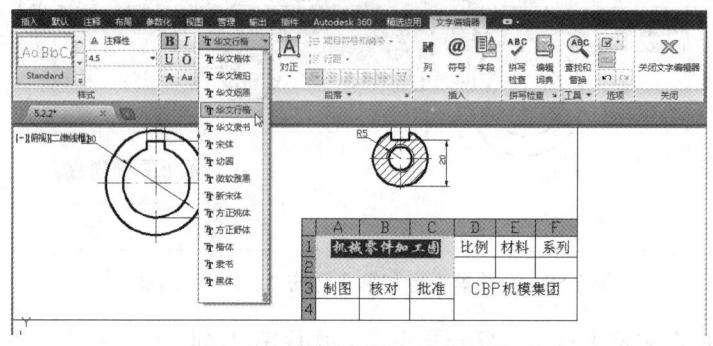

图 5-85　设置标题文字的选项

13 在公司名称所在单元格中双击，然后选择公司名称文字，在【文字编辑器】选项卡中分别单击【下线】按钮 U 和【上线】按钮 O，如图 5-86 所示。

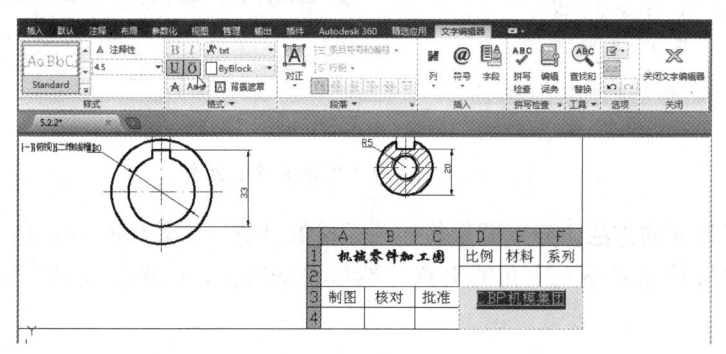

图 5-86　设置公司名称文字的选项

14 选择全部单元格，然后在【表格单元】选项卡中单击【对齐方式】按钮，并从列表框中选择【正中】选项，设置单元格的对齐方式，如图 5-87 所示。

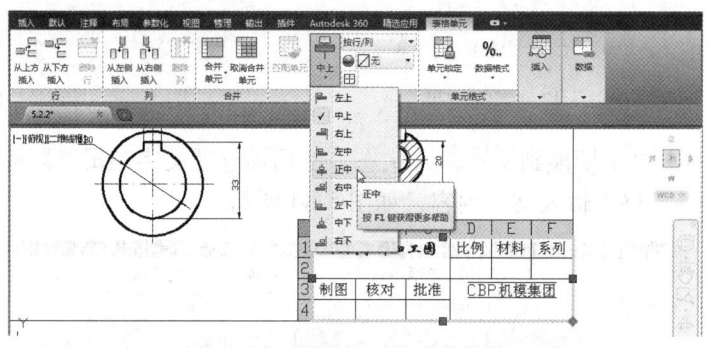

图 5-87　设置单元格对齐方式

5.3　本章小结

本章重点介绍了文字与表格在 AutoCAD 2014 中的应用。通过文字的应用，用户可以细致、明确地针对图形进行标注与解释；使用表格编排内容，则方便文字内容的布局和规划，让绘图效果更加清楚、完整。

5.4 课后训练

进入文字编辑器，在半径数值后面添加"三分之一"的堆叠字符，然后在圆的直径数值后面添加"⌀"直径符号，结果如图 5-88 所示。

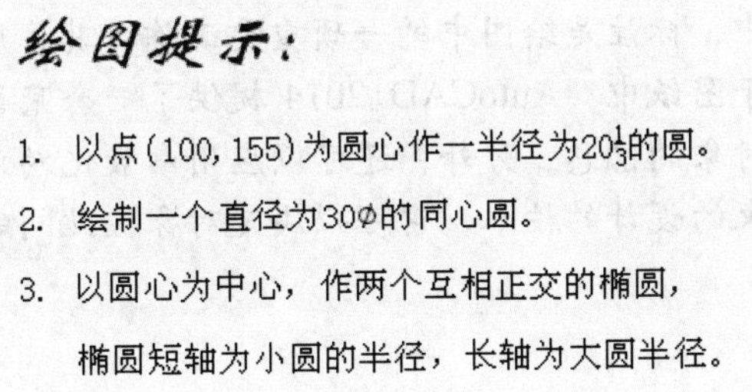

绘图提示：

1. 以点(100, 155)为圆心作一半径为 $20\frac{1}{3}$ 的圆。
2. 绘制一个直径为 30⌀ 的同心圆。
3. 以圆心为中心，作两个互相正交的椭圆，椭圆短轴为小圆的半径，长轴为大圆半径。

图 5-88　添加分数堆叠与直径符号的结果

提示：
（1）打开光盘中的"..\Example\Ch05\5.4.dwg"练习文件，双击文字进行文字编辑器。
（2）将指标定位在第 1 项内容的"20"后面，接着输入"1/3"文字内容。
（3）拖选"1/3"文字内容并单击右键，然后选择【堆叠】命令。
（4）将光标指定在第 2 项文字内容的"30"前面，在【文字编辑器】选项卡的【插入】面板中单击【符号】按钮。
（5）在打开的下拉列表中选择【直径%%C】选项，插入"⌀"符号。

第 6 章 应用标注和参数化约束

教学提要

在计算机辅助绘图中,标注是绘图中的一项重要工作,其作用是将图形的大小、角度、半径、坐标等信息呈现于图纸中。AutoCAD 2014 提供了一套完善的标注命令,通过它们可以更清晰地标示图纸中对象的信息。另外,还可以应用参数化约束功能来辅助图形设计,该功能是一项用于具有约束的设计的技术,它可以决定对象彼此间的放置位置及其标注。

教学重点

- 掌握更改标注关联性设置的方法
- 掌握创建和修改标注样式的方法
- 掌握创建和编辑各种标注的方法
- 掌握创建和对齐多重引线标注的方法
- 掌握创建与应用几何约束和标注约束的方法

6.1 入门基础技能训练

本节将详细介绍标注和参数化约束的基本应用技能,包括标注的样式管理、创建标注的方法、编辑标注的技巧、应用几何约束和标注约束的方法。

6.1.1 实例 01:更改标注关联性设置

在 AutoCAD 中,标注是向图形中添加测量注释的过程。在机械制图或工程绘图的设计中,标注具有以下几种独特的元素:标注文字、尺寸线、箭头和尺寸界线,如图 6-1 所示。

AutoCAD 2014 提供了 10 多种标注工具用于表示图形对象的准确尺寸,通过【标注】工具栏与【标注】菜单栏,可以快速使用相关的标注命令,对角度、直径、半径、线性、对齐、连续、圆心及基线等进行标注操作,如图 6-2 所示。

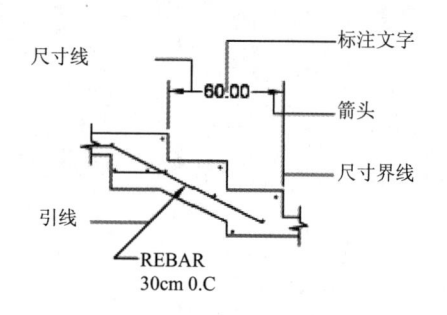

图 6-1 尺寸标注的组成部件

标注可以是关联的、无关联的或分解的。关联标注根据所测量的几何对象的变化而进行调整。标注关联性可以定义几何对象,以及为其提供距离和角度的标注间的关系。几何对象和标注之间有以下 3 种关联性:

- 关联标注(DIMASSOC 系统变量为 2):当与其关联的几何对象被修改时,关联标注将自动调整其位置、方向和测量值。布局中的标注可以与模型空间中的对象相关联。

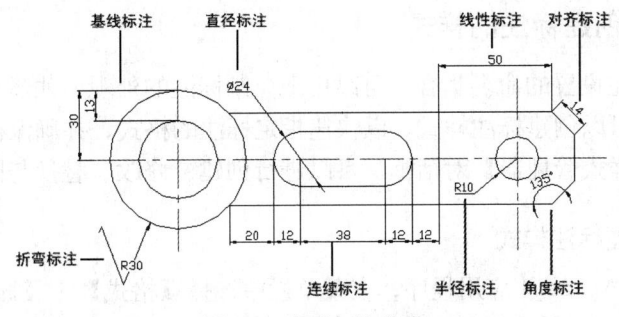

图 6-2 各种标注种类

- 非关联标注（DIMASSOC 系统变量为 1）：与其测量的几何图形一起选定和修改。无关联标注在其测量的几何对象被修改时不发生改变。
- 已分解的标注（DIMASSOC 系统变量为 0）：包含单个对象而不是单个标注对象的集合。

> **技巧**
> 虽然关联标注支持大多数希望标注的对象类型，但是它们不支持"图案填充"、"多线对象"、"二维实体"、"非零厚度的对象"等类型。

上机实战　更改标注关联性设置

1　启动 AutoCAD 2014 应用程序，单击▲按钮打开菜单，然后在右下方单击【选项】按钮，打开【选项】对话框。

2　选择【用户系统配置】选项卡，在【关联标注】选项组中选择或者取消选择【使新标注可关联】复选框，如图 6-3 所示。

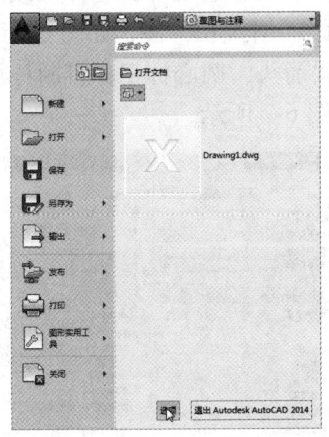

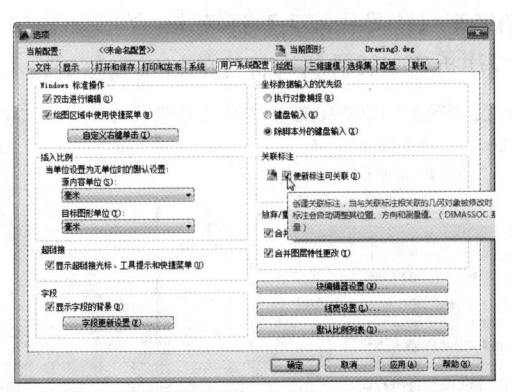

图 6-3　更改标注的关联性设置

3　若单击【应用】按钮，可以将当前选项设置记录到系统注册表中；如果单击【确定】按钮，也可以将当前选项设置记录到系统注册表中，然后关闭【选项】对话框。

4　完成上述操作后，图形中所有后来创建的标注将使用新设置。与大多数其他选项设置不同，标注关联性保存在图形文件中而不是系统注册表中。

5　如果想确定标注是否关联时，可以先选择某标注对象，然后按 Ctrl+1 键打开【特性】选项板，或者在命令窗口中输入"list"并按 Enter 键，即可显示标注的特性。

6.1.2 实例 02：创建标注的样式

标注样式是标注设置的命名集合，可以用来控制标注的外观，如箭头样式、文字位置和尺寸公差等。用户可以创建标注样式，以快速指定标注的格式，并确保标注符合行业或项目标准。通过【标注样式管理器】对话框，可以进行创建、修改、替换与比较样式等操作。

上机实战　创建标注样式

1 启动 AutoCAD 2014 应用程序，在菜单栏中选择【格式】|【标注样式】命令。

2 打开【标注样式管理器】对话框后，在【样式】列表中选择一种当前标注样式，使新建的样式基于此样式，然后单击【新建】按钮，如图 6-4 所示。

3 打开【创建新标注样式】对话框后，先输入新样式的名称，然后可以重新选择基础样式。选择【注释性】复选框可以启用标注对象的注释性，通过【用于】下拉列表可以指定新样式的应用范围，设置完毕后单击【继续】按钮，如图 6-5 所示。

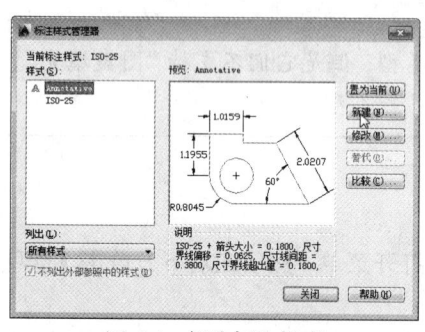

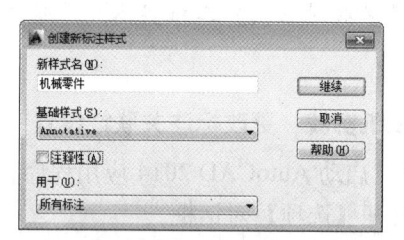

图 6-4　新建标注样式　　　　　图 6-5　设置样式名和基础样式

4 打开【新建标注样式】对话框后，可以看到多个设置选项卡。选择【线】选项卡，在此可以设置尺寸线、尺寸界限、超出标记和基线间距的格式和特性，如图 6-6 所示。

5 切换至【符号和箭头】选项卡，在此可以设置箭头、圆心标记、打断标注、弧长符号、半径标注折弯与线性折弯标注的格式和位置，如图 6-7 所示。

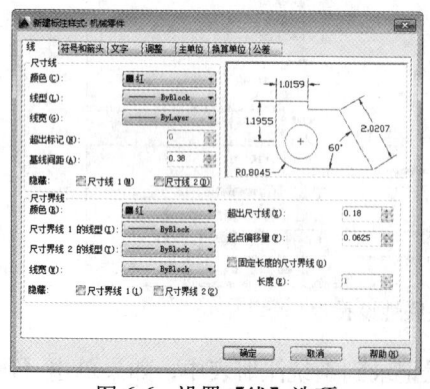

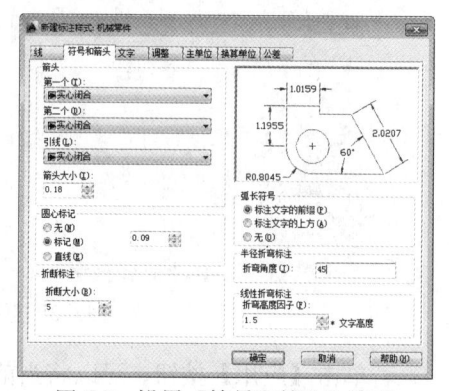

图 6-6　设置【线】选项　　　　　图 6-7　设置【符号和箭头】选项

6 切换至【文字】选项卡，在此可以设置标注文字的格式、位置和对齐等属性，如图 6-8 所示。

7 切换至【调整】选项卡，在此可以控制标注文字、箭头、引线和尺寸线的放置，如图 6-9 所示。

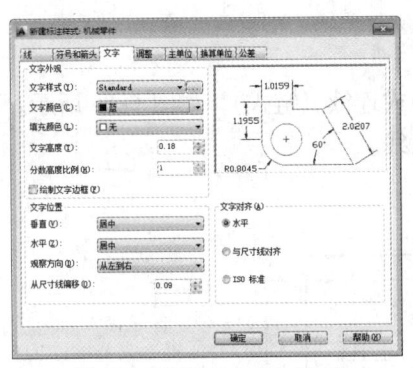

图 6-8　设置【文字】选项　　　　　　　图 6-9　设置【调整】选项

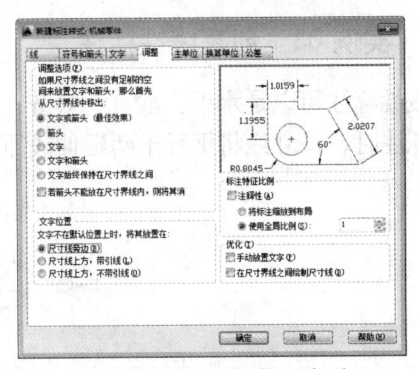

8 切换至【主单位】选项卡，在此可以设置主标注单位的格式和精度，并设置标注文字的前缀和后缀，如图 6-10 所示。

9 切换至【换算单位】选项卡，在此可以指定标注测量值中换算单位的显示并设置其格式和精度。选择【显示换算单位】复选框，才能向标注文字添加换算测量单位，如图 6-11 所示。

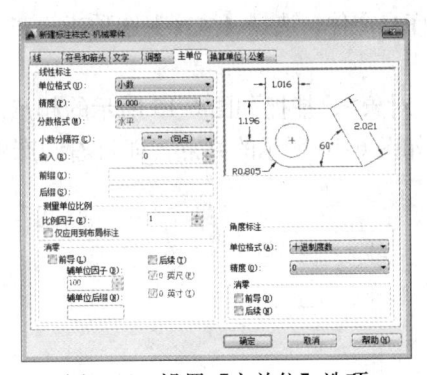

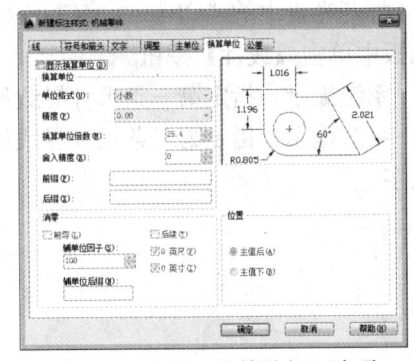

图 6-10　设置【主单位】选项　　　　　　图 6-11　设置【换算单位】选项

10 切换至【公差】选项卡，在此可以控制标注文字中公差的格式及显示，如图 6-12 所示。尺寸公差是表示测量的距离可以变动的数目的值。用户可以控制是否显示尺寸公差，也可以从多种尺寸公差样式中进行选择。

11 设置完毕后单击【确定】按钮，返回【标注样式管理器】对话框。此时在【样式】列表中会新增前面创建的新样式，预览效果满意后单击对话框右侧的【置为当前】按钮，即可将其设置为当前使用的标注样式，如图 6-13 所示。

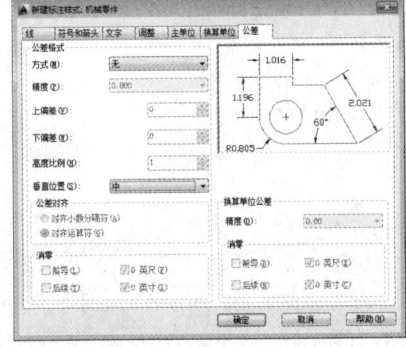

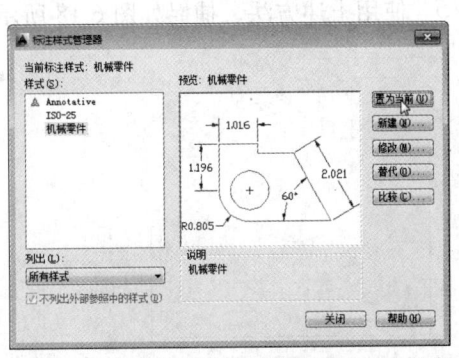

图 6-12　设置【公差】选项　　　　　图 6-13　将样式设置为当前使用的标注样式

6.1.3 实例 03：创建线性标注

线性标注可以是水平、垂直、对齐、旋转、基线或连续（链式），如图 6-14 所示。使用对齐标注时，尺寸线将平行于两延伸线原点之间的直线。

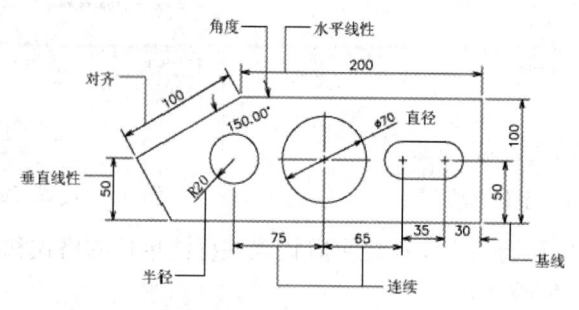

图 6-14 线性标注的示例

上机实战　创建线性标注

1 打开光盘中的"..\Example\Ch06\6.1.3.dwg"练习文件，选择【注释】选项卡，在【标注】面板中单击【线性】按钮。

2 系统提示：指定第一条尺寸界线原点或<选择对象>，捕捉如图 6-15 所示的起点。

3 系统提示：指定第二条尺寸界线原点，捕捉如图 6-16 所示的终点，即可看到产生的标注文字。

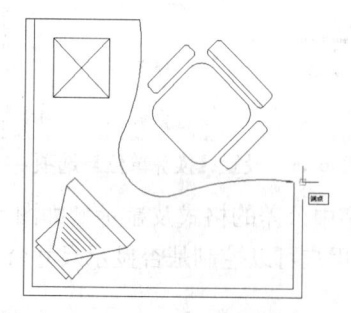

图 6-15 指定起点　　　　图 6-16 指点终点

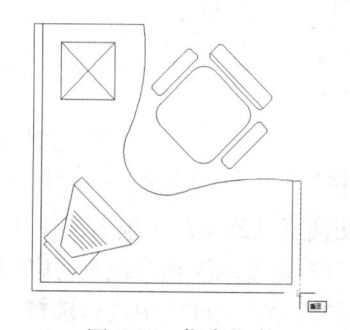

4 系统提示：[多行文字(M)/文字(T)/角度(A)/水平(H)/垂直(V)/旋转(R)]，往右拖出标注，再单击即可创建出标注，如图 6-17 所示。

5 使用上述方法，捕捉如图 6-18 所示的两点，创建水平线性标注。

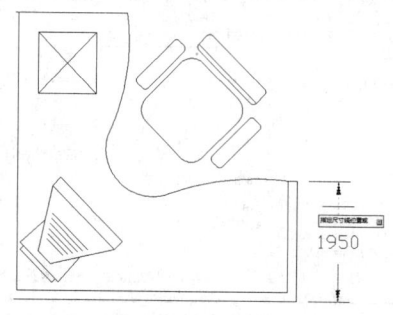

图 6-17 拖出垂直线性标注　　　　图 6-18 创建水平线性标注

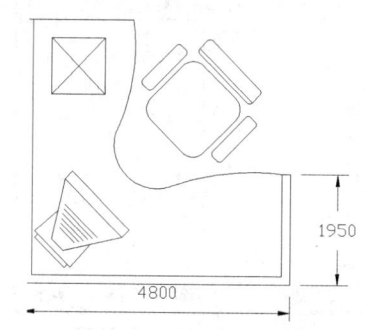

第6章 应用标注和参数化约束

6 在【标注】面板中单击【标注】按钮，在打开的下拉列表中选择【对齐】选项，然后捕捉如图 6-19 所示的两点，创建对齐标注。

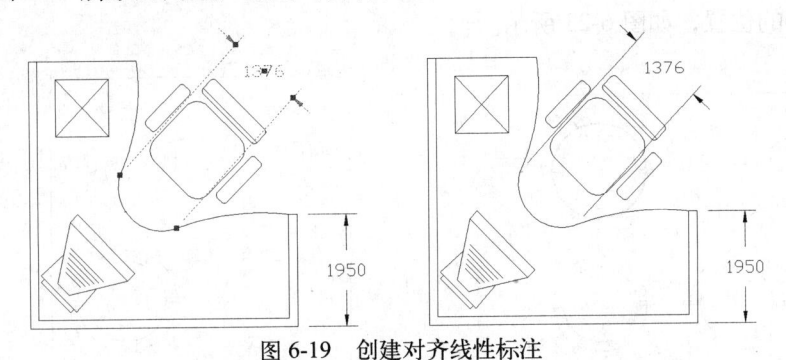

图 6-19 创建对齐线性标注

6.1.4 实例 04：创建半径标注

使用【半径】命令可以创建圆与圆弧的半径标注。

上机实战 创建半径标注

1 打开光盘中的"..\Example\Ch06\6.1.4.dwg"练习文件，在【标注】面板中单击【标注】按钮，在打开的下拉列表中选择【半径】选项，执行【半径】命令。

2 系统提示：选择圆弧或圆，将光标移至需要标注的圆弧上，当其产生亮显时单击选择对象，如图 6-20 所示。

3 系统提示：指定尺寸线位置或[多行文字(M)/文字(T)/角度(A)]，在合适位置上单击，确定标注文字的位置，结果如图 6-21 所示。

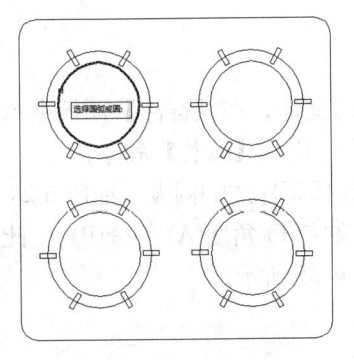

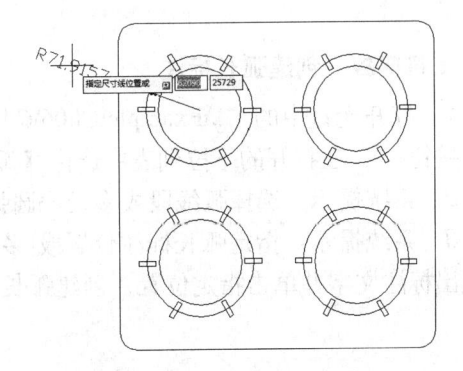

图 6-20 选择圆   图 6-21 创建的半径标注

6.1.5 实例 05：创建直径标注

使用【直径】命令可以创建圆与圆弧的直径标注。

上机实战 创建直径标注

1 打开光盘中的"..\Example\Ch06\6.1.5.dwg"练习文件，在【注释】选项卡的【标注】面板中单击【标注】按钮，在打开的下拉列表中选择【直径】选项，执行【直径】命令。

2 系统提示：选择圆弧或圆，将光标移至需要标注的圆上，当其产生亮显时单击选择

对象，如图 6-22 所示。

　　3　系统提示：指定尺寸线位置或 [多行文字(M)/文字(T)/角度(A)]，在合适位置上单击，确定标注文字的位置，如图 6-23 所示。

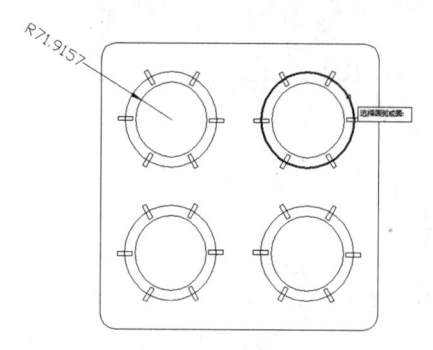

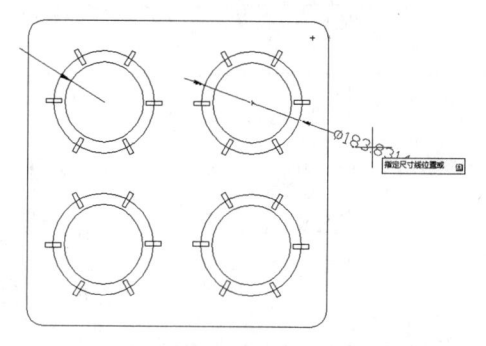

图 6-22　选择圆　　　　　　　　图 6-23　确定标注文字的位置

6.1.6　实例 06：创建弧长标注

　　弧长标注用于测量圆弧或多段圆弧线段上的距离。弧长标注的典型用法包括测量围绕凸轮的距离或表示电缆的长度。

> **技巧**
>
> 　　为区别是弧长标注还是角度标注，默认情况下，弧长标注将显示一个圆弧符号。但是可以在【修改标注样式】对话框下的【符号和箭头】选项卡中，更改弧长标注的位置样式。

上机实战　创建弧长标注

　　1　打开光盘中的"..\Example\Ch06\6.1.6.dwg"练习文件，在【标注】面板中单击【标注】按钮，在打开的下拉列表中选择【弧长】选项，执行【弧长】命令。

　　2　系统提示：选择弧线段或多段线圆弧段，此时选择要标注的圆弧，如图 6-24 所示。

　　3　系统提示：指定弧长标注位置或[多行文字(M)/文字(T)/角度(A)/部分(P)/]，此时往下方拖出标注文字并单击指定位置，创建弧长标注，如图 6-25 所示。

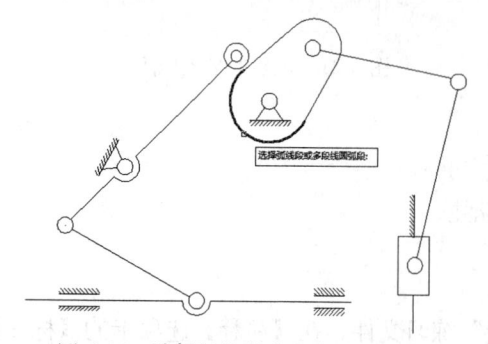

图 6-24　选择弧线段或多段线弧线段　　　　　图 6-25　创建弧长标注

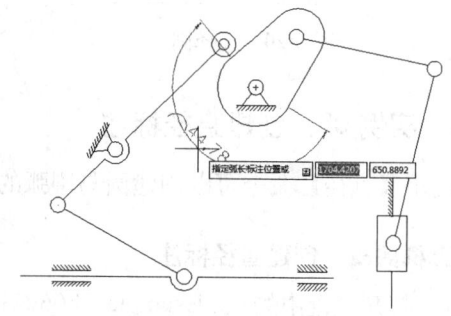

　　4　使用相同的方法，创建其他弧长标注，结果如图 6-26 所示。

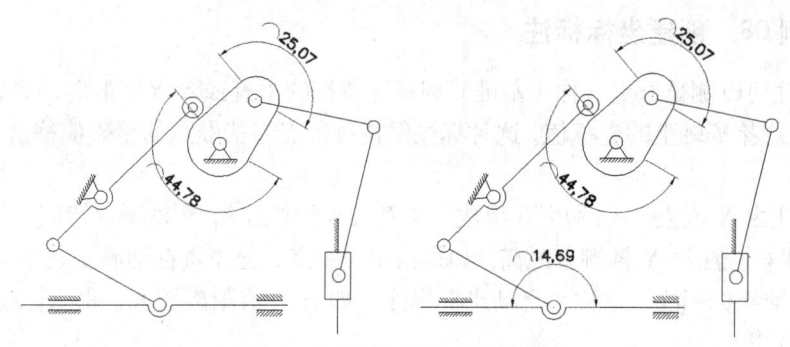

图 6-26　创建其他弧长标注的结果

6.1.7　实例 07：创建角度标注

角度标注可以测量圆弧、两条直线或 3 个点之间的角度。要测量圆的两条半径之间的角度，可以选择此圆，然后指定角度端点。要测量其他对象，需要选择对象然后指定标注位置。另外，还可以通过指定角度顶点和端点标注角度。在创建标注时，可以在指定尺寸线位置之前修改文字内容和对齐方式。

上机实战　创建角度标注

1　打开光盘中的"..\Example\Ch06\6.1.7.dwg"练习文件，在【标注】面板中单击【标注】按钮，在打开的下拉列表中选择【角度】选项 △，执行【角度】命令。

2　系统提示：选择圆弧、圆、直线或<指定顶点>，此时选择要标注的直线，如图 6-27 所示。

3　系统提示：选择第二条直线，此时选择第二条直线，如图 6-28 所示。

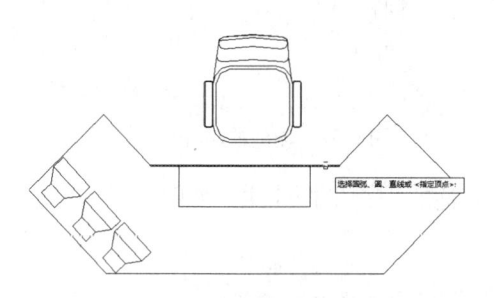

图 6-27　选择第一条直线　　　　　　图 6-28　选择第二条直线

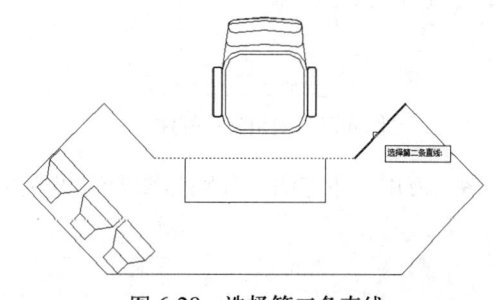

4　系统提示：指定标注弧线位置或[多行文字(M)/文字(T)/角度(A)/象限点(Q)]，此时拖出标注文字并单击指定位置，如图 6-29 所示。创建角度标注后的结果如图 6-30 所示。

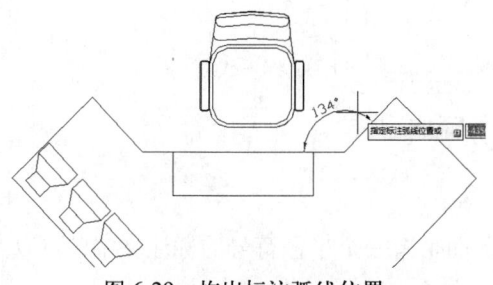

图 6-29　拖出标注弧线位置　　　　　　图 6-30　标注角度后的结果

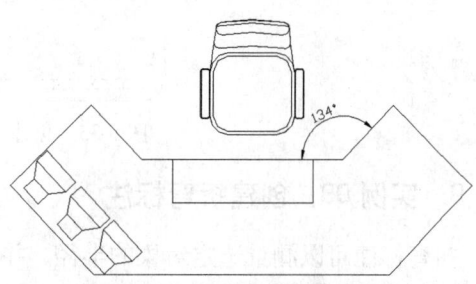

6.1.8 实例08：创建坐标标注

坐标标注可以测量原点（称为基准）到标注特征的垂直或者水平距离，例如部件上的某个点在X轴或者Y轴上的坐标值。这种标注保持特征点与基准点的精确偏移量，从而避免增大误差。

坐标标注由X值或Y值和引线组成。X基准坐标标注沿X轴测量特征点与基准点的距离。Y基准坐标标注沿Y轴测量距离。如果指定一个点，程序将自动确定它是X基准坐标标注还是Y基准坐标标注。这称为自动坐标标注。如果Y值距离较大，那么标注测量X值。否则，测量Y值。

上机实战 创建坐标标注

1 打开光盘中的"..\Example\Ch06\6.1.8.dwg"练习文件，首先启用【正交】模式，在【标注】面板中单击【标注】按钮，在打开的下拉列表中选择【坐标】选项，执行【坐标】命令。

2 系统提示：指定点坐标，此时捕捉点，然后往左拖动光标，引出坐标标注，如图6-31所示。

3 系统提示：指定点坐标，指定引线端点或 [X 基准(X)/Y 基准(Y)/多行文字(M)/文字(T)/角度(A)]，此时往上拖动鼠标，然后在合适的位置上单击创建坐标标注，如图 6-32所示。

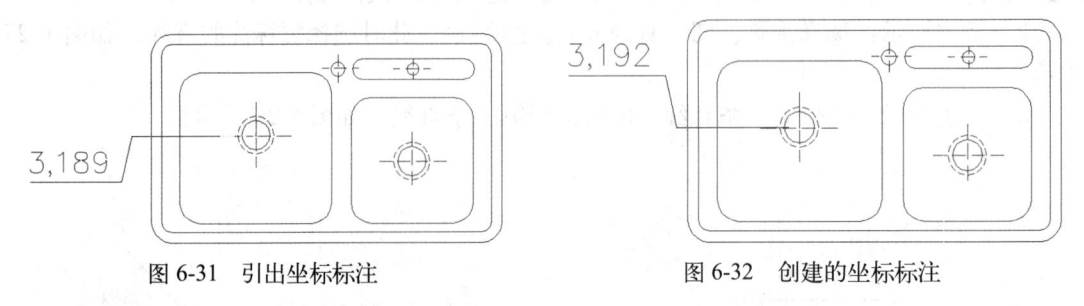

图 6-31 引出坐标标注　　　　图 6-32 创建的坐标标注

4 使用上述方法，分别为图形的其他点创建其他的垂直坐标标注，如图6-33所示。

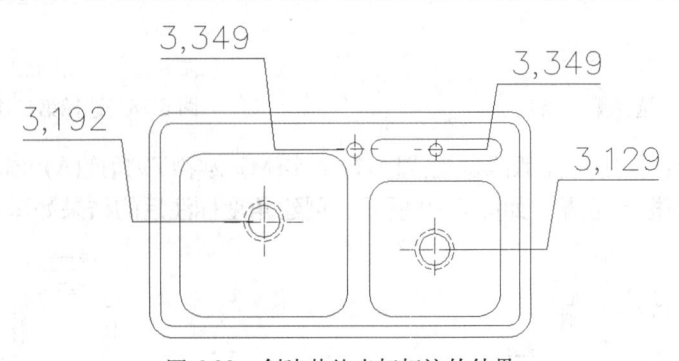

图 6-33 创建其他坐标标注的结果

6.1.9 实例09：创建折弯标注

折弯标注可以测量选定对象的半径，并显示前面带有一个半径符号的标注文字，可以为圆和圆弧创建折弯标注。

上机实战 创建折弯标注

1 打开光盘中的 "..\Example\Ch06\6.1.9.dwg" 练习文件，在【标注】面板中单击【标注】按钮，在打开的下拉列表中选择【折弯】选项。

2 系统提示：选择圆弧或圆，此时选择圆弧，作为标注的对象，如图 6-34 所示。

3 系统提示：指定图示中心位置，此时在需要显示折弯标注的位置上单击，指定标注图示中心位置，如图 6-35 所示。

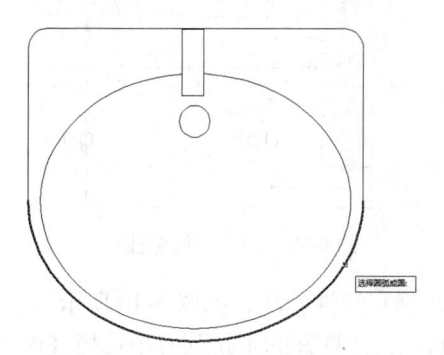

图 6-34 选择圆弧作为标注对象

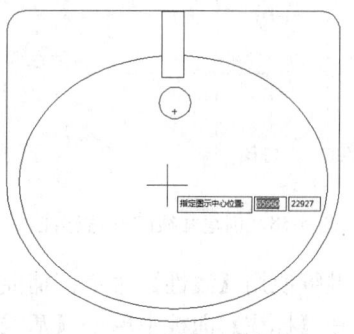

图 6-35 指定图示中心位置

4 系统提示：指定尺寸线位置或 [多行文字(M)/文字(T)/角度(A)]，此时可以在需要尺寸线显示的位置上单击，如图 6-36 所示。

5 系统提示：指定折弯位置，此时在作为折弯的位置上单击即可，如图 6-37 所示。

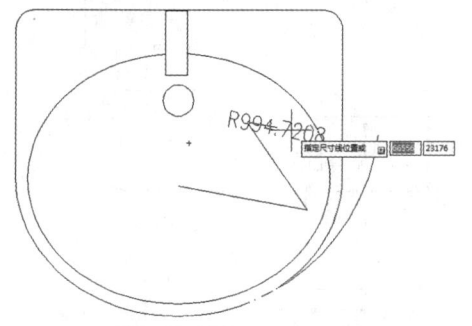

图 6-36 指定尺寸线位置

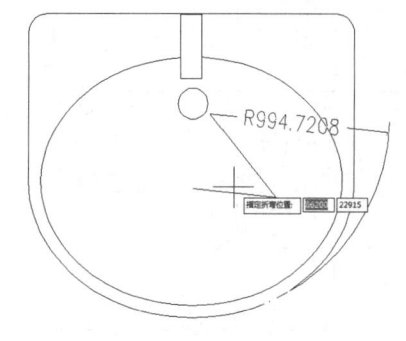

图 6-37 指定折弯位置

6.1.10 实例 10：创建基线与连续标注

基线标注能够标记同一基线处的多个标注。连续标注是首尾相连的多个标注。在创建基线或连续标注之前，必须创建线性、对齐或角度标注，作为参考标注对象。通过创建基线或连续标注可以自当前任务的最近创建的标注中以增量方式创建基线标注。

上机实战 创建基线与连续标注的操作步骤如下。

1 打开光盘中的 "..\Example\Ch06\6.1.10.dwg" 练习文件，首先使用【线性】标注功能，捕捉 A、B 两点，创建水平线性标注，如图 6-38 所示。

2 在【标注】面板中单击【连续】按钮右侧的，在打开的下拉列表中选择【基线】选项。

3 系统提示：指定第二条延伸线原点或[放弃(U)/选择(S)] <选择>，此时拖动光标即可牵引出基线标注，接着依序捕捉 C、D 两点，创建基线标注，如图 6-39 所示。

4 按两次 Enter 键结束基线标注命令。

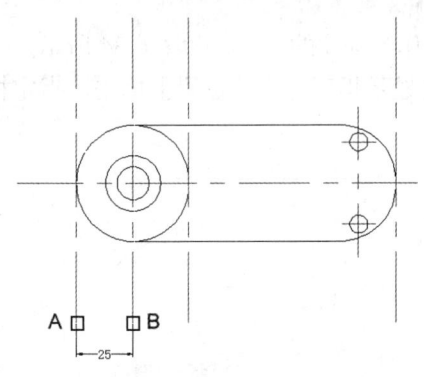

图 6-38 创建基线的参考标注　　　　图 6-39 创建基线标注

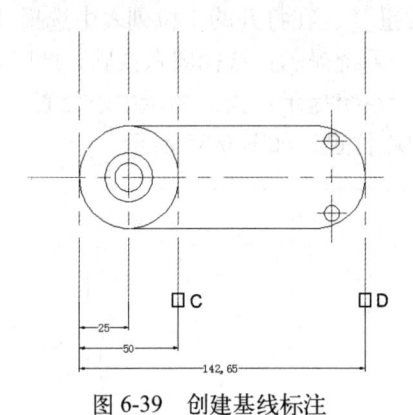

5 继续使用【线性】命令，捕捉 E、F 两点创建垂直线性标注，如图 6-40 所示。

6 在【标注】面板中单击【基线】按钮右侧的，在打开的下拉列表中选择【连续】选项，执行【连续】命令。

7 此时拖动光标即可牵引出连续标注，接着依序捕捉 G、H 两点，创建连续标注，如图 6-41 所示。最后按两次 Enter 键结束连续标注命令即可。

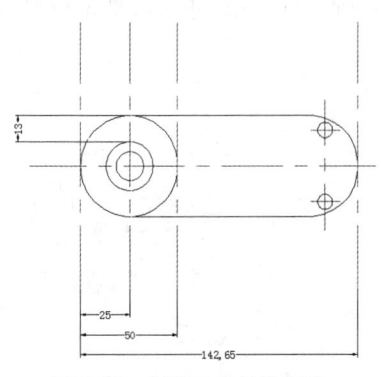

图 6-40 创建垂直线性标注　　　　图 6-41 创建连续标注

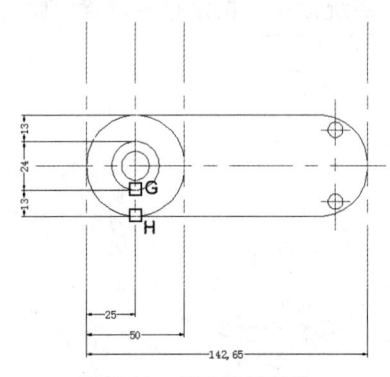

6.1.11 实例 11：创建多重引线标注

通过【多重引线】命令可以轻易地将多条引线附着到同一注解，也可以均匀隔开并快速对齐多个注解。多重引线是具有多个选项的引线对象，创建时先放置引线对象的头部、尾部或内容均可。

上机实战　创建多重引线标注

1 打开光盘中的 "..\Example\Ch06\6.1.11.dwg" 练习文件，在【注释】选项卡的【引线】面板中单击【多重引线】按钮。

2 系统提示：指定文字的第一个角点或[引线箭头优先(H)/引线基线优先(L)/选项(O)] <选项>，此时输入 "H"，以引线箭头优先方式添加引线标注，如图 6-42 所示。

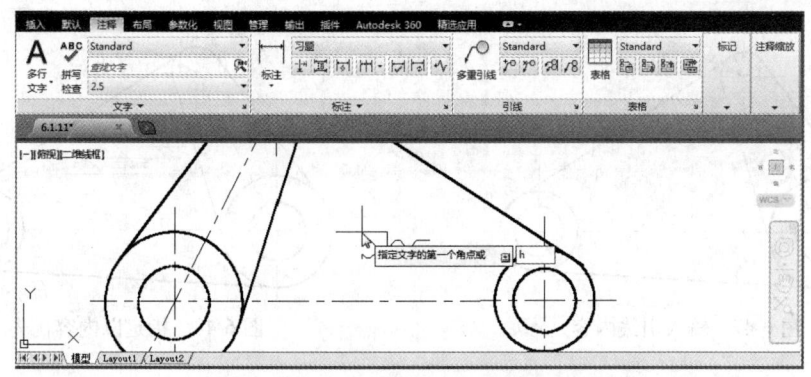

图 6-42 单击【多重引线】按钮并以引线箭头优先

    3 系统提示：指定引线箭头的位置或 [引线基线优先(L)/内容优先(C)/选项(O)] <选项>，此时在图形上单击指定引线箭头的位置，如图 6-43 所示。

    4 系统提示：指定引线基线的位置，如图 6-44 所示单击指定基线的位置。

    5 在文本框中输入引线内容，这里输入 A，然后按 Ctrl+Enter 键确定内容，如图 6-45 所示。

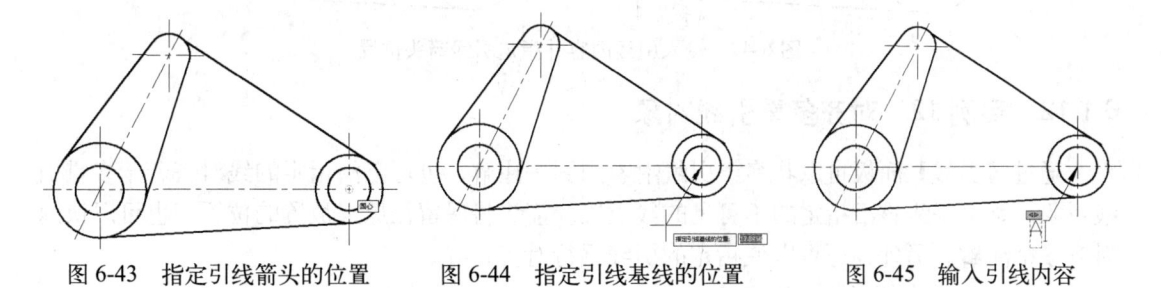

图 6-43 指定引线箭头的位置   图 6-44 指定引线基线的位置   图 6-45 输入引线内容

    6 单击【多重引线】按钮，系统提示：指定引线箭头的位置或[引线基线优先(L)/内容优先(C)/选项(O)]<选项>，输入 L 并按 Enter 键，指定基线优先。此时先指定基点位置，再指定箭头位置，如图 6-46 所示。

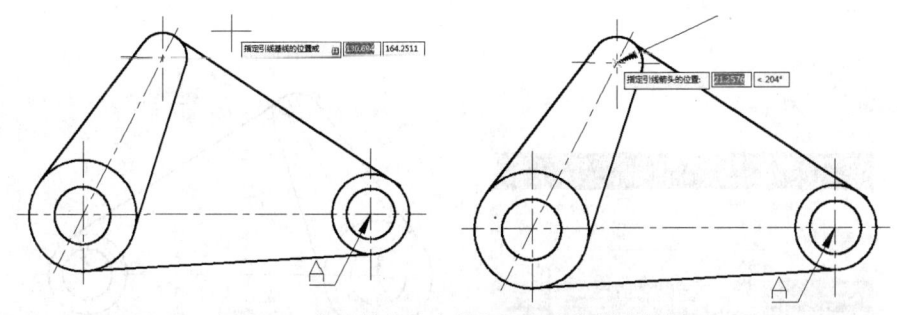

图 6-46 指定基线优先并指定基点和箭头位置

    7 创建引线后，即可输入内容为"B"，再按 Ctrl+Enter 键，如图 6-47 所示。

    8 单击【多重引线】按钮，系统提示：指定引线基线的位置或[引线箭头优先(H)/内容优先(C)/选项(O)]<引线箭头优先>，输入 C 并按 Enter 键，指定内容优先，如图 6-48 所示。

    9 在文件中拖出一个文本框并输入内容为 C，完成内容输入后按 Ctrl+Enter 键，然后指定多重引线的箭头位置，如图 6-49 所示。

图 6-47 输入引线内容　　　　　　　图 6-48 指定以内容优先

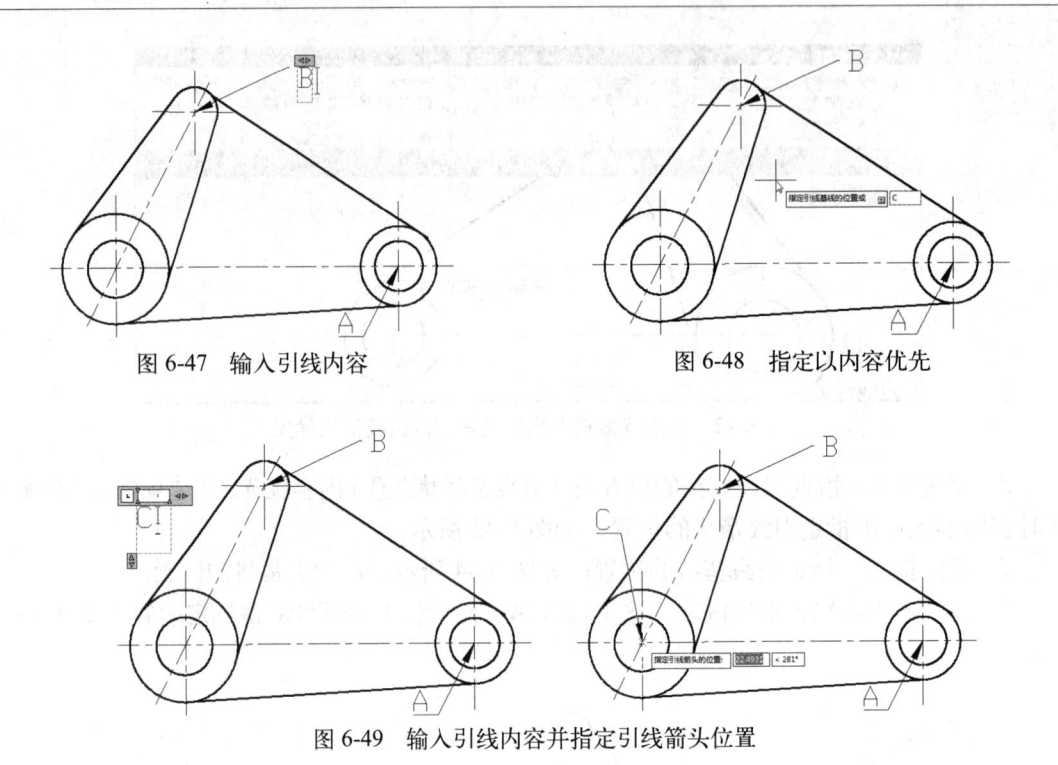

图 6-49 输入引线内容并指定引线箭头位置

6.1.12 实例 12：对齐多重引线对象

通过【引线】面板可以将多条引线附着到同一注解，也可以沿指定的线对齐若干多重引线对象。水平基线将沿指定的不可见的线放置。箭头将保留在原来放置的位置，也可以快速对齐多个注解。另外，还可以使指定的引线平行对齐。

上机实战　添加与对齐多重引线

1 打开光盘中的"..\Example\Ch06\86.1.12.dwg"练习文件，在【引线】面板中单击【对齐】按钮，系统提示：选择多重引线，选择到"A"与"B"两个引线注释并按 Enter 键，如图 6-50 所示。

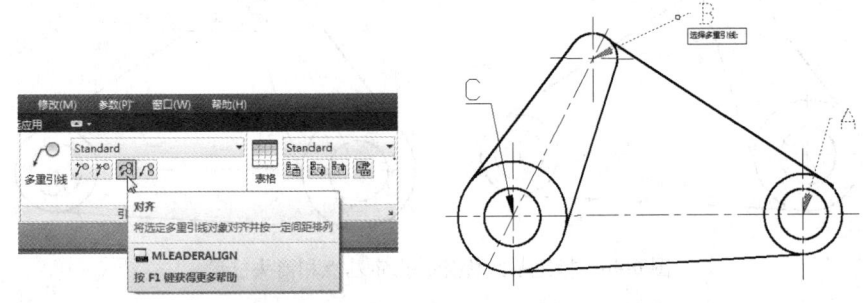

图 6-50 单击【对齐】按钮并选择多重引线

2 系统提示：选择要对齐到的多重引线或 [选项(O)]。此时再次选择"B"注释，以其作为对齐的参照对象，如图 6-51 所示。

3 系统提示：指定方向。此时在状态栏上启用【对象捕捉】功能，然后捕捉 A、B 注释两基点之间的交点，接着单击确定按钮，如图 6-52 所示。

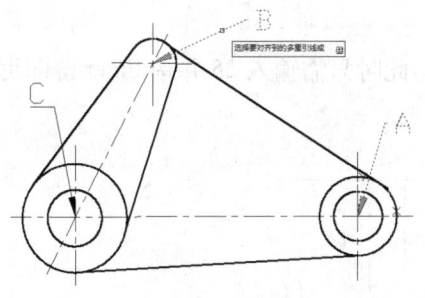

图 6-51 选择对齐的参照对象 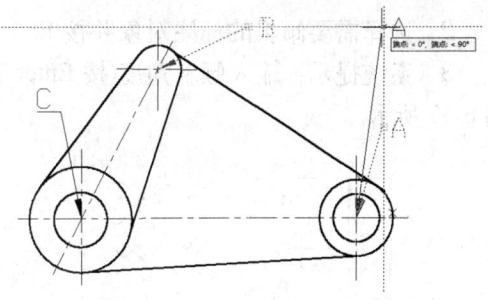　　　　　图 6-52 指定对齐的方向

4 重复步骤 1 的操作，当系统提示"选择要对齐到的多重引线或 [选项(O)]"的时候输入"O"并按 Enter 键，如图 6-53 所示。

5 系统提示：输入选项 [分布(D)/使引线线段平行(P)/指定间距(S)/使用当前间距(U)] <使段平行>，此时在弹出列表框中选择【使引线线段平行】选项，如图 6-54 所示。

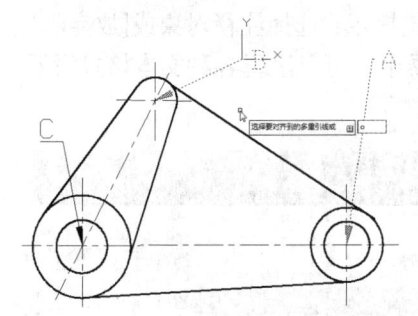

图 6-53 执行对齐引线命令并显示选项 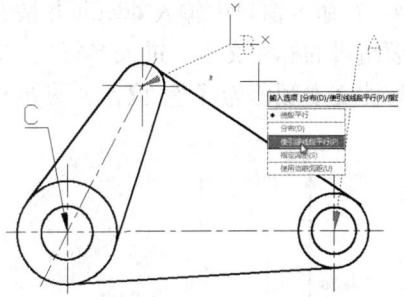　　图 6-54 选择【使引线线段平行】选项

6 系统提示：选择要对齐的多重引线或[选项(O)]，此时单击选择 A 注释，如图 6-55 所示。使注释 B 依注释 A 进行平行对齐，结果如图 6-56 所示。

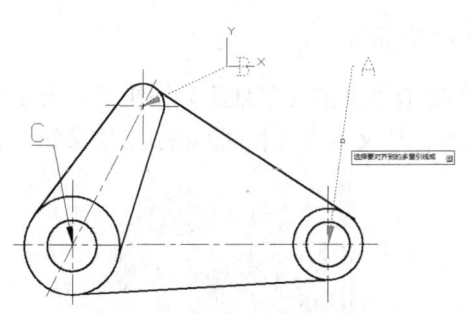

图 6-55 选择要对齐的多重引线 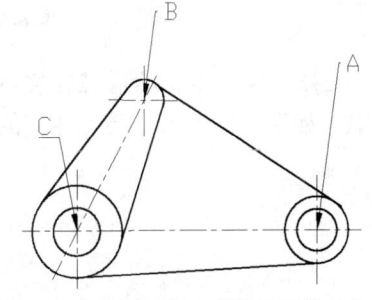　　　　图 6-56 平行对齐多重引线后的结果

6.1.13 实例 13：修改与移动标注

为图形创建尺寸标注后，可以根据设计需要修改标注，例如倾斜标注、修改标注的文本格式、调整标注的位置、为标注添加折弯等。

上机实战　修改与移动标注

1 打开光盘的"..\Example\Ch06\6.1.13.dwg"练习文件，在【注释】选项卡的【标注】面板中单击【倾斜】按钮 H。

2 选择需要倾斜的标注对象并按 Enter 键。

3 系统提示：输入倾斜角度(按 Enter 表示无)，此时只需输入 25 并按 Enter 键即可，如图 6-57 所示。

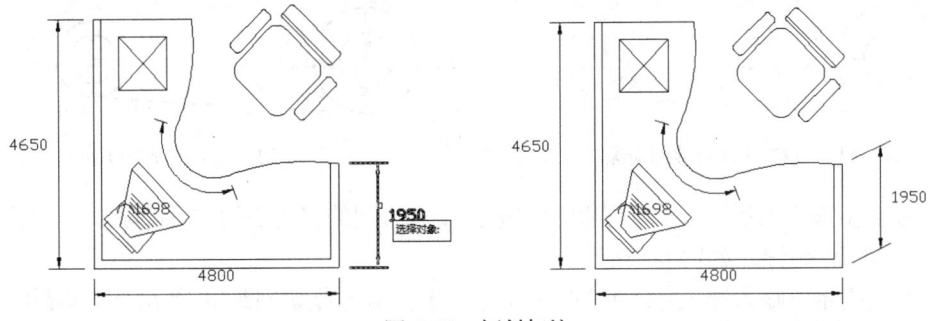

图 6-57 倾斜标注

4 在命令窗口中输入 ddedit 并按 Enter 键。系统提示：选择注释对象或[放弃(U)]，此时选择要编辑的标注文本，进入多行文字的文本编辑器中，可以进行各种文本格式设置，例如修改标注文本颜色为【蓝色】，如图 6-58 所示。

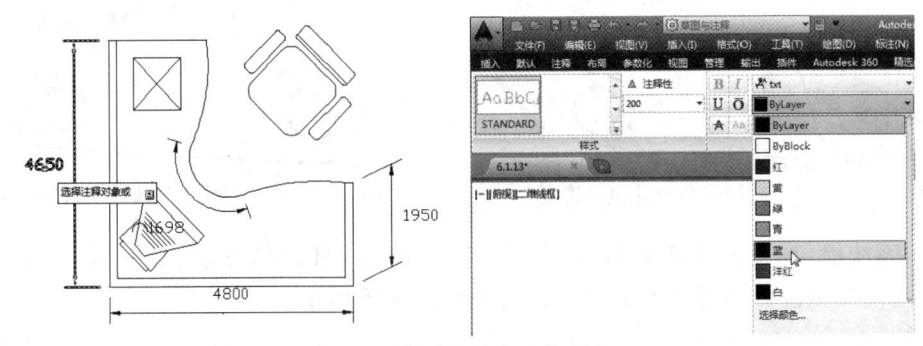

图 6-58 修改标注文本的颜色

5 选择标注文本，然后【在文本编辑器】选项卡中单击【下划线】按钮 U，为文本添加下划线，如图 6-59 所示。使用相同的方法，为其他标注文本设置相同的格式，结果如图 6-60 所示。

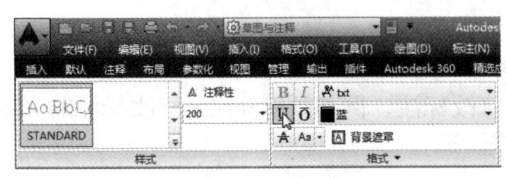

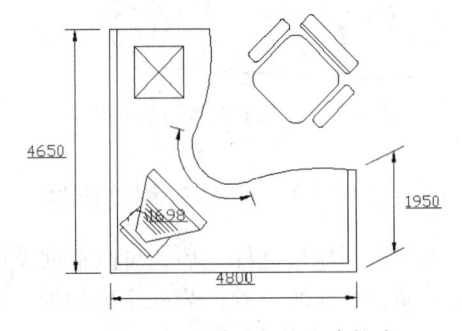

图 6-59 单击【下划线】按钮　　　　图 6-60 设置其他标注文本格式

6 单击弧线标注对象进入【夹点】模式，单击弧线标注对象中弧线的夹点为移动基点，接着将其拖至图形外边，如图 6-61 所示。

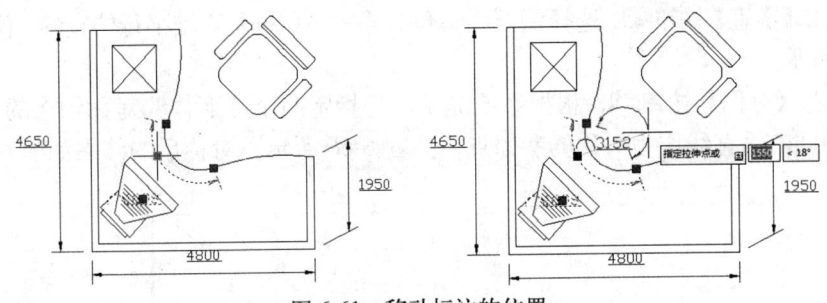

图 6-61 移动标注的位置

6.1.14 实例 14：创建与应用几何约束

参数化约束也称为参数化图形，这是一项用于具有约束的设计的技术，而约束则是应用于二维几何图形的关联和限制。

参数化约束有两种常用的约束类型：
- 几何约束：控制对象相对于彼此的关系。
- 标注约束：控制对象的距离、长度、角度和半径值。

通常在工程的设计阶段使用约束，对一个对象所做的更改可能会影响其他对象。例如，如果一条直线被约束为与圆弧相切，更改该圆弧的位置时将自动保留切线，这称为几何约束。

约束距离、直径和角度的方式则称为标注约束。例如，圆的直径目前被约束为 0.60，由于这两个圆被约束为大小相等，因此对右侧圆的直径进行修改将同时影响这两个圆。此类功能使得用户可以在保留指定关系和距离的情况下尝试各种创意，高效率地对设计进行修改。如图 6-62 所示为几何约束和标注约束的应用。

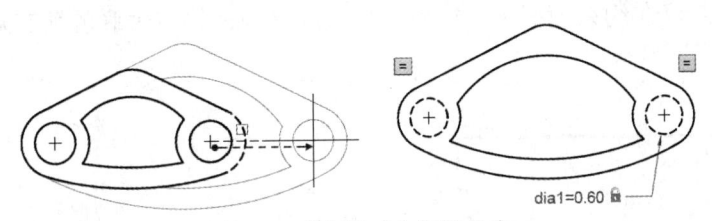

图 6-62 几何约束和标注约束

上机实战　创建与应用几何约束

1 打开光盘中的 "..\Example\Ch06\6.1.14.dwg" 练习文件，在【参数化】选项卡的【几何】面板中单击【固定】按钮，系统提示：选择点或 [对象(O)] <对象>，此时选择如图 6-63 所示的垂直线。这样可以使其固定在相对于世界坐标系的特定位置和方向上。

2 在【几何】面板中单击【垂直】按钮，然后根据系统提示，依序选择两条需要约束成互相垂直状态的直线，如图 6-64 所示。

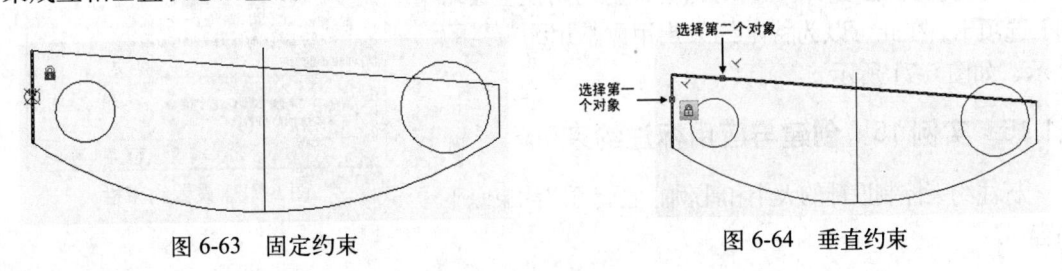

图 6-63 固定约束　　　　图 6-64 垂直约束

3 单击【竖直】按钮，选择需要约束位与当前UCS的Y轴平行的直线，使其变垂直，如图6-65所示。

4 单击【对称】按钮，根据系统提示，先指定两个圆形作为对称约束的目的对象，然后选择中间的垂直线作为对称的参照点，如图6-66所示。对称后的结果如图6-67所示。

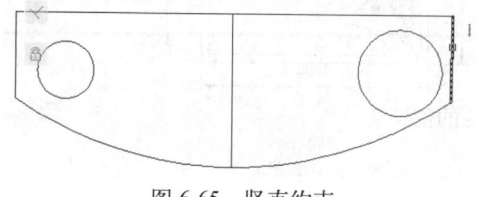

图 6-65 竖直约束 　　　　　　　　图 6-66 对称约束

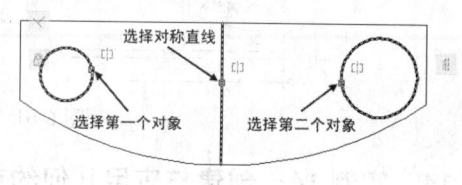

5 选择右侧的圆形对象，然后使用夹点改变其大小，此时左侧的圆形因为被执行了对称约束，所以圆形的大小与位置均根据其进行变化，如图6-68所示。

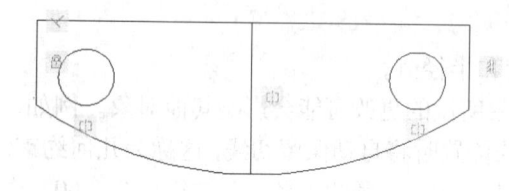

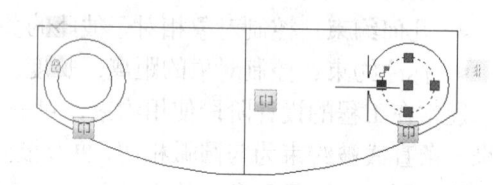

图 6-67 对称约束后的结果 　　　　图 6-68 编辑对称约束对象的结果

6 将鼠标悬停在某个对象上，此时可以亮显与对象关联的所有约束图标，如图 6-69 所示。

7 将鼠标悬停在约束图标上，能够以虚线亮显与该约束关联的所有对象，如图 6-70 所示。

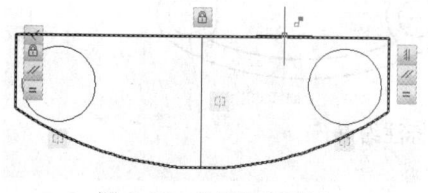

图 6-69 亮显约束图标 　　　　　　图 6-70 亮显约束对象

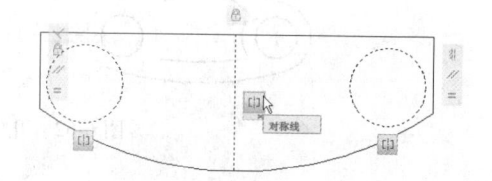

8 单击约束图标右下方的"X"符号，可以隐藏约束栏。通过【几何】面板中的【显示】、【全部显示】和【全部隐藏】按钮，也可以控制约束栏的显示状态。

9 在约束栏上单击右键，再选择【约束栏设置】命令，即可打开【约束设置】对话框并自动切换至【几何】选项卡，在此可以为特定约束启用或禁用约束栏的显示，如图6-71所示。

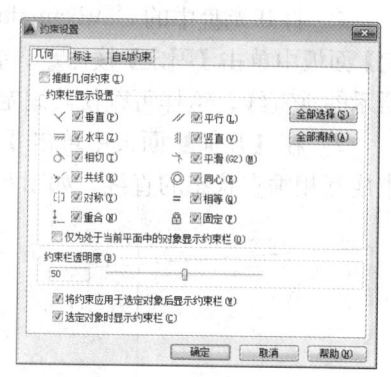

图 6-71 设置约束栏

6.1.15 实例15：创建与应用标注约束

标注约束控制设计的大小和比例。它们可以约束以下内容：

(1) 对象之间或对象上的点之间的距离。
(2) 对象之间或对象上的点之间的角度。
(3) 圆弧和圆的大小。

默认情况下，标注约束是动态的，它们对于常规参数化图形和设计任务来说非常理想。将标注约束应用于对象时，会自动创建一个约束变量，以保留约束值。默认情况下，这些名称为指定的名称，例如 d1 或 dia1，用户可以在参数管理器中对其进行重命名。

上机实战　创建与应用标注约束

1　打开光盘中的"..\Example\Ch06\6.1.15.dwg"练习文件，在【参数化】选项卡的【标注】面板中单击【水平】按钮，捕捉如图 6-72 所示的两个约束点，指定水平约束标注的范围。

2　在标注对象上方单击，指定尺寸线的位置，如图 6-73 所示。

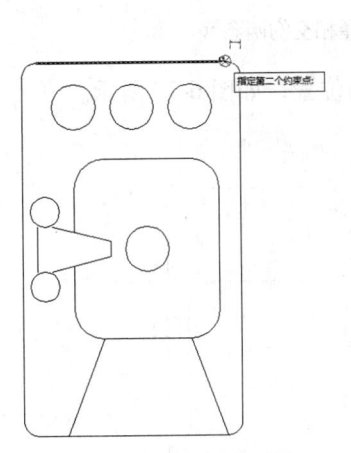

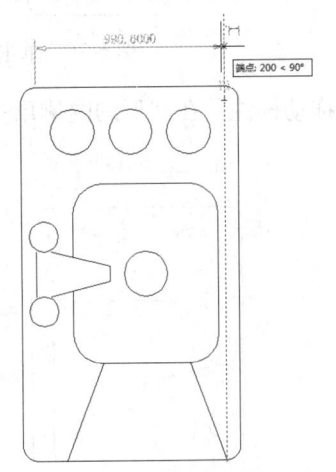

图 6-72　指定两个约束点　　　　图 6-73　指定尺寸线的位置

3　在【标注】面板中单击【竖直】按钮。然后捕捉如图 6-74 所示的两个约束点，指定竖直约束标注的范围。

4　在标注对象右方单击，指定尺寸线的位置，如图 6-75 所示。

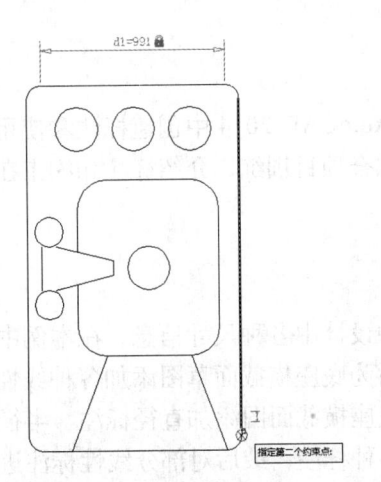

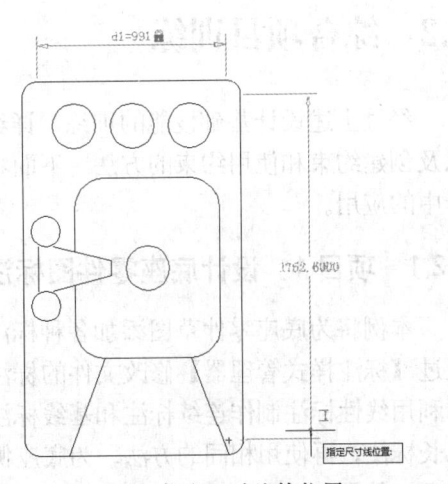

图 6-74　指定两个约束点　　　　图 6-75　指定尺寸线的位置

5 在【标注】面板中单击【角度】按钮,然后选择第一条线和第二条线,如图 6-76 所示。

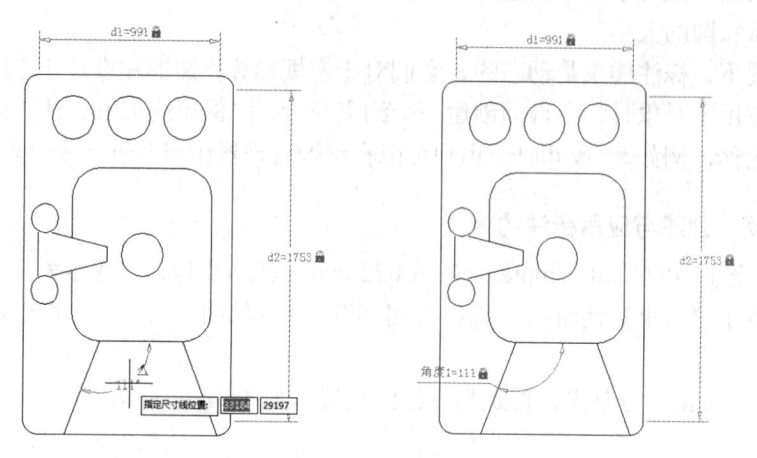

图 6-76 单击【角度】按钮并选择相交的两条线

6 拖动标注并在圆形的内侧单击,确定尺寸线的位置,如图 6-77 所示。

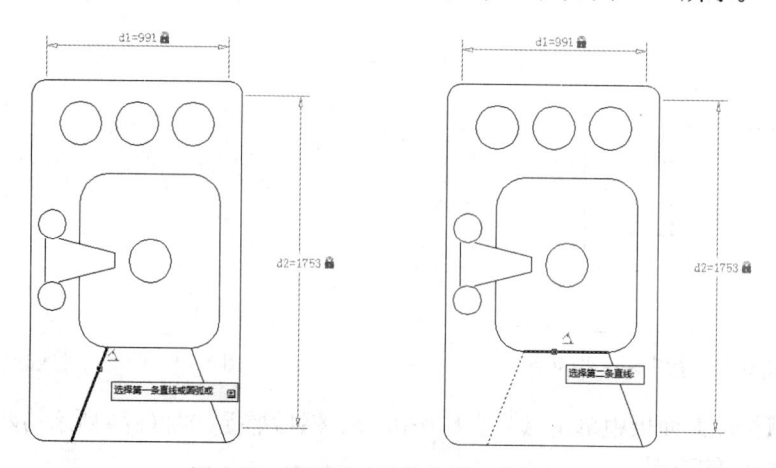

图 6-77 设置尺寸线的位置及其结果

6.2 综合项目训练

经过上述设计基础技能的训练,详细介绍了在 AutoCAD 2014 中创建标注和使用标注,以及创建约束和使用约束的方法。下面将通过两个综合项目训练,介绍标注和约束在图纸设计中的应用。

6.2.1 项目 1:设计底座零件图标注

本例将为底座零件草图添加各种标注,标注零件设计中各种尺寸信息。在本例中,首先通过【标注样式管理器】修改文件的标注样式,然后为底座横截面草图添加各种线性标注,并利用线性标注制作连续标注和基线标注,接着为底座横截面图添加直径标注、半径标注和弧长标注,再使用相同的方法,为底座侧面图添加各种标注,最后对部分线性标注进行倾斜处理,结果如图 6-78 所示。

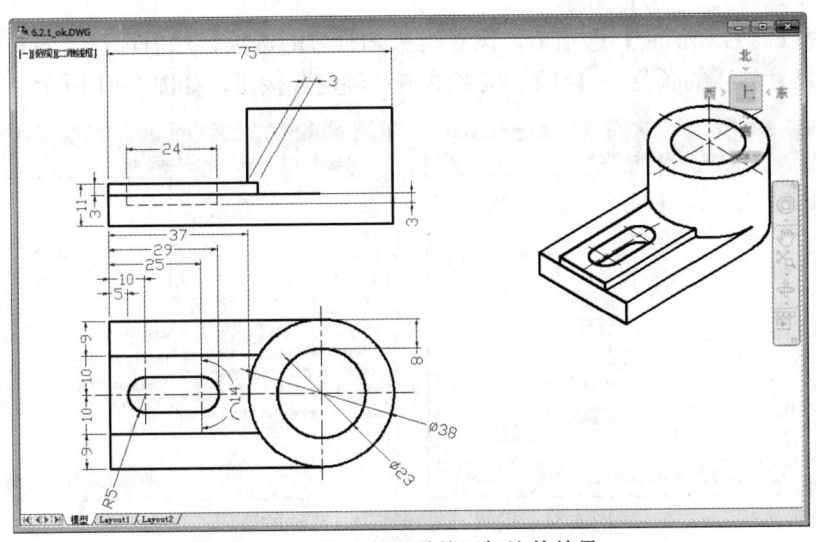

第 6 章　应用标注和参数化约束　**149**

图 6-78　设计底座零件图标注的结果

上机实战　设计底座零件图标注

1 打开光盘中的"..\Example\Ch06\6.2.1.dwg"练习文件，选择【注释】选项卡，在【标注】面板上单击 按钮，打开【标注样式管理器】对话框后，选择【零件】样式并单击【修改】按钮，如图 6-79 所示。

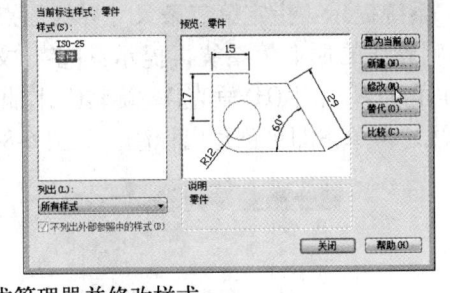

图 6-79　打开标注样式管理器并修改样式

2 打开【修改标注样式：零件】对话框后，选择【调整】选项卡，再设置相关调整选项，接着选择【文字】选项卡，修改文字颜色为【红】，再修改文字位置选项，如图 6-80 所示。

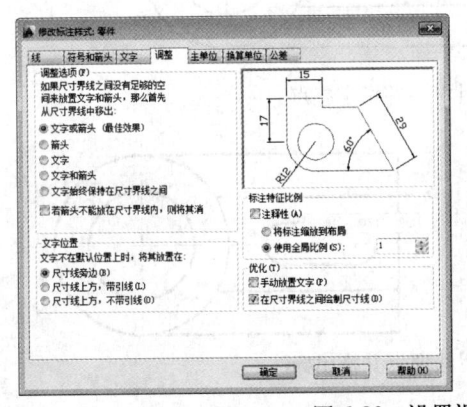

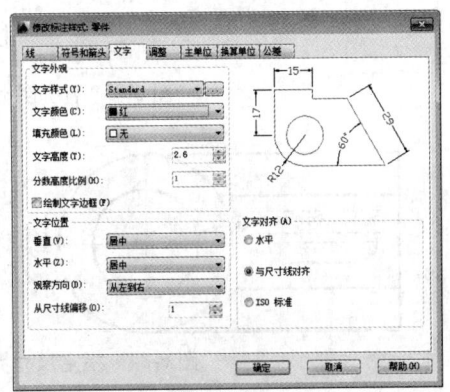

图 6-80　设置调整和文字选项

3 选择【符号和箭头】选项卡,设置箭头和符号的选项,然后选择【线】选项卡,修改尺寸线和尺寸界线的颜色为【红】,接着单击【确定】按钮,如图6-81所示。

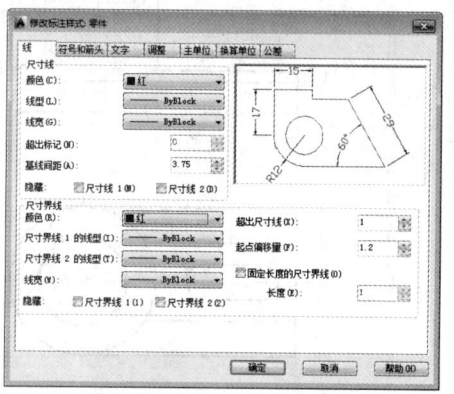

图6-81 设置符号和箭头以及线的选项

4 返回【标注样式管理器】对话框后,单击【置为当前】按钮,将【零件】样式作为当前标注样式,接着单击【关闭】按钮,如图6-82所示。

5 选择【注释】选项卡,在【标注】面板中单击【线性】按钮。系统提示:指定第一条尺寸界线原点或<选择对象>,此时捕捉如图6-83所示的起点。

6 系统提示:指定第二条尺寸界线原点,接着捕捉尺寸界线的原点,系统再提示:[多行文字(M)/文字(T)/角度(A)/水平(H)/垂直(V)/旋转(R)],此时往左拖出标注,再单击即可创建出标注,如图6-84所示。

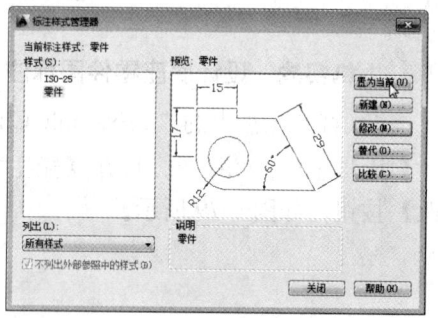

图6-82 置为当前样式并关闭对话框

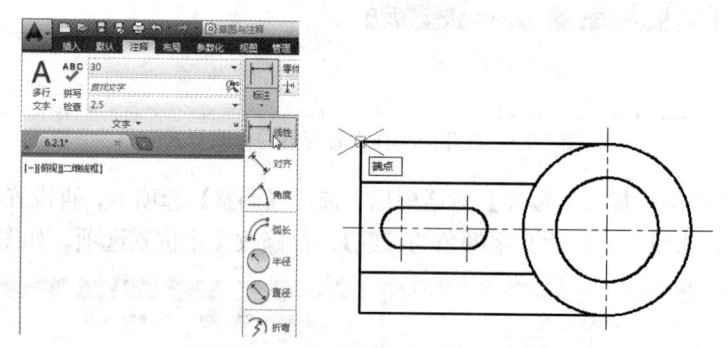

图6-83 添加线性标注并指定起点

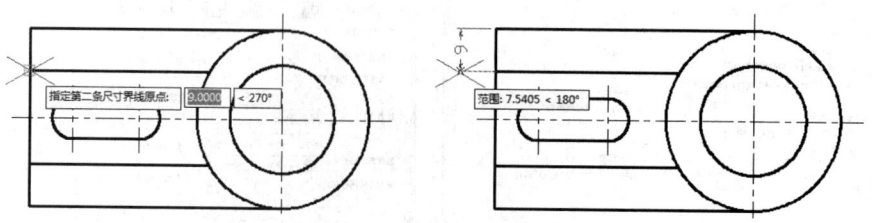

图6-84 指定尺寸界线原点并拖出标注

7 在【标注】面板中单击【基线】按钮右侧的,在打开的下拉列表中选择【连续】

选项，此时拖动光标即可牵引出连续标注，依序捕捉其他端点，创建连续标注，如图 6-85 所示。

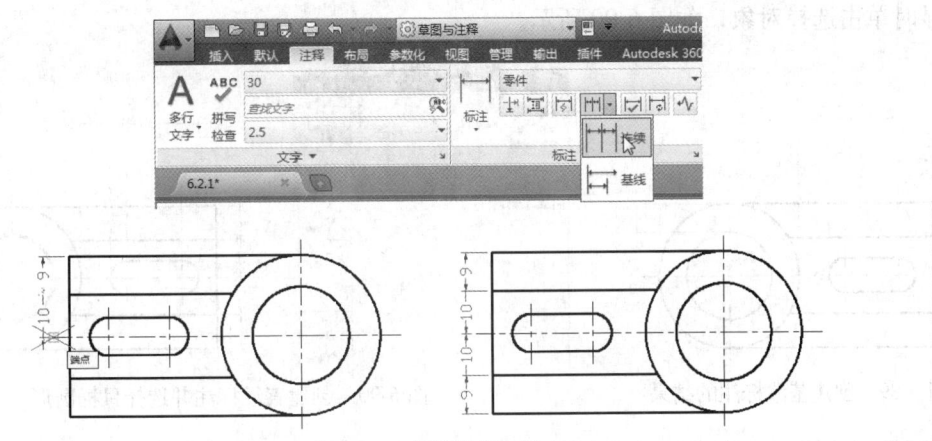

图 6-85 创建连续标注

8 使用步骤 5 和步骤 6 的方法，创建另外两个线性标注，如图 6-86 所示。

9 在【标注】面板中单击【连续】按钮右侧的，在打开的下拉列表中选择【基线】选项。系统提示：指定第二条尺寸界线原点或[放弃(U)/选择(S)] <选择>，此时输入"S"并按 Enter 键，切换选择基线标注功能，如图 6-87 所示。

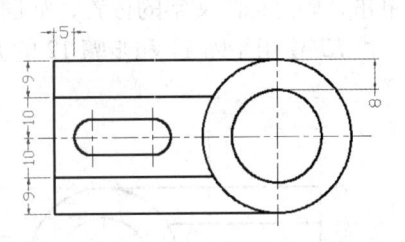

图 6-86 创建其他两个线型标注

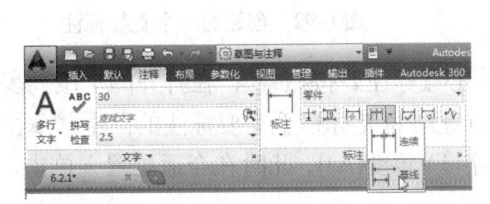

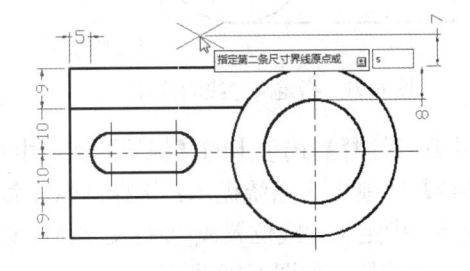

图 6-87 创建基线标注并切换到选择标注功能

10 系统提示：选择基础标注，此时选择底座零件横截面图左上方的标注对象，然后拖动光标牵引出基线标注，并捕捉如图 6-88 所示的端点。通过牵引基线并捕捉端点的方式，创建如图 6-89 所示的基线标注。

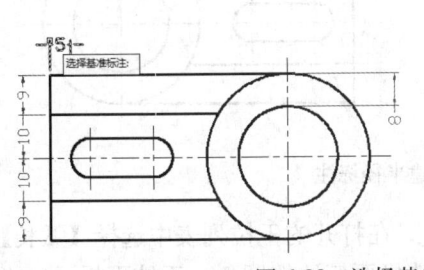

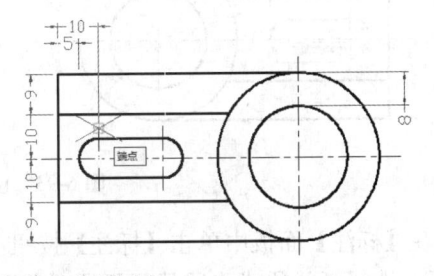

图 6-88 选择基线标注并捕捉端点

11 在【注释】选项卡的【标注】面板中单击【标注】按钮，在打开的下拉列表中选择【直径】选项，系统提示：选择圆弧或圆，此时将光标移至需要标注的圆上，当其产生亮显时单击选择对象，如图 6-90 所示。

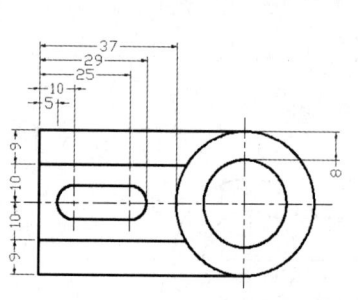

图 6-89　创建基线标注的结果

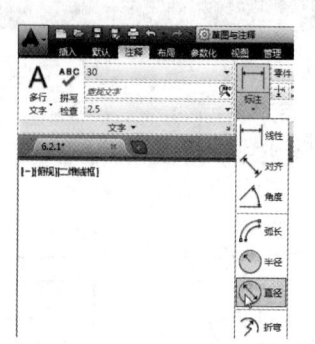

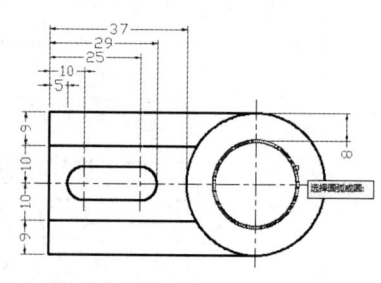

图 6-90　创建直径标注并选择目标圆形

12 系统提示：指定尺寸线位置或 [多行文字(M)/文字(T)/角度(A)]，此时在合适位置上单击，确定标注文字的位置，如图 6-91 所示。

13 使用步骤 11 和步骤 12 的方法，为较大的圆形添加直径标注，结果如图 6-92 所示。

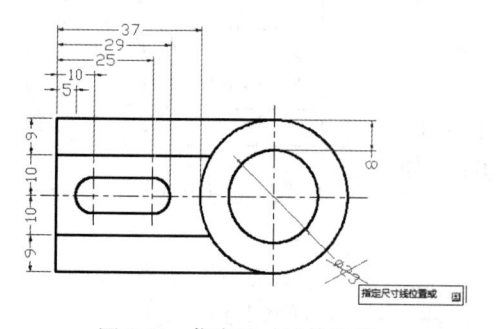

图 6-91　指定尺寸线的位置

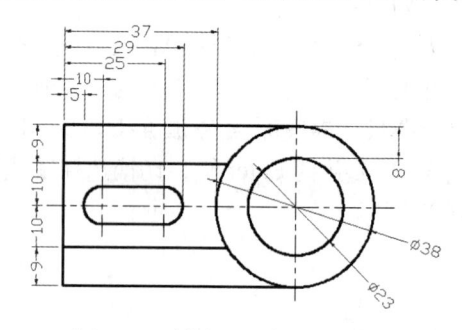

图 6-92　创建另一个直径标注

14 在【注释】选项卡的【标注】面板中单击【标注】按钮，在打开的下拉列表中选择【半径】选项，系统提示：选择圆弧或圆，此时将光标移至需要标注的圆上并单击，系统再提示：指定尺寸线位置或[多行文字(M)/文字(T)/角度(A)]，此时在合适位置上单击，确定标注文字的位置，如图 6-93 所示。

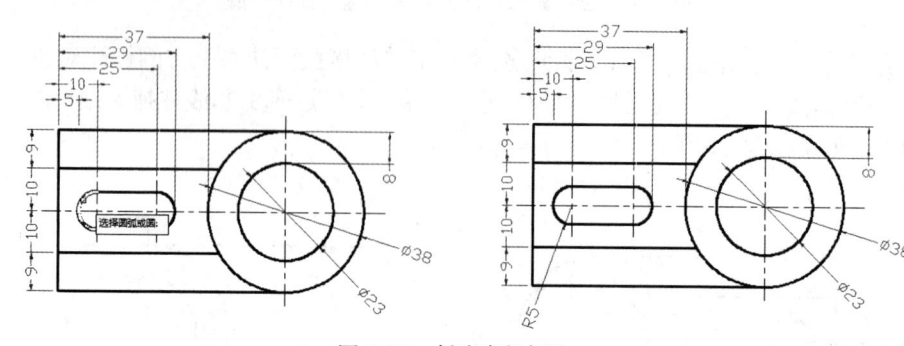

图 6-93　创建半径标注

15 在【标注】面板中单击【标注】按钮，在打开的下拉列表中选择【弧长】选项，系统提示：选择弧线段或多段线圆弧段，此时选择要标注的圆弧，系统再提示：指定弧长标注位置或[多行文字(M)/文字(T)/角度(A)/部分(P)/]，此时往下方拖出标注文字并单击指定位置，创建弧长标注，如图 6-94 所示。

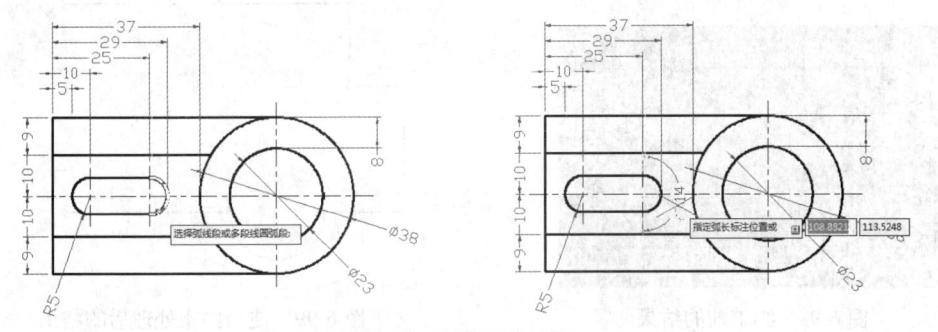

图 6-94 创建弧长标注

16 使用创建线性标注和基线标注的方法，为零件底座侧面图创建各个标注，如图 6-95 所示。

17 在【注释】选项卡的【标注】面板中单击【倾斜】按钮，如图 6-96 所示。

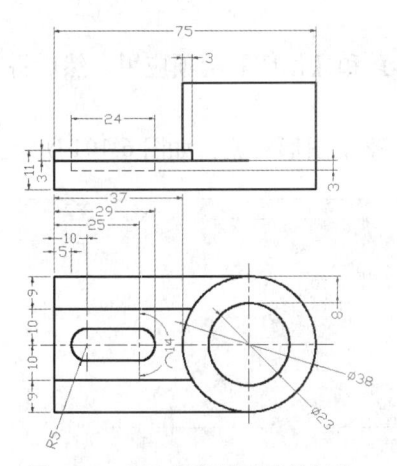

图 6-95 创建零件侧面图的标注

图 6-96 单击【倾斜】按钮

18 系统提示：选择对象，此时选择需要倾斜的标注对象并按 Enter 键，系统再提示：输入倾斜角度，此时只需输入"60"并按 Enter 键即可，如图 6-97 所示。

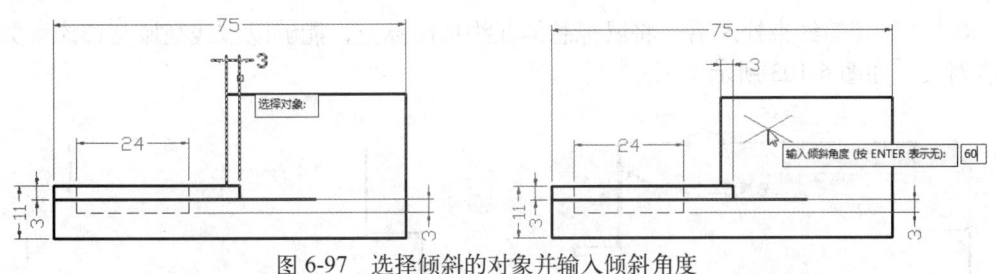

图 6-97 选择倾斜的对象并输入倾斜角度

6.2.2 项目 2：应用约束设计平面图

本例主要通过约束，将如图 6-98 所示的楼房平面图修改成如图 6-99 所示的结果。本例要求左侧阳台处于中间位置，然后将两个圆弧开窗台设置成一样大小。

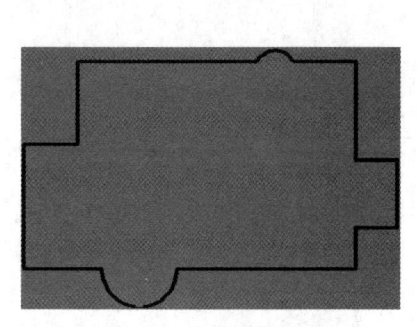

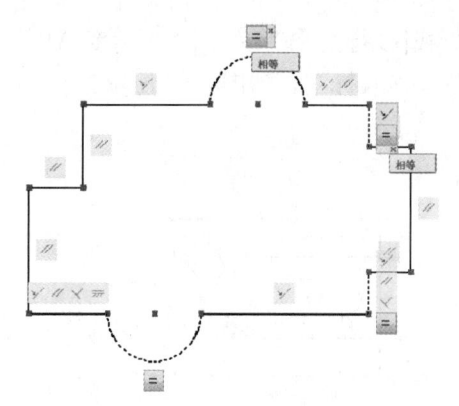

图 6-98　约束前的结果　　　　　　　　图 6-99　使用约束处理后的结果

上机实战　应用约束设计平面图

1 打开光盘中的"..\Example\Ch06\6.1.2.dwg"练习文件，然后选择【参数化】选项卡，在【几何】面板中单击【自动约束】按钮。系统提示：选择对象或 [设置(S)]，输入"S"并按 Enter 键。

2 打开【约束设置】对话框后，先关闭【同心】和【相切】两项应用，然后将其移至最底下，单击【确定】按钮，如图 6-100 所示。

3 系统提示：选择对象或 [设置(S)]，此时拖选整个图形对象，如图 6-101 所示。

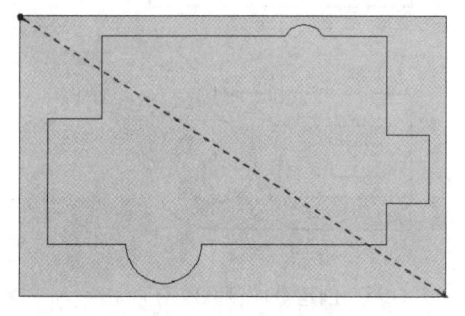

图 6-100　自动约束设置　　　　　　　　图 6-101　指定要执行自动约束的对象

4 在【几何】面板中单击【相等】按钮，然后依序选择右侧阳台两端的直线，如图 6-102 所示。

5 进行相等约束处理后，将鼠标悬停在约束图标上，能够以虚线亮显与该约束关联的所有对象，如图 6-103 所示

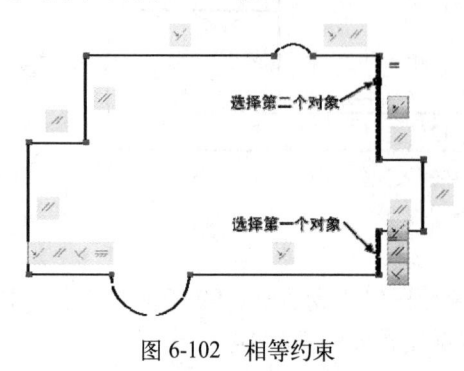

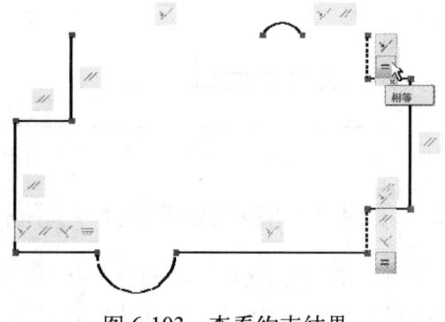

图 6-102　相等约束　　　　　　　　图 6-103　查看约束结果

6 使用步骤 4 的方法对两个圆弧窗台进行相等约束处理,此时两个圆弧只是半径相同,但弧长并不相等,如图 6-104 所示。

7 在【几何】面板中单击【重合】按钮,系统提示:选择第一个点或[对象(O)/自动约束(A)] <对象>。下面按住 Shift 键并右击绘图区,在打开的快捷菜单中选择【圆心】命令,启用【圆心】捕捉,如图 6-105 所示。

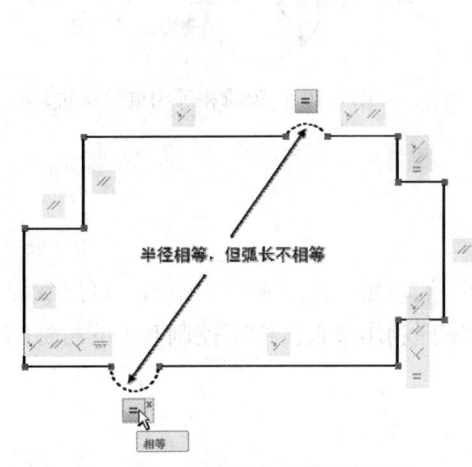

图 6-104　相等约束后的两个圆弧 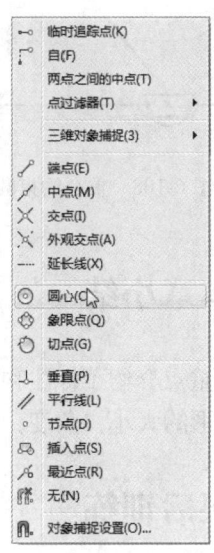　　　　图 6-105　启用【圆心】捕捉

8 移动鼠标至右上方的圆弧上捕捉并单击【圆心】,指定其为第一个点,如图 6-106 所示。

9 系统提示选择第二个点或 [对象(O)] <对象>,下面输入"O"并按 Enter 键,选择【对象】选项,然后选择该圆弧左侧的直线,如图 6-107 所示。

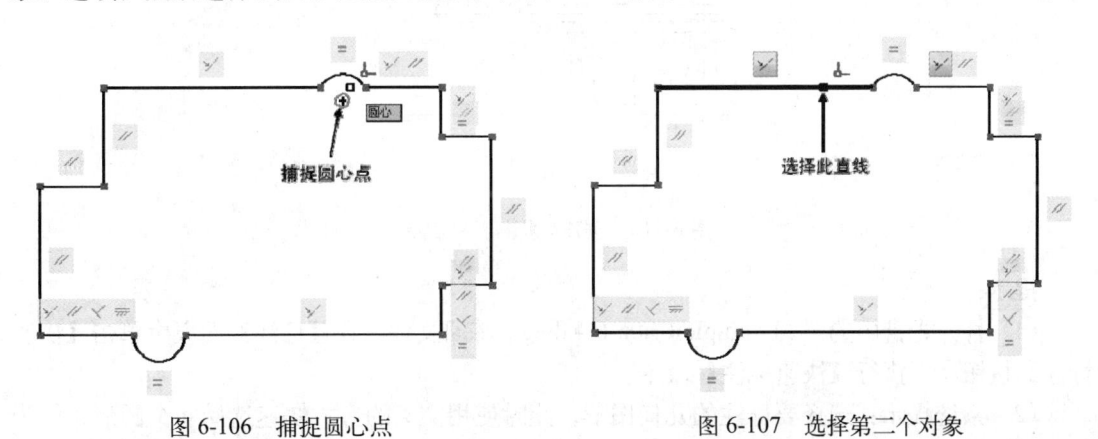

图 6-106　捕捉圆心点　　　　图 6-107　选择第二个对象

10 完成上述操作后,圆弧的圆心会与直线约束在同一个水平线上。使用步骤 7 到步骤 9 的方法,对左下方的圆弧进行同样操作,结果如图 6-108 所示。

11 由于前面对圆弧进行了相等约束,下面选择左下方的圆弧,然后往右拖动右侧的夹点,拖大圆弧的大小,此时右上方的圆弧也随之变化,如图 6-109 所示。当调整到合适大小后释放左键,再按 Esc 键即可。

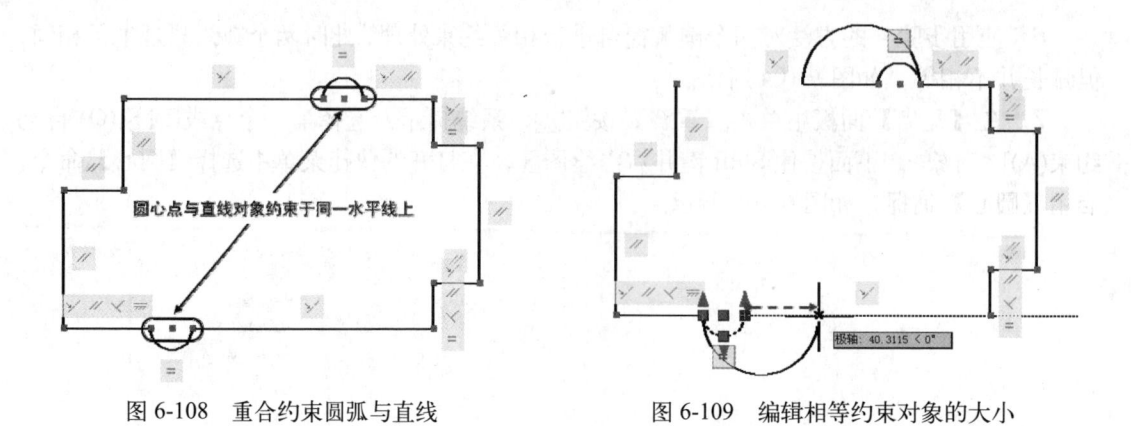

图 6-108　重合约束圆弧与直线　　　　图 6-109　编辑相等约束对象的大小

6.3　本章小结

本章重点介绍了标注和参数化约束在绘图上的应用。通过本章的学习，可以掌握利用标注注释图形的大小、角度、半径等信息，同时掌握利用参数化约束控制对象的特性的技巧。

6.4　课后训练

使用【快速标注】命令（qdim）为功放机平面图 4 个主要功能按钮快速创建坐标标注，结果如图 6-110 所示。

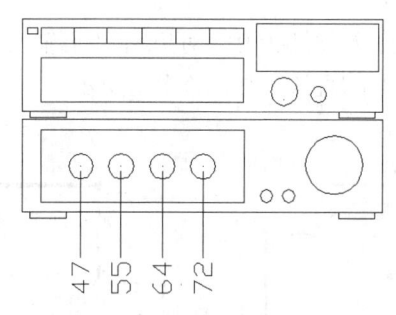

图 6-110　创建坐标标注的结果

提示：

（1）打开光盘中的"..\Example\Ch06\6.4.dwg"练习文件，在【标注】面板中单击【快速标注】按钮，执行【快速标注】命令。

（2）系统提示：选择要标注的几何图形，此时使用交叉的方式快速选择 4 个圆形，作为快速标注的对象。

（3）系统提示：选择要标注的几何图形：指定对角点：找到 4 个，此时直接按 Enter 键。

（4）系统提示：指定尺寸线位置或[连续(C)/并列(S)/基线(B)/坐标(O)/半径(R)/直径(D)/基准点(P)/编辑(E)/设置(T)] <连续>，此时可以选择任意一项标注形式，而在默认状态下为"连续标注"。本训练题中输入"O"并按 Enter 键，以选择【坐标】选项。

（5）在合适位置单击指定标注的位置，即可完成标注。

第 7 章 创建三维实体模型

教学提要

AutoCAD 2014 提供了强大的三维绘图功能,可以从头开始或从现有对象创建三维实体和曲面,然后可以结合这些实体和曲面来创建各种实体模型。通过三维建模,即可创建用户设计的实体、线框和网格模型,实现各种行业的三维设计需求。本章将详细介绍 AutoCAD 2014 在创建三维实体模型中的应用。

教学重点

- 掌握设置三维视图的方法
- 掌握进行各种三维空间动态观察的方法
- 掌握创建各种三维实体的方法
- 掌握创建多段体的方法
- 掌握创建从直线和曲线构造实体或曲面的方法
- 掌握创建各种三维网格图元的方法

7.1 入门基础技能训练

下面将详细介绍设置三维建模空间和视图以及创建各种三维模型的基本应用技能。

7.1.1 实例 01:选择三维建模空间与视图

AutoCAD 2014 提供了强大的三维绘图功能,可以从头开始或从现有对象创建三维实体和曲面,然后结合这些实体和曲面来创建各种实体模型,这就是常说的三维建模。

AutoCAD 2014 提供了专用于三维建模的工作空间,与【草图与注释】工作空间相似,此空间在界面的右侧也预置了与三维操作相关的选项卡和面板。

上机实战 选择三维建模空间与视图

1 启动 AutoCAD 2014 应用程序,在用户界面上方单击【切换工作空间】按钮,在打开的快捷菜单中选择【三维建模】命令,如图 7-1 所示。

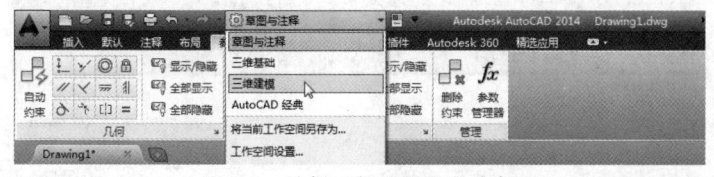

图 7-1 选择三维建模工作空间

2 在【常用】选项卡的【视图】面板中打开【视觉样式】下拉列表，可以显示如图 7-2 所示的 10 种默认的预设视觉样式，新建的文件默认为【二维线框】视觉样式。

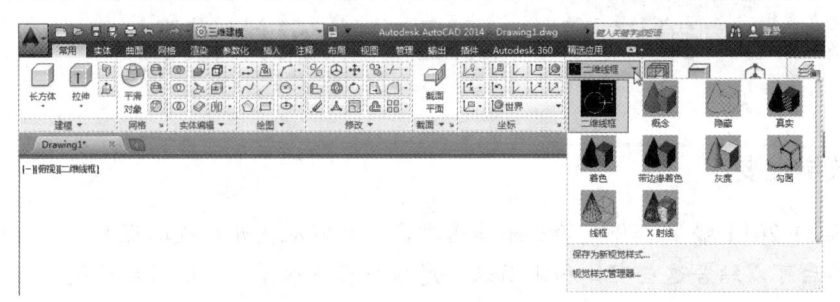

图 7-2　选择视觉样式

3 选择【线框】选项，此时视觉模式由"地平面"、"天空"和"地面下" 3 部分组成，其中工作空间的平面网格代表是地平面，在垂直方向中，向上的表示天空，向下的表示地面。在默认的情况下，视图呈现为俯视效果。通过调整三维导航器，可以变换不同的视觉效果。如图 7-3 所示为通过线框样式查看球体的效果。

技巧

在默认状态下显示如图 7-3 所示的平面网格效果，如果想要隐藏网格，则可以在状态栏单击启用【栅格显示】按钮▦。

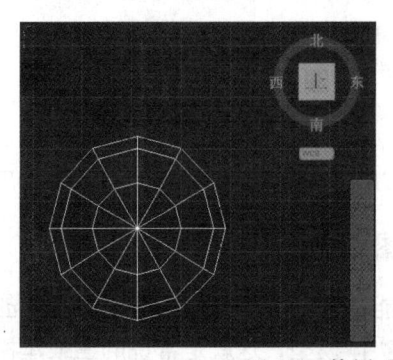

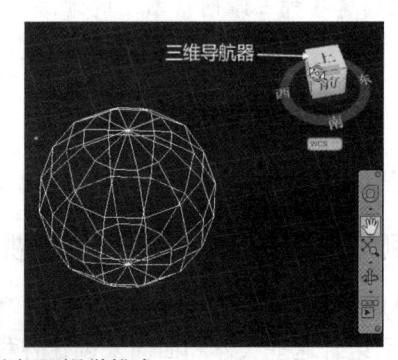

图 7-3　使用【线框】视觉模式

4 AutoCAD 2014 为用户预置了多种三维视图，其中包括 6 种正交视图和 4 种等轴测视图。可以根据这些标准视图的名称直接调用，无需自行定义。只要在【视图】选项卡的【视图】面板中打开【视图】列表，即可选择任意一种三维视图，如图 7-4 所示。

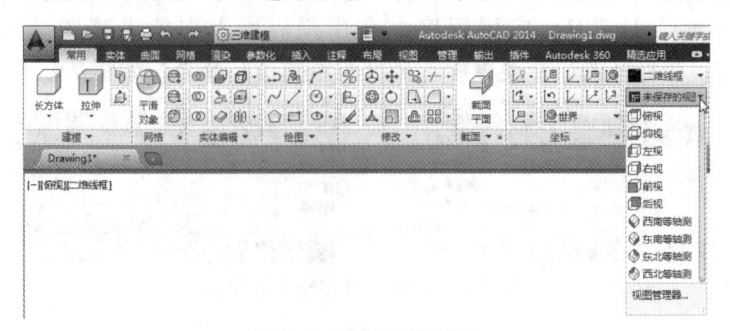

图 7-4　选择三维视图

> **技巧**
>
> 要理解不同三维视图的表现方式，可以用一个立方体代表处于三维空间的对象，各种视图的观察方向如图 7-5 所示。

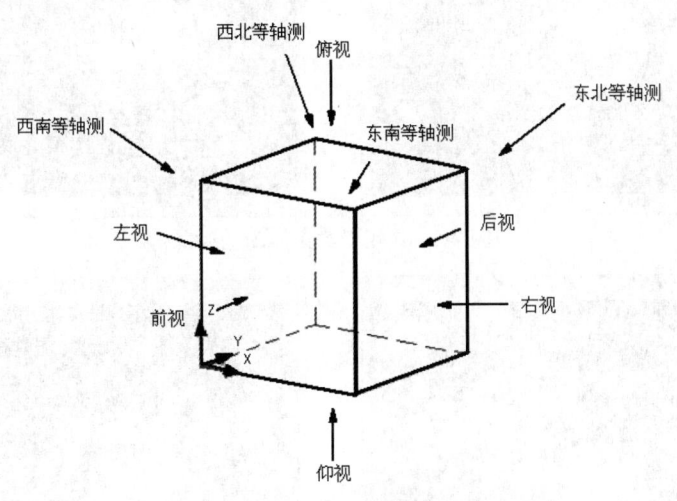

图 7-5 各种视图的观察方向

7.1.2 实例 02：动态观察三维空间

在创建三维对象时，用户可以通过 UCS 来绘图，而在编辑三维模型的过程中，还可以使用不同的方式观察三维空间。通过使用三维观察工具，可以从不同的角度、高度和距离查看图形中的对象。

> **技巧**
>
> 在 AutoCAD 中有两个坐标系，其中一个是世界坐标系（WCS）；另一个则是用户坐标系（UCS）。在 AutoCAD 的每个图形文件中，都包含一个唯一的、固定不变的、不可删除的基本三维坐标系，这个坐标系被称为世界坐标系；而用户坐标系是可以由用户自行定义的一种坐标系，这种坐标系是可移动的。

上机实战 动态观察三维空间

1 打开光盘中的"..\Example\Ch07\7.1.2.dwg"练习文件，选择【视图】选项卡，在【导航】面板中单击【动态观察】按钮。

2 当应用受约束的动态观察时，绘图区出现图标，此时只需要在绘图区中拖动此图标，即可动态地观察对象，如图 7-6 所示。当观察完毕后，可以按 Esc 键或按 Enter 键退出。

3 选择【视图】选项卡，在【导航】面板中单击【动态观察】按钮右侧的按钮，在打开的列表中选择【自由动态观察】选项。

4 在"自由动态观察"状态下，视图会显示一个导航球，它被更小的圆分成 4 个区域，用户拖动这个导航球可以旋转视图，如图 7-7 所示。当观察完毕后，可以按 Esc 键或按 Enter 键退出。

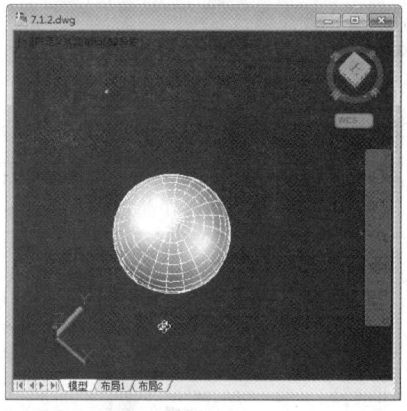

图 7-6 应用受约束的动态观察

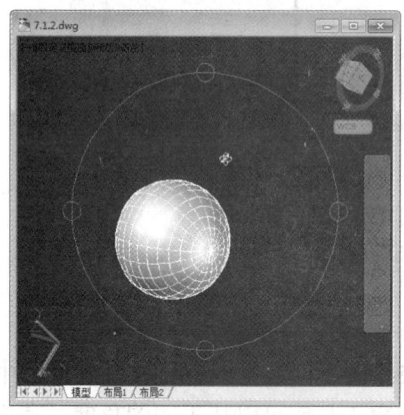

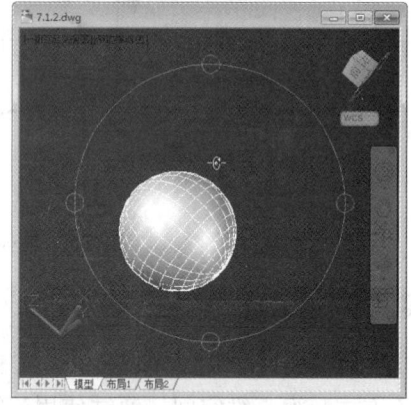

图 7-7 应用自由动态观察

5 在【导航】面板中单击【动态观察】按钮 右侧的 按钮,在打开的列表中选择【连续动态观察】选项。

6 在对象上拖动出一条运动轨迹,使对象沿此路径不停地转动,如图 7-8 所示。

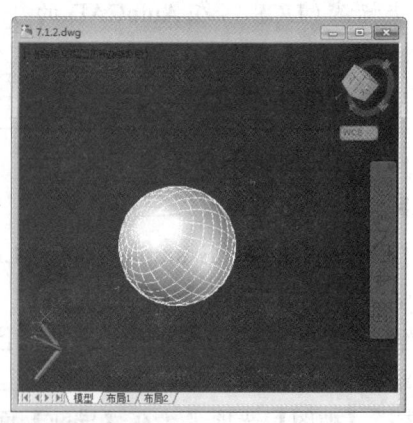

图 7-8 应用连续动态观察

7 当对象运动至合适视点时,单击画面即可使对象停止运动并退出此次的连续动态观察。在连续动态观察移动的方向上单击并拖动,使对象沿正在拖动的方向开始移动。当观察完毕后,可以按 Esc 键或按 Enter 键退出。

> **技巧**
>
> 使用【自由动态观察】工具查看对象时，在不同的位置单击并拖动，旋转的效果也不同。
> （1）在导航球内部拖动，可以随意旋转视图。
> （2）在导航球外部拖动，可以绕垂直于屏幕的轴转动视图。
> （3）在导航球左侧或右侧的小圆内部单击并拖动，可以绕通过导航球中心的垂直轴旋转视图。
> （4）在导航球顶部或底部小圆内部单击并拖动，可以绕通过导航球中心的水平轴旋转视图。

8　除了上述方法，还可以使用 ViewCube 工具观察模型。可以切换至其中一个可用的预设视图，滚动当前视图或更改至模型的主视图，如图 7-9 所示。

9　可以单击 ViewCube 工具指南针上的基本方向字母以旋转模型，也可以单击并拖动其中一个基本方向字母或指南针圆环以绕视图中心以交互方式旋转模型，如图 7-10 所示。

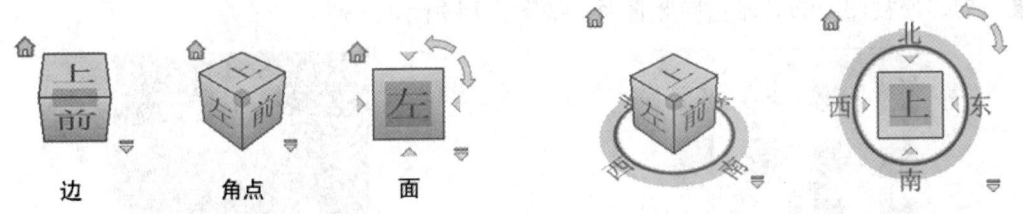

图 7-9　使用 ViewCube 工具　　　　　图 7-10　使用指南针

> **技巧**
>
> ViewCube 工具是一种可单击、可拖动且常驻界面的导航工具，可以用它在模型的标准视图和等轴测视图之间进行切换。在【三维建模】工作空间中，显示 ViewCube 工具后，将在窗口一角以不活动状态显示在模型上方。

7.1.3　实例 03：创建长方体

在 AutoCAD 2014 中，可以创建多种基本三维形状（称为实体图元），其中包括长方体、圆锥体、圆柱体、球体、楔体、棱锥体和圆环体等，如图 7-11 所示。

三维实体对象表示整个对象的体积，在各种三维建模方式中，实体的信息最完整，歧义最少，所以也是最容易构造和编辑的一种模型。在 AutoCAD 中，可以通过以下任意一种方法从现有对象创建三维实体模型，如图 7-12 所示。

- 扫掠：沿某个路径延伸二维对象。
- 拉伸：沿垂直方向将二维对象的形状延伸到三维空间。
- 旋转：绕轴扫掠二维对象。
- 放样：在一个或多个开放或闭合对象之间延伸形状的轮廓。
- 剖切：将一个实体对象分为两个独立的三维对象。
- 转换：将具有一定厚度的网格对象和平面对象转换为实体和曲面。

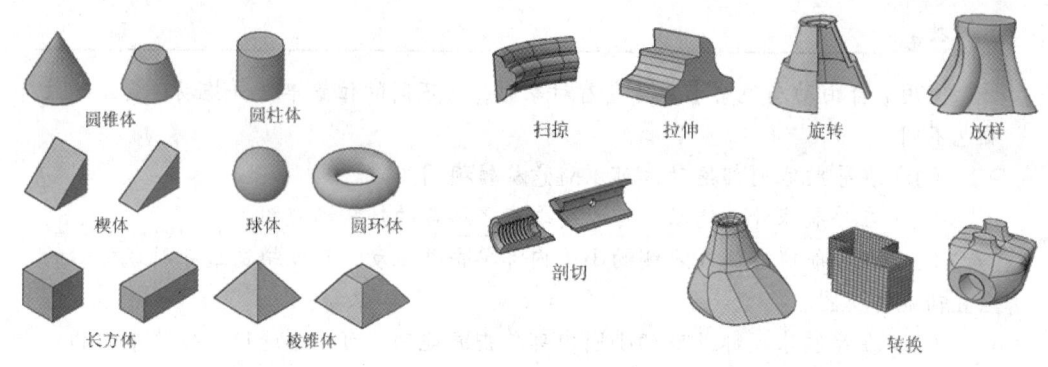

图 7-11 三维实体图元　　　　　　　图 7-12 从现有对象创建三维实体模型

上机实战　创建长方体

1 创建一个公制新文件，然后在【常用】选项卡的【视图】面板中设置视图的视觉样式为【概念】，如图 7-13 所示。

2 为了方便绘图时更形象地查看实体图元的效果，在绘图前先通过 ViewCube 工具调整视图方向，使视图中的 Z 轴指向竖直面，如图 7-14 所示。

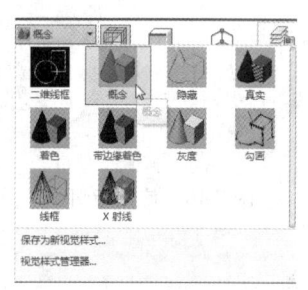

图 7-13　设置视图样式　　　　　　　图 7-14　调整视图方向

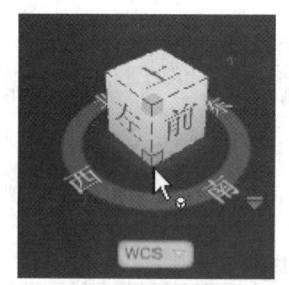

3 在【常用】选项卡的【建模】面板中单击【长方体】按钮。

4 系统提示：指定第一个角点或[中心(C)]，此时可以在绘图区中单击或者输入数值确定第一个角点。

5 系统提示：指定其他角点或[立方体(C)/长度(L)]，此时在绘图区中单击确定其他角点，如图 7-15 所示。

6 系统提示：指定高度或[两点(2P)]，此时在绘图区中移动光标拉出长方体高度后单击即可，如图 7-16 所示。如果沿 Z 轴正方向移动将设置长方体高度为正值；如果沿 Z 轴负方向移动将设置长方体高度为负值。

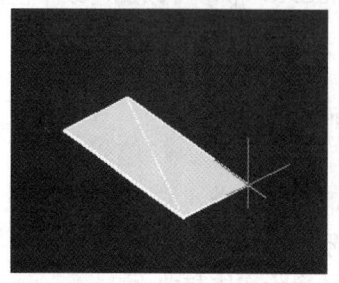

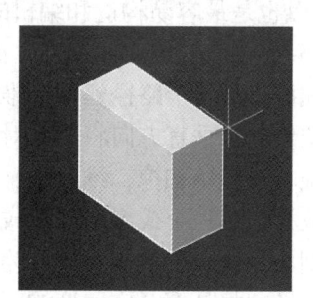

图 7-15　指定两个角点　　　　　　　图 7-16　指定长方体高度

7.1.4 实例 04：创建圆柱体

在 AutoCAD 中，可以创建以圆或椭圆为底面的实体圆柱体。下面将以创建以圆为底面的实体圆柱体实例，介绍创建圆柱体的方法。

上机实战　创建以圆为底面的圆柱体

1　创建一个公制新文件，然后在【常用】选项卡的【视图】面板中设置视图的视觉样式为【概念】，且通过 ViewCube 工具调整视图方向，使视图中的 Z 轴指向竖直面。

2　选择【常用】选项卡，在【建模】面板中打开【创建三维实体】下拉列表，选择【圆柱体】。

3　系统提示：指定底面的中心点或[三点(3P)/两点(2P)/相切、相切、半径(T)/椭圆(E)]，此时可以在绘图区中单击或输入数值确定中心点。

4　系统提示：指定底面半径或[直径(D)]，此时在绘图区中单击或输入数值确定球体半径，如图 7-17 所示。

5　系统提示：指定高度或[两点(2P)/轴端点(A)]，此时在绘图区移动光标拉出圆柱体高度后单击即可，如图 7-18 所示。

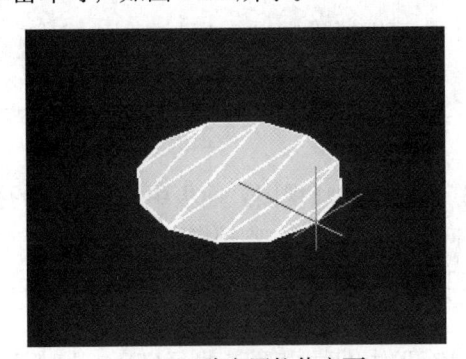

图 7-17　确定圆柱体底面　　　　图 7-18　拉出圆柱体高度

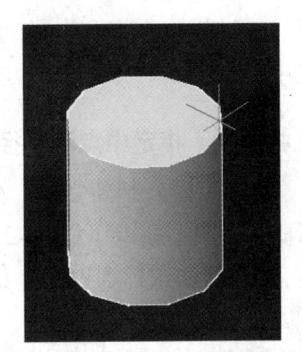

7.1.5 实例 05：创建圆锥体

在创建圆锥体图元时，可以以圆或椭圆为底面，然后将底面逐渐缩小到一点来创建圆锥体。另外，也可以通过逐渐缩小到与底面平行的圆或椭圆平面来创建圆台。下面将以椭圆作底面创建圆锥体为例，介绍创建圆锥体的方法。

上机实战　创建以椭圆为底面的圆锥体

1　创建一个公制新文件，然后在【常用】选项卡的【视图】面板中设置视图的视觉样式为【概念】，通过 ViewCube 工具调整视图方向，使视图中的 Z 轴指向竖直面。

2　选择【常用】选项卡，在【建模】面板中打开【创建三维实体】下拉列表，选择【圆锥体】。

3　系统提示：指定底面的中心点或[三点(3P)/两点(2P)/相切、相切、半径(T)/椭圆(E)]，此时输入"E"并按 Enter 键。

4　系统提示：指定第一个轴的端点或[中心(C)]，此时在绘图区中单击或者输入数值确定第一个轴的端点。

5 系统提示：指定第一个轴的其他端点，此时在绘图区中单击或输入数值确定第一个轴的其他端点，如图 7-19 所示。

6 系统提示：指定第二个轴的端点，此时在绘图区中单击或输入数值确定第二个轴的端点，如图 7-20 所示。

7 系统提示：指定高度或[两点(2P)/轴端点(A)/顶面半径(T)]，此时在绘图区移动光标拉出圆锥体的高度后单击即可，如图 7-21 所示。

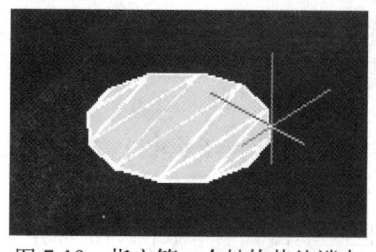

图 7-19 指定第一个轴的其他端点 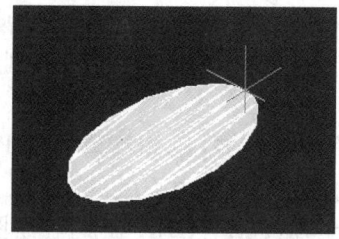　　图 7-20 指定第二个轴的端点 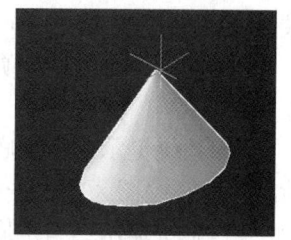　　图 7-21 指定高度后创建圆锥体

7.1.6 实例 06：创建球体

可以通过指定中点和半径的方法创建球体，也可以通过定义 3 个点来创建球体。下面将以指定中点和半径的方法来创建球体。

上机实战　指定中点和半径创建球体

1 创建一个公制新文件，然后在【常用】选项卡的【视图】面板中设置视图的视觉样式为【概念】，通过 ViewCube 工具调整视图方向，使视图中的 Z 轴指向竖直面。

2 选择【常用】选项卡，在【建模】面板中打开【创建三维实体】下拉列表，选择【球体】。

3 系统提示：指定中心点或[三点(3P)/两点(2P)/相切、相切、半径(T)]，此时可以在绘图区中单击或输入数值确定中心点。

4 系统提示：指定半径或[直径(D)]，此时在绘图区中单击或输入数值确定球体半径即可，如图 7-22 所示。

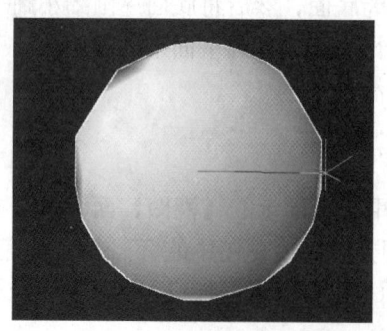

图 7-22 创建球体

7.1.7 实例 07：创建棱锥体

在 AutoCAD 中，可以创建侧面数范围介于 3~32 之间的棱锥体，也可以指定棱锥体轴的端点位置，并通过轴端点定义棱锥体的长度和方向。轴端点是棱锥体的顶点或顶面中心点

(如果使用"顶面半径"选项)，且该点可以位于三维空间的任意位置。

在默认情况下，创建的棱锥体只有 4 个侧面，下面将示范创建 10 个侧面的棱锥体。

上机实战 创建 10 个侧面棱锥体

1 创建一个公制新文件，设置视图的视觉样式为【概念】，通过 ViewCube 工具调整视图方向，使视图中的 Z 轴指向竖直面。

2 选择【常用】选项卡，在【建模】面板中打开【创建三维实体】下拉列表，选择【棱锥体】。

3 系统提示：指定底面的中心点或[边(E)/侧面(S)]，此时输入"S"，然后按 Enter 键，如图 7-23 所示。

4 系统提示：输入侧面数<4>，此时输入侧面数为"10"并按 Enter 键确定，如图 7-24 所示。

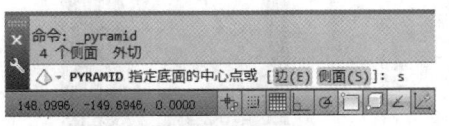

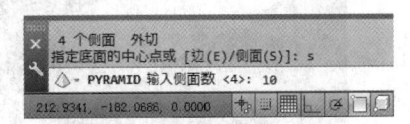

图 7-23 指定侧面   图 7-24 输入侧面数

5 系统提示：指定底面的中心点或[边(E)/侧面(S)]，此时可以在绘图区中单击或输入数值确定底面的中心点。

6 系统提示：指定底面半径或[内接(I)]，此时在绘图区中单击或输入数值确定棱锥体的底面半径，如图 7-25 所示。

7 系统提示：指定高度或[两点(2P)/轴端点(A)/顶面半径(T)]，此时在绘图区中移动光标拉出棱锥体高度后单击即可，结果如图 7-26 所示。

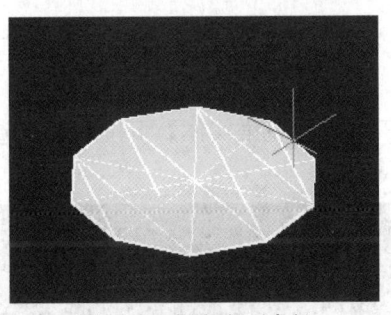

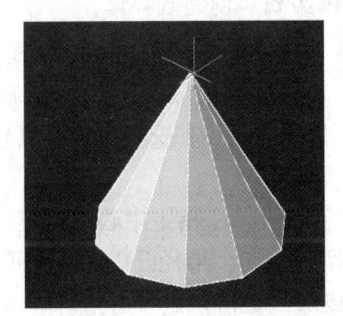

图 7-25 指定底面半径   图 7-26 指定棱锥体高度

7.1.8 实例 08：创建楔体

在创建楔体实体图元时，可以将楔体的底面绘制为与当前 UCS 的 XY 平面平行，斜面正对第一个角点，而楔体的高度与 Z 轴平行。

上机实战 创建楔体

1 创建一个公制新文件，设置视图的视觉样式为【概念】，通过 ViewCube 工具调整视图方向，使视图中的 Z 轴指向竖直面。

2 选择【常用】选项卡，在【建模】面板中打开【创建三维实体】下拉列表，选择【楔体】🔲。

3 系统提示：指定第一个角点或[中心(C)]，此时可以在绘图区中单击或者输入数值确定第一个角点。另外，还可以选择"中心"选项，然后指定楔体的中心点。

4 系统提示：指定其他角点或[立方体(C)/长度(L)]，此时在绘图区中单击或输入数值确定其他角点，如图 7-27 所示。

5 系统提示：指定高度或[两点(2P)]，此时在绘图区移动光标拉出楔体高度后单击即可，如图 7-28 所示。同样，沿 Z 轴正方向移动将设置楔体高度为正值；沿 Z 轴负方向移动将设置楔体高度为负值。

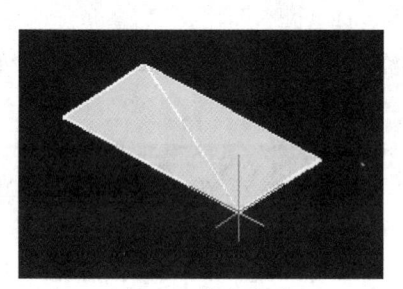

图 7-27 指定角点　　　　　　　　图 7-28 指定高度

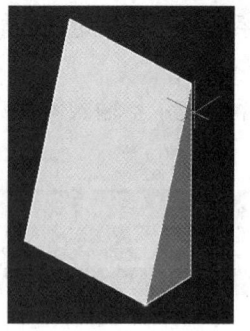

7.1.9 实例 09：创建圆环体

圆环体其实就是一种与轮胎内胎相似的环形实体。圆环体由两个值定义，一个是圆管的半径，另一个是从圆环体中心到圆管中心的距离。

上机实战　创建圆环体

1 创建一个公制新文件，设置视图的视觉样式为【概念】，通过 ViewCube 工具调整视图方向，使视图中的 Z 轴指向竖直面。

2 选择【常用】选项卡，在【建模】面板中打开【创建三维实体】下拉列表，选择【圆环体】◎。

3 系统提示：指定中心点或[三点(3P)/两点(2P)/相切、相切、半径(T)]，此时可以在绘图区中单击或输入数值确定中心点。

4 系统提示：指定半径或[直径(D)]，此时在绘图区中单击或输入数值确定球体半径，如图 7-29 所示。

5 系统提示：指定圆管半径或[两点(2P)/直径(D)]，此时在绘图区中单击或输入数值确定圆管半径，如图 7-30 所示。

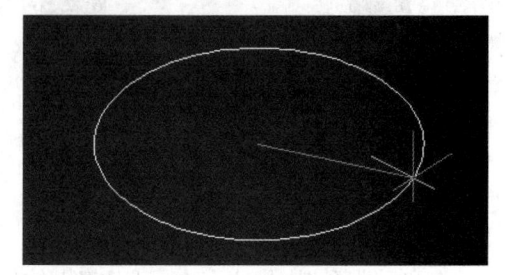

图 7-29 指定半径

技巧

圆环可能是自交的。自交的圆环没有中心孔，因为圆管半径比圆环半径的绝对值大，如图 7-31 所示。

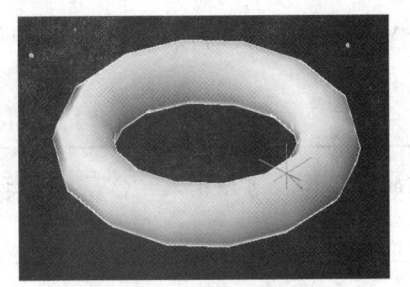

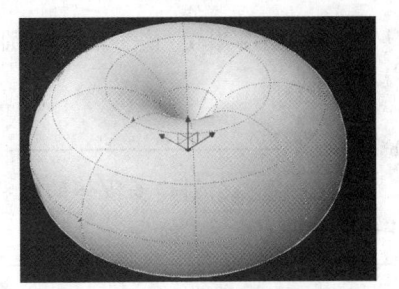

图 7-30　指定圆管半径　　　　　　　图 7-31　自交的圆环没有中心孔

7.1.10　实例 10：创建多段体

在 AutoCAD 中，绘制多段体与绘制多段线的方法相同。在默认情况下，多段体始终带有一个矩形轮廓，可以指定轮廓的高度和宽度。

上机实战　绘制多段体

1　创建一个公制新文件，设置视图的视觉样式为【概念】，通过 ViewCube 工具调整视图方向，使视图中的 Z 轴指向竖直面。

2　选择【常用】选项卡，在【建模】面板中单击【多段体】按钮。

3　系统提示：指定起点或[对象(O)/高度(H)/宽度(W)/对正(J)]<对象>，此时输入"h"并按 Enter 键，如图 7-32 所示。

4　系统提示：指定高度 <4.0000>，下面输入"60"并按 Enter 键，重新设置多段体的高度，如图 7-33 所示。

图 7-32　输入"h"以指定高度　　　　　图 7-33　输入高度的数值

5　系统提示：指定起点或[对象(O)/高度(H)/宽度(W)/对正(J)] <对象>，此时可以在绘图区中单击或输入数值确定起点。

6　系统提示：指定下一个点或[圆弧(A)/放弃(U)]，此时在绘图区中单击或输入数值确定点位置，如图 7-34 所示。

7　系统提示：指定下一个点或[圆弧(A)/放弃(U)]，再次在绘图区中单击或输入数值确定点位置。

8　系统提示：指定下一个点或[圆弧(A)/放弃(U)]，接着在绘图区中单击或输入数值确定点位置，如图 7-35 所示。

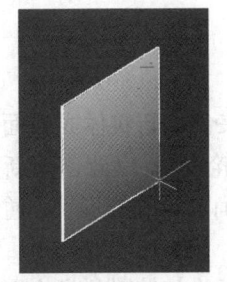

图 7-34　创建第一段多段体　　　　　　图 7-35　创建多段体的结果

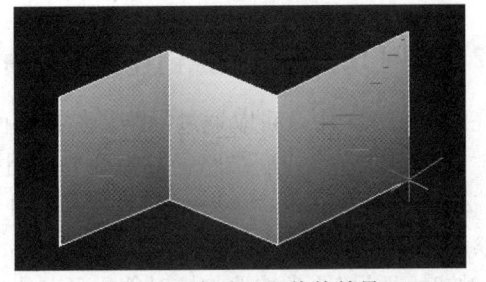

9 系统提示：指定下一个点或[圆弧(A)/闭合(C)/放弃(U)]，此时按 Enter 键，即可结束多段体的绘制。

> **技巧**
>
> 如果想要在创建多段体的过程中闭合现有的多段体，可以输入 "C"，然后按 Enter 键即可。

7.1.11 实例 11：通过拉伸创建实体或曲面

在 AutoCAD 中，可以通过将对象拉伸来创建实体和曲面。可以使用 extrude 命令沿指定的方向将对象或平面拉伸出指定距离，以此创建三维实体或曲面。如果拉伸闭合对象，则生成的对象为实体；如果拉伸开放对象，则生成的对象为曲面。

可以拉伸以下对象和子对象：直线、圆弧、椭圆弧、二维多段线、二维样条曲线、圆、椭圆、三维面、二维实体、宽线、面域、平曲面和实体上的平面。无法拉伸的对象有：具有相交或自交线段的多段线、包含在块内的对象。

下面通过以拉伸的方法创建圆柱体为例，介绍通过拉伸创建实体的方法。

> **上机实战** 通过拉伸创建圆柱体

1 打开光盘中的 "..\Example\Ch07\7.1.11.dwg" 练习文件。

2 选择【常用】选项卡，在【建模】面板中单击【拉伸】按钮 。

3 系统提示：选择要拉伸的对象，此时在绘图区中选择需要拉伸的对象，如图 7-36 所示。

4 选择对象后系统显示 "找到 1 个"，此时按 Enter 键。

5 系统提示：指定拉伸的高度或[方向(D)/路径(P)/倾斜角(T)]，此时在绘图区中单击或输入数值确定拉伸的高度即可，如图 7-37 所示。

图 7-36 选择要拉伸的对象　　　　图 7-37 指定拉伸的高度

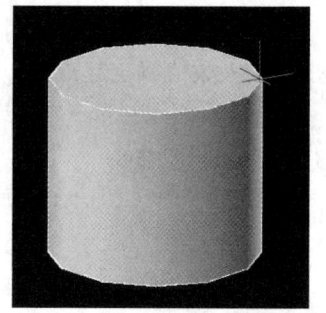

7.1.12 实例 12：通过扫掠创建实体或曲面

在 AutoCAD 中，可以通过沿路径扫掠平面曲线（轮廓）来创建新实体或曲面，即通过沿开放或闭合的二维或三维路径扫掠开放或闭合的平面曲线（轮廓），以此创建新的实体或曲面。AutoCAD 提供一个 sweep 命令，主要用于沿指定路径以确定轮廓的形状，通过扫掠的形式绘制实体或曲面。

扫掠时可以扭曲或缩放扫掠对象，可以使用【特性】选项板为扫掠对象指定以下特性：

- 轮廓旋转：绕路径旋转扫掠轮廓。
- 沿路径缩放：设置将轮廓的端点与轮廓的起点相比所得的比例因子。
- 沿路径扭曲：被扫掠的对象设置扭曲角度。用户输入的值用于设置将端点与起点相比所得的旋转角度。
- 倾斜（自然旋转）：指定是否沿三维路径自然旋转扭曲轮廓的曲线。

技巧

在下列情况下，【特性】选项板不允许对扫掠特性进行更改：
（1）扫掠轮廓时【对齐】选项处于关闭状态。
（2）更改会导致建模错误（如自交实体）。

上机实战 通过扫掠创建实体

1 打开光盘中的 "..\Example\Ch07\7.1.12.dwg" 练习文件。
2 选择【常用】选项卡，在【建模】面板中打开【实体创建】下拉列表，选择【扫掠】。
3 系统提示：选择要扫掠的对象，此时在绘图区中选择需要扫掠的对象（本例选择小圆形），然后按 Enter 键，如图 7-38 所示。
4 系统提示：选择扫掠路径或[对齐(A)/基点(B)/比例(S)/扭曲(T)]，然后在绘图区中选择扫掠的路径对象即可，如图 7-39 所示。通过扫掠创建实体，如图 7-40 所示。

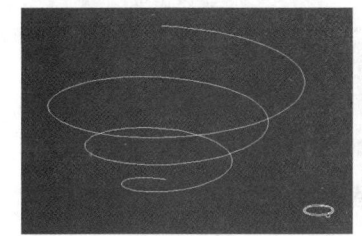

图 7-38 选择要扫掠的对象 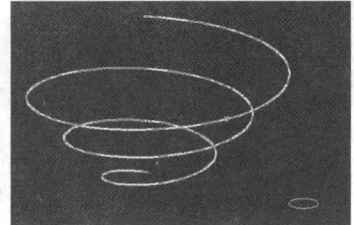   图 7-39 选择扫掠路径 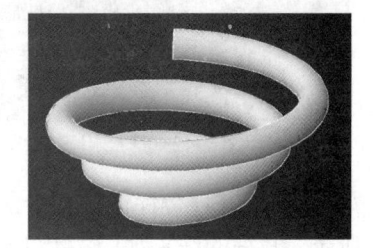   图 7-40 通过扫掠创建实体的结果

7.1.13 实例 13：通过放样创建实体或曲面

在 AutoCAD 2014 中，可以通过在包含两个或更多横截面轮廓的一组轮廓中对轮廓进行放样来创建三维实体或曲面。其中，横截面轮廓可定义结果实体或曲面对象的形状，而且必须至少指定两个横截面轮廓，如图 7-41 所示。

图 7-41 通过横截面定义实体或曲面对象的形状

> **技巧**
>
> 横截面轮廓可以为开放轮廓（如圆弧），也可以为闭合轮廓（如圆）。放样命令（LOFT）可流过横截面之间的空间。如果对一组闭合的横截面曲线进行放样，则将生成实体对象。如果对一组开放的横截面曲线进行放样，则将生成曲面对象。另外，放样时使用的横截面必须全部开放或全部闭合，不能使用既包含开放曲线又包含闭合曲线的选择集。

上机实战 通过对一组横截面进行放样来创建曲面

1 打开光盘的"..\Example\Ch07\7.1.13.dwg"练习文件。

2 选择【常用】选项卡，在【建模】面板中打开【实体创建】下拉列表，选择【放样】。

3 系统提示：按放样次序选择横截面，此时在绘图区依次选择用于放样的对象，然后按 Enter 键，如图 7-42 所示。

4 系统提示：输入选项[导向(G)/路径(P)/仅横截面(C)]<仅横截面>，此时输入"S"，打开【放样设置】对话框，如图 7-43 所示。

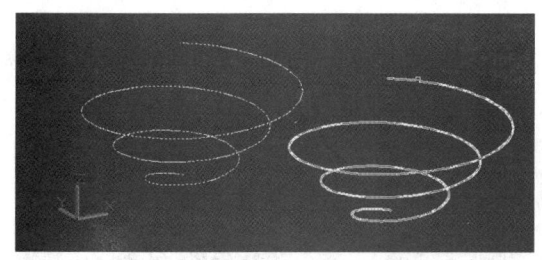

图 7-42 选择用于放样的对象 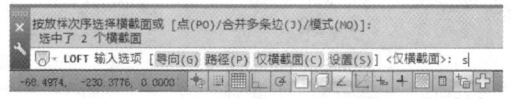　　　图 7-43 打开【放样设置】对话框

5 打开【放样设置】对话框后，设置放样参数或者直接单击【确定】按钮，如图 7-44 所示。放样的结果如图 7-45 所示。

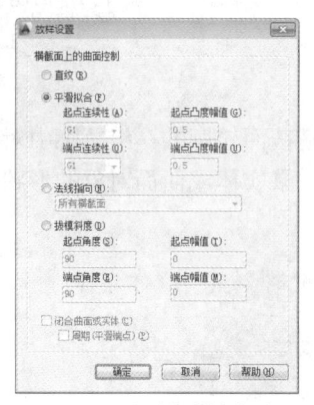

图 7-44 设置放样选项 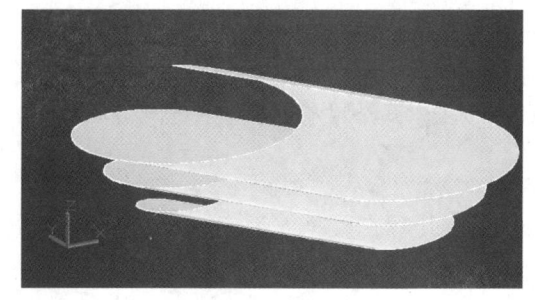　　　图 7-45 放样的结果

7.1.14 实例 14：通过旋转创建实体或曲面

在 AutoCAD 中，可以通过绕轴旋转开放或闭合对象来创建实体或曲面，其中旋转对象

可以定义实体或曲面的轮廓。如果旋转闭合对象,则创建出实体;如果旋转开放对象,则创建出曲面。

上机实战　通过旋转创建实体或曲面

1　打开光盘的"..\Example\Ch07\7.1.14.dwg"练习文件。

2　选择【常用】选项卡,在【建模】面板中打开【实体创建】下拉列表,选择【旋转】。

3　系统提示:选择要旋转的对象,此时在绘图区中依次选择用于旋转的对象,然后按Enter键,如图7-46所示。

4　系统提示:指定轴起点或根据以下选项之一定义轴[对象(O)/X/Y/Z]<对象>,此时在绘图区中单击或输入数值确定旋转轴起点,如图7-47所示。

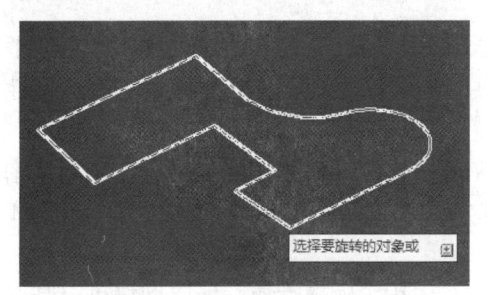

图7-46　选择要旋转的对象　　　　　图7-47　指定轴起点

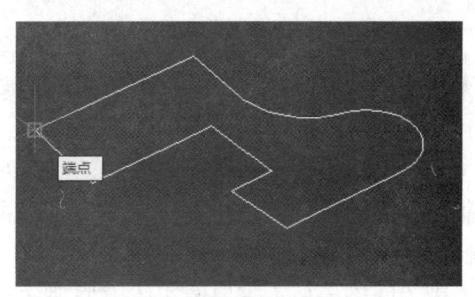

5　系统提示:指定轴端点,在绘图区单击或输入数值确定旋转轴端点,如图7-48所示。

6　系统提示:指定旋转角度或[起点角度(ST)/反转(R)/表达式(EX)]<360>,此时输入要旋转的角度或者直接在绘图区上拖动鼠标设置旋转角度,如图7-49所示。

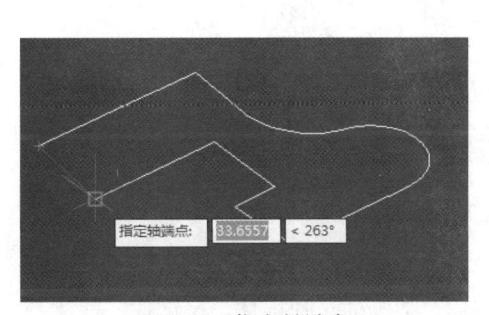

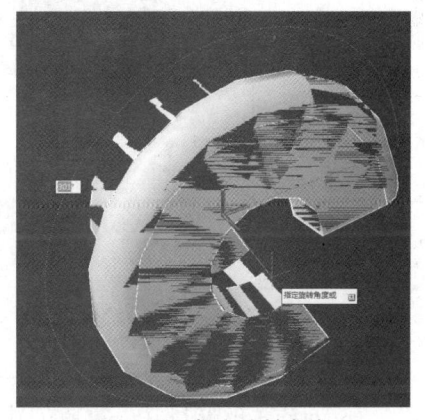

图7-48　指定轴端点　　　　　图7-49　指定旋转角度

7　设置旋转角度后,按Enter键确定即可,最终结果如图7-50所示。

技巧

在AutoCAD中,可以通过对直线、圆弧、椭圆弧、二维多段线、二维样条曲线、圆、椭圆、三维平面、二维实体、宽线、面域、实体或曲面上的平面进行旋转,创建实体或曲面模型。

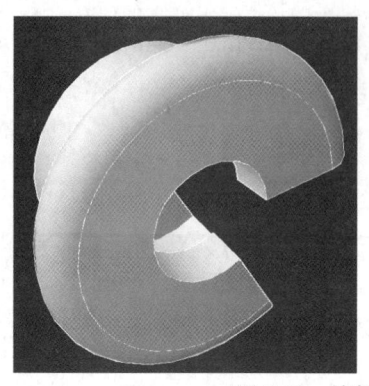

图 7-50 旋转建模的结果

7.1.15 实例 15：创建三维网格图元

网格模型包括对象的边界和表面。所以当需要使用消隐、着色和渲染处理模型（线框模型无法提供这些功能），但又不需要实体模型提供的物理特性（质量、体积、重心、惯性矩等）时，则可以使用网格来创建三维模型。

由于网格模型由网格近似表示，所以网格的密度决定了网格模型的光滑程度。网格密度控制镶嵌面的数目，它包含 M×N 个顶点的矩阵定义，类似于由行和列组成的栅格，而 M 和 N 就分别指定给定顶点的列和行的位置。

因为网格模型不需要像实体模型那样表示质量、体积等物理性质，所以网格可以是开放的也可以是闭合的，如图 7-51 所示。如果网格模型在某个方向上的网格的起始边和终止边没有接触，那么这种模型就称为开放式网格模型。

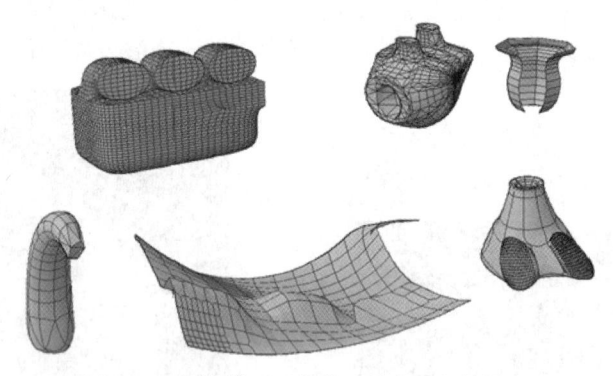

图 7-51 网格模型可以是开放也可以是闭合

> **技巧**
>
> 在 AutoCAD 2014 中，可以创建网格长方体、圆锥体、圆柱体、棱锥体、球体、楔体和圆环体等多种三维网格图元。在创建前可以对网格图元对象设置镶嵌默认值，然后可以使用创建三维实体图元的方法创建网格图元。

上机实战　创建三维网格图元

1　创建一个公制新文件，选择【网格】选项卡，在【图元】面板中单击【图元网格选项】按钮，打开【图元网格选项】对话框。

2　在【网格】选项组中的【网格图元】列表中选择一种要设置的图元，然后通过【镶嵌细分】表输入图元的结构外观数值，如图7-52所示。例如选择【圆柱体】图元后，可以设置轴、高度和基点等参数。

3　设置完成后，单击【确定】按钮，完成图元网格选项的设置。

4　将视图的视觉样式设置成【线框】，然后调整Z轴竖直显示，如图7-53所示。

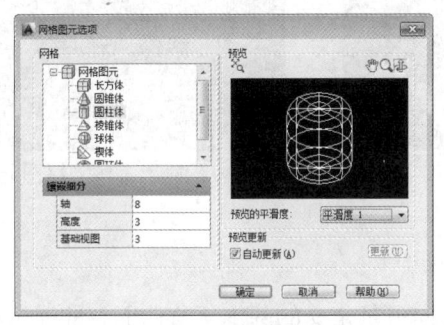

图7-52　设置图元网格选项　　　　　图7-53　选择视觉样式

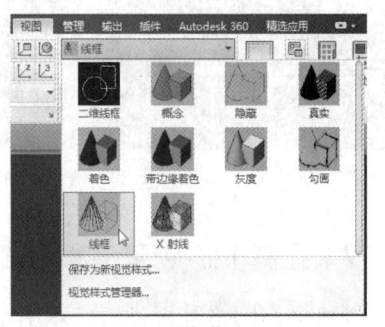

5　在【图元】面板中打开【三维网格图元】下拉列表，选择一种网格图元（本例选择网络圆柱体），如图7-54所示。

6　按照命令窗口的系统提示，参考创建圆柱体的方法创建网格圆柱体图元，结果如图7-55所示。

图7-54　选择三维网格图元　　　　　图7-55　网格圆柱体图元

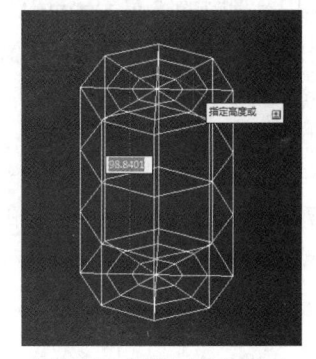

7.1.16　实例16：创建直纹网格图元

创建直纹网格是指在两条直线或曲线之间创建一个表示直纹曲面的多边形网格。用户可以使用以下不同的对象定义直纹网格的边界，如直线、点、圆弧、圆、椭圆、椭圆弧、二维多段线、三维多段线或样条曲线中的任意两个对象。不过需要注意，作为直纹网格轨迹的两个对象必须全部开放或全部闭合，而点对象则可以与开放或闭合对象成对使用。

上机实战　创建直纹网格图元

1　打开光盘中的"..\Example\Ch07\7.1.16.dwg"练习文件。选择【网格】选项卡，在【图元】面板中单击【直纹网格】按钮 (或者在命令窗口中输入"rulesurf")。

2　系统提示：选择第一条定义曲线，此时在绘图区中选择第一个圆弧，如图7-56所示。

3　系统提示：选择第二条定义曲线，接着在绘图区中选择第二个圆弧，如图7-57所示。

此时即可创建出直纹网格，如图 7-58 所示。

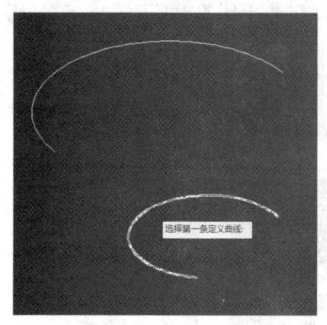

图 7-56　选择第一条定义曲线 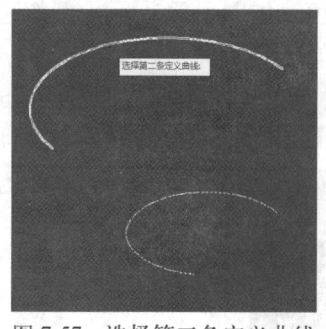　　图 7-57　选择第二条定义曲线 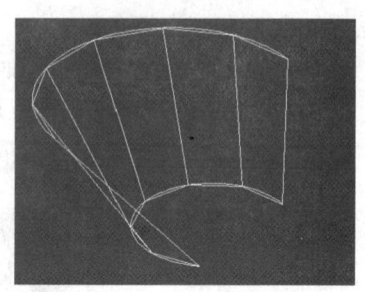　　图 7-58　创建出直纹网格图元的结果

7.1.17　实例 17：创建平移网格图元

创建平移网格是指创建表示由路径曲线和方向矢量定义的基本平移曲面，即通过指定的方向和距离（称为方向矢量）拉伸直线或曲线(称为路径曲线)的常规曲面。其中，路径曲线可以是直线、圆弧、圆、椭圆、椭圆弧、二维多段线、三维多段线或样条曲线；方向矢量则可以是直线，也可以是开放的二维或三维多段线。

上机实战　创建平移网格图元

1　打开光盘中的"..\Example\Ch07\7.1.17.dwg"练习文件。选择【网格】选项卡，在【图元】面板中单击【平移网格】按钮，（或者在命令窗口中输入"tabsurf"）。

2　系统提示：选择用作轮廓曲线的对象，此时在绘图区中选择多线段作为轮廓曲线，如图 7-59 所示。

3　系统提示：选择用作方向矢量的对象，接着在绘图区中选择作为方向矢量的直线对象，如图 7-60 所示。创建平移网格的结果如图 7-61 所示。

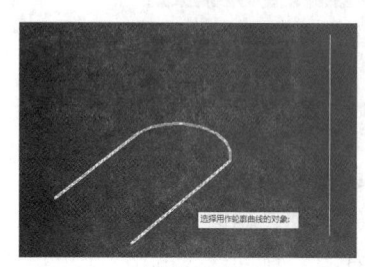

图 7-59　选择用作轮廓曲线的对象 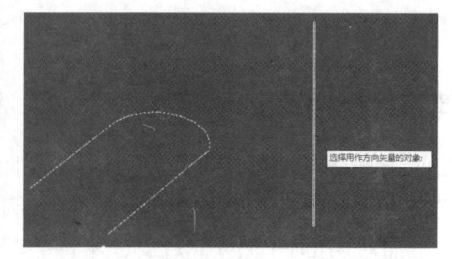　　图 7-60　选择用作方向矢量的对象 　　图 7-61　创建平移网格的结果

7.1.18　实例 18：创建旋转网格图元

创建旋转网格是指通过将路径曲线或轮廓（直线、圆、圆弧、椭圆、椭圆弧、闭合多段线、多边形、闭合样条曲线或圆环等），绕指定的轴旋转创建一个近似于旋转曲面的多边形网格。

上机实战　创建旋转网格图元

1　打开光盘中的"..\Example\Ch07\7.1.18.dwg"练习文件。选择【网格】选项卡，在【图元】面板中单击【旋转网格】按钮（或者在命令窗口中输入"revsurf"）。

2　系统提示：选择要旋转的对象，此时在绘图区中选择需要旋转的对象，如图 7-62 所示。

3　系统提示：选择定义旋转轴的对象，在绘图区中选择需要定义旋转轴的对象（本步骤选择直线），如图 7-63 所示。

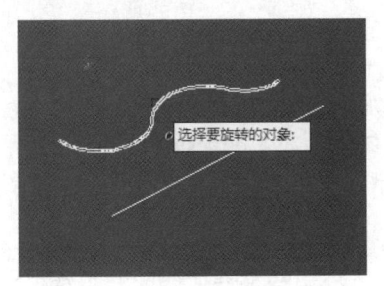

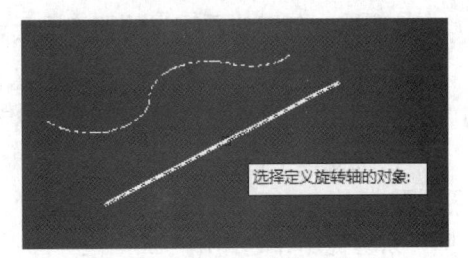

图 7-62　选择要旋转的对象　　　　　图 7-63　选择定义旋转轴的对象

4　系统提示：指定起点角度<0>，此时在绘图区中单击或输入数值确定起点角度（本步骤在直线上方端点上单击），如图 7-64 所示。

5　系统提示：指定第二点，在绘图区中单击或输入数值确定第二点（本步骤在直线下方的端点上单击），如图 7-65 所示。

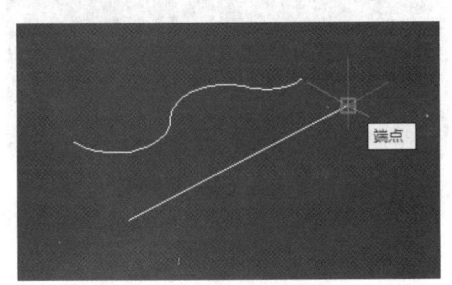

图 7-64　指定起点角度　　　　　图 7-65　指定第二点

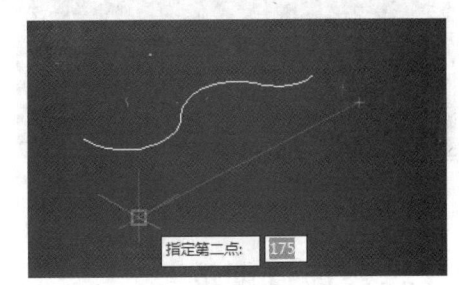

6　系统提示：指定包含角(+=逆时针，-=顺时针)<360>，此时输入角度为 360 并按 Enter 键确认，即可得到如图 7-66 所示的结果。

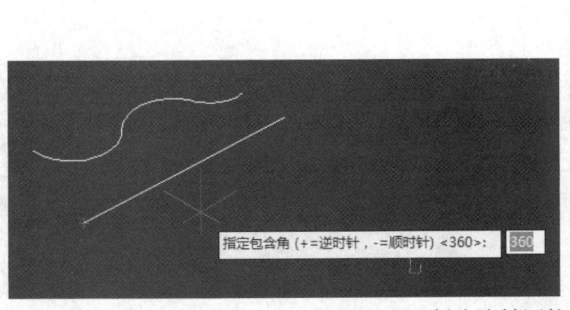

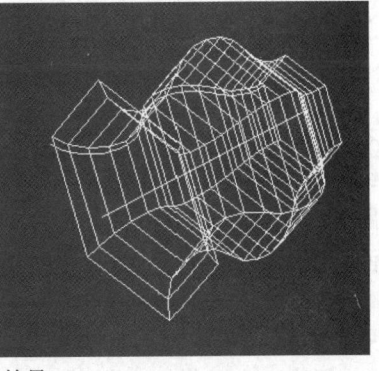

图 7-66　创建旋转网格的结果

7.1.19 实例 19：创建边界定义的网格图元

创建边界定义的网格是指创建一个近似于一个由 4 条邻接边定义的孔斯曲面片网格。其中，边界可以是圆弧、直线、多段线、样条曲线和椭圆弧，但必须形成闭合环和共享端点。

> **技巧**
>
> 孔斯曲面片网格是一个在 4 条邻接边(这些边可以是普通的空间曲线)之间插入的双三次曲面，而双三次曲面由 M 方向上的曲线和 N 方向上的曲线构成。

上机实战 创建边界定义的网格图元

1 打开光盘中的 "..\Example\Ch07\7.1.19.dwg" 练习文件。选择【网格】选项卡，在【图元】面板中单击【边界网格】按钮 (或者在命令窗口中输入 "edgesurf")。

2 系统提示：选择用作曲面边界的对象 1，在绘图区中选择曲面的第 1 条边界，如图 7-67 所示。

3 系统提示：选择用作曲面边界的对象 2，继续在绘图区中选择曲面的第 2 条边界。

4 系统提示：选择用作曲面边界的对象 3，再次在绘图区中选择曲面的第 3 条边界。

5 系统提示：选择用作曲面边界的对象 4，此时选择曲面的第 4 条边界即可完成。结果如图 7-68 所示。

图 7-67 选择用作曲面边界的对象 1

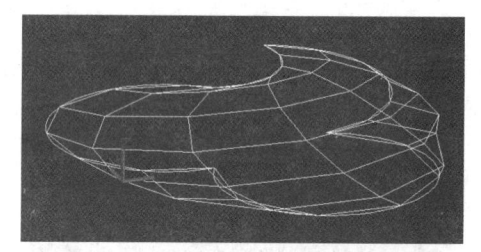

图 7-68 创建边界定义的网格的结果

7.2 综合项目训练

经过上述设计基础技能的训练，详细介绍了在 AutoCAD 2014 中设置三维建模空间和进行动态观察，以及创建各种实体、曲面和网格的方法。下面将通过两个综合项目训练，介绍三维建模在图纸设计中的应用。

7.2.1 项目 1：设计弧形中通零件

本例将设计一个弧形中通的机械零件，首先绘制机械零件的截面图，然后绘制一条弧形路径，接着使用【拉伸】命令，使零件的截面沿圆弧路径拉伸，结果如图 7-69 所示。

上机实战 设计弧形中通零件

1 新建一个无样板公制图形文件，然后

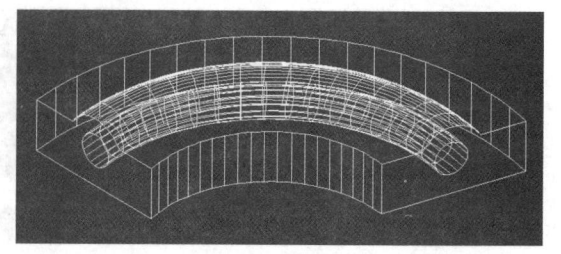

图 7-69 绘制机械零件的结果

选择【三维建模】工作空间和【线框】视觉样式，再选择【前视】视图，如图 7-70 所示。

2　在【常用】选项卡的【绘图】面板中单击【多段线】按钮，然后指定起点和另外两个点，如图 7-71 所示。

3　输入"a"并按 Enter 键，切换到圆弧绘制，系统提示：指定圆弧的端点或[角度(A)/圆心(CE)/闭合(CL)/方向(D)/半宽(H)/直线(L)/半径(R)/第二个点(S)/放弃(U)/宽度(W)]，此时输入"s"并按 Enter 键，选择圆弧绘制方式，如图 7-72 所示。

图 7-70　新建文件并设置视图 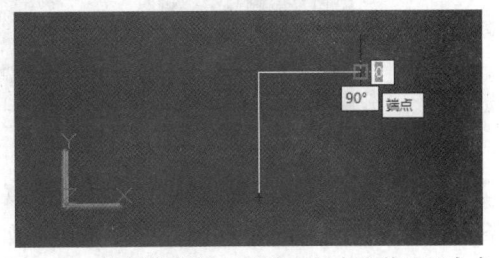　　　　图 7-71　使用多段线工具确定起点和其他两个点

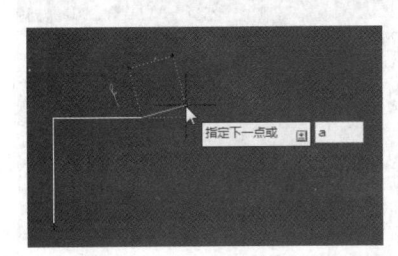

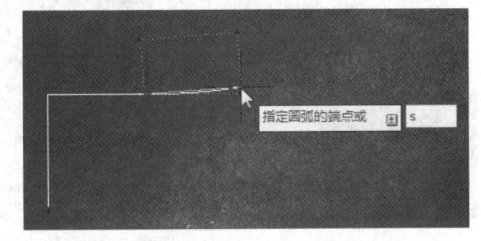

图 7-72　切换圆弧绘制并确定绘制方式

4　系统提示：指定圆弧第二个点，此时在绘图区上单击确定圆弧的第二个点，系统再提示：指定圆弧的端点，此时单击确定圆弧端点，绘制出圆弧，如图 7-73 所示。

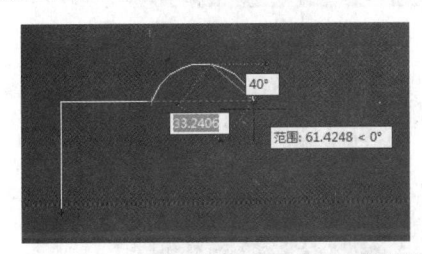

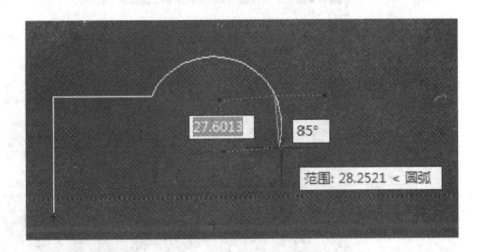

图 7-73　绘制出圆弧

5　系统提示：指定圆弧的端点或[角度(A)/圆心(CE)/闭合(CL)/方向(D)/半宽(H)/直线(L)/半径(R)/第二个点(S)/放弃(U)/宽度(W)]，此时输入"L"并按 Enter 键，切换到绘制直线方式，然后单击顶端点，绘制出零件的横截面，如图 7-74 所示。

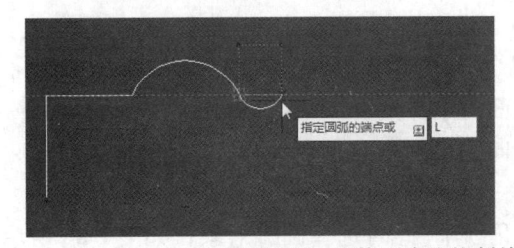

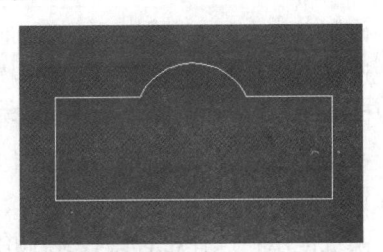

图 7-74　切换到直线绘制并完成横截面绘图

6 使用【圆心，半径】工具，先捕捉圆弧中点与下侧直线中点之间的交点作为圆心，创建一个圆，如图 7-75 所示。

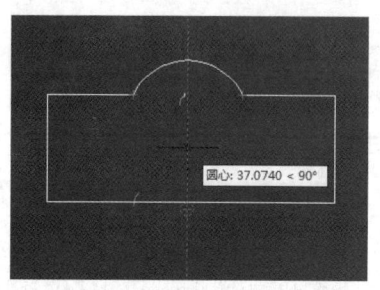

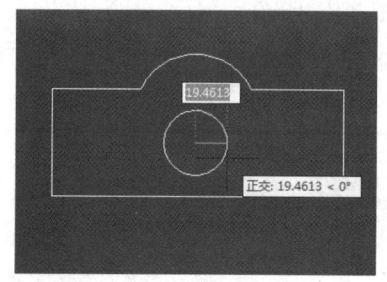

图 7-75 绘制圆形

7 切换至【视图】选项卡，再选择【俯视】三维视图，然后使用【移动】工具，选择圆形对象并将该对象移到截面图形上，如图 7-76 所示。

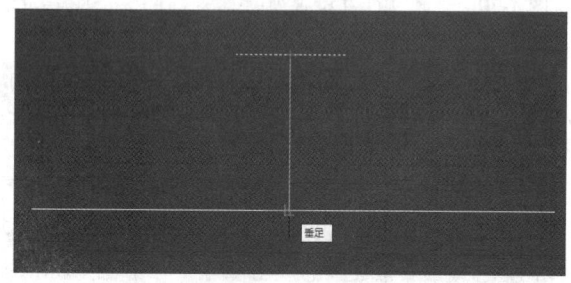

图 7-76 移动圆形对象

8 选择【东南等轴测】三维视图，如图 7-77 所示。

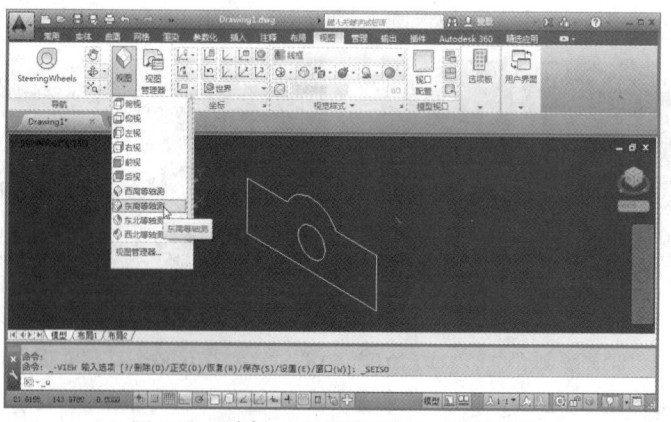

图 7-77 选择【东南等轴测】三维视图

9 使用【三点】工具，在 XY 面上绘制出一条圆弧对象，如图 7-78 所示。

10 选择【实体】选项卡，在【建模】面板中单击【拉伸】按钮。系统提示：选择要拉伸的对象，此时在绘图区中拖选零件截面对象并按 Enter 键，如图 7-79 所示。

11 系统提示：指定拉伸的高度或[方向(D)/路径(P)/倾斜角(T)]，此时输入"P"，然后按下 Enter 键。

12 系统提示：选择拉伸路径或[倾斜角(T)]，此时选择圆弧对象，如图 7-80 所示。

13 按 Enter 键，零件的截面即可沿圆弧进行拉伸了，结果如图 7-81 所示。

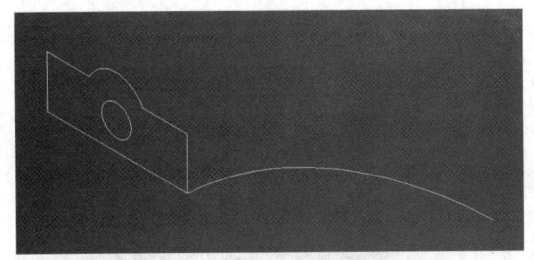

图 7-78 绘制一条圆弧对象

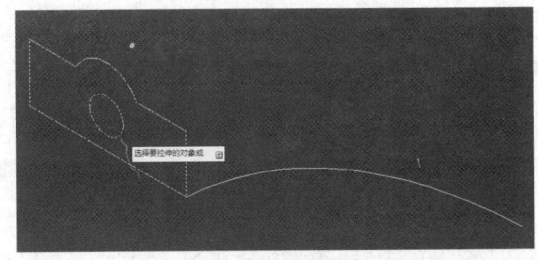

图 7-79 选择要拉伸的对象

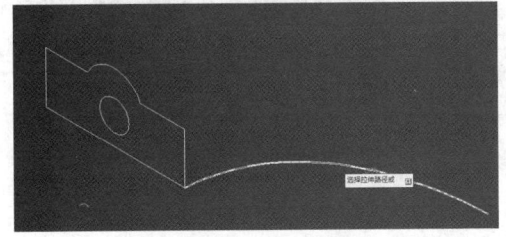

图 7-80 选择拉伸路径

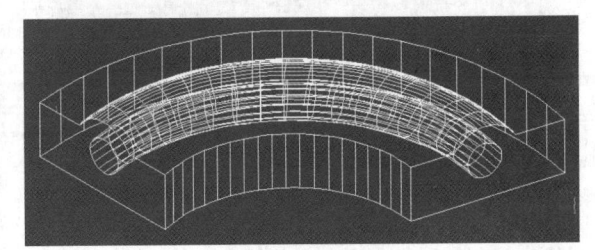

图 7-81 拉伸对象的结果

7.2.2 项目 2：设计大肚宽口花瓶

本例将设计一个大肚宽口的花瓶实体模型。在本例中，首先在绘图区中绘制一条三维多段线与一条直线，然后使用【旋转网格】命令制作出花瓶模型，结果如图 7-82 所示。

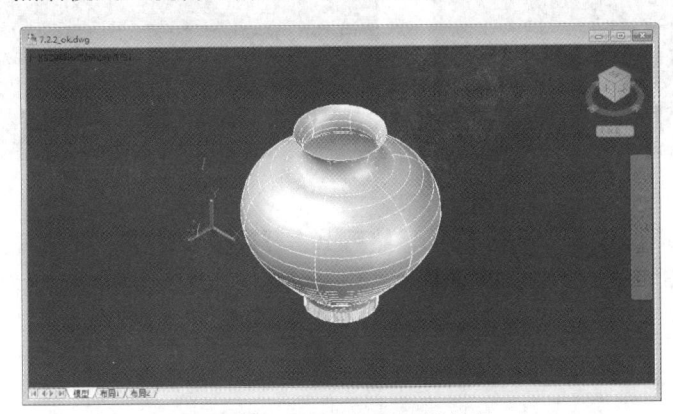

图 7-82 设计花瓶模型的结果

上机实战　设计大肚宽口花瓶

1 启动 AutoCAD 2014 应用程序，然后单击【新建】按钮，通过【选择样板】对话框新建一个无样板公制图形文件，如图 7-83 所示。

2 选择【视图】选项卡，再打开视觉样式列表框并选择【线框】选项，然后打开【视图】列表框，接着选择【前视】视图，如图 7-84 所示。

3 打开【常用】选项卡，然后单击

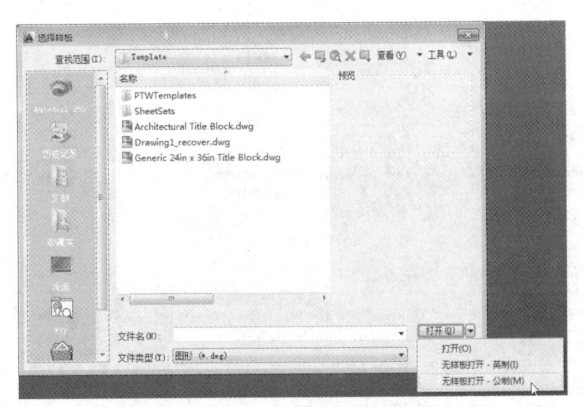

图 7-83 新建无样板公制图形文件

【多段线】按钮,再使用【多段线】工具绘制一条多段线,接着单击【直线】按钮,在多段线下方绘制一条水平直线,如图 7-85 所示。

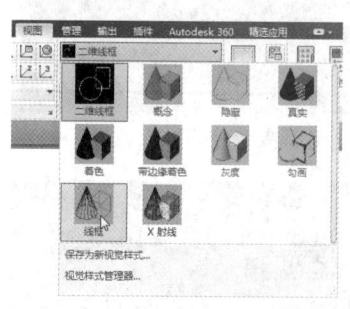

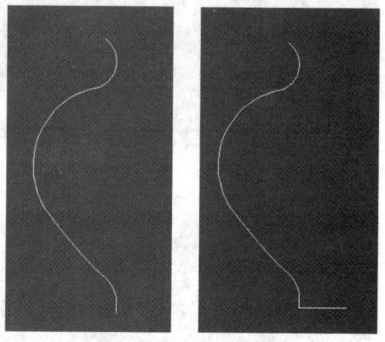

图 7-84 选择视觉样式和视图

图 7-85 绘制多段线和直线

4 单击【直线】按钮,然后选择水平直线右端作为直线起点,再绘制一条与多段线高度一样的垂直直线,如图 7-86 所示。

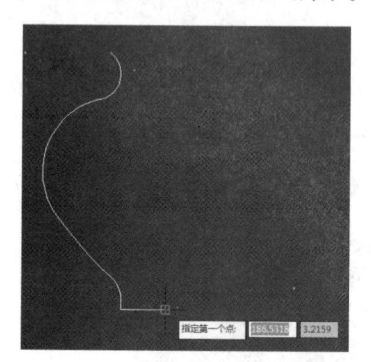

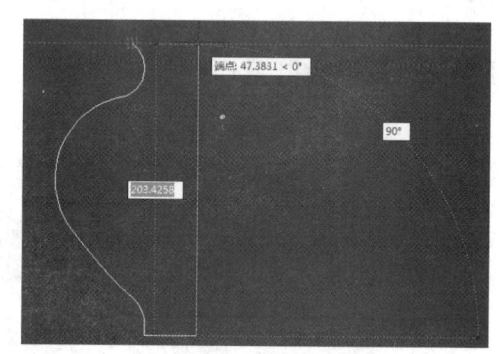

图 7-86 绘制一条垂直直线

5 打开 AutoCAD 2014 程序菜单,然后单击【选项】按钮,打开【选项】对话框后选择【显示】选项卡,再设置显示精度参数,接着单击【确定】按钮,如图 7-87 所示。

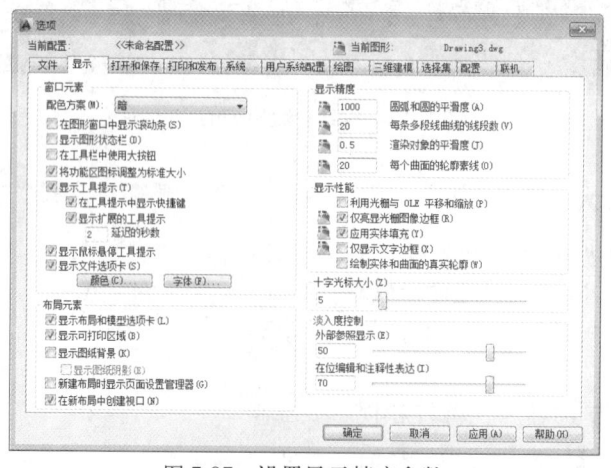

图 7-87 设置显示精度参数

6 选择【实体】选项卡,再单击【旋转】按钮,选择多段线和水平直线作为要旋转的对象,完成后按 Enter 键,如图 7-88 所示。

第 7 章 创建三维实体模型 **181**

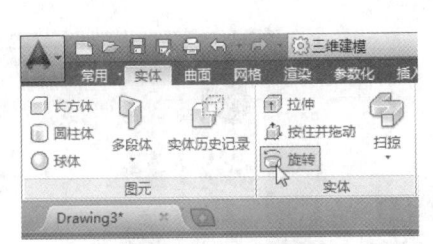

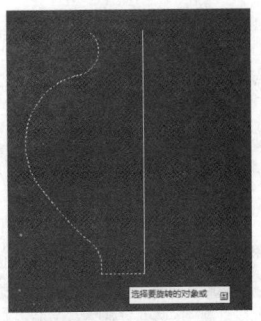

图 7-88 单击【旋转】按钮并选择要旋转的对象

7 指定垂直直线下端点为旋转轴起点,再指定垂直直线上端点为旋转轴端点,如图 7-89 所示。

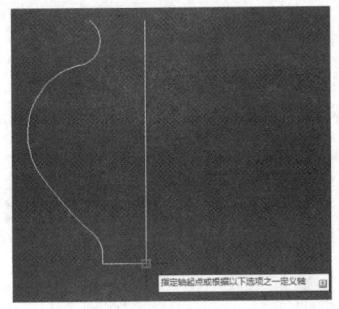

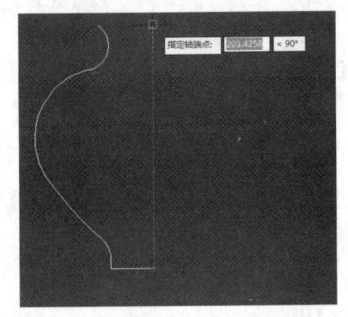

图 7-89 指定旋转轴的起点和端点

8 系统提示:指定旋转角度,此时输入旋转角度为"360",再按 Enter 键生成花瓶网格,如图 7-90 所示。

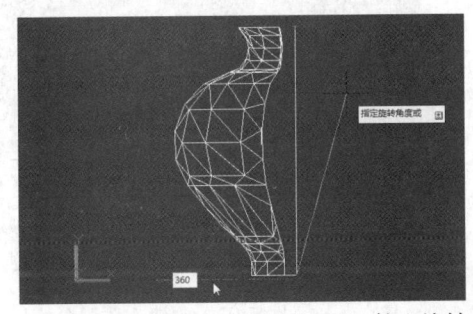

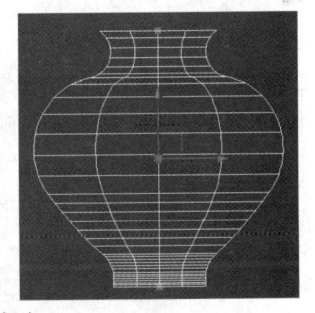

图 7-90 输入旋转角度

9 选择花瓶网格中的垂直直线对象,然后按 Delete 键删除直线,如图 7-91 所示。

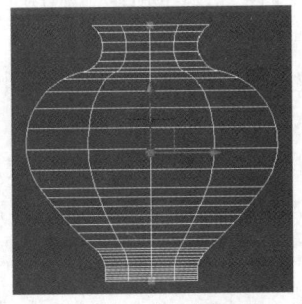

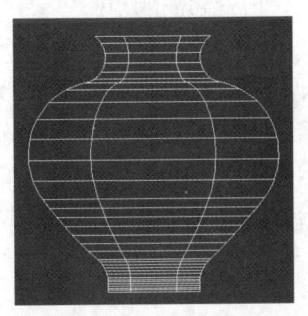

图 7-91 删除垂直直线对象

10 切换到【视图】选项卡，选择【东南等轴测】视图，再选择【带边缘着色】视觉样式，以查看花瓶实体效果，如图 7-92 所示。

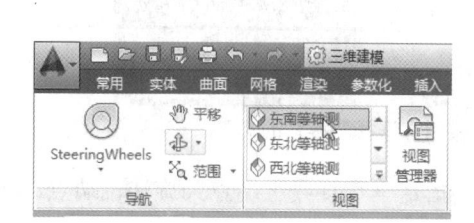

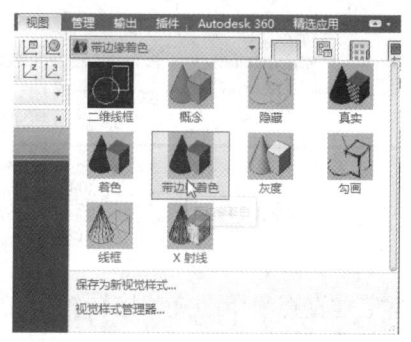

图 7-92 选择视图和视觉样式

7.3 本章小结

本章先介绍设置三维视图的方法，然后详细讲解了在 AutoCAD 2014 中创建三维实体图元、多段体、实体和曲面以及网络模型的方法，使用户可以轻松掌握三维建模的各种方法和技巧。

7.4 课后实训

使用创建圆锥体的方法，创建一个实体圆台模型，结果如图 7-93 所示。

提示：

（1）创建一个公制新文件，然后在【常用】选项卡的【视图】面板中设置视图的视觉样式为【概念】，通过 ViewCube 工具调整视图方向，使视图中的 Z 轴指向竖直面。

（2）选择【常用】选项卡，在【建模】面板中打开【创建三维实体】下拉列表，选择【圆锥体】。

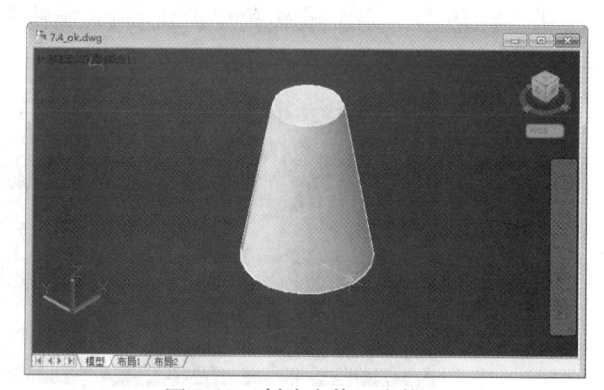

图 7-93 创建实体圆台模型

（3）系统提示：指定底面的中心点或[三点(3P)/两点(2P)/相切、相切、半径(T)/椭圆(E)]，此时可以在绘图区中单击或者输入数值确定底面中心点。

（4）系统提示：指定底面半径或[直径(D)]，此时在绘图区移动光标拉出圆锥体底面半径。

（5）系统提示：指定高度或[两点(2P)/轴端点(A)/顶面半径(T)]，此时输入"T"并按 Enter 键。

（6）系统提示：指定顶面半径，此时在绘图区中单击或输入数值确定顶面半径。

（7）系统提示：指定高度或[两点(2P)/轴端点(A)]，此时在绘图区中单击或输入数值确定圆台体高度即可。

第 8 章　三维模型编辑与后期处理

教学提要

在设计三维模型时，为了使模型的形状更加符合设计要求，需要对模型进行一些修改和编辑，或者应用网格实体对象设计模型。在模型设计定型后，可以对模型进行添加光源、着色和应用材质等操作，以便更好地表现三维模型。

教学重点

- 掌握设置显示精度和查看三维模型干涉的方法
- 掌握三维实体的基本修改方法
- 掌握三维实体的高级编辑方法
- 掌握分割实体、抽壳实体、创建倒角、创建圆角等技巧
- 掌握编辑和应用网格实体模型的方法。
- 掌握为模型实体添加各种光源的方法
- 掌握为模型实体添加各种类型材质的方法
- 掌握对三维模型进行渲染处理的方法

8.1　入门基础技能训练

下面节将详细介绍三维模型的编辑、修改方法，以及为三维模型添加光源、着色并进行渲染的基础技能。

8.1.1　实例 01：设置对象的显示精度

在默认的状态下，【三维建模】工作空间对于三维模型的显示精度并不是很高。为了控制对象的显示质量，可以通过设置【显示精度】来达到较高的显示质量。

上机实战　设置三维模型显示精度

1　单击▲按钮打开菜单，然后单击【选项】按钮，打开【选项】对话框，如图 8-1 所示。
2　选择对话框上的【显示】选项卡，然后在【显示精度】选框下设置具体的参数，单击【确定】按钮，如图 8-2 所示。
3　设置完成后，即可在绘图区创建三维模型，为了能够更好地体现显示精度的效果，建议创建具有曲面的对象。如图 8-3 所示为默认显示精度（右）与设置显示精度后（左）的对比效果。

图 8-1 打开【选项】对话框

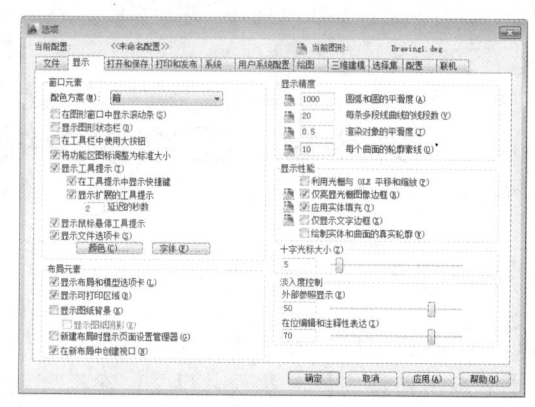

图 8-2 设置显示精度

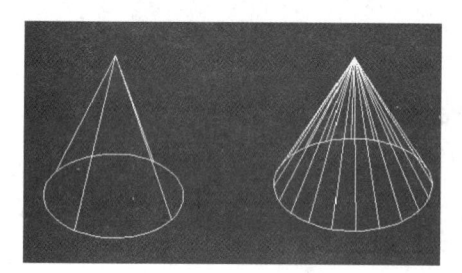

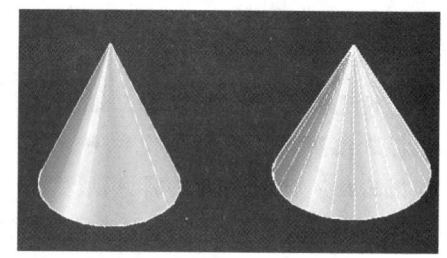

图 8-3 不同精度的显示效果

技巧

显示精度的设置选项说明：

- 圆弧和圆的平滑度：该选项主要控制圆、圆弧和椭圆的平滑度。平滑度值越高，生成的对象越平滑，重生成、平移和缩放对象所需的时间也就越多。为了让三维模型在编辑时能够减少时间，建议用户可以在绘图时将该选项设置为较低的值，而在渲染时则设置较高的值，如此既不影响操作，亦可提高显示性能。【圆弧和圆的平滑度】选项的默认值是 1000，有效取值范围为 1~20 000。

- 每条多段线曲线的线段数：该选项的作用是设置每条多段线曲线生成的线段数目。线段数越高，对性能的影响越大。为此，可以将此选项设置为较小的值以优化绘图性能。【每条多段线曲线的线段数】选项的默认值是 8，有效取值范围为 -32767~32767。

- 渲染对象的平滑度：该选项主要控制着色和渲染曲面实体的平滑度。在 AutoCAD 中，系统以【渲染对象的平滑度】的值乘以【圆弧和圆的平滑度】的值来确定如何显示实体对象。平滑度数值越高，显示精度越好，但显示性能越差，渲染时间也越长。如果用户要提高性能，可以将该选项设置为 1 或更低。【渲染对象的平滑度】选项的默认值是 0.5，有效取值范围为 0.01~10。

- 曲面轮廓索线：该选项用于设置对象上每个曲面的轮廓线数目。轮廓索线数目越多，显示精度越高，但显示性能越差，渲染时间也越长。【曲面轮廓索线】选项的默认值是 4，有效取值范围为 0~2047。

8.1.2 实例 02：检查三维模型的干涉

检查实体模型的干涉是指通过对比两组对象，或一对一地检查所有实体的相交或重叠区域。在 AutoCAD 中，可以使用【干涉检查】功能或者"INTERFERE"命令对包含三维实体的块以及块中的嵌套实体进行干涉检查，检查的结果将在实体相交处创建和突出显示临时实体。

上机实战　检查实体模型干涉

1　打开光盘中的"..\Example\Ch08\8.1.2.dwg"练习文件，在命令窗口输入"interfere"。

2　系统提示：选择第一组对象或[嵌套选择(N)/设置(S)]，此时在绘图区选择第一组实体对象，然后按 Enter 键，如图 8-4 所示。

3　系统提示：选择第二组对象或[嵌套选择(N)/检查第一组(K)]<检查>，此时在绘图区选择第二组实体对象，然后按 Enter 键，如图 8-5 所示。

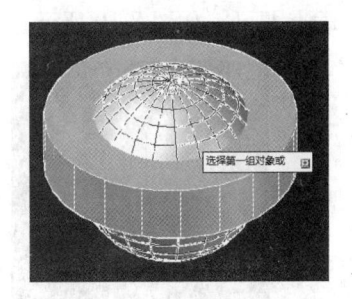

图 8-4　选择第一组对象

4　打开【干涉检查】对话框后，可以单击【下一个】和【上一个】按钮在干涉对象之间循环。另外，也可以单击【实时缩放】按钮、【实时平移】按钮和【三维动态观察器】按钮进行相关的操作，如图 8-6 所示。

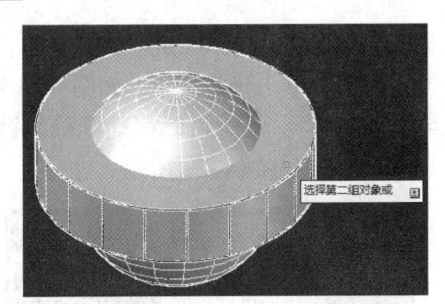

图 8-5　选择第二组对象

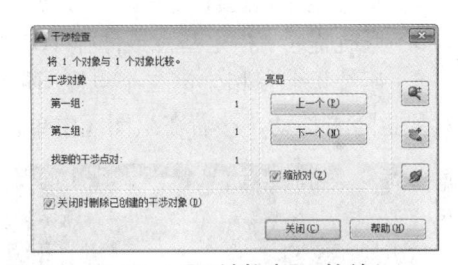

图 8-6　【干涉检查】对话框

5　如果要结束检查，单击【关闭】按钮即可。如图 8-7 所示为两组实体对象；如图 8-8 所示为查看对象干涉的结果。

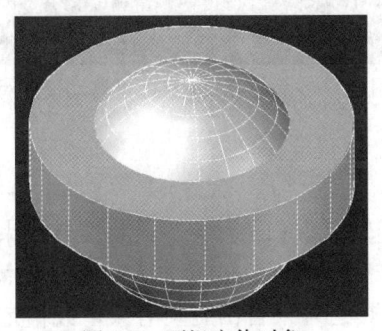

图 8-7　两组实体对象

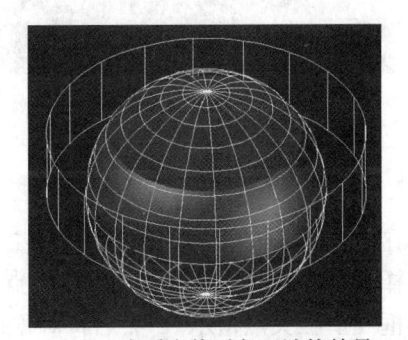

图 8-8　查看实体对象干涉的结果

8.1.3 实例 03：移动模型对象

移动模型对象是指调整模型在三维空间的位置，这种操作在编辑模型对象时最为常用。

在AutoCAD中，用户可以使用拉伸和移动夹点工具的方法来移动模型对象。

上机实战　移动模型对象的操作

1 打开光盘中的"..\Example\Ch08\8.1.3.dwg"练习文件，使用鼠标单击选择模型实体，然后在实体的移动点上单击，如图8-9所示。

2 系统提示：指定移动点或[基点(B)/复制(C)/放弃(U)/退出(X)]，此时移动鼠标指定移动点即可，如图8-10所示。

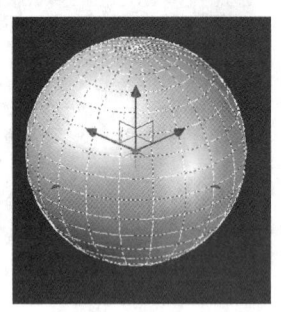

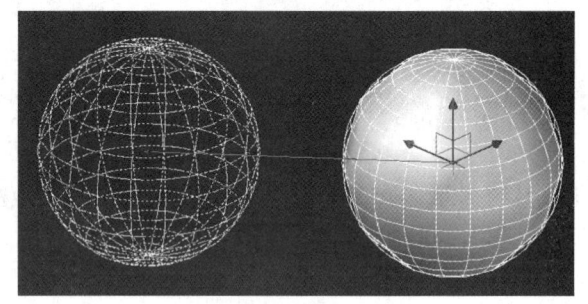

图8-9　单击移动点　　　　　　　　　图8-10　指定移动点位置

3 如果要利用夹点工具移动模型对象，可以选择【常用】选项卡，在【修改】面板中单击【三维移动】按钮。

4 系统提示：选择对象，此时在绘图区中选择模型对象并按Enter键确定。

5 系统提示：指定基点或[位移(D)]<位移>，在绘图区中单击确定基点，如图8-11所示。

6 系统提示：指定第二个点或<使用第一个点作为位移>，此时可以移动鼠标，被选择的对象也随着移动，接着在绘图区中单击确定第二个点即可，如图8-12所示。

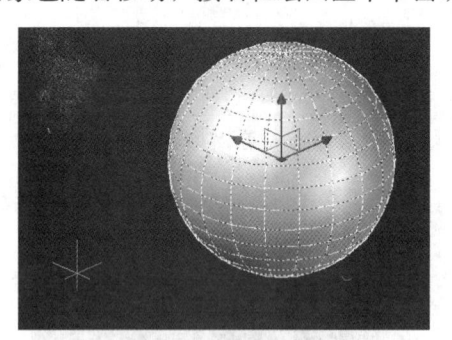

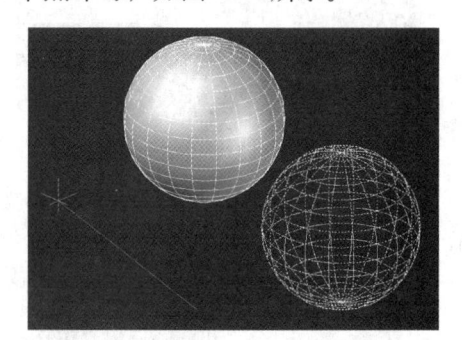

图8-11　指定基点　　　　　　　　　图8-12　指定第二个点即可移动模型对象

8.1.4　实例04：旋转模型对象

在AutoCAD中，可以使用旋转夹点工具自由旋转对象和子对象，或将旋转约束到轴。在选择需要旋转的模型后，可以将夹点工具放到三维空间的任意位置（该位置由夹点工具的中心框或基准夹点指示），然后将对象拖动到夹点工具之外来自由旋转对象，或指定要将旋转约束到的轴。

上机实战　旋转模型对象

1 打开光盘中的"..\Example\Ch08\8.1.4.dwg"练习文件，选择【常用】选项卡，在【修

改】面板中单击【三维旋转】按钮⊕。

2　系统提示：选择对象，此时在绘图区中选择对象并按 Enter 键确定。

3　系统提示：指定基点，绘图区出现旋转夹点工具，此时可以在绘图区中单击或输入数值确定基点，如图 8-13 所示。

4　系统提示：拾取旋转轴，此时将光标悬停在夹点工具上的轴控制柄上，当显示矢量（一条线的效果）后单击即可拾取为旋转轴，如图 8-14 所示。

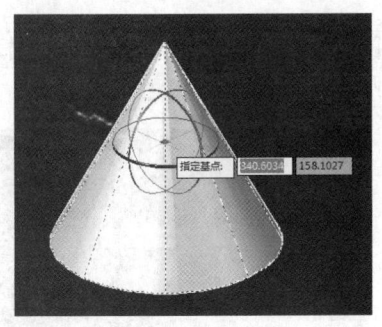

图 8-13　指定基点 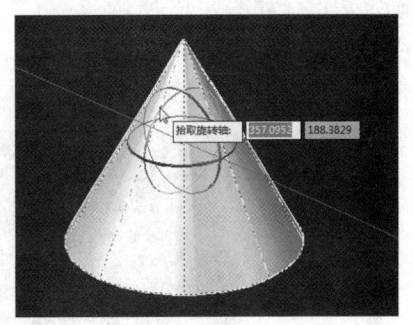　　　　　　　图 8-14　拾取旋转轴

5　系统提示：指定角的起点或键入角度，在绘图区中单击或输入数值指定旋转角的起点，如图 8-15 所示。

6　系统提示：指定角的端点，此时可以移动鼠标旋转对象，当需要确定旋转角度后，只需在绘图区中单击即可指定当前角度的端点，如图 8-16 所示。

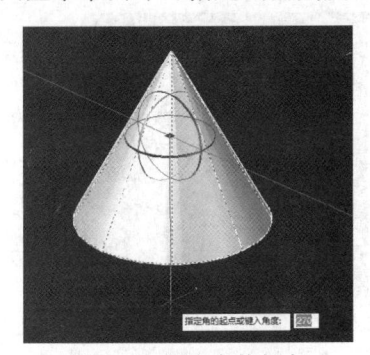

图 8-15　指定角的起点 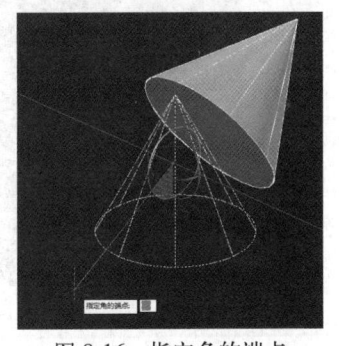　　　　　　　图 8-16　指定角的端点

8.1.5　实例 05：缩放模型对象

在 AutoCAD 中，可以缩放小控件统一更改三维对象的大小，也可以沿指定轴或平面进行更改，如图 8-17 所示。在选择要缩放的对象和子对象后，可以约束对象缩放，方法是单击小控件轴、平面或全部三条轴之间的小控件部分。

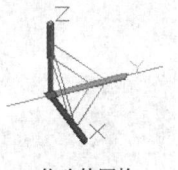

修改的网格　　　　　平面比例　　　　　统一比例

图 8-17　缩放模型对象的方式

上机实战 缩放模型对象

1 打开光盘中的"..\Example\Ch08\8.1.5.dwg"练习文件，选择【常用】选项卡，在【修改】面板中单击【三维缩放】按钮。

2 系统提示：选择对象，此时在绘图区中选择对象并按 Enter 键确定。

3 系统提示：指定基点，绘图区出现缩放夹点工具，此时可以在绘图区中单击或输入数值确定基点，如图 8-18 所示。

4 系统提示：拾取比例轴或平面，此时每个平面均有从各自轴控制柄的外端开始延伸的条标识，可以通过将光标移动到其中一个轴上来指定统一比例，如图 8-19 所示。

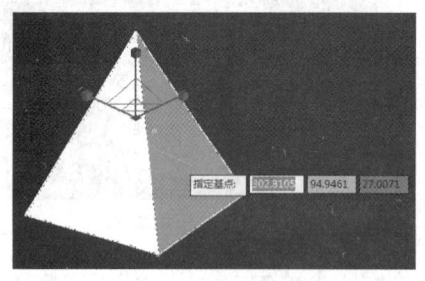

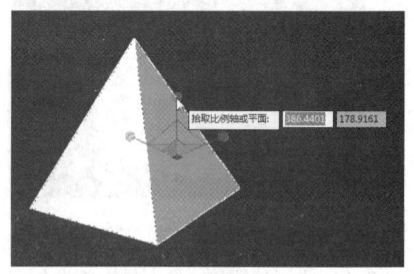

图 8-18 指定基点   图 8-19 拾取比例轴或平面

5 系统提示：指定比例因子，此时输入比例因子数值或者移动鼠标并单击，确定缩放比例，如图 8-20 所示。

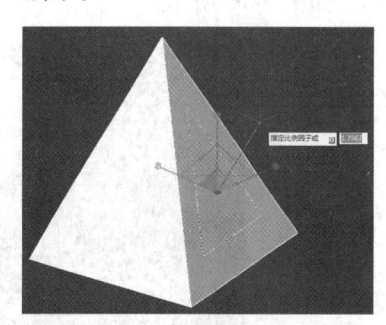

图 8-20 确定缩放比例

8.1.6 实例 06：对齐模型对象

在 AutoCAD 中，可以使用【三维对齐】功能，在三维空间中将两个对象按指定的方式对齐。系统将按照指定的对齐方式，通过移动、旋转或倾斜等操作，使对象与另一个对象对齐。

上机实战 对齐模型对象

1 打开光盘中的"..\Example\Ch08\8.1.6.dwg"练习文件，选择【常用】选项卡，在【修改】面板中单击【三维对齐】按钮。

2 系统提示：选择对象，此时在绘图区中选择圆柱体对象并按 Enter 键确定。

3 系统提示：指定基点或[复制(C)]，此时选择圆

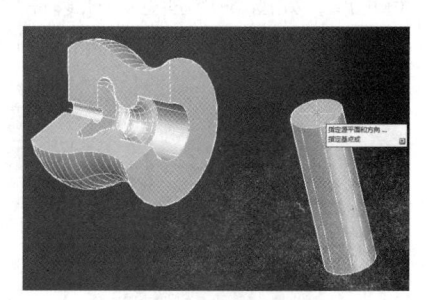

图 8-21 指定基点

柱体顶面中心点为基点，如图 8-21 所示。系统再提示：指定第二个点或[继续(C)]，此时选择圆柱体底面中心点为第二个点，如图 8-22 所示。

4　系统提示：指定第三个点或[继续(C)]，此时在另外一个实体模型对象中的圆心点上单击，确定第三个点，如图 8-23 所示。系统再提示：指定第一个目标点，此时在第三个点上单击，指定该点为第一个目标点，如图 8-24 所示。

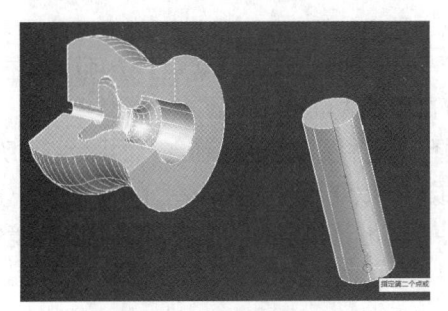

图 8-22　指定第二个点　　　　　　　图 8-23　指定第三个点

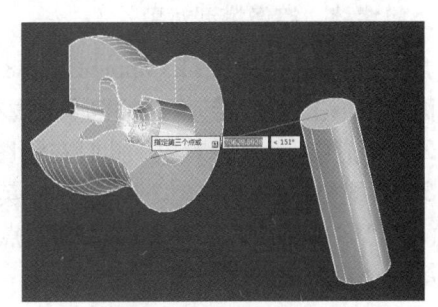

5　系统提示：指定第二个目标点或[退出(X)]，此时在绘图区上单击确定第二个目标点，如图 8-25 所示。系统再提示：指定第三个目标点或[退出(X)]，此时在圆柱体右侧截面的中心点上单击，确定第三个目标点，如图 8-26 所示。

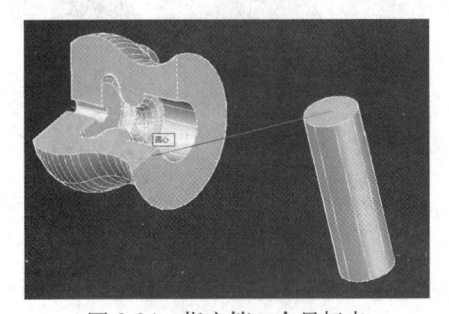

图 8-24　指定第一个目标点　　　　　图 8-25　指定第二个目标点

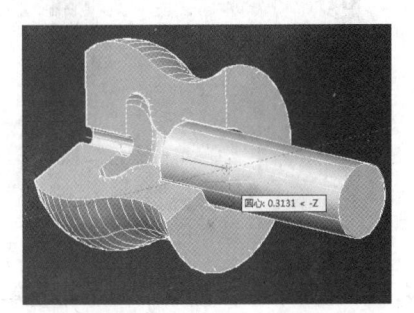

6　指定源平面和目标平面的对应点后，按 Enter 键即可对齐模型，结果如图 8-27 所示。

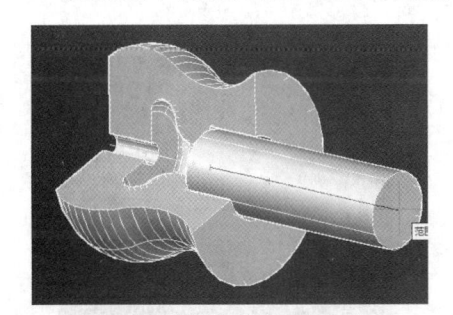

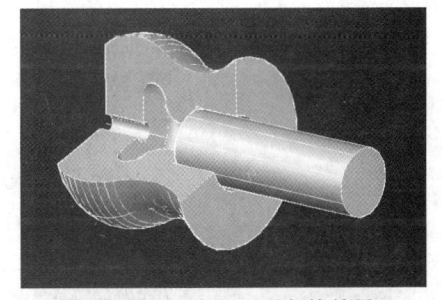

图 8-26　指定第三个目标点　　　　　图 8-27　对齐模型对象的结果

8.1.7　实例 07：镜像模型对象

在 AutoCAD 中，可以使用【三维镜像】功能在三维空间中通过指定镜像平面来镜像对象，以创建相对于镜像平面对称的三维对象。镜像对创建对称的对象非常有用，因为可以快速地绘制半个对象，然后将其镜像，而不必绘制整个对象。可以作为镜像平面的对象有以下几个。
(1) 平面对象所在的平面。
(2) 通过指定点且与当前 UCS 的 XY、YZ 或 XZ 平面平行的平面。
(3) 由 3 个指定点(2、3 和 4)定义的平面。

上机实战　镜像模型对象

1 打开光盘中的"..\Example\Ch08\8.1.7.dwg"练习文件，选择【常用】选项卡，在【修改】面板中单击【三维镜像】按钮⌘，或在命令窗口中输入"mirror3d"。

2 系统提示：选择对象，此时在绘图区中选择对象并按 Enter 键确定，如图 8-28 所示。

3 系统提示：指定镜像平面(三点)第一个点或[对象(O)/最近的(L)/Z 轴(Z)/视图(V)/XY 平面(XY)/YZ 平面(YZ)/ZX 平面(ZX)/三点(3)]<三点>，此时在绘图区或者对象上选择镜像平面的第一个点，如图 8-29 所示。

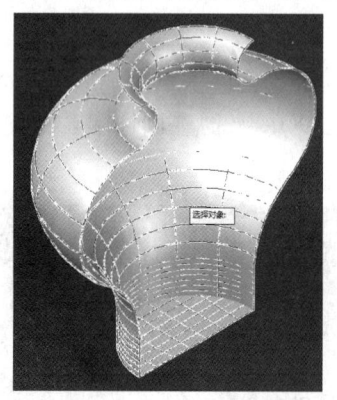

图 8-28　在绘图区中选择对象 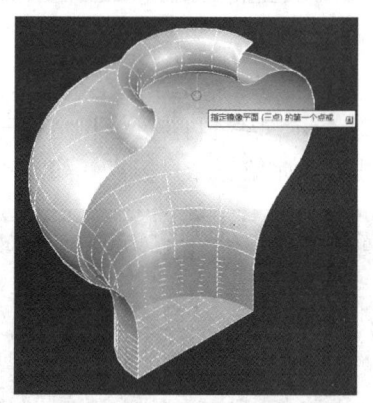　　　　图 8-29　指定镜像平面的第一个点

4 系统提示：在镜像平面上指定第二点，继续在绘图区中指定镜像平面的第二个点，如图 8-30 所示。

5 系统提示：在镜像平面上指定第三点，在绘图区中指定镜像平面最后一个点，如图 8-31 所示。

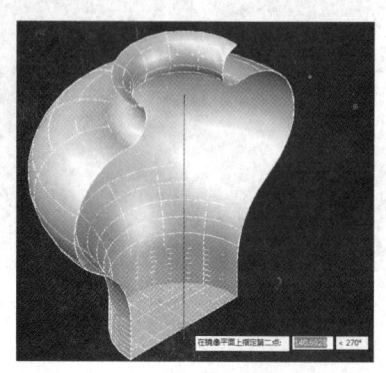

图 8-30　在镜像平面上指定第二点 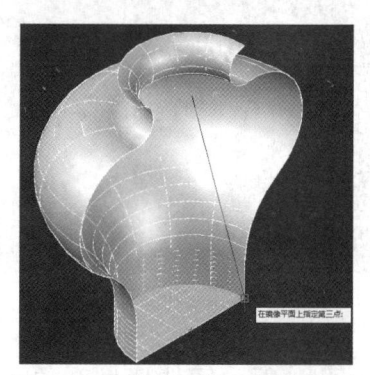　　　　图 8-31　在镜像平面上指定第三点

6 系统提示：是否删除源对象？[是(Y)/否(N)]，并且绘图区也出现是否删除源对象的选项列表。本例选择【否】选项，即直接按 Enter 键，如图 8-32 所示。镜像三维对象的结果如图 8-33 所示。

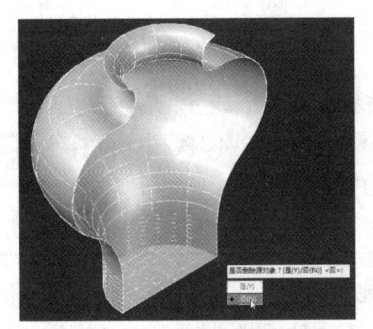

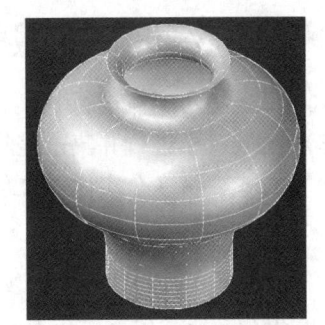

图 8-32　选择不删除源对象　　　　　　　图 8-33　镜像三维对象的结果

> **技巧**
>
> 指定镜像平面的选项说明如下：
> - 三点：以三点构成一个平面，这个平面就作为镜像平面。
> - 对象：使用选定平面对象的平面作为镜像平面。
> - 上一个：相对于最后定义的镜像平面对选定的对象进行镜像处理。
> - Z 轴：根据平面上的一个点和平面法线上的一个点定义镜像平面。
> - 视图：将镜像平面与当前视图中通过指定点的视图平面对齐。
> - XY/YZ/ZX 平面：将镜像平面与一个通过指定点的标准平面（XY、YZ 或 ZX 平面）对齐。

8.1.8　实例 08：创建模型对象的阵列

在 AutoCAD 中，可以在矩形或环形（圆形）阵列中创建对象副本。对于矩形阵列，可以控制行和列的数目以及它们之间的距离；而对于环形阵列，则可以控制对象副本的数目并决定是否旋转副本。下面以矩形阵列为例，介绍为模型对象创建阵列的方法。

上机实战　创建模型对象的矩形阵列

1　打开光盘中的"..\Example\Ch08\8.1.8.dwg"练习文件，选择【常用】选项卡，在【修改】面板中单击【矩形阵列】按钮。

2　系统提示：选择对象，在绘图区选择模型对象并按 Enter 键确定。

3　此时程序会创建出矩形阵列，然后打开【阵列创建】选项卡。在该选项卡中，可以输入列数、行数、级别以及行列级的距离参数。本例设置如图 8-34 所示的参数。

4　设置好阵列的参数后，即可从绘图区中查看阵列效果，如图 8-35 所示。

图 8-34　设置阵列的参数　　　　　　　图 8-35　创建矩形阵列的结果

8.1.9 实例09：使用布尔运算编辑实体

布尔运算是指对实体进行并集、差集和交集的运算，从而形成新的实体。在二维绘图时，可以对多个面域对象进行并集、差集和交集的操作。对于三维实体模型，同样也可以使用这些布尔运算方式，将多个实体对象创建为各种组合的实体模型。

> **技巧**
> 布尔是英国的数学家，在1847年发明了处理二值之间关系的逻辑数学计算法，包括联合、相交、相减。在图形处理操作中引用了这种逻辑运算方法以使简单的基本图形组合产生新的形体。目前，由二维布尔运算已经发展到三维图形的布尔运算。

并集、差集和交集的说明如下。
- 并集：是指将两个或两个以上实体（或面域）的总体积，合并成一个复合对象。
- 差集：是指从一组实体中删除与另一组实体的公共区域。如可以通过【差集】功能，从对象中减去圆柱体，从而在机械零件中添加孔。
- 交集：是指将两个或两个以上重叠实体的公共部分创建成复合实体。可以利用【交集】功能，删除非重叠部分，从而将重叠的公共部分创建成一个新的三维模型。

上机实战 使用布尔运算编辑实体

1 打开光盘中的"..\Example\Ch08\8.1.9.dwg"练习文件，选择【常用】选项卡，在【实体编辑】面板中单击【并集】按钮 。

2 系统提示：选择对象，此时选择需要合并的两个圆柱实体，如图 8-36 所示。

3 在选择实体后，直接按 Enter 键即可。这样被选择的实体就组合起来了，如图 8-37 所示。

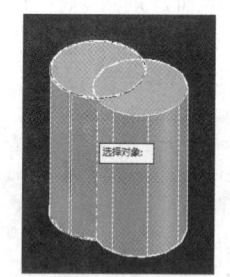

图 8-36　选择需要合并的实体　　　　图 8-37　合并实体后的结果

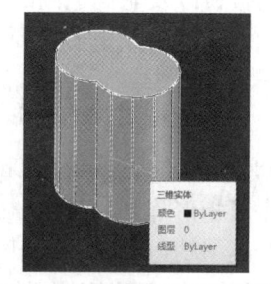

4 选择另外一个单独的圆柱体，然后将该圆柱体移到已经合并的实体中央，使它们可以重合部分实体，如图 8-38 所示。

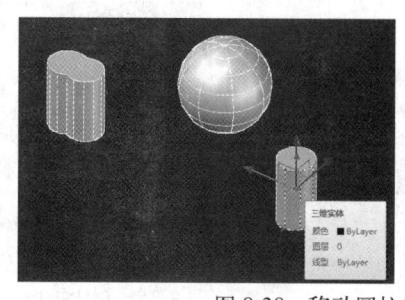

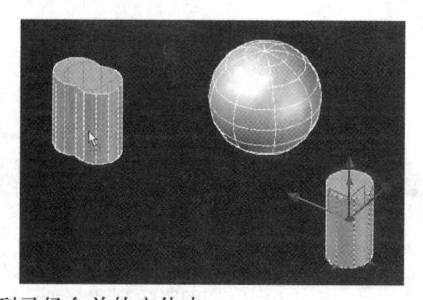

图 8-38　移动圆柱体到已经合并的实体中

5 选择【常用】选项卡，在【实体编辑】面板中单击【交集】按钮◎。系统提示：选择对象，此时先选择单独的圆柱体对象。系统再提示：选择对象，继续选择被合并的圆柱体对象，如图 8-39 所示。

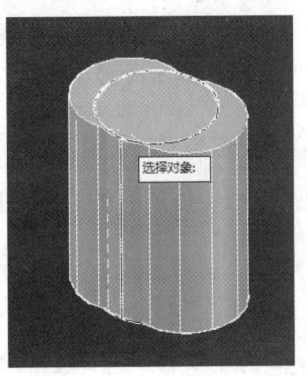

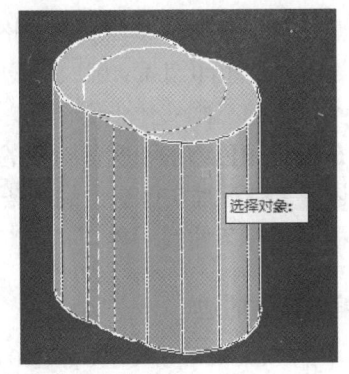

图 8-39　选择进行差集处理的实体

6 按 Enter 键结束选择对象，被选择的实体或面域的公共部分生成新的模型，结果如图 8-40 所示。

7 将生成的新实体移到圆球体上，如图 8-41 所示。接着选择【常用】选项卡，在【实体编辑】面板中单击【差集】按钮◎。

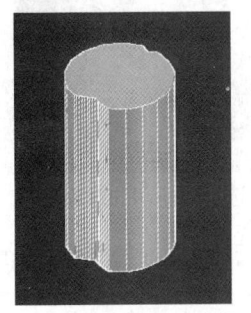

图 8-40　生成新的实体模型

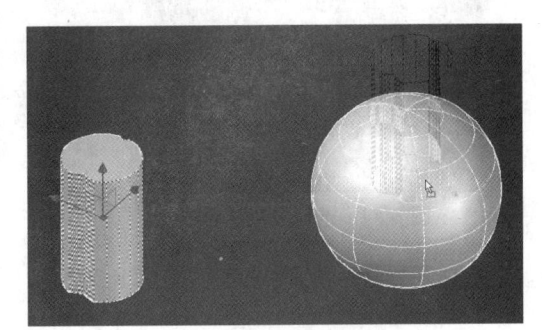

图 8-41　移动实体到球体中

8 系统提示：选择对象，此时选择需要从中减去的实体，即选择球体，完成后可按 Enter 键，如图 8-42 所示。

9 系统提示：选择对象，此时选择要减去的实体，即选择步骤 6 生成的实体，然后按 Enter 键即可。删除实体公共区域的结果如图 8-43 所示。

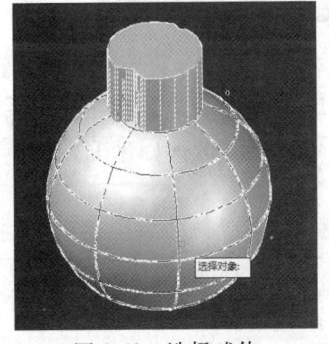

图 8-42　选择球体

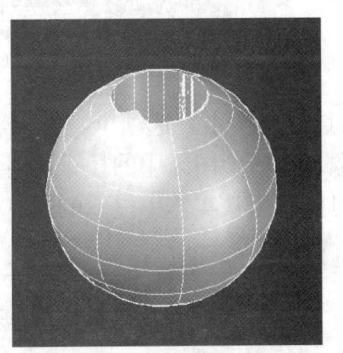

图 8-43　减去实体的结果

8.1.10 实例10：编辑实体的边

在AutoCAD 2014中，用户可以提取实体的边，还可以对实体的边进行压印、着色、复制的操作。

- 提取边：是指从三维实体、曲面、网格、面域或子对象的边创建线框几何图形。
- 压印边：是指通过压印圆弧、圆、直线、二维和三维多段线、椭圆、样条曲线、面域、体和三维实体创建三维实体上的新面。
- 着色边：是指将颜色添加至实体对象的单条边上。
- 复制边：是指复制三维实体对象的各条边。三维实体所有的边都可以复制为直线、圆弧、圆、椭圆或样条曲线对象。

上机实战　编辑实体的边

1 打开光盘中的"..\Example\Ch08\8.1.10.dwg"练习文件，选择【常用】选项卡，在【实体编辑】面板中打开【边编辑】下拉列表，选择【压印】选项。

2 系统提示：选择三维实体，在绘图区中选择较小的球体对象，如图8-44所示。

3 系统提示：选择要压印的对象，在绘图区中选择较大的球体对象，如图8-45所示。

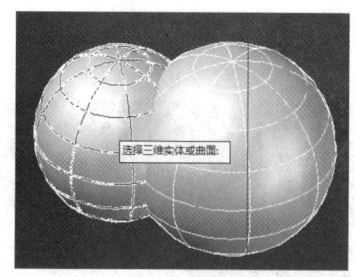

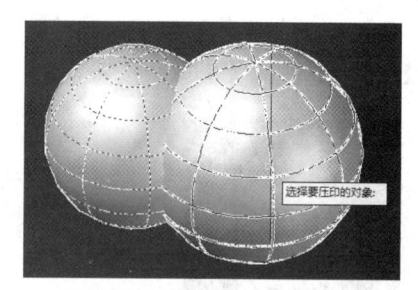

图8-44　选择三维实体　　　　图8-45　选择要压印的对象

4 系统提示：是否删除源对象[是(Y)/否(N)]，输入"Y"然后按Enter键确定，如图8-46所示。

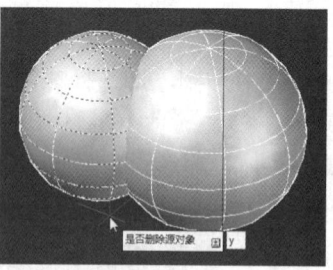

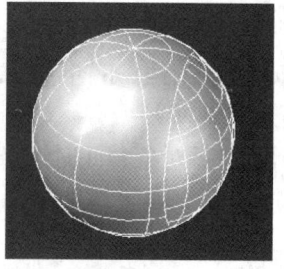

图8-46　压印边的结果

5 选择【常用】选项卡，在【实体编辑】面板中单击【提取边】按钮。系统提示：选择对象，选择绘图区中的棱锥体对象并按Enter键即可。接着选择原来的棱锥体实体并移开，即可显示出从实体中提取的边，如图8-47所示。

在实体提取边后，实体的面跟边就分成独立的对象。在将实体的面删除时，实体的边依然存在。

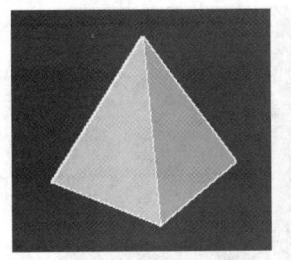

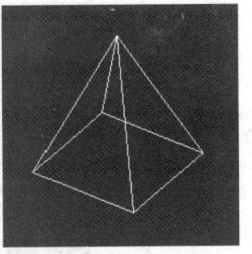

图 8-47　圆锥体提取边的结果　　　　　图 8-48　选择边

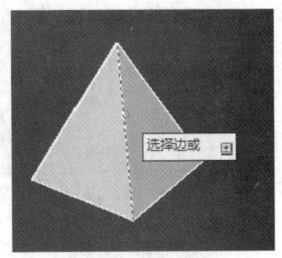

6 选择【常用】选项卡，在【实体编辑】面板中打开【边编辑】下拉列表，选择【着色边】选项 。系统提示：选择边或[放弃(U)/删除(R)]，在绘图区中选择棱锥体的一边，然后按 Enter 键，如图 8-48 所示。

7 打开【选择颜色】对话框后，选择一种颜色，然后单击【确定】按钮，如图 8-49 所示。

8 系统提示：输入边编辑选项[复制(C)/着色(L)/放弃(U)/退出(X)]<退出>，此时可以输入"L"，然后继续为其他边着色。如果需要退出，直接按 Enter 键即可。如果想要复制边时，可以选择【复制】选项，如图 8-50 所示。

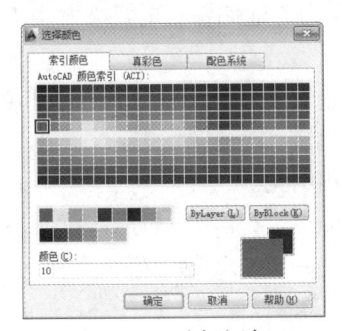

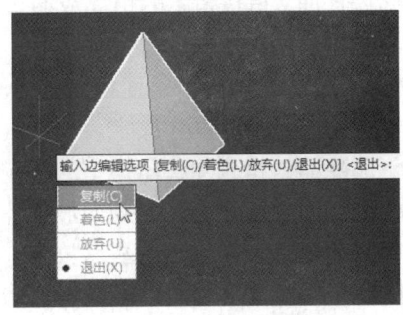

图 8-49　选择颜色　　　　　图 8-50　选择复制边

9 系统提示：选择边或[放弃(U)/删除(R)]，此时在绘图区中选择棱锥体着色的一边，然后按 Enter 键，如图 8-51 所示。

10 系统提示：指定基点或位移，在绘图区中单击或输入数值确定基点或位移，如图 8-52 所示。系统再提示：指定位移的第二点，在绘图区中单击或输入数值确定位移第二个点，如图 8-53 所示。

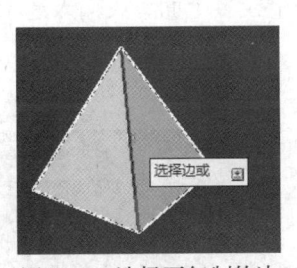

图 8-51　选择要复制的边　　　　　图 8-52　指定基点或位置

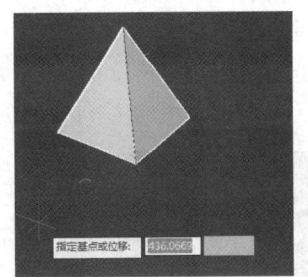

11 系统提示：输入边编辑选项[复制(C)/着色(L)/放弃(U)/退出(X)]<退出>，按 Enter 键。系统再提示：输入实体编辑选项[面(F)/边(E)/体(B)/放弃(U)/退出(X)]<退出>，再次按下 Enter 键即可退出。复制边的结果如图 8-54 所示。

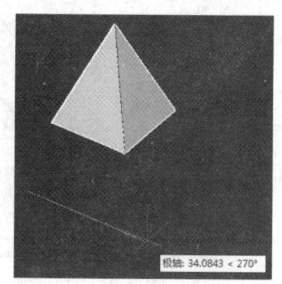

图 8-53 指定位置的第二个点　　　　　　图 8-54 复制边的结果

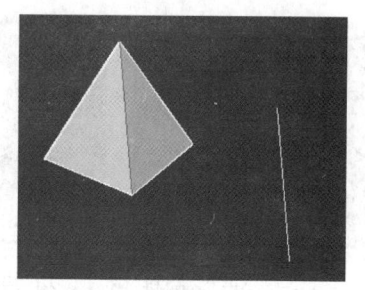

8.1.11 实例 11：编辑实体的面

在 AutoCAD 中，除了可以单独编辑实体的边外，还可以编辑三维实体的面。例如，拉伸面、移动面、旋转面、偏移面、倾斜面、删除面、复制面和着色面等。

- 拉伸面：可以将选定的三维实体对象的面拉伸到指定的高度或沿一路径拉伸。
- 移动面：可以沿指定的高度或距离移动选定的三维实体对象的面。
- 旋转面：指绕指定的轴旋转一个或多个面或实体的某些部分。
- 偏移面：指按指定的距离或通过指定的点，将面均匀地偏移。正值增大实体尺寸或体积，负值减小实体尺寸或体积。
- 倾斜面：指按一个角度将面进行倾斜。其中倾斜角的旋转方向由选择基点和第二点(沿选定矢量）的顺序决定。
- 删除面：指删除实体模型的指定面，包括圆角和倒角。
- 复制面：指将面复制为面域或体。如果指定两个点，【复制面】操作将使用第一个点作为基点，并相对于基点放置一个副本。如果指定一个点(通常输入为坐标)，然后按 Enter 键，【复制面】操作将使用此坐标作为新位置。
- 着色面：指修改实体面的颜色。

下面以拉伸面和着色面为例，介绍编辑实体的面的方法。

上机实战　编辑实体的面

1　打开光盘中的"..\Example\Ch08\8.1.11.dwg"练习文件，选择【常用】选项卡，在【实体编辑】面板中打开【面编辑】下拉列表，选择【拉伸面】选项。

2　系统提示：选择面或[放弃(U)/删除(R)]：选择一个或多个面，或输入选项。本例选择长方体的一个面并按下 Enter 键，如图 8-55 所示。

3　系统提示：指定拉伸高度或[路径(P)]，此时设置拉伸的高度，如图 8-56 所示。

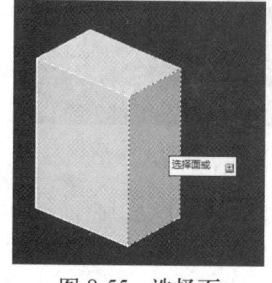

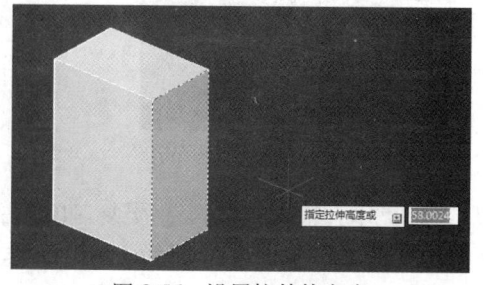

图 8-55 选择面　　　　　　　　　　　图 8-56 设置拉伸的高度

4　系统提示：指定拉伸的倾斜角度，此时指定介于-90～+90 度之间的角度。本例指定倾斜角度为 45 度，如图 8-57 所示。完成后按 Enter 键，如图 8-58 所示。

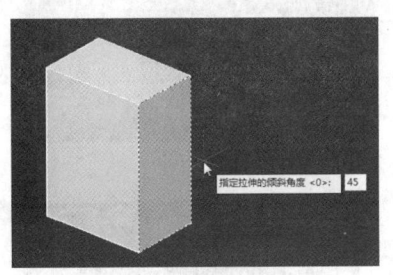

图 8-57　指定倾斜的角度 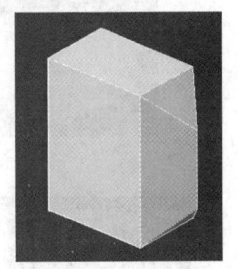　　　　　　　　图 8-58　拉伸面的结果

5　选择【常用】选项卡，在【实体编辑】面板中打开【面编辑】下拉列表，选择【着色面】选项。系统提示：选择面或[放弃(U)/删除(R)]，此时选择一个或多个需要着色的面，如图 8-59 所示。

6　打开【选择颜色】对话框后，选择一种填充面的颜色，然后单击【确定】按钮，如图 8-60 所示。接着连续按 Enter 键退出即可，结果如图 8-61 所示。

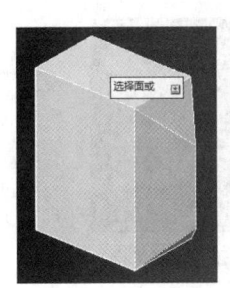

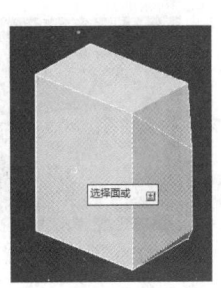

图 8-59　选择两个需要着色的面 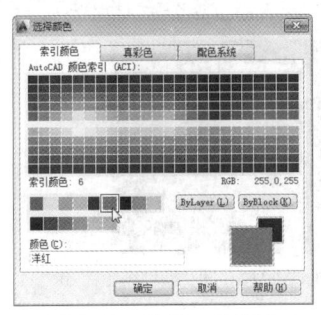　　　图 8-60　选择一种颜色 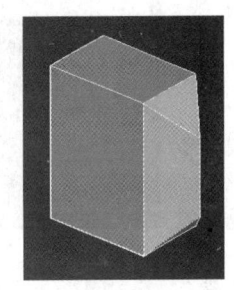　　　图 8-61　为面着色的结果

8.1.12　实例 12：分割实体与抽壳实体

除了编辑实体的边和面外，还可以针对整个实体进行编辑。如分割实体和抽壳实体。

● 分割实体：是指将三维实体对象分解成合并成三维模型之前的各个实体。
● 抽壳实体：是指在三维实体对象中创建具有指定厚度的薄壁。只需要将现有面向原位置的内部或外部偏移来创建新的面即可。

上机实战　分割实体与抽壳实体

1　打开光盘中的 "..\Example\Ch08\8.1.12.dwg" 练习文件，在【实体】选项卡的【实体编辑】面板中单击【分割】按钮。

2　系统提示：选择三维实体，此时在绘图区中选择需要分割的组合实体，然后按两次 Enter 键退出即可，如图 8-62 所示。

3　在【实体】选项卡的【实体编辑】面板中单击【抽壳】按钮。系统提示：选择三维实体，在绘图区中选择需要抽壳的实体，如图 8-63 所示。

4　系统提示：删除面或[放弃(U)/添加(A)/全部(ALL)]，可以选择一个或多个需要删除的面，按 Enter 键结束选择，如图 8-64 所示。

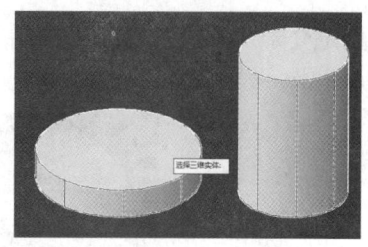

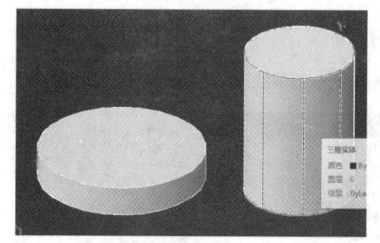

图 8-62 分割合并的实体

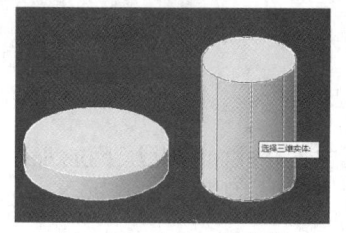

图 8-63 选择三维实体

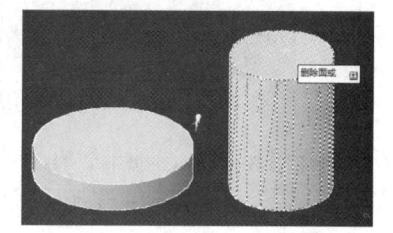

图 8-64 选择需要删除的面

5 系统提示：输入抽壳偏移距离，此时设置抽壳偏移的距离，如图 8-65 所示。输入偏移距离后，连续按两次 Enter 键，结束操作。结果如图 8-66 所示。

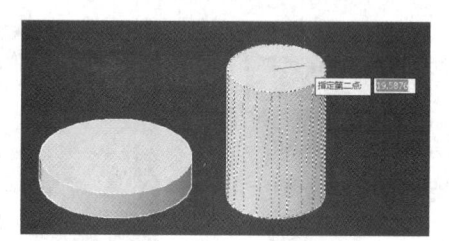

图 8-65 设置抽壳偏移的距离

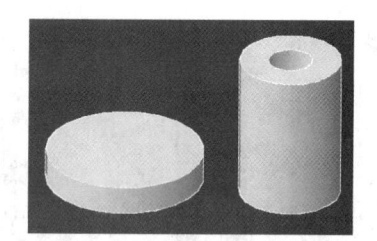

图 8-66 对实体抽壳的结果

8.1.13 实例 13：创建实体倒角和圆角

倒角是指将两条成角的边连接两个对象。在三维空间中，可以为选定的三维实体的相邻面添加倒角。圆角是指使用与对象相切并且具有指定半径的圆弧连接两个对象。

上机实战　创建实体倒角和圆角

1 打开光盘中的 "..\Example\Ch08\8.1.13.dwg" 练习文件，在【实体】选项卡的【实体编辑】选项卡中单击【倒角边】按钮 。

2 系统提示：选择第一条直线或[环(L)/距离(D)]，此时在实体上选择要倒角的边，如图 8-67 所示。系统再提示：选择同一个面上的其他边或[环(L)/距离(D)]，此时选择同一个面的其他边，如图 8-68 所示。

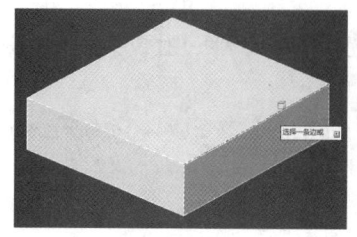

图 8-67 选择第一条

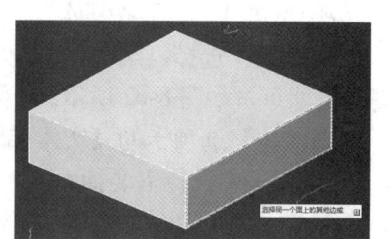

图 8-68 选择同一个面的其他边

3 系统提示：按 Enter 键接受倒角或[距离(D)]，此时可以按 Enter 键使用默认的倒角距离，也可以选择【距离】选项，并输入各个边的倒角距离，如图 8-69 所示。

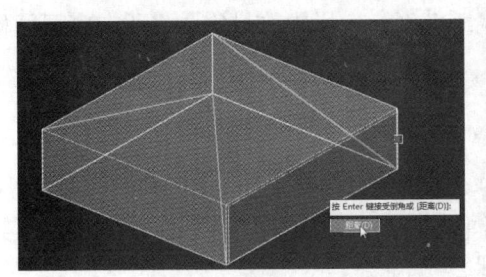

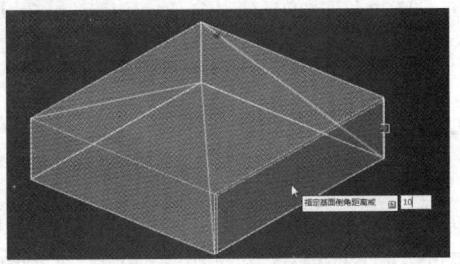

图 8-69 设置倒角的距离

4 系统提示：按 Enter 键接受倒角或[距离(D)]，此时按 Enter 键接受倒角，结果如图 8-70 所示。

> **技巧**
> 基面距离是指从选定边到基面上一点的距离；曲面距离是指从选定边到相邻曲面上一点的距离。

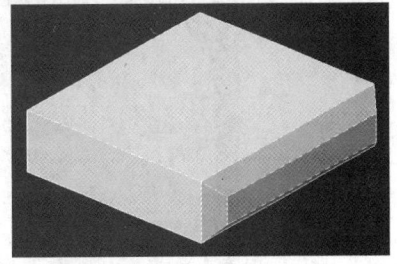

图 8-70 创建倒角的结果

5 在【实体】选项卡的【实体编辑】选项卡中单击【圆角边】按钮。系统提示：选择边或[链(C)/环(L)/半径(R)]，此时选择对象一个面的上下两条边，结果如图 8-71 所示。

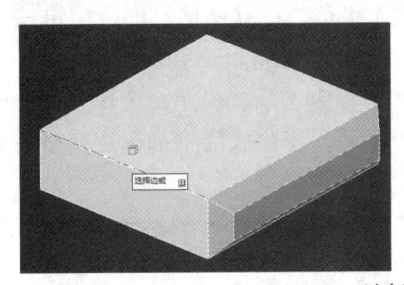

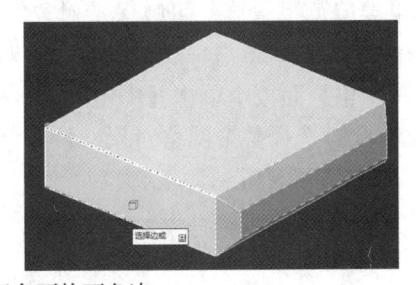

图 8-71 选择圆角面的两条边

6 系统提示：按 Enter 键接受圆角或[半径(R)]，此时选择【半径】选项，然后输入圆角半径为 10，接着按两次 Enter 键确定，结果如图 8-72 所示。

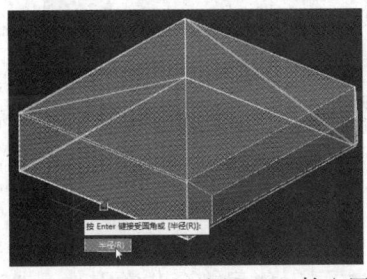

图 8-72 输入圆角半径为实体创建出圆角

8.1.14 实例 14：平滑与优化网格模型

修改现有网格的其中一种方法是增加或降低其平滑度，其中平滑度 0 表示最低平滑度，平滑度 4 表示高圆度，不同对象之间可能会有所差别。

另外，优化网格对象可增加可编辑面的数目，从而提供对象精细建模细节的附加控制。如果要处理细节，可以优化平滑的网格对象或单个面。这样优化对象会将所有底层网格镶嵌面转换为可编辑的面。

上机实战　平滑和优化网格

1 打开光盘中的"..\Example\Ch08\8.1.14.dwg"练习文件，先选择要平滑的对象，在【网格】选项卡的【网格】面板中单击两次【提高平滑度】按钮 ，如图 8-73 所示。其中单击一次可以将网格对象的平滑度提高一个级别。

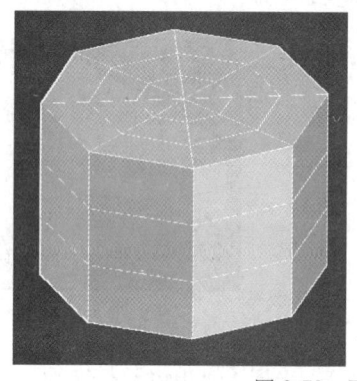

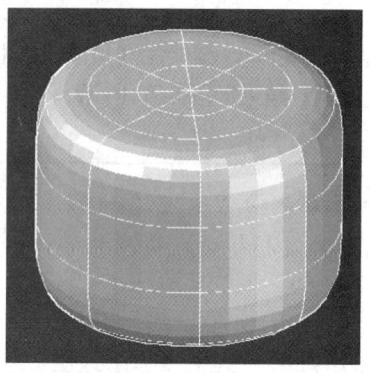

图 8-73　两次提高平滑度

2 如果要降低平滑度，可以保持对象的被选状态，在【网格】面板中单击【降低平滑度】按钮 ，其中单击一次可以将网格对象的平滑度降低一个级别。

3 在【网格】面板中单击【优化网格】按钮 ，系统提示：选择要优化的网格对象或面子对象，此时选择整个网格对象，按 Enter 键后，将会成倍增加选定网格对象或网格面中的面数，如图 8-74 所示。

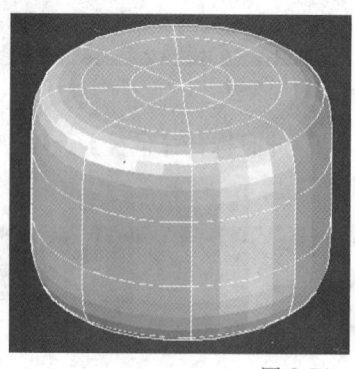

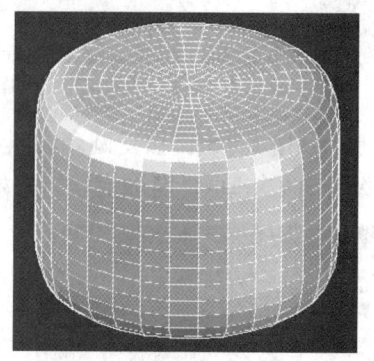

图 8-74　优化网格对象

8.1.15　实例 15：重塑网格子对象形状

在复杂的三维实体、曲面或网格中，选择特定的子对象可能会非常困难。通过设置子对象过滤器，可以将选择对象限制到特定的子对象类型。

另外，配合拖拽夹点可以拉伸、旋转或移动一个或多个网格子对象，包括面、边缘或顶点。在拖动夹点时，周围的面和边会继续附着到修改的子对象的边界。

上机实战　重塑网格子对象形状

1 打开光盘中的"..\Example\Ch08\8.1.15.dwg"练习文件，在【网格】选项卡的【选择】面板中打开【过滤器】下拉列表，然后选择【顶点】选项，如图 8-75 所示。

2 按住 Ctrl 键不放，选择网格长方体上面中央的矩形网格，如图 8-76 所示。

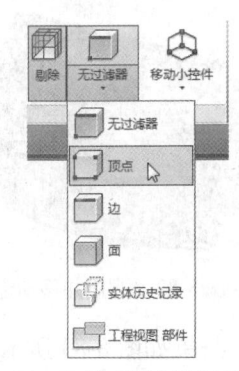

图 8-75　选择【顶点】过滤选项　　　　　图 8-76　选择要编辑的顶点

3 将鼠标移至选择对象上，UCS 即会自动跟随。在原点上单击右键，在打开的快捷菜单中选择【移动】命令，如图 8-77 所示。

4 将鼠标移至 Z 轴上，停留一秒左右即会变成金黄色，表示指定此轴为移动方向，如图 8-78 所示。

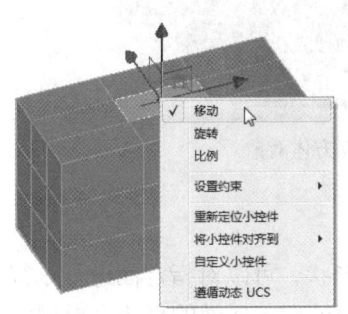

图 8-77　选择【移动】编辑命令　　　　　图 8-78　指定移动方向

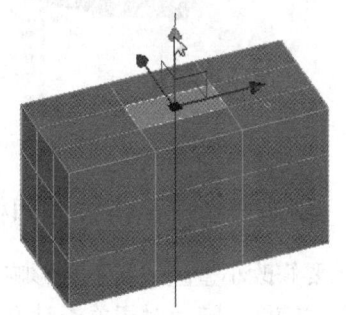

5 在指定的方向轴上按住鼠标左键不放并往上拖动，当矩形网格的 4 个顶点达到合适的移动距离后释放鼠标左键，如图 8-79 所示。完成移动操作后按 Esc 键退出编辑模式。

6 在【网格】选项卡的【选择】面板中打开【过滤器】下拉列表，然后选择【面】选项。此时按住 Ctrl 键不放，选择要编辑的面，如图 8-80 所示。

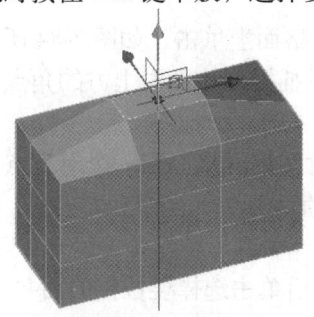

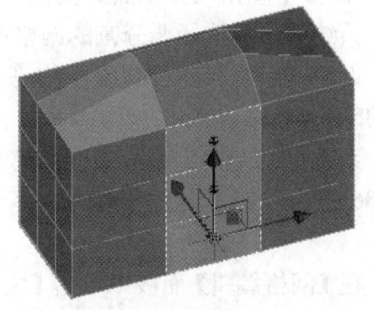

图 8-79　移动顶点　　　　　图 8-80　选择要编辑的面

7 指定 Y 轴为移动方向，并往右拖动选择的面，如图 8-81 所示。完成移动操作后按 Esc 键退出编辑模式。

8 在【网格】选项卡的【选择】面板中打开【过滤器】下拉列表，然后选择【边】选项。选择要拖动的边，然后指定 Y 轴为移动方向，拖动选择的边，如图 8-82 所示。

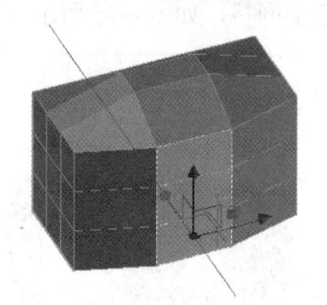

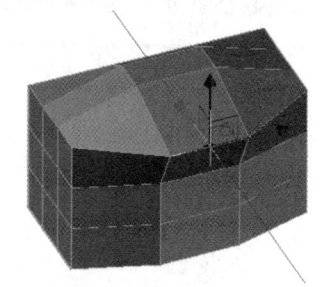

图 8-81 移动面　　　　　　　　图 8-82 选择并移动边

9 使用步骤 8 的方法，拖动另外一条边以修改对象，结果如图 8-83 所示。

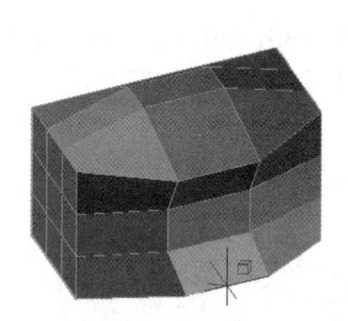

图 8-83 通过编辑后的网格立方体对象

8.1.16 实例 16：分离与拉伸网格面

如果要修改小型区域而不想影响整个网格对象的形状，可以对指定面进行分割，将其分为两个独立的面，随后对相关子对象进行拉伸或者其他处理，所做的更改会对周围的面产生更加细微的效果。

上机实战　分割与拉伸网格面

1 打开光盘中的"..\Example\Ch08\8.1.16.dwg"练习文件，选择【网格】选项卡，在【网格编辑】面板中单击【分割面】按钮，。

2 系统提示：选择要分割的网格面，移动指标至网格面上单击，如图 8-84 所示。

3 系统提示：指定面边缘上的第一个分割点，此时捕捉网格面左上方的角点并单击，如图 8-85 所示。

4 系统提示：指定面边缘上的第二个分割点，此时捕捉网格面另一个对角点并单击，如图 8-86 所示。这样网格面即会被两个分割点所连成的直线划分为两个独立的面，如图 8-87 所示。

5 在【网格编辑】面板中单击【拉伸面】按钮，然后单击选择要拉伸的面并按下 Enter 键，如图 8-88 所示。

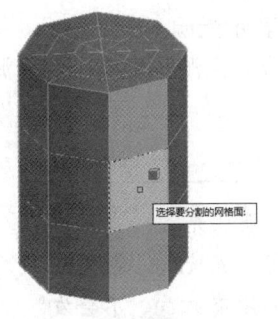

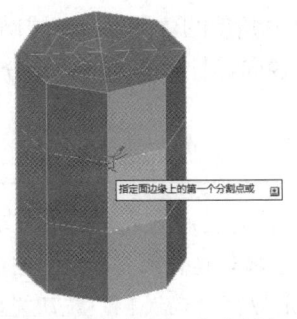

图 8-84　选择要分割的面　　　图 8-85　指定第一个分割点　　　图 8-86　指定第二个分割点

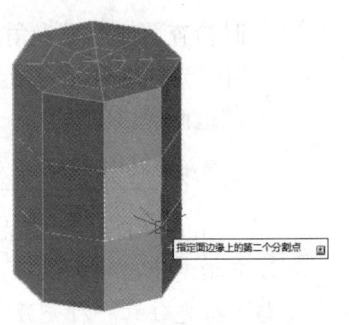

6　拖动鼠标，拉伸至合适高度后单击确定，或者输入数值指定高度，拉伸面的结果如图 8-89 所示。

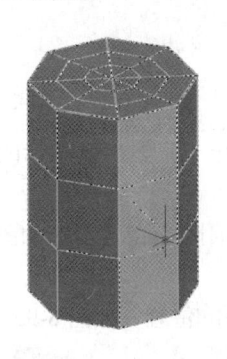

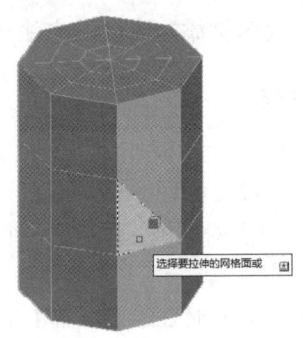

图 8-87　分割面的结果　　　图 8-88　选择要拉伸的面　　　图 8-89　拉伸面的结果

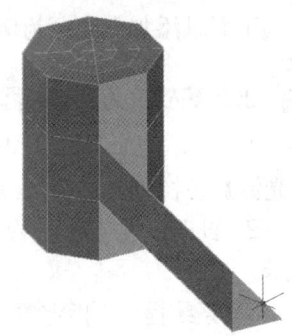

8.1.17　实例 17：为实体模型添加光源

AutoCAD 2014 提供了点光、聚光灯、平行光和光域网灯光 4 种光源。可以在【渲染】选项卡的【光源】面板中打开【创建光源】下拉列表框选择这些类型的光源，如图 8-90 所示。

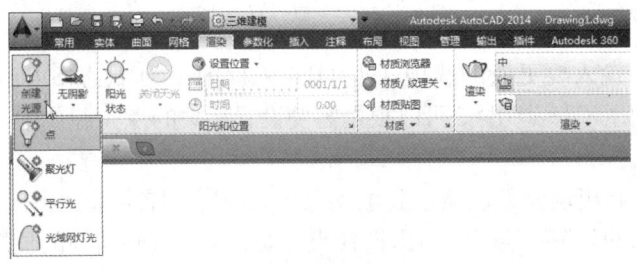

图 8-90　选择光源的类型

各种光源的说明如下：
- 点光源：是指从一点发出向各个方向发射的光源，它的性质与灯泡发出的光源类似。
- 聚光灯：也是从一点出发，光线也会发生衰减。不同的是，点光源的光线是没有方向的，而聚光灯的光线则是沿指定的方向和范围发射出圆锥形的光束。
- 平行光：是指沿着指定方向发射的平行光线。在添加平行光时，需要指定光源的起始位置以及向着哪个方向发射。
- 光域网：是一种关于光源亮度分布的三维表现形式，它将测角图扩展到三维，以便同时检查照度对垂直角度和水平角度的依赖性。光域网的中心表示光源对象的中心。另外，光域网灯光可用于表示各向异性（非统一）光分布，此分布来源于现实中的光源制造商提供的数据。

> **技巧**
>
> AutoCAD 除了提供以上 4 种类型的光源外，它还具备一种默认光源。当用户没有指定使用的光源时，默认光源会起作用；反之，当用户指定了点光源、聚光灯与平行光任意一种光源，默认光源会自动关闭。默认光源是一种没有方向、不会发生衰减的光源，因此用户不可以自定义光源的方向及强度。当使用默认光源渲染实体时，实体各个表面的亮度都是相同的。

下面以添加点光源为例，介绍为模型添加光源的方法。

上机实战 为实体模型添加光源

1 打开光盘中的"..\Example\Ch08\8.1.17.dwg"练习文件，打开【渲染】选项卡的【创建光源】下拉列表选择【点光源】选项，如图 8-91 所示。

2 此时出现【光源-视口光源模式】对话框，单击第一个选项，关闭默认的光源，如图 8-92 所示。

3 系统提示：指定源位置<0,0,0>，此时在绘制区单击指定点光源的位置，如图 8-93 所示。

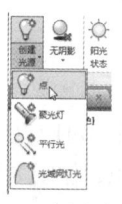

图 8-91　创建点光源 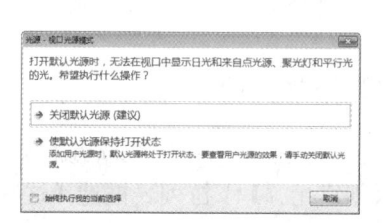　　　图 8-92　关闭默认的光源 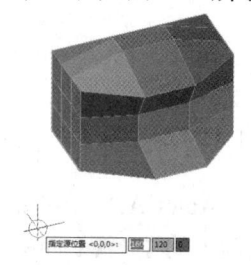　　　图 8-93　指定点光源的位置

4 系统提示：输入要更改的选项 [名称(N)/强度因子(I)/状态(S)/光度(P)/阴影(W)/衰减(A)/过滤颜色(C)/退出(X)] <退出>，可以根据需要设置相关的点光源属性，如果要保持默认设置单击 Enter 键即可。

5 此时图像中将出现光照区域，其中亮色为光照区，暗色为阴影区，如图 8-94 所示。

6 如果点光源的位置不合适，可以选择点光源，然后调整光源的位置，如图 8-95 所示。调整光源位置后的结果如图 8-96 所示。

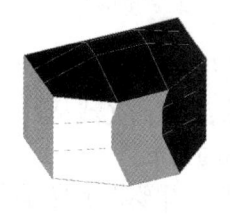

图 8-94　添加点光源的结果 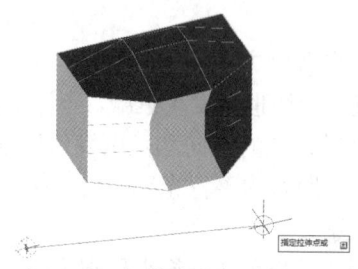　　　图 8-95　调整点光源的位置 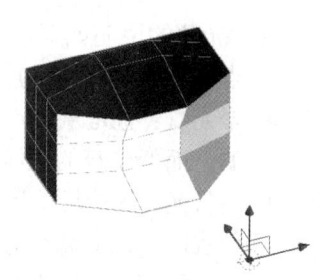　　　图 8-96　调整点光源位置的结果

7 如果要删除点光源，只要选择之前定位光源的点，然后按 Delete 键即可。

8.1.18 实例 18：模拟太阳光渲染模型

阳光与天光是 AutoCAD 中自然照明的主要来源。阳光的光线是平行的且为淡黄色，而大气投射的光线来自所有方向且颜色为明显的蓝色。

AutoCAD 的太阳光源实质上是模拟日光，它的性质类似于平行光。虽然太阳是向所有方向照射的，但因为它的大小和距离都很大，当其光线到达地球时，实际上已经看作是平行光。使用太阳光源渲染模型，可以达到更真实的效果。

上机实战　使用太阳光渲染模型

1 打开光盘中的"..\Example\Ch08\8.1.18.dwg"练习文件，在【渲染】选项卡的【阳光和位置】面板上单击【阳光状态】按钮，使其状态显示为"开"，为模型添加太阳光源，如图 8-97 所示。

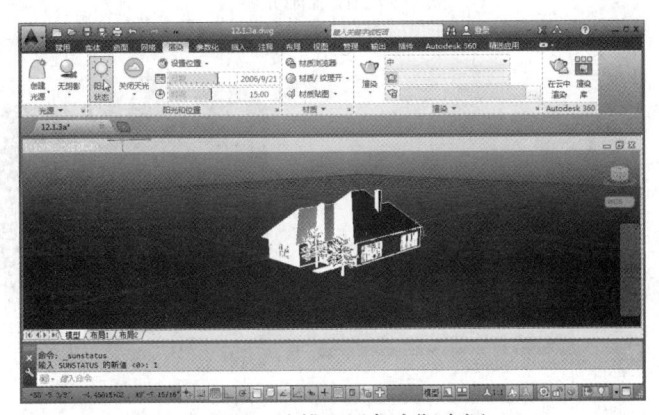

图 8-97　为模型添加太阳光源

2 在【阳光和位置】面板上调整日期和时间（日期和时间的不同，会影响太阳光源的效果），以调整光照的效果，如图 8-98 所示。

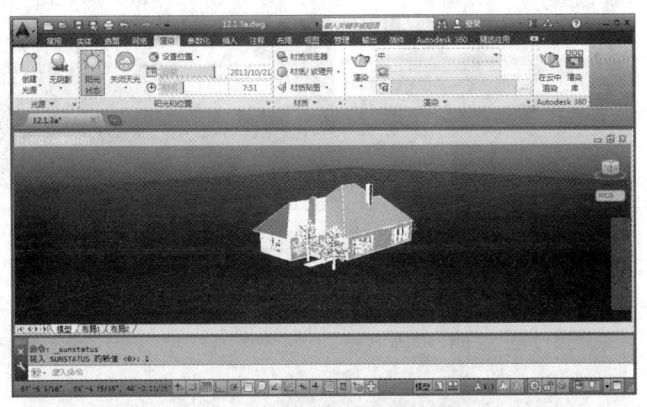

图 8-98　调整日期和时间

3 单击【阳光和位置】面板右下方的 按钮，打开【阳光特性】选项板后，调整如图 8-99 所示的阳光特性。

4 阳光的方位角、仰角是随太阳的照射时间而变化的。阳光的照射方向也会随着地点

的变化而有所差异。可以在【阳光和位置】面板中单击【设置位置】按钮,设置太阳的所在位置后,再设置阳光的照射时间,以控制阳光的照射方向。如图 8-100 所示为通过卫星地图设置位置。

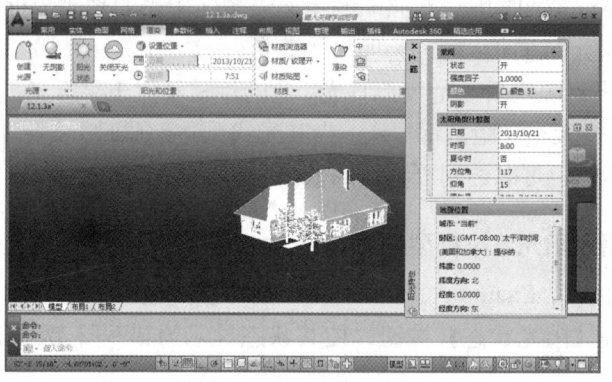

图 8-99 设置阳光特性

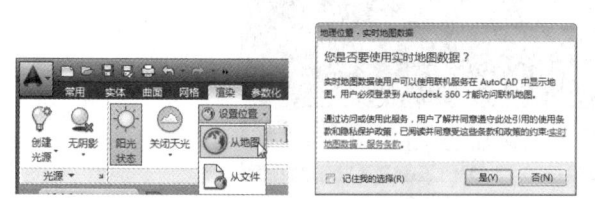

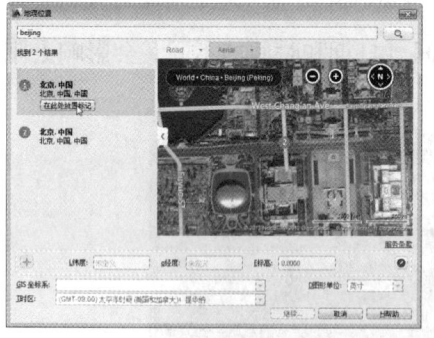

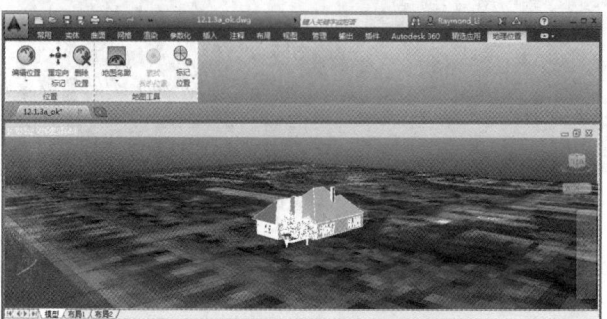

图 8-100 通过卫星地图设置位置

8.1.19 实例 19：为实体模型应用材质

在 AutoCAD 2014 中，可以将材质添加到三维模型中的实体上，以提供真实的效果。材质在渲染时可以体现出物体表面的颜色、材料、纹理、透明度等显示效果，它可以使物体的显示效果更逼真。

AutoCAD 提供了多种材质，包括一般的纹理、砖石、木材、门和窗、金属、地板等，要将材质应用到对象或面，可以将材质从工具选项板拖动到对象。

上机实战　为实体模型应用材质

1 打开光盘中的"..\Example\Ch08\8.1.19.dwg"练习文件，选择【渲染】选项卡，在【材质】面板中单击【材质浏览器】按钮，如图 8-101 所示。

2 在【材质浏览器】选项板中选择文档材质分类，然后打开【Autodesk 库】列表框，并选择需要应用材质的分类，本例选择【陶瓷】分类，如图 8-102 所示。

3 在材质库列表中选择合适的材质，然后将该材质缩略图拖到实体上，即可应用材质，如图 8-103 所示。

图 8-101　打开【材质浏览器】选项板

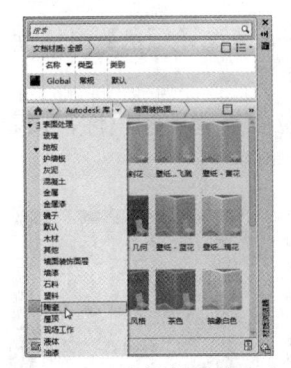

图 8-102　选择材质的分类

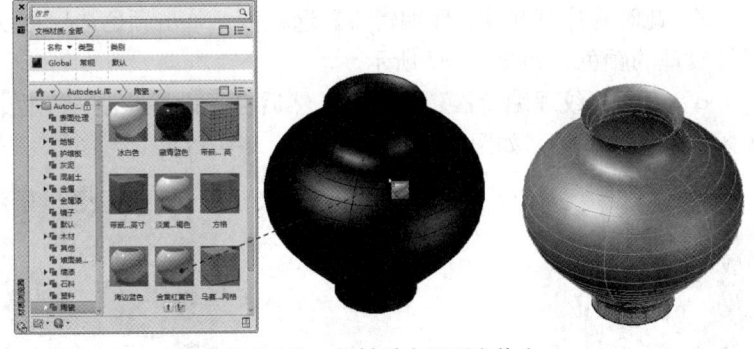

图 8-103　将材质应用到实体上

4 应用材质后，可以选择实体，然后在【材质浏览器】选项板中选择应用在实体上的材质项，接着单击【编辑材质】按钮，打开【材质编辑器】选项板，如图 8-104 所示。

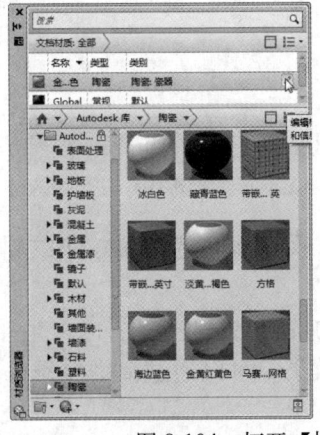

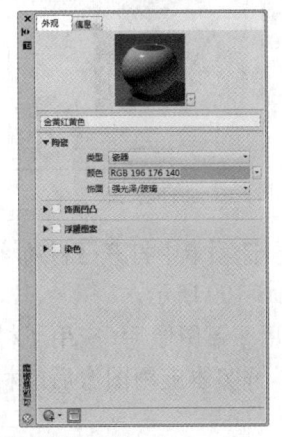

图 8-104　打开【材质编辑器】选项板

5 打开【材质编辑器】选项板的【常规】列表框,然后在【颜色】列表框中单击打开【选择颜色】对话框,接着选择一种合适的颜色,最后单击【确定】按钮,如图 8-105 所示。

6 如果要为材质添加浮雕图案,可以在【材质编辑器】选项板中选择【浮雕图案】复选框,然后单击 按钮并从列表框中选择一种图案,如图 8-106 所示。

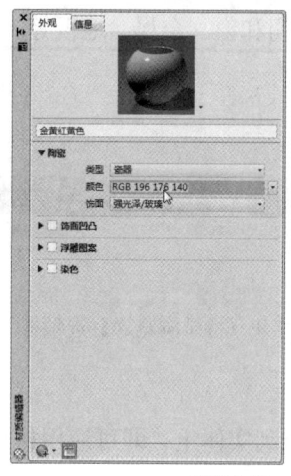

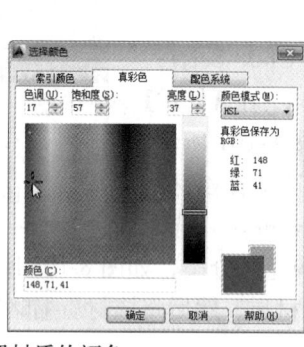

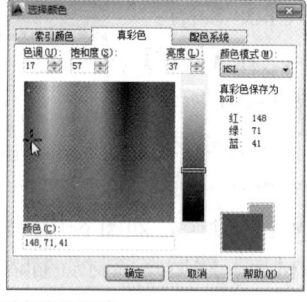

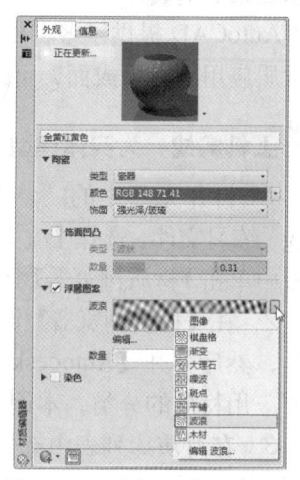

图 8-105 设置材质的颜色　　　　　　　图 8-106 选择一种浮雕图案

7 此时程序打开【纹理编辑器】选项板,单击颜色选项可以打开【选择颜色】对话框,设置纹理的颜色,如图 8-107 所示。

8 返回【纹理编辑器】选项板,然后自行设置波浪、变换、位置等选项的属性,接着关闭该选项板即可,如图 8-108 所示。

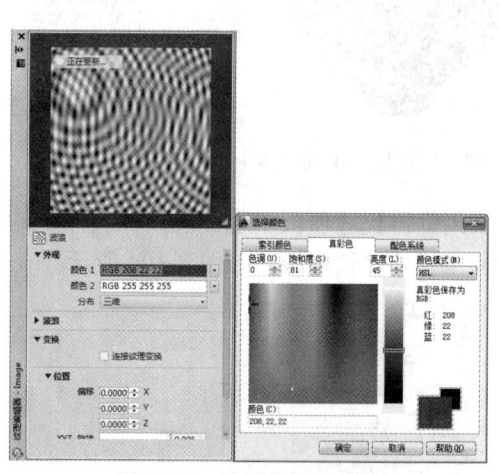

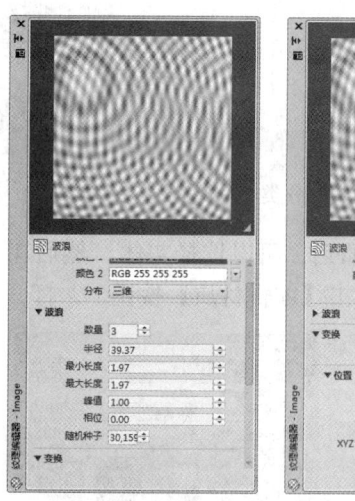

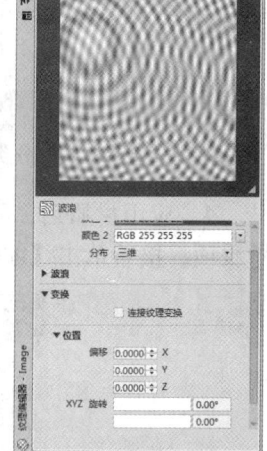

图 8-107 设置纹理的颜色　　　　　　　图 8-108 设置纹理的其他选项

9 在【渲染】选项卡中打开【材质/纹理】列表框,选择【材质/纹理开】选项,以显示材质和纹理,如图 8-109 所示。

10 当材质应用浮雕图像后,应用了材质的实体将发生变化,以产生浮雕图像纹理效果。为了更加清楚地了解实体应用图像后的材质效果,可以通过渲染操作来查看,如图 8-110 所示。

第 8 章 三维模型编辑与后期处理 **209**

图 8-109 打开材质和纹理显示

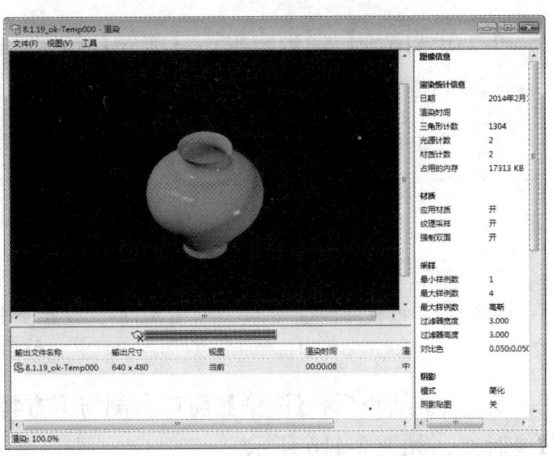

图 8-110 渲染实体以查看实际效果

8.1.20 实例 20：渲染实体模型

渲染基于三维场景来创建二维图像，它使用已设置的光源、已应用的材质和环境设置，为场景的几何图形着色，可以生成真实准确的模拟光照效果，包括光线跟踪反射和折射以及全局照明，如图 8-111 所示。

上机实战　渲染实体模型

1　打开光盘中的"..\Example\Ch08\8.1.20.dwg"练习文件，在【渲染】选项卡的【渲染】面板中按【渲染输出文件】按钮，然后单击右侧的【浏览文件】按钮，打开【渲染输出文件】对话框，指定图像输出位置及输出文件名，如图 8-112 所示。

图 8-111 渲染三维场景的效果

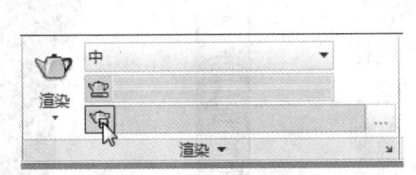

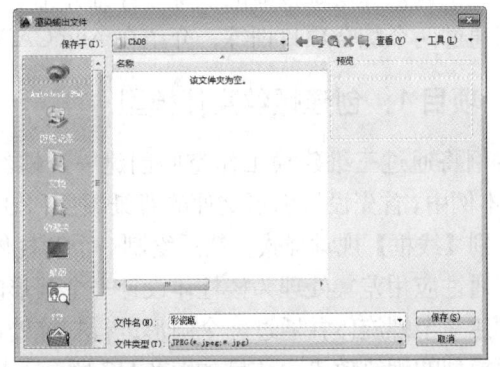

图 8-112 打开渲染模型保存功能并保存文件

2　如果选择 JPEG 格式，则弹出【JPEG 图像选项】对话框，然后设置质量和文件大小，完成后单击【确定】按钮，如图 8-113 所示。

3　此时设置使用的渲染质量以及输出尺寸，如图 8-114 所示。如果添加了光源与阴影效果，必须使用中级或以上渲染等级。渲染的分辨率越高，所花费的时间越长。

4 在【渲染】面板中单击【渲染】按钮 ，正式开始渲染模型，如图 8-115 所示。

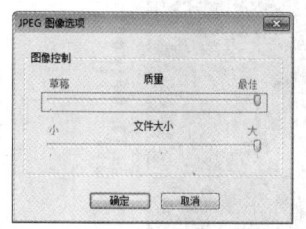

图 8-113　设置图像选项　　图 8-114　设置使用的渲染等级以及分辨率　　图 8-115　开始渲染模型

5 渲染结束后，【渲染】窗口右侧与下方将会显示这次渲染操作所使用的配置信息以及渲染时间，如图 8-116 所示。

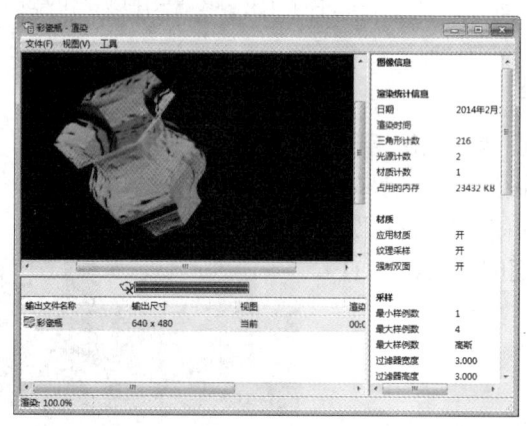

图 8-116　渲染模型

8.2　综合项目训练

经过上述设计基础技能的训练，详细介绍了在 AutoCAD 2014 中编辑三维模型的方法。下面将通过两个综合项目训练，介绍在 AutoCAD 2014 中设计三维模型的实际应用。

8.2.1　项目 1：创建螺丝实体模型

本例将通过三维建模工作空间创建一个螺丝实体模型。在本例中，首先设置图形文件的背景颜色和显示精度，再切换到【线框】视觉样式，然后绘制一个圆柱体和棱柱体，并通过应用差集处理为棱柱体设计一个圆形的凹孔，接着创建一个螺旋体并通过一个圆形进行扫掠处理，以制作螺丝模型的螺纹效果，结果如图 8-117 所示。

上机实战　创建螺丝实体模型

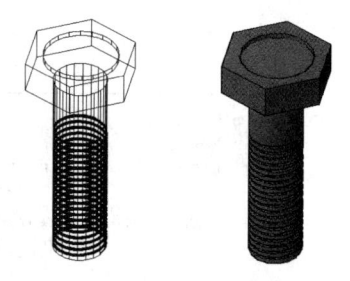

图 8-117　创建螺丝实体模型的结果

1 新建一个无样板公制图形文件，然后单击 按钮打开菜单并单击【选项】按钮，在【选项】对话框的【显示】选项卡中单击【颜色】按钮，接着选择【统一背景】元素，并设置颜色为【白色】，最后单击【应用并关闭】按钮，如图 8-118 所示。

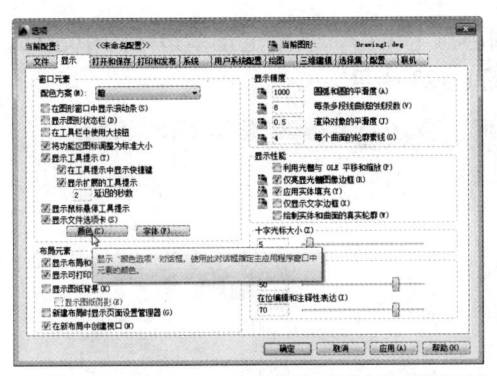

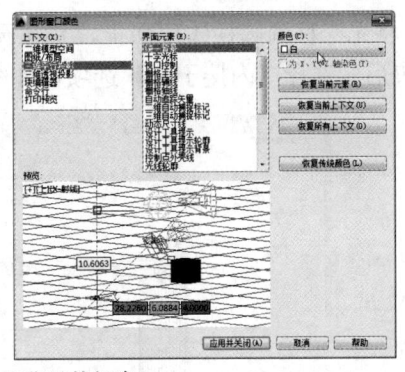

图 8-118 设置图形文件背景的颜色

2 返回【选项】对话框后选择【显示】选项卡，在【显示精度】框中设置各项显示精度的参数，最后单击【确定】按钮，如图 8-119 所示。

3 返回程序界面，设置【三维建模】工作空间，再选择【线框】视觉样式，然后通过 ViewCube 工具调整视图方向，使视图中的 Z 轴指向竖直面，如图 8-120 所示。

4 在【实体】选项卡中单击【圆柱体】按钮，然后在绘图区中绘制一个圆柱体，结果如图 8-121 所示。

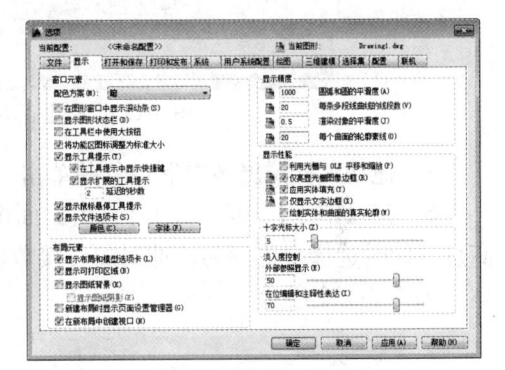

图 8-119 设置显示精度

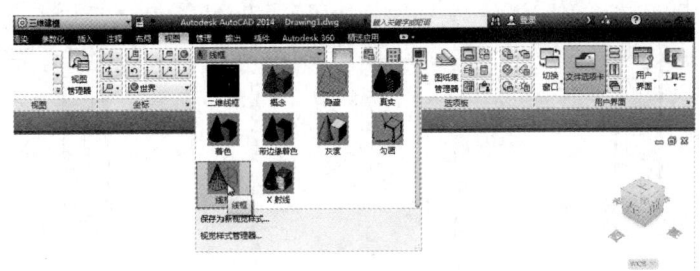

图 8-120 设置好工作环境

5 切换到【常用】选项卡，在【绘图】面板中单击【多边形】按钮，系统提示：输入侧面数，此时输入侧面数为"6"并按 Enter 键，如图 8-122 所示。

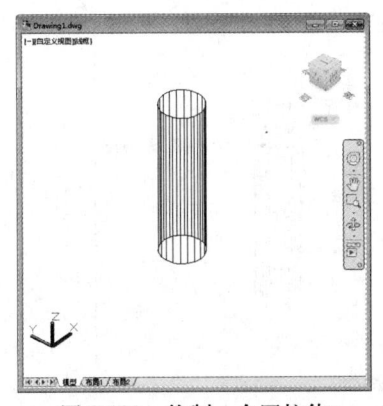

图 8-121 绘制一个圆柱体

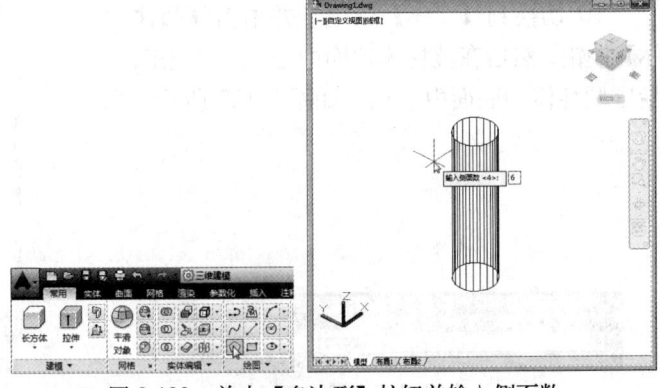

图 8-122 单击【多边形】按钮并输入侧面数

6 将光标移到圆柱体顶面上，并在圆心点上单击，以指定正多边形的中心点，当弹出选项列表后，选择【内接于圆】选项，如图8-123所示。

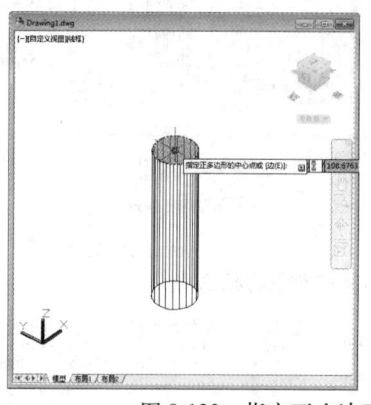

图8-123 指定正多边形中心点并选择输入选项

7 拖动鼠标拉出多边形对象并单击，结果如图8-124所示。

8 在【常用】选项卡的【建模】面板中单击【拉伸】按钮，系统提示：指定拉伸的高度，此时选择多边形为拉伸对象，接着向上拖动鼠标到适合的高度后单击，拉出一个棱柱体，如图8-125所示。

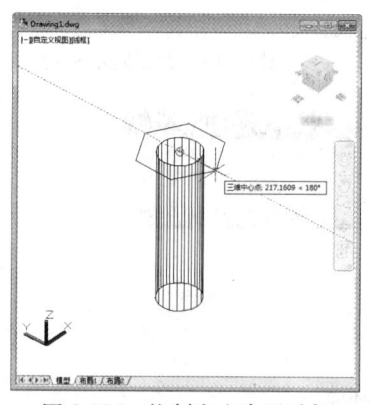

图8-124 绘制出多边形对象

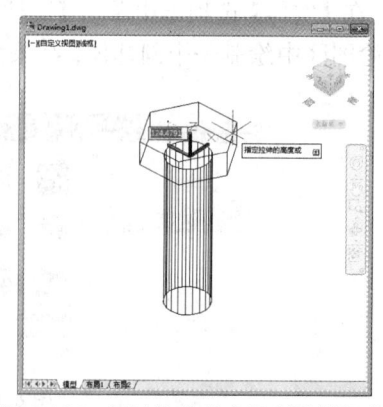

图8-125 通过拉伸的方法创建棱柱体

9 在程序界面的状态栏中单击【正交模式】按钮，以启动正交捕捉模式，如图8-126所示。

10 切换到【实体】选项卡并单击【圆柱体】按钮，然后在棱柱体顶面中心点上单击以指定圆柱体的底面中心点，如图8-127所示。

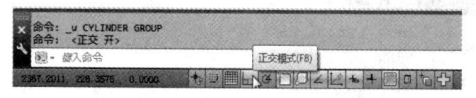

图8-126 启动正交捕捉模式

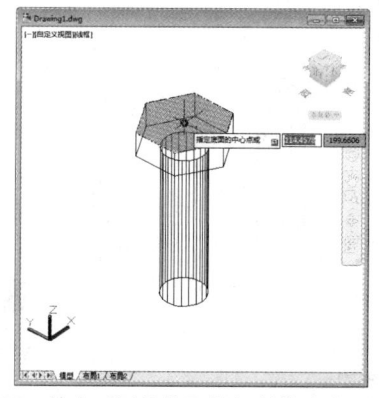

图8-127 单击【圆柱体】按钮并指定底面中心点

11 系统提示：指定底面半径，此时拖动鼠标拉出底面，系统再提示：指定高度，接着向下拖动，指定圆柱体的高度，如图 8-128 所示。

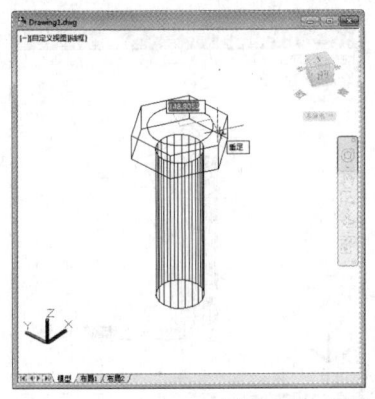

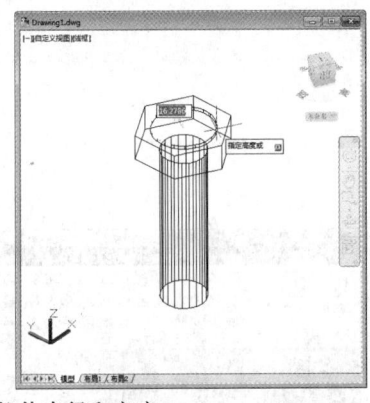

图 8-128　指定圆柱体半径和高度

12 在【实体】选项卡的【布尔值】面板中单击【差集】按钮，系统提示：选择对象，此时选择棱柱体对象，如图 8-129 所示。系统再提示：选择对象，再次选择圆柱体对象，如图 8-130 所示。接着按 Enter 键执行差集处理，以删除棱柱体中与圆柱体的重合部分。

图 8-129　选择棱柱体　　　　　　　　图 8-130　选择圆柱体

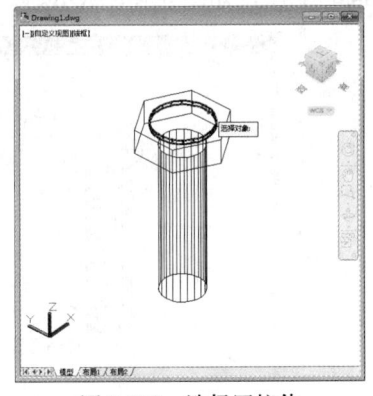

13 在【实体】选项卡的【布尔值】面板中单击【并集】按钮，系统提示：选择对象，此时选择棱柱体对象，系统再提示：选择对象，再次选择圆柱体对象，接着按 Enter 键执行并集处理，将绘图区中的两个对象合并在一起，如图 8-131 所示。

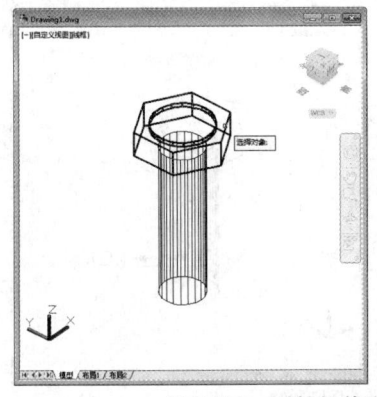

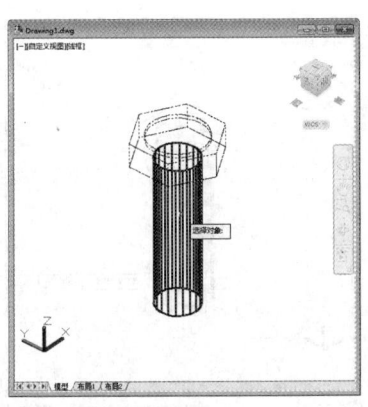

图 8-131　对棱柱体和圆柱体进行并集处理

14 切换到【常用】选项卡，在【绘图】面板中单击【螺旋】按钮，系统提示：指定底面的中心点，此时在圆柱体底面圆心点上单击，以指定螺旋体的底面中心点，如图 8-132 所示。

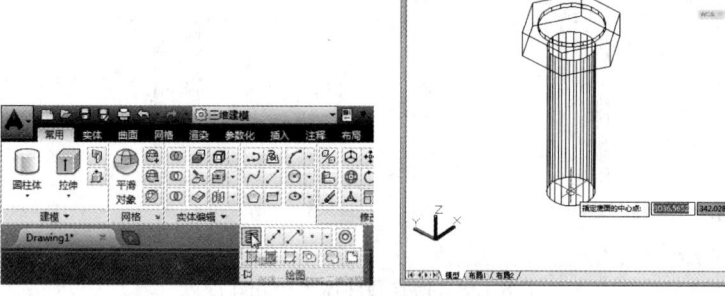

图 8-132 单击【螺旋】按钮并指定底面中心点

15 系统提示：指定底面半径，此时在圆柱体底面圆边上单击，以指定螺旋体的底面半径与圆柱体底面半径一样。系统再提示：指定顶面半径，此时再次在圆柱体底面圆边上单击，设置相同的半径，如图 8-133 所示。

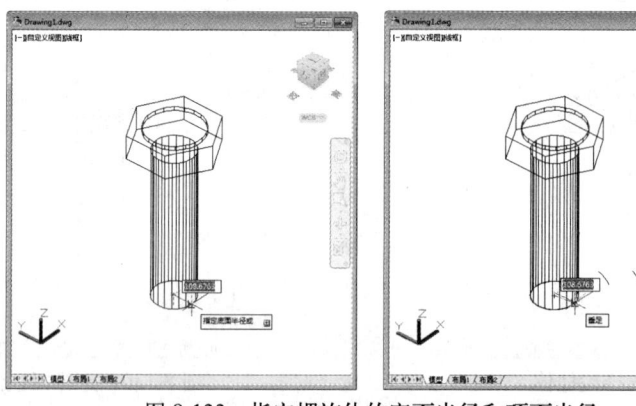

图 8-133 指定螺旋体的底面半径和顶面半径

16 系统提示：指定螺旋高度或 [轴端点(A)/圈数(T)/圈高(H)/扭曲(W)]，此时输入"t"并按 Enter 键，然后输入圈数为"20"，如图 8-134 所示。

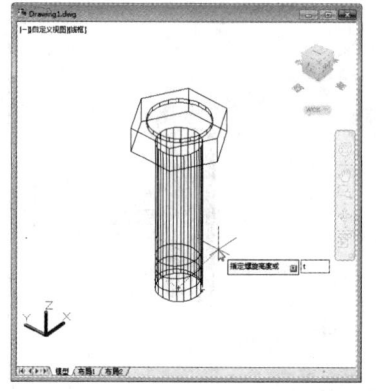

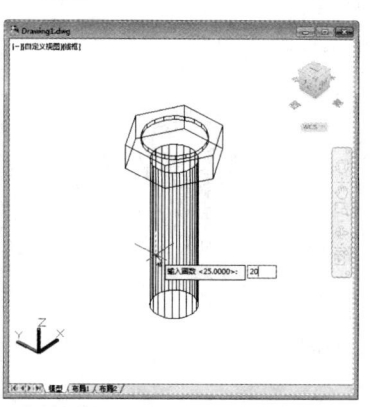

图 8-134 切换到圈数设置并输入圈数

17 向上拖动鼠标，拉出螺旋的高度，如图 8-135 所示。

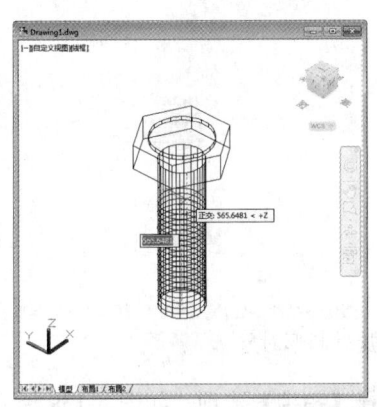

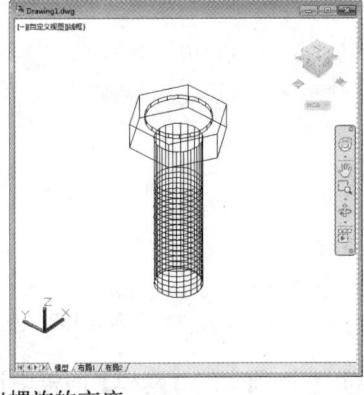

图 8-135　拉出螺旋的高度

18 在【常用】选项卡的【绘图】面板中单击【圆心，半径】按钮，然后在绘图区中单击指定圆形的圆心，接着输入圆形半径为"5"并按 Enter 键，绘制出一个半径为 5 的圆形对象，如图 8-136 所示。

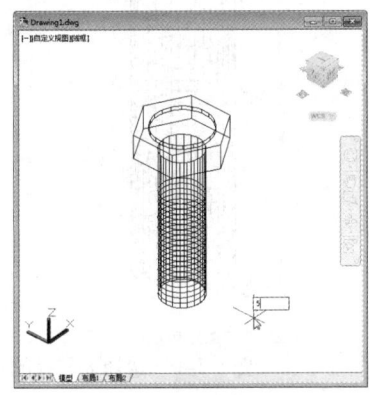

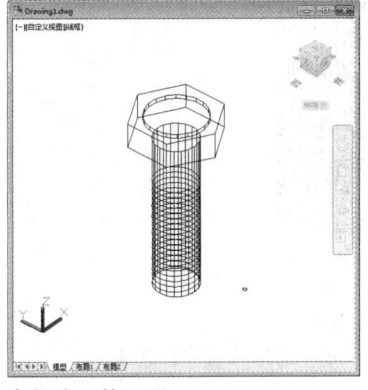

图 8-136　绘制一个半径为 5 的圆形

19 在工作区右侧工具栏中单击【窗口缩放】按钮，然后在圆形对象上拉出一个矩形以作为缩放窗口，放大显示圆形对象，如图 8-137 所示。

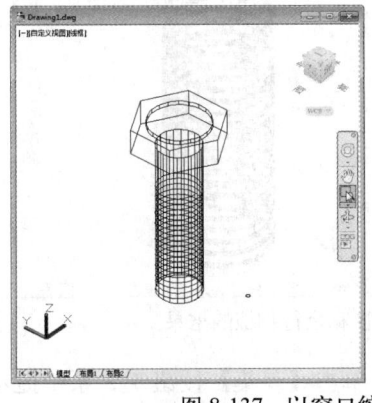

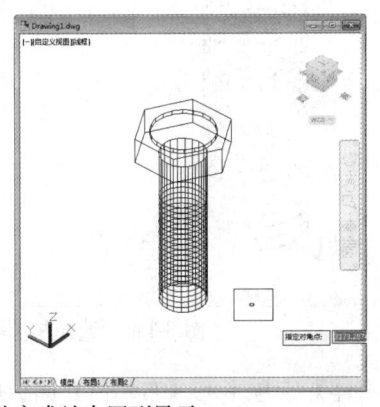

图 8-137　以窗口缩放方式放大圆形显示

20 在【常用】选项卡的【修改】面板中单击【三维旋转】按钮，然后选择圆形对象，将鼠标指针移到旋转夹点工具的绿色轴上并单击,接着输入旋转角度为"90",如图 8-138 所示。

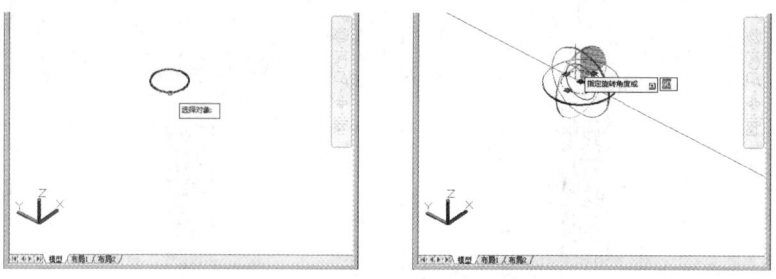

图 8-138 三维旋转圆形对象

21 在【常用】选项卡的【建模】面板中选择【扫掠】选项,如图 8-139 所示。系统提示:选择要扫掠的对象,此时选择圆形对象作为要扫掠的对象,如图 8-140 所示。

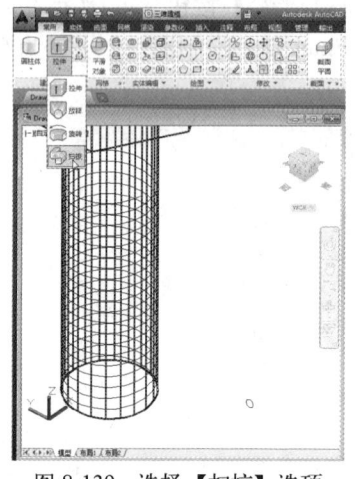

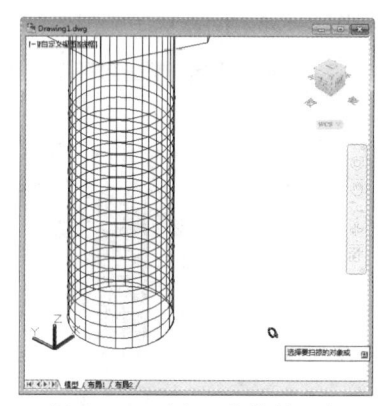

图 8-139 选择【扫掠】选项　　　　图 8-140 选择要扫掠的对象

22 系统提示:选择扫掠路径,此时选择螺旋对象作为扫掠路径,如图 8-141 所示。

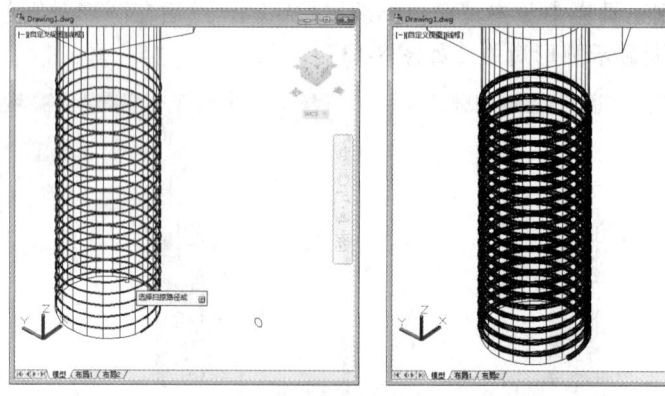

图 8-141 选择扫掠路径和执行扫掠的结果

23 在【实体】选项卡的【布尔值】面板中单击【差集】按钮◎,系统提示:选择对象,此时选择螺丝模型对象,系统再提示:选择对象,此时选择扫掠生成的螺旋体,如图 8-142 所示。接着按 Enter 键执行差集处理,以删除螺丝实体与螺旋体的重合部分,制成螺丝的螺纹效果。

24 选择【概念】视觉样式，查看螺丝实体效果，再选择【真实】视觉样式，查看螺丝实体的效果，如图 8-143 所示。

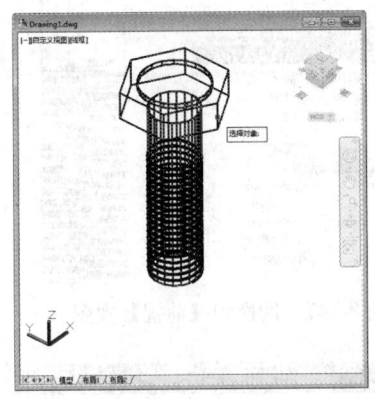

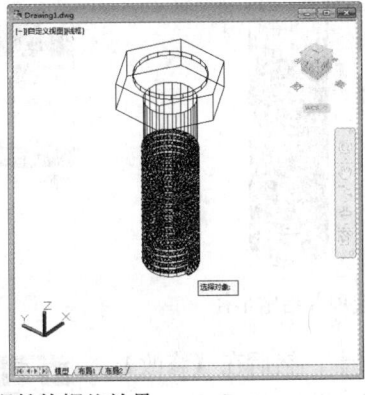

图 8-142 制作螺丝的螺纹效果

图 8-143 通过不同视觉样式查看螺丝实体

8.2.2 项目 2：设计螺丝细节并应用材质

本例将为上例设计的螺丝实体模型进行细节处理并应用金属材质。在本例中，首先为螺帽的凹圆制作圆角效果，再为螺丝下方创建倒角效果，然后通过自由动态观察实体模型，接着为实体模型应用金属材质并进行渲染，结果如图 8-144 所示。

上机实战 设计螺丝细节并应用材质

1 打开光盘中的"..\Example\Ch08\8.2.2.dwg"练习文件，选择【实体】选项卡，然后单击【实体编辑】面板上的【圆角边】按钮，接着选择螺帽上圆柱体的顶圆边，如图 8-145 所示。

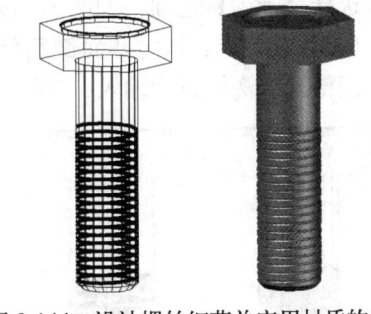

图 8-144 设计螺丝细节并应用材质的结果

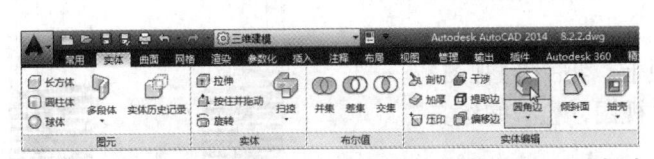

图 8-145 单击【圆角边】按钮并选择边

2 系统提示：按 Enter 键接受圆角或[半径(R)]，此时选择【半径】选项，系统再提示：指定半径，此时输入半径为"5"并按 Enter 键，如图 8-146 所示。

3 切换到【视图】选项卡，打开视图列表并选择【前视】视图，如图 8-147 所示。

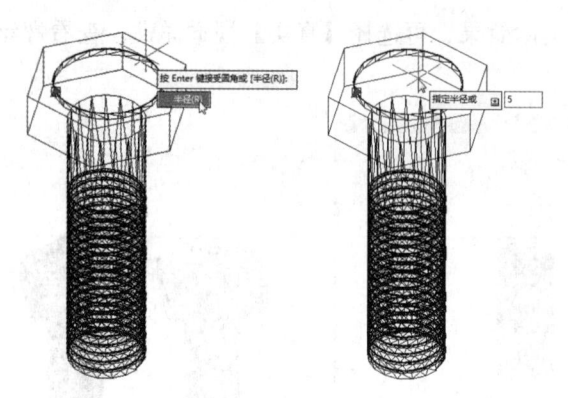

图 8-146　选择【半径】选项并指定半径 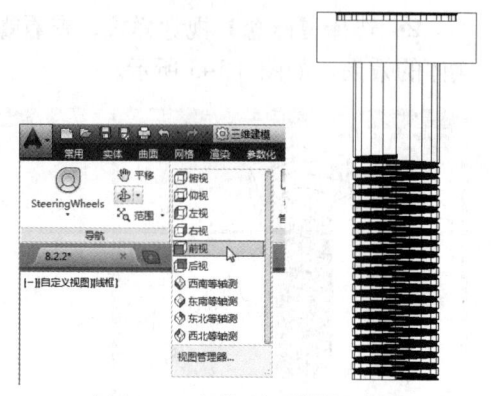　　　　图 8-147　切换到【前视】视图

4　切换到【常用】选项卡，然后在【修改】面板中选择【倒角】选项，如图 8-148 所示。

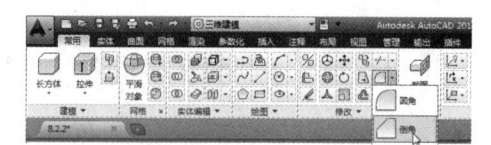

5　系统提示：选择第一条直线，此时将指针移到螺丝底端，选择底端直线为第一条直线，系统再提示：输入曲面选择选项[下一个(N)/当前(OK)]，此时选择【当前】选项，如图 8-149 所示。

图 8-148　选择【倒角】选项

6　系统提示：指定基面倒角距离，此时输入"20"并按 Enter 键，系统再提示：指定其他曲面倒角距离，再次输入"20"并按 Enter 键，如图 8-150 所示。

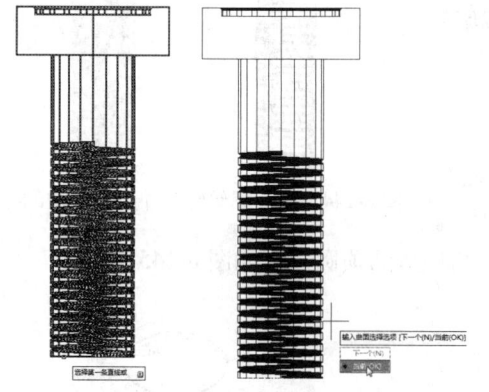

图 8-149　选择第一条直线并输入曲线选择项 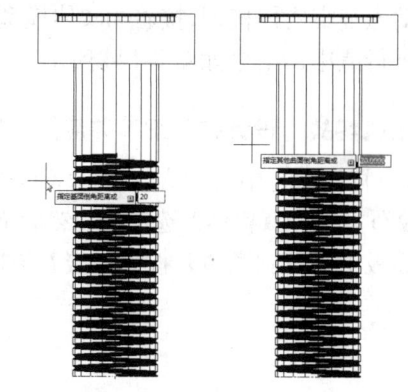　　图 8-150　指定基面倒角距离和其他曲面倒角距离

7　系统提示：选择边，此时再次选择螺丝最底端的边并按 Enter 键，即可生成倒角效果，如图 8-151 所示。

8　切换到【视图】选项卡，然后在【视图】面板中选择【西南等轴测】视图，检查螺丝实体的效果，如图 8-152 所示。

9　在【视图】选项卡中打开【动态观察】列表框，再选择【自由动态观察】选项，通过移动鼠标以自由状态观察螺丝模型，如图 8-153 所示。

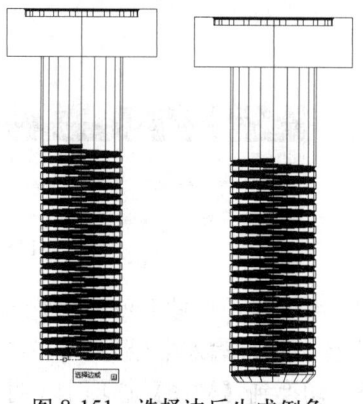

图 8-151　选择边后生成倒角

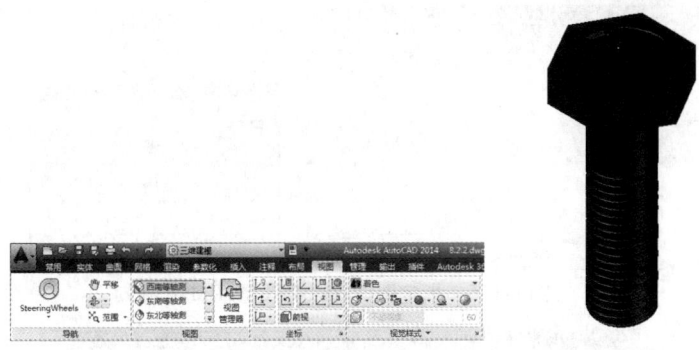

图 8-152　通过【西南等轴测】视图查看模型

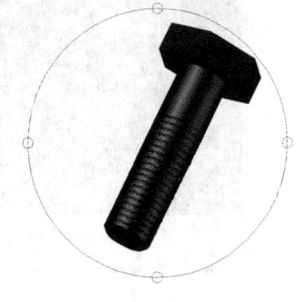

图 8-153　以自由动态观察实体模型

　　10 切换到【渲染】选项卡，在【材质】面板中单击【材质浏览器】按钮，然后打开【Autodesk 库】列表框，并选择【金属】选项，如图 8-154 所示。

　　11 在材质库列表中选择【镀锌钢】材质，然后将该材质缩略图拖到实体上，即可应用材质，如图 8-155 所示。

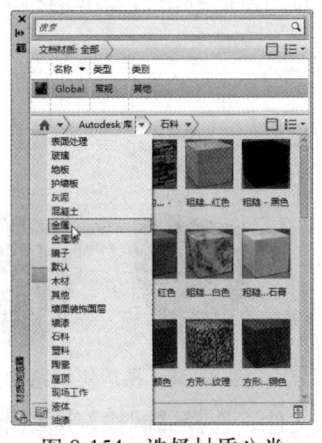

图 8-154　选择材质分类

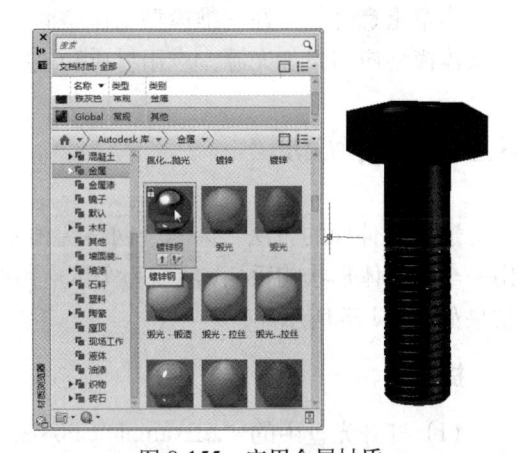

图 8-155　应用金属材质

　　12 在【渲染】选项卡的【渲染】面板中按【渲染输出文件】按钮，再单击右侧的【浏览文件】按钮打开【渲染输出文件】对话框，接着指定图像输出位置及输出文件名，在弹出【JPEG 图像选项】对话框后，设置质量和文件大小并单击【确定】按钮即可，如图 8-156 所示。

　　13 在【渲染】面板中单击【渲染】按钮，正式开始渲染模型，渲染结束后，【渲染】窗口右侧与下方将会显示这次渲染操作所使用的配置信息，如图 8-157 所示。

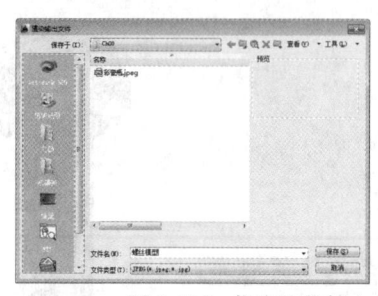

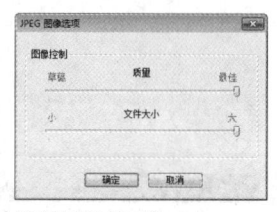

图 8-156　指定图像输入并设置图像选项

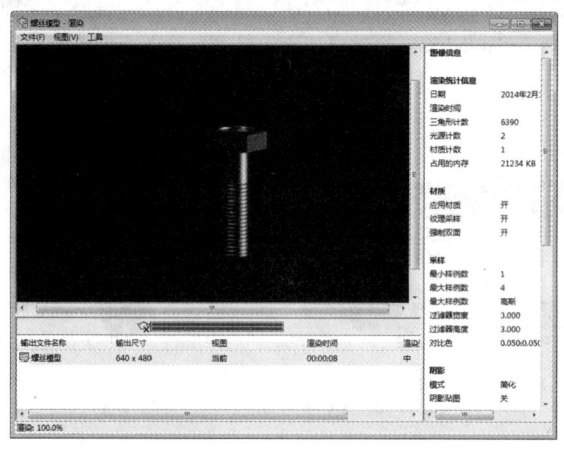

图 8-157　渲染实体模型

8.3　本章小结

本章重点介绍了在三维模型工作空间中修改实体模型和对模型进行高级编辑方法，以及为实体模型应用添加光源、应用材质和进行渲染的方法。

8.4　课后实训

通过拉伸面的方法，为一个网格圆锥体对象制作出一个圆柱体形状的手柄，然后为实体应用金属材质，结果如图 8-158 所示。

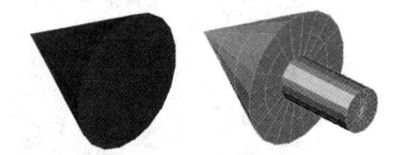

提示：

图 8-158　课后实训题的结果

（1）打开光盘中的"..\Example\Ch08\8.4.dwg"练习文件，选择【网格】选项卡，在【选择】面板中打开【过滤器】下拉列表，然后选择【面】选项。

（2）在【网格编辑】面板中单击【拉伸面】按钮，然后按住 Ctrl 键单击选择网格圆锥体底面中要拉伸的面。

（3）此时拖动鼠标，拉伸至合适高度后单击【确定】，最后按 Esc 键结束操作。

（4）选择【渲染】选项卡，在【材质】面板中单击【材质浏览器】按钮。

（5）打开【Autodesk 库】列表框并选择【金属】分类。

（6）在材质库列表中选择【金-金属】材质，然后将该材质缩略图拖到实体上即可。

第 9 章 建筑房型平面图设计

教学提要

建筑平面图是指将新建建筑物或构筑物的墙、门窗、楼梯、地面及内部功能布局等建筑情况，以水平投影方法和相应的图例所组成的图纸。本章将以一个三房两厅的房型平面设计图为例，介绍 AutoCAD 2014 在设计建筑平面图上的应用。

教学重点

- 掌握使用工具绘制各种形状的方法
- 掌握新建图层并设置图层颜色的方法
- 掌握创建标注和编辑标注的方法
- 掌握输入文本和设置文本的方法
- 掌握创建表格和编辑表格的方法

在楼盘的建造过程中，常规的方法都是先设计好建筑平面图，然后依照平面图来进行建造。

建筑平面图是建筑施工图的基本样图，它是假想用一水平的剖切面沿门窗洞位置将房屋剖切后，对剖切面以下部分所作的水平投影图。它反映出房屋的平面形状、大小和布置；墙、柱位置；门、窗的类型和位置等。

9.1 建筑平面图类别

建筑平面图按工种分类一般可分为建筑施工图、结构施工图和设备施工图。用作施工使用的房屋建筑平面图一般有下面几种。

- 底层平面图：又称一层平面图或首层平面图，即第一层房间的布置、建筑入口、门厅及楼梯等。它是所有建筑平面图中首先绘制的一张图。绘制此图时，应将剖切平面选在房放的一层地面与从一楼通向二楼的休息平台之间，且要尽量通过该层上所有的门窗洞。
- 标准层平面图：中间各层的布置。在实际的建筑设计过程中，多层建筑往往存在许多相同或相近平面布置形式的楼层，因此在实际绘图时，可以将这些相同或相近的楼层合用一张平面图来表示。这张合用的图，就叫做"标准层平面图"，有时也可以用其对应的楼层命名，如"二至十层平面图"等。
- 顶层平面图：房屋最高层的平面布置图。
- 屋顶平面图：屋顶平面的水平投影，其比例尺一般比其他平面图要小。

在大多数的楼盘建筑中，每个标准层会包含多个套房，而不同的套房也有自己的建筑平面图，称之为房型平面图。如图 9-1 所示的标准层平面图包含了 3 个套房的户型平面图。

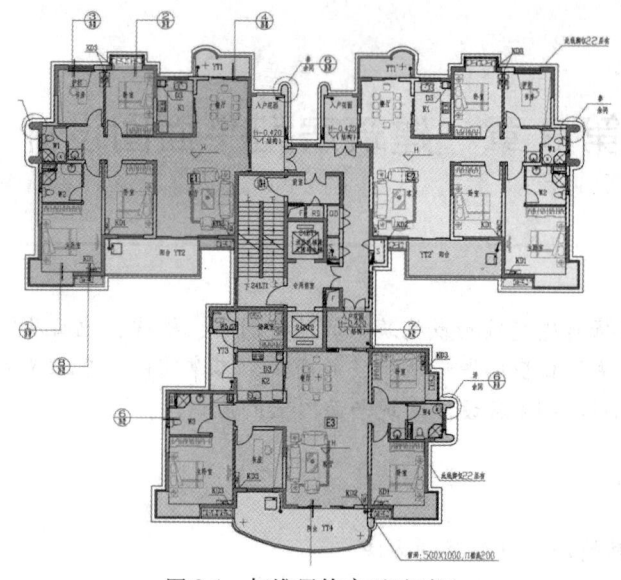

图 9-1 标准层的户型平面图

9.2 户型平面图的设计事项

户型图就是住房的平面空间布局图，即对各个独立空间的使用功能、相应位置、大小进行描述的图形，使人们可以直观地看清房屋的走向布局，如图 9-2 所示为户型平面图。

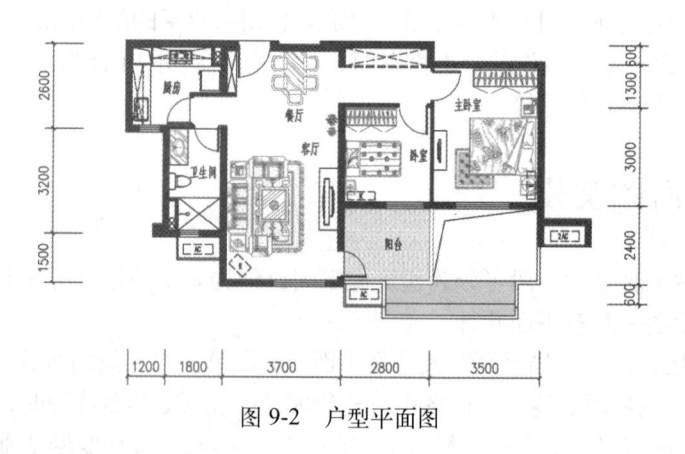

图 9-2 户型平面图

1. 户型平面图的主要内容

户型平面图主要标示建筑中套房的墙、柱、门、窗台的位置和门的开启方式；隔断、屏风、帷幕等空间分隔物的位置和尺寸；表示卫生洁具、山水绿化和其他固定设施的位置和形式；表示家具、陈设的形式和位置等。

2. 户型平面图的注释

在平面图中应标写各个房间的名称；房间开间、进深以及主要空间分隔物和固定设备的尺寸；不同地坪的标高；立面指向符号；详图索引符号；图名和比例等。

3. 户型平面图设计的一般步骤

在设计户型平面图时，首先要有准确的尺寸，一般楼盘的开发商建筑队会提供户型图尺寸，如果是自己盖房子，则需要自己亲自到现场测量，所有数据必须准确，如果误差大，那尺寸不正确的设计图就没有了实用意义。

在测量房子时不仅要精确地实地测量每间房间长、宽、高的尺寸，还要测量上下水、地漏、暖气、柱子、横梁等的位置及尺寸，这些数据是计算房屋的面积、贴砖面积、墙面漆面积、壁纸面积、地板面积的依据。

测量好户型的尺寸后，即可通过 AutoCAD 进行平面图设计，一般设计的步骤如下。

（1）绘制轴线：绘制户型结构的轴线，以作为后续绘制房型墙体的参考。

（2）绘制墙体：根据轴线的定位进行墙体的绘制。墙体包括外墙线和内墙线，中间部分就是盖房子的砖石尺寸。

（3）绘制门窗：绘制门窗的步骤是先确定窗台的位置和形状，并以不同于墙体的线条来表示。另外，绘制门时，还要确定门开关的方向和预留位置。

（4）布置家具：经过上述步骤，户型的基本结构和空间都确定了，接下来就可以根据每个房间和大厅的空间来布置家具。

（5）标注尺寸：标准尺寸的操作顺序一般为设置标注样式，然后标注第一级尺寸、标注第二级尺寸，最后删除或隐藏轴线。

（6）输入房型指标信息：最后是输入房型的指标信息，例如建筑面积、套内面积等。

9.3 实例展示与设计

下面以一个三房两厅带双阳台的房型为例，介绍 AutoCAD 2014 应用程序在建筑平面图设计上的应用。在本例的设计中，首先根据拟定的比例尺寸绘制房型的墙体，再绘制窗台、分隔物、门和门的开关方向以及阳台的图形，然后新建一个标注样式，针对房型的结构进行详细的标注，并为房型的各个空间添加文字说明，最后设计平面图的标题和房型指标信息表格，结果如图 9-3 所示。

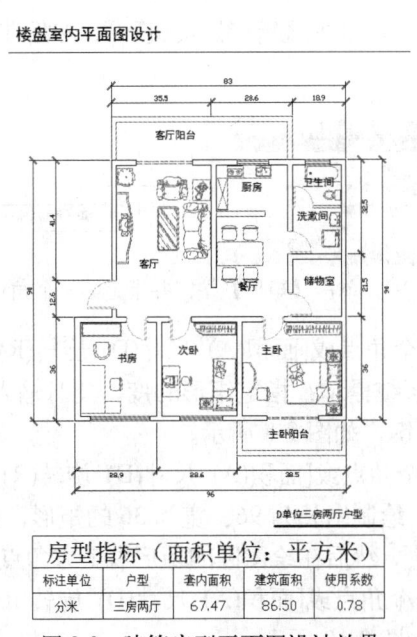

图 9-3　建筑房型平面图设计效果

9.3.1 实例 01：绘制墙体图

本节将绘制房型的墙体图，其操作过程并不复杂。首先新建一个图形文件，再绘制两个矩形并进行打断处理，然后为剩余的线条执行偏移，接着绘制多条直线并执行偏移，以作为房型的内墙体，最后将偏移的平行线条连接，构成墙体，结果如图 9-4 所示。

上机实战　绘制墙体图

1　启动 AutoCAD 2014 应用程序并单击【新建】按钮，打开【选择样板】对话框后，单击【打开】按钮右侧的倒三角按钮，并从打开菜单中选择【无样板打开-公制】命令，如图 9-5 所示。

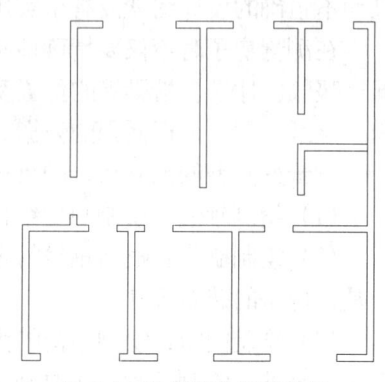

图 9-4　绘制墙体图的结果

2　创建图形文件后，打开【工作空间】列表框，再选择【草图与注释】选项，切换到【草图与注释】工作空间，如图 9-6 所示。

图 9-5　新建图形文件

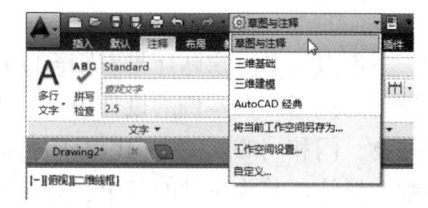

图 9-6　切换到【草图与注释】工作空间

3　选择【默认】选项卡，再单击【矩形】按钮，然后在绘图区上单击，指定矩形的第一个角点，如图 9-7 所示。

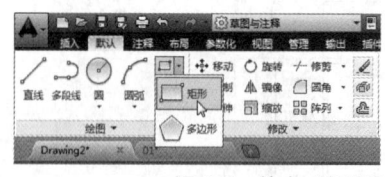

图 9-7　单击【矩形】按钮并指定第一个角点

4　系统提示：指定另一个角点或[面积(A) 尺寸(D) 旋转(R)]，此时输入"d"并按 Enter 键，切换到指定尺寸方式。系统提示：指定矩形的度，此时输入矩形度为"96"，再输入矩形的宽度为"36"并按 Enter 键，如图 9-8 所示。

5　系统提示：指定另一个角点或[面积(A) 尺寸(D) 旋转(R)]，此时移动鼠标以确定矩形另外一个角点的位置后单击，绘制出长为 96、宽为 36 的矩形，如图 9-9 所示。

6　单击【矩形】按钮，然后在绘图区的矩形右上方角点上单击，指定新矩形的第一个角点。系统提示：指定另一个角点或[面积(A) 尺寸(D) 旋转(R)]，此时输入"d"并按 Enter 键，切换到指定尺寸方式，如图 9-10 所示。

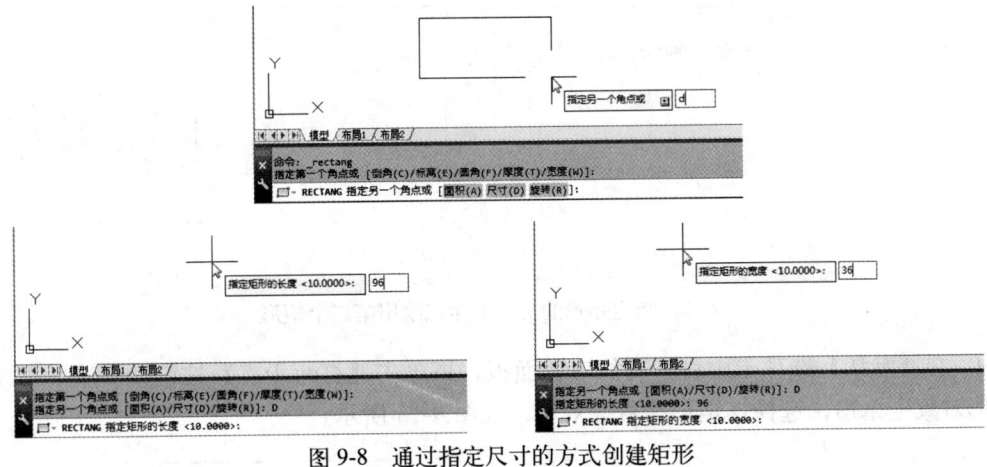

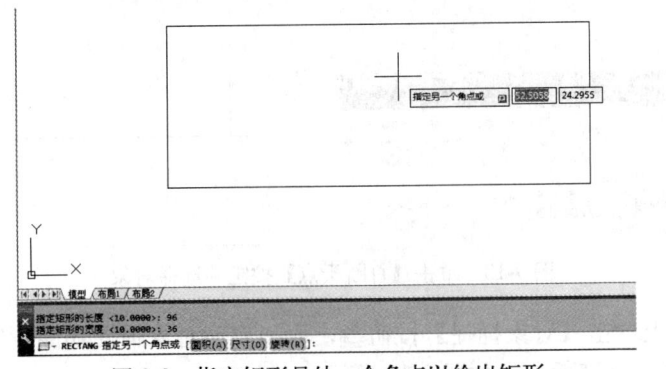

图 9-8 通过指定尺寸的方式创建矩形

图 9-9 指定矩形另外一个角点以绘出矩形

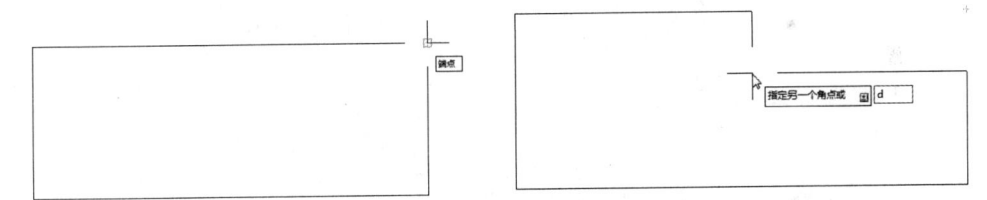

图 9-10 指定新矩形的角点并切换到指定尺寸方式

7 系统提示：指定矩形的长度，此时输入矩形长度为"83"，再输入矩形的宽度为"54"并按 Enter 键，如图 9-11 所示。

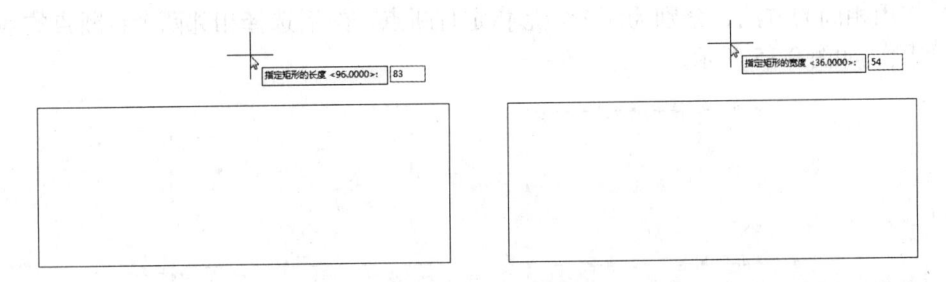

图 9-11 指定矩形的尺寸

8 系统提示：指定另一个角点或[面积(A) 尺寸(D) 旋转(R)]，此时移动鼠标以确定矩形另外一个角点的位置后单击，绘制出长为 83、宽为 54 的矩形，如图 9-12 所示。

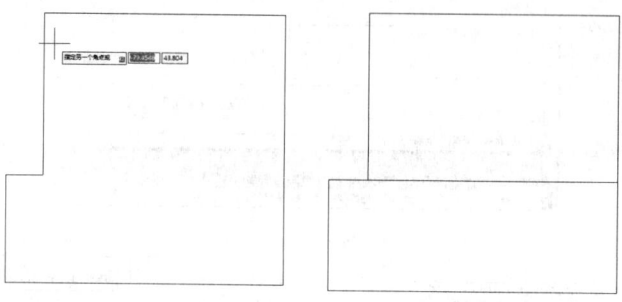

226　中文版 AutoCAD 2014 实例教程

图 9-12　指定矩形的另一个角点绘出第二个矩形

9 在【默认】选项卡中打开【修改】面板，再单击【打断于点】按钮，然后在较小的矩形对象上单击，选择该矩形为目标对象，如图 9-13 所示。

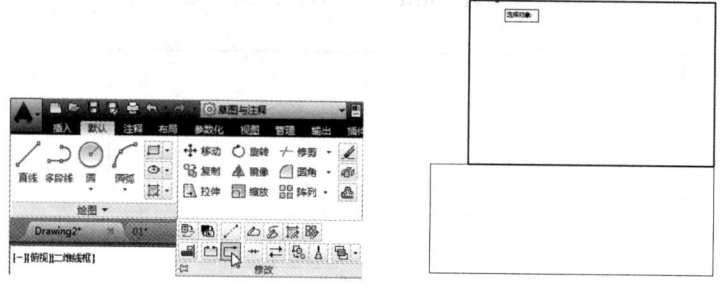

图 9-13　单击【打断于点】按钮并选择对象

10 在状态栏上单击【对象捕捉】按钮，取消启动对象捕捉功能，然后在矩形上边左侧上单击，指定第一个打断点，如图 9-14 所示。

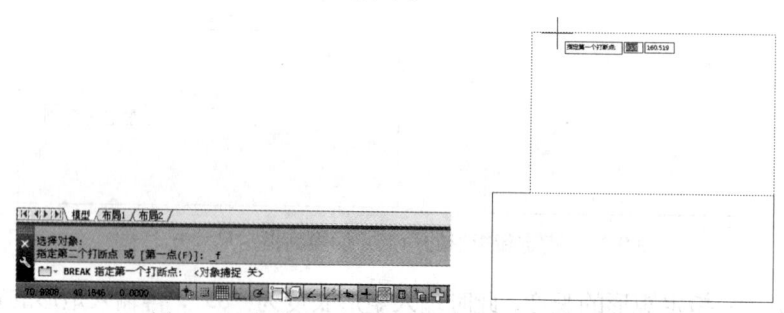

图 9-14　取消对象捕捉功能并指定第一个打断点

11 使用相同的方法，分别为两个矩形指定打断点，然后选择相邻两个打断点的线段并将它们删除，如图 9-15 所示。

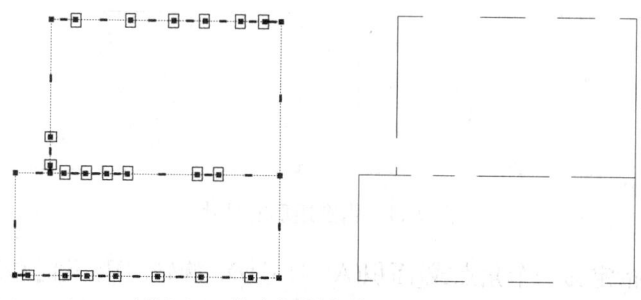

图 9-15　指定打断点并删除部分线条

12 在【默认】选项卡中单击【偏移】按钮，系统提示：指定偏移距离，此时输入偏移距离为"1.8"并按 Enter 键，如图 9-16 所示。

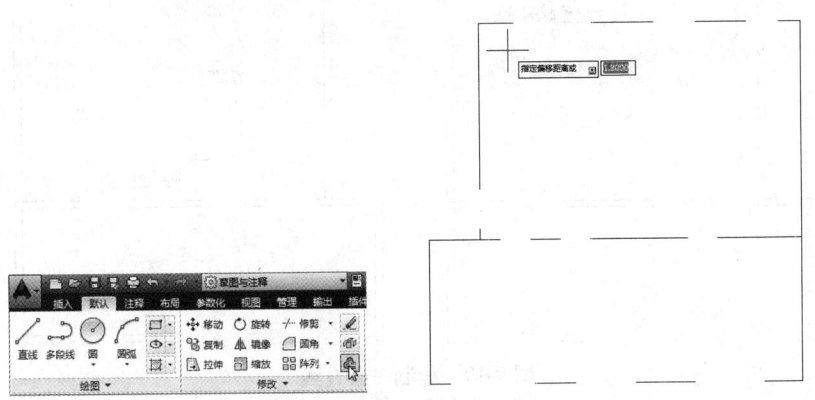

图 9-16 单击【偏移】按钮并输入偏移距离

13 选择绘图区中的多段线作为偏移对象，然后使用鼠标向多段线的右侧移动并单击，指定偏移的一侧上的点，如图 9-17 所示。

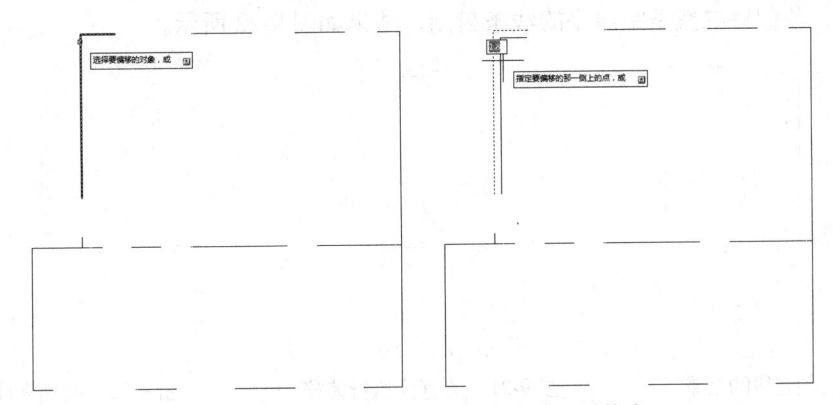

图 9-17 选择偏移对象并指定偏移一侧的点

14 系统提示：选择要偏移的对象，继续选择其他线条作为偏移对象，并指定偏移一侧的点，如图 9-18 所示。完成所有偏移操作后，按 Enter 键即可。

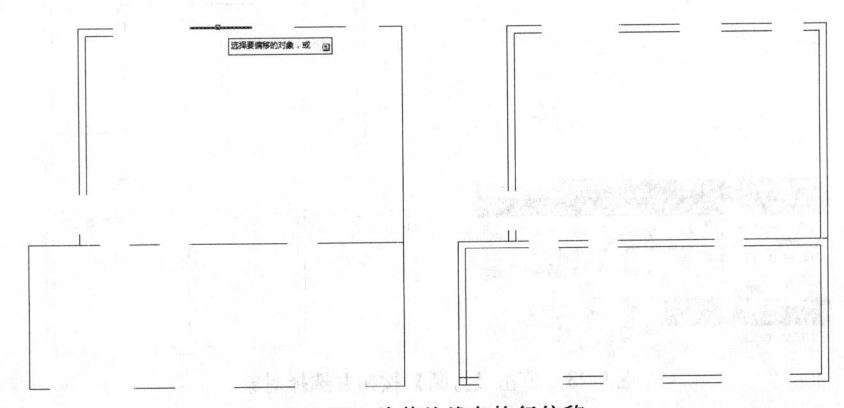

图 9-18 为其他线条执行偏移

15 在【默认】选项卡中单击【直线】按钮，然后在如图 9-19 所示的位置上单击指定

第一个点，再沿着垂直方向向下拖动并单击确定第二个点，接着按 Enter 键即可。

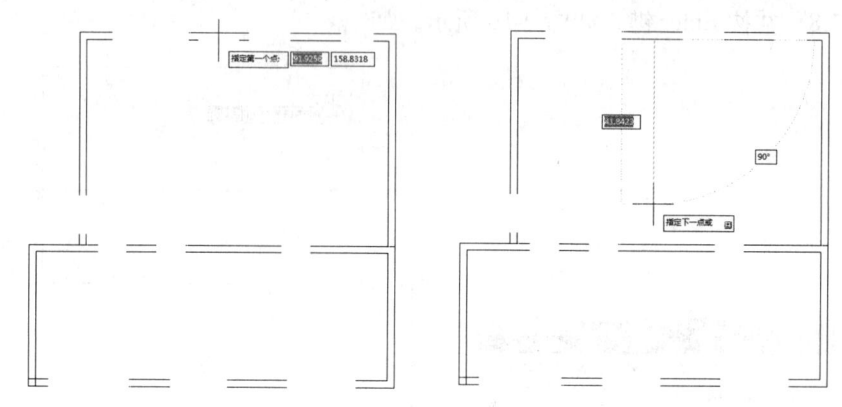

图 9-19　绘制一条直线

16 使用步骤 15 的方法，绘制多条直线，结果如图 9-20 所示。绘制直线后，通过【偏移】功能，为所有直线执行距离为 1.8 的偏移，结果如图 9-21 所示。

17 在【默认】选项卡中单击【直线】按钮，然后将绘图区中的平行线的端点通过绘制直线来连接，使偏移的线条跟原来的线条封闭，结果如图 9-22 所示。

图 9-20　绘制直线的结果　　　　图 9-21　为直线执行偏移　　　　图 9-22　绘制直线的结果

18 在【默认】选项卡中打开【修改】面板，然后单击【打断】按钮，再选择其中一条直线作为目标对象，如图 9-23 所示。

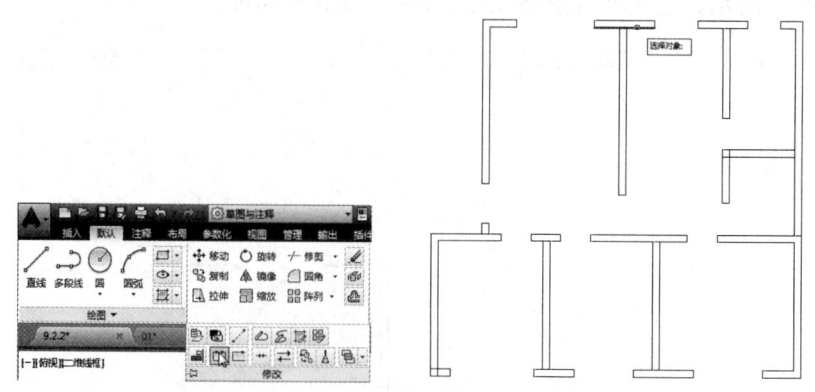

图 9-23　单击【打断】按钮并选择对象

19 在默认的情况下，选择目标时单击的点作为打断的第一个点，需要重新指定第一个打断点，所以在出现系统提示后输入"f"并按 Enter 键，然后在提示指定第一个打断点时，在直线与一条垂直直线相交的点上单击，接着在与另外一个垂直直线相交点上单击指定为第二个打断点，如图9-24所示。

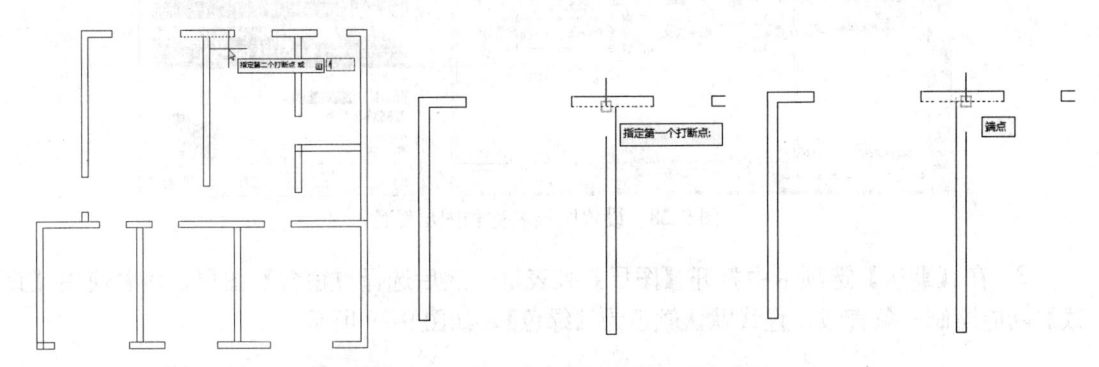

图9-24　指定第一个打断点和第二个打断点

20 使用步骤19的方法，将墙体直线连接部位的直线进行打断处理，构成如图9-25所示的墙体图形。

9.3.2　实例02：绘制门窗与阳台

本节将绘制房型平面图的门窗和阳台图形。在本例操作中，首先新建一个图层并设置图层颜色，然后在该图层上通过绘制直线和偏移直线的方法，绘制出房型的窗台和分隔物图形，接着新增另外一个图层并在该图层上绘制门和开关门的方向弧线，再通过【图层特性管理器】新建一个图层，在该图层上通过绘制多段线和执行偏移的方法，绘制出大小阳台图形，最后导入线型，将窗台的直线设置为虚线线型，最终结果如图9-26所示。

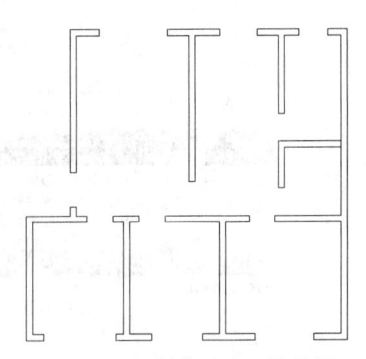

图9-25　打断其他直线的结果

上机实战　绘制门窗与阳台

1 打开光盘中的"..\Example\Ch09\9.2.2.dwg"练习文件，选择【默认】选项卡并单击【图层特性】按钮，打开【图层特性管理器】选项面板后，单击【新建图层】按钮，如图9-27所示。

2 新建图层后输入图层名称为【窗台】，然后单击该图层的颜色按钮，打开【选择颜色】对话框后，选择一种绿色，再单击【确定】按钮，如图9-28所示。

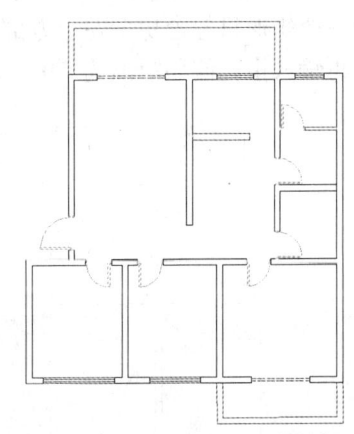

图9-26　绘制门窗和阳台的结果

图9-27　新建图层

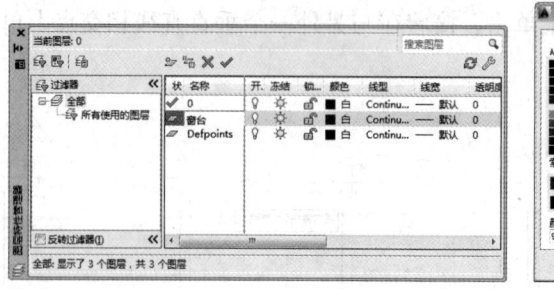

图 9-28 设置图层名称和图层颜色

3 在【默认】选项卡中打开【图层】列表框，然后选择【窗台】图层，接着使用【直线】功能绘制一条直线，直线默认颜色为【绿色】，如图 9-29 所示。

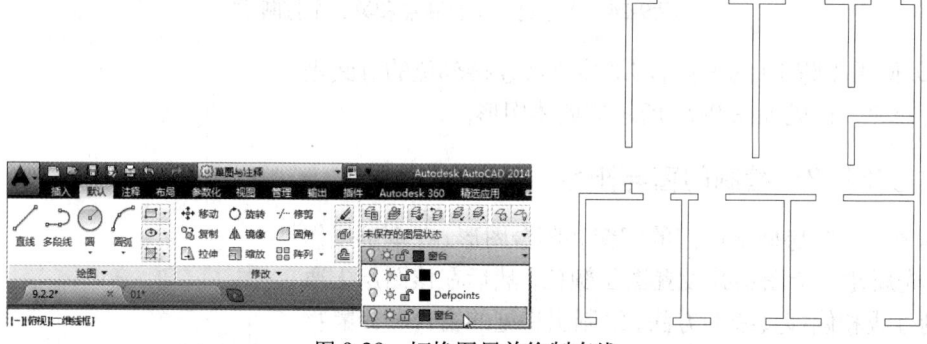

图 9-29 切换图层并绘制直线

4 在绘图区右侧的工具栏上单击【窗口缩放】按钮，然后通过指定对角点的方式拉出一个矩形只包含房型左上方部分图形，以放大该部分图形的显示，接着单击【偏移】按钮，再输入指定偏移距离为"0.6"，如图 9-30 所示。

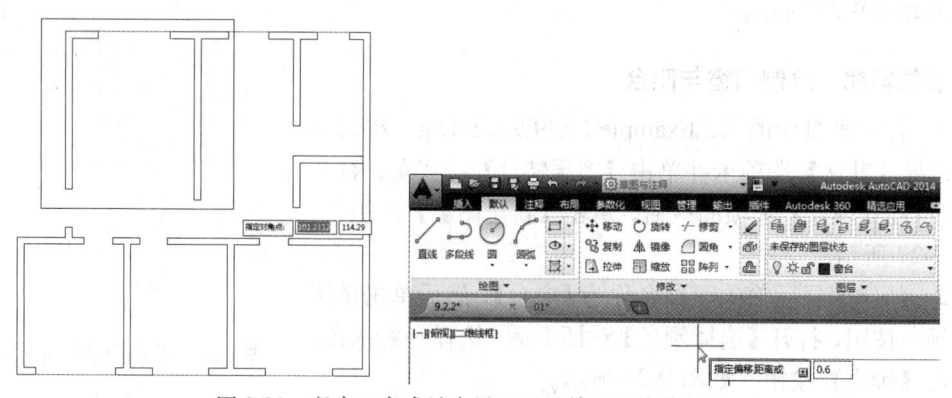

图 9-30 以窗口方式放大显示图形并设置偏移距离

5 选择步骤 3 绘制的绿色直线为偏移对象，然后指定直线下方为偏移方向并单击，偏移复制出一条直线，如图 9-31 所示。

6 使用步骤 5 的方法继续偏移生成另外两条直线，然后再次在窗台位置上绘制绿色直线，并通过偏移方式生成其他直线，从而构成窗台的图形，如图 9-32 所示。

7 在【默认】选项卡中单击【矩形】按钮，然后通过指定两个角点的方式，绘制出一个矩形，以作为分隔物图形，如图 9-33 所示。

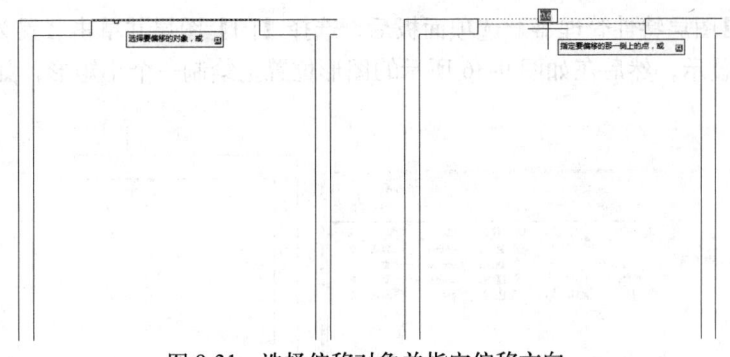

图 9-31 选择偏移对象并指定偏移方向

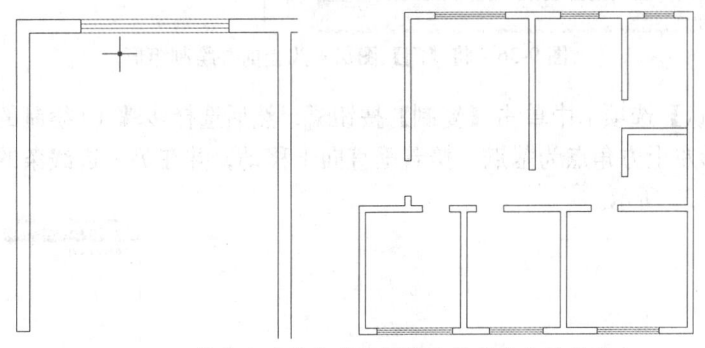

图 9-32 偏移生成其他直线并绘出其他窗台的线条

8 使用步骤 7 的方法，在另外一个位置上绘制一个矩形，结果如图 9-34 所示。

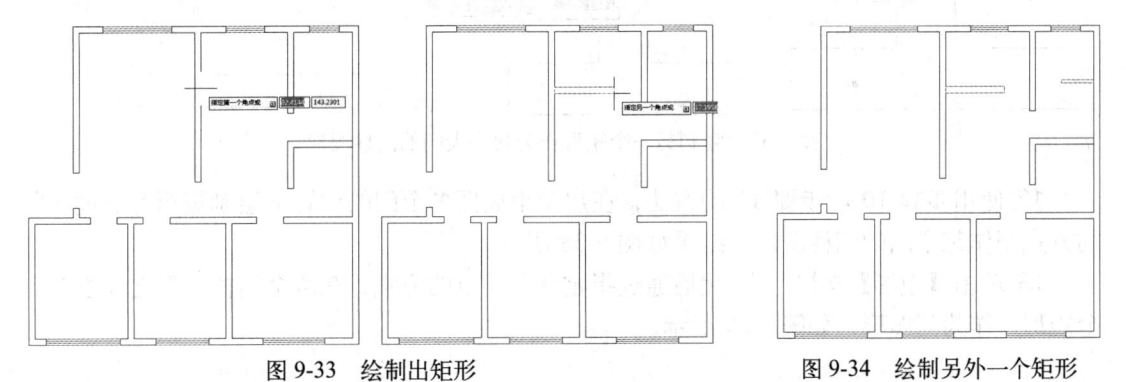

图 9-33 绘制出矩形　　　　　　　　图 9-34 绘制另外一个矩形

9 打开【图层特性管理器】选项面板，新建一个图层并命名为【门】，然后单击该图层的颜色按钮，打开【选择颜色】对话框后，选择一种颜色并单击【确定】按钮，如图 9-35 所示。

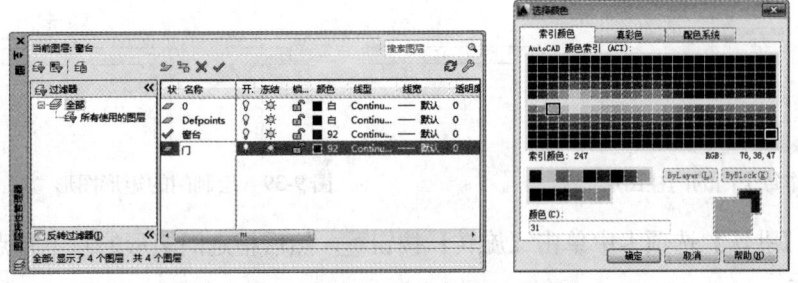

图 9-35 新建图层并设置图层颜色

10 返回【图层特性管理器】选项面板后，选择【门】图层并单击【置为当前】按钮✓，此时放大图形显示，然后在如图 9-36 所示的图形位置上绘制一个小矩形，如图 9-36 所示。

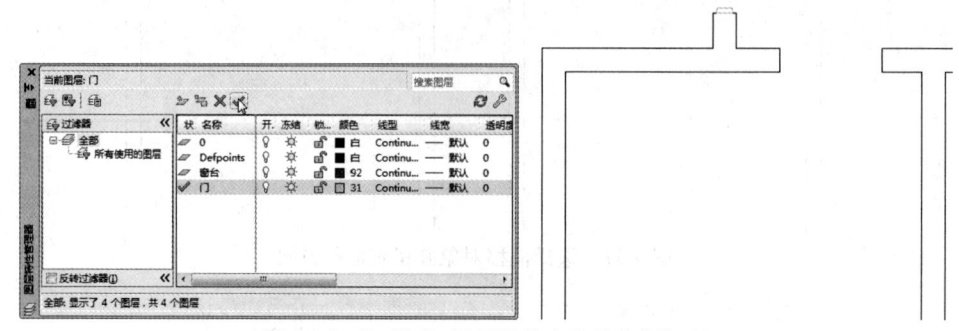

图 9-36　将【门】图层置为当前并绘制矩形

11 在【默认】选项卡中单击【复制】按钮，然后选择步骤 10 绘制的矩形作为目标对象，再指定矩形左上方角点为基点，接着垂直向上移动，并在另一边线条的左侧上单击指定第二点，如图 9-37 所示。

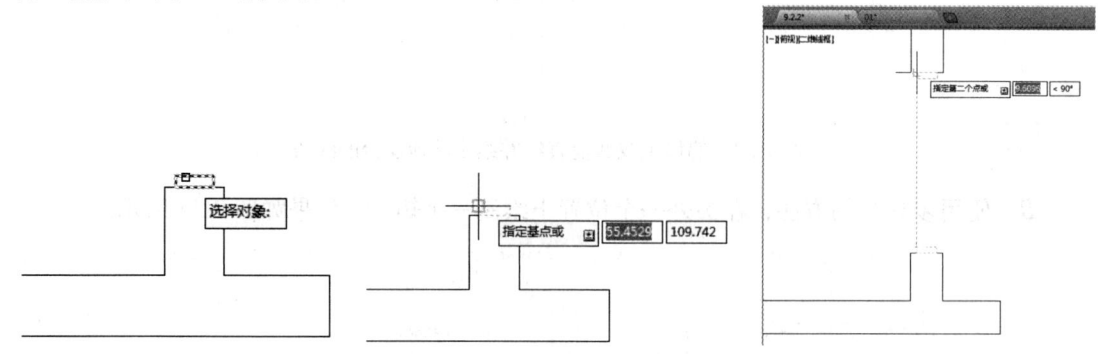

图 9-37　复制另一个矩形作为房子大门的门柱图形

12 使用步骤 10 和步骤 11 的方法，在房型平面图各个门的位置上绘制矩形并通过复制的方式制作每个门的门柱图形，结果如图 9-38 所示。

13 单击【矩形】按钮，然后通过指定两个角点的方式，在两个门柱图形之间绘制一个矩形，作为门图形，如图 9-39 所示。

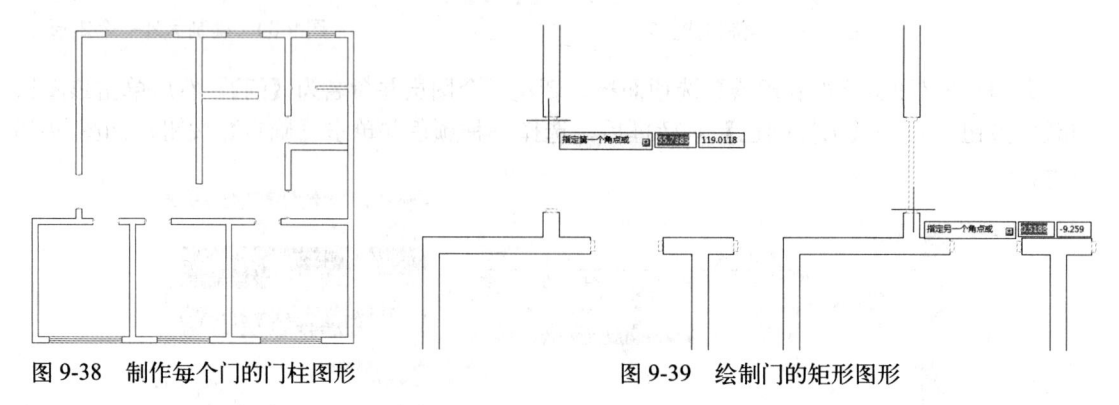

图 9-38　制作每个门的门柱图形　　　　图 9-39　绘制门的矩形图形

14 在【默认】选项卡中单击【旋转】按钮，然后指定门矩形的左下角点为基点，如图 9-40 所示。

图 9-40　单击【旋转】按钮并指定基点

15 系统提示：指定旋转角度，此时指定旋转角度为 90 度，以旋转矩形，如图 9-41 所示。

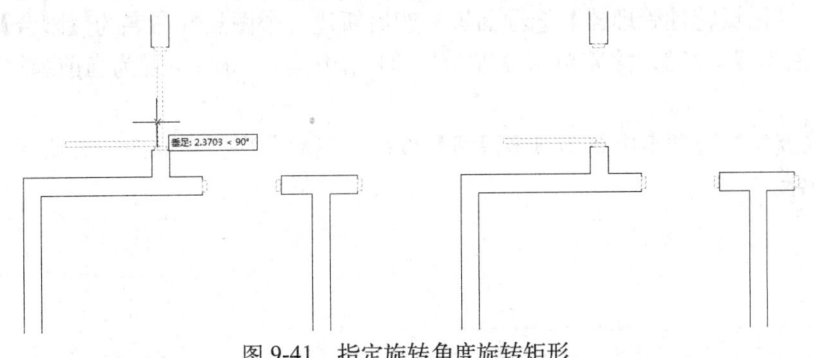

图 9-41　指定旋转角度旋转矩形

16 在【默认】选项卡的【绘图】面板中打开【圆弧】列表框，再选择【起点，端点，方向】选项，然后指定上方门柱矩形的下角点为圆弧起点，如图 9-42 所示。

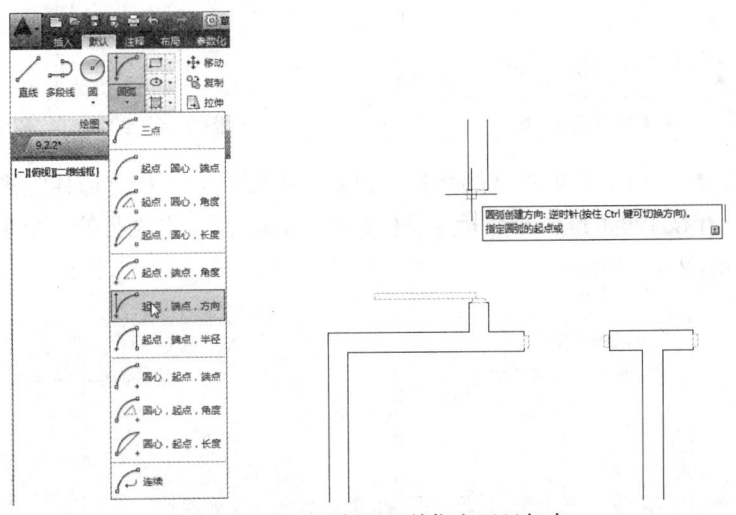

图 9-42　执行绘制圆弧并指定圆弧起点

17 系统提示：指定圆弧的端点，此时指定门矩形左上方角点为圆弧的端点，再指定方向为 180 度，绘制出圆弧，如图 9-43 所示。

18 使用步骤 17 的方法，在各个门的位置上绘制门矩形和门开关方向的弧线图形，结果如图 9-44 所示。

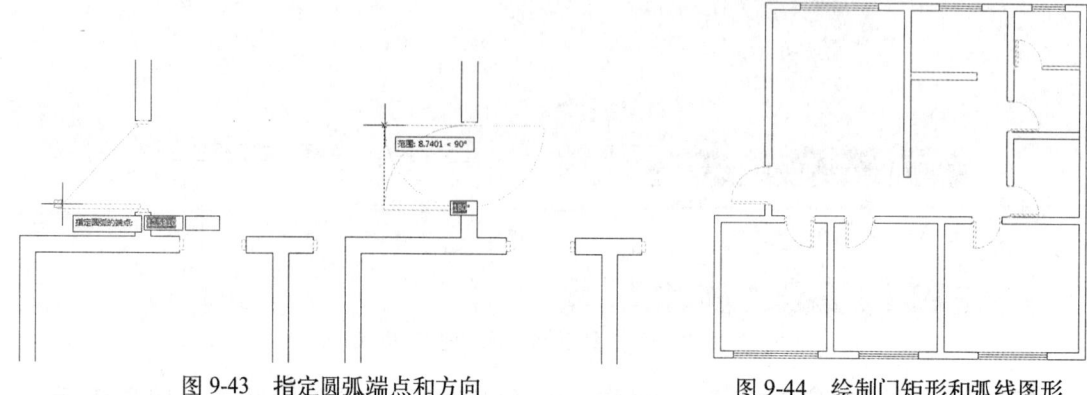

图 9-43 指定圆弧端点和方向　　　　　图 9-44 绘制门矩形和弧线图形

19 打开【图层特性管理器】选项面板，然后新建一个图层并命名为【阳台】，设置该图层的默认颜色为【洋红】，接着单击【置为当前】按钮，将图层置为当前编辑图层，如图 9-45 所示。

20 在【默认】选项卡中单击【多段线】按钮，然后在房型平面图上方绘制一条多段线，如图 9-46 所示。

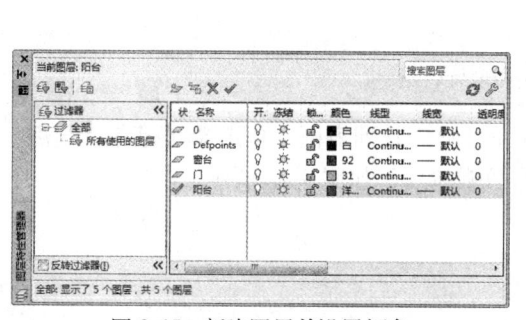

图 9-45 新建图层并设置颜色　　　　　图 9-46 绘制一条多段线

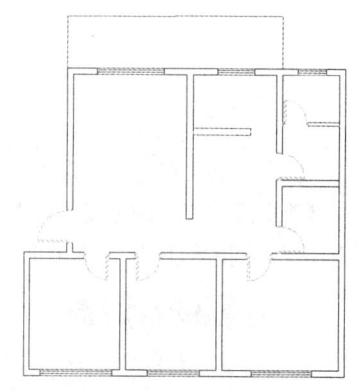

21 在【默认】选项卡中单击【偏移】按钮，系统提示：指定偏移距离，此时输入偏移距离为"1.8"并按 Enter 键，然后指定要偏移那一侧的点，生成另外一个多段线，以构成大阳台图形，如图 9-47 所示。

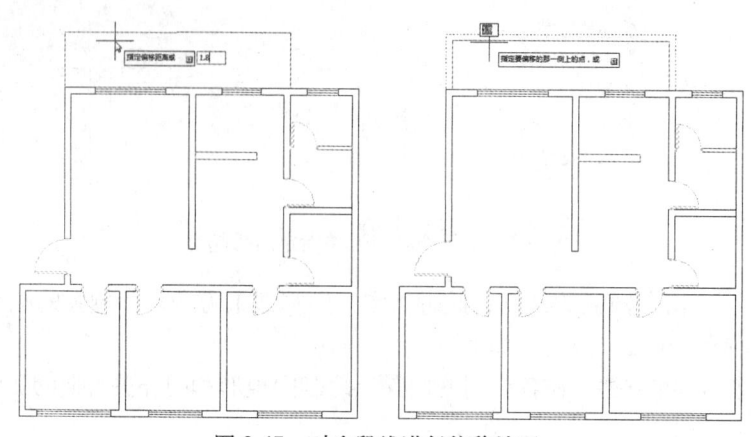

图 9-47 对多段线进行偏移处理

22 执行偏移后，按 Enter 键结束偏移，然后使用步骤 20 的方法在平面图下方绘制另外一个多段线，接着对该多段线对象进行偏移处理，制作出小阳台图形，如图 9-48 所示。

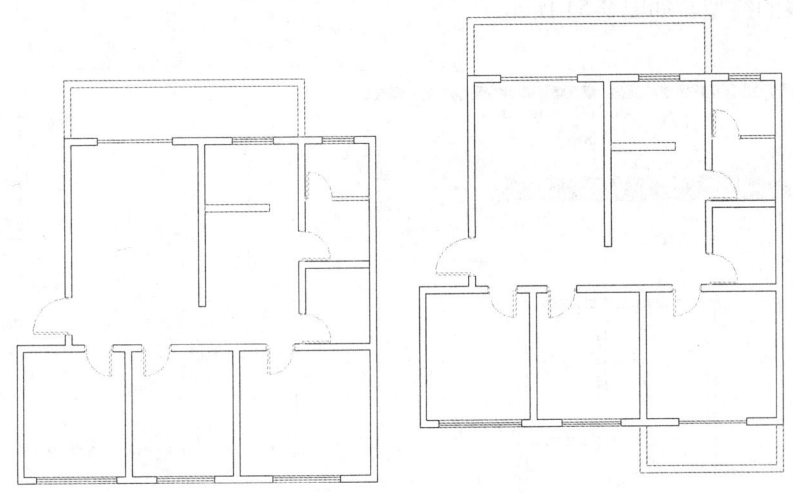

图 9-48 绘制出小阳台图形

23 在【默认】选项卡中打开【线型】列表框，然后选择【其他】选项，打开【线型管理器】对话框并单击【加载】按钮，如图 9-49 所示。

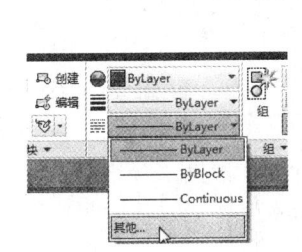

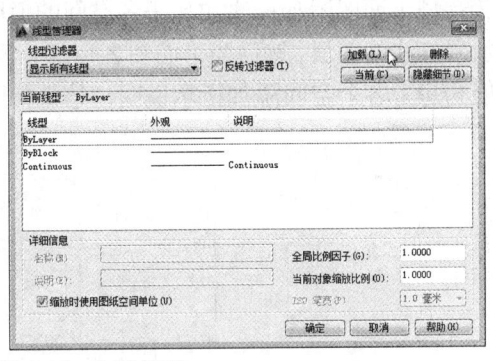

图 9-49 加载线型

24 打开【加载或重载线型】对话框后，选择一种可用的虚线线型，然后单击【确定】按钮，返回【线型管理器】对话框后，设置该线型的全局比例因子为 0.2，接着单击【确定】按钮，如图 9-50 所示。

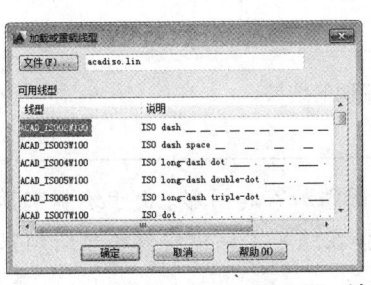

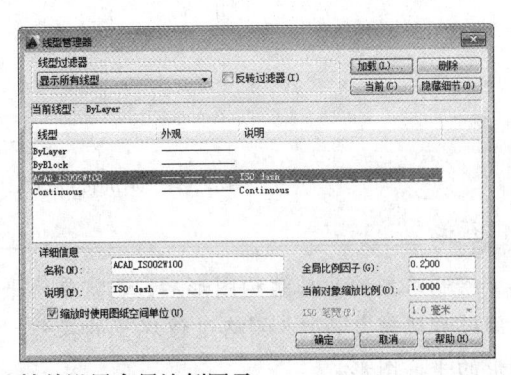

图 9-50 选择线性并设置全局比例因子

25 删除大阳台图形下方的窗台其中的上下两条直线，然后选择剩余的其中一条直线，再设置该直线的线型，接着使用相同的方法，删除小阳台上方窗台的上下两条直线，并修改所有窗台直线的线型，如图 9-51 所示。

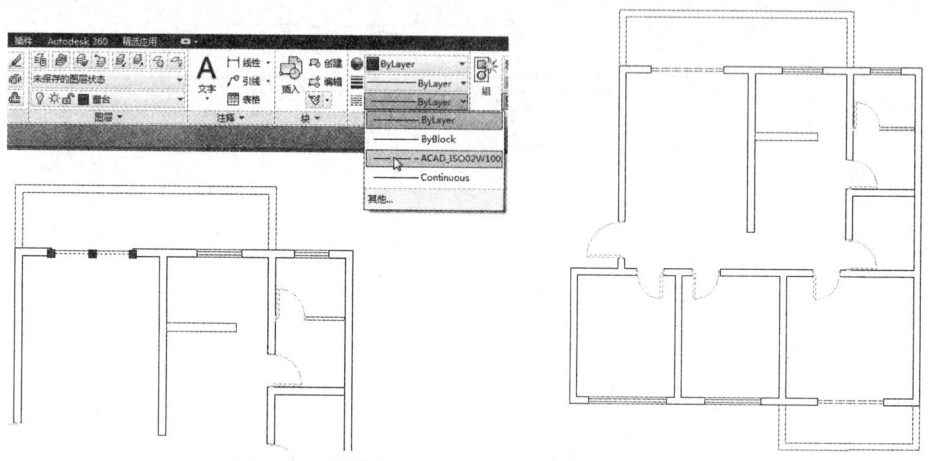

图 9-51 删除部分窗台直线并设置直线的线型

9.3.3 实例 03：添加标注和空间说明

本节将为房型平面图添加标注和房子各空间的说明。在本例中，首先新建一个标注样式，并新建用于放置标注的图层，然后为平面图各个部分添加线性标注和连续标记，接着使用【单行文字】功能为房子各个空间添加指示说明，结果如图 9-52 所示。

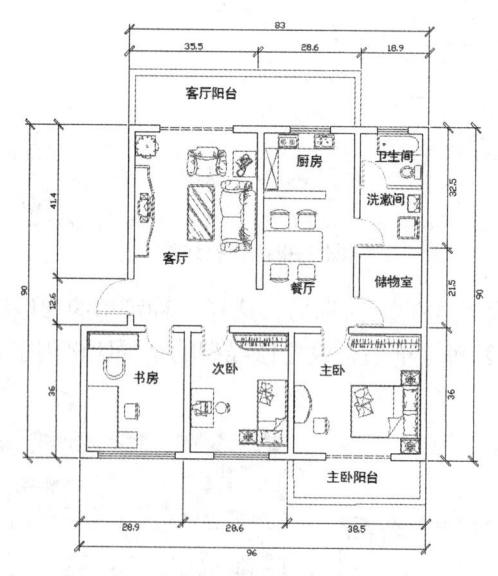

图 9-52 添加标注和空间说明的结果

技巧

绘制房型的基础结构图形后，还需要为平面图添加家具图形。由于绘制家具图形的过程比较复杂，本例略过该环节的操作，直接在练习文件中提供已经绘制家具图形的平面图形。

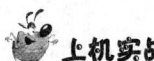

上机实战　添加标注和空间说明

1 打开光盘中的"..\Example\Ch09\9.2.3.dwg"练习文件，选择【注释】选项卡，然后在【标注】面板中单击【标注样式】按钮，打开【标注样式管理器】对话框后，单击【新建】按钮，如图 9-53 所示。

图 9-53　打开【标注样式管理器】对话框并新建标注样式

2 打开【创建新标注样式】对话框后，输入样式名称并设置基础样式，然后单击【继续】按钮，选择【公差】选项卡，接着设置公差格式选项，如图 9-54 所示。

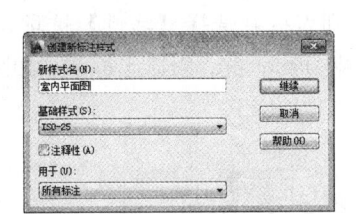

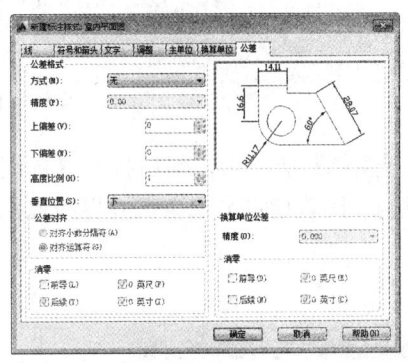

图 9-54　设置标注样式名称和公差选项

3 选择【主单位】选项卡，然后设置线性标注和角度标注的主单位选项，接着选择【符号和箭头】选项卡，并设置箭头、圆心标记、弧长符号等选项，如图 9-55 所示。

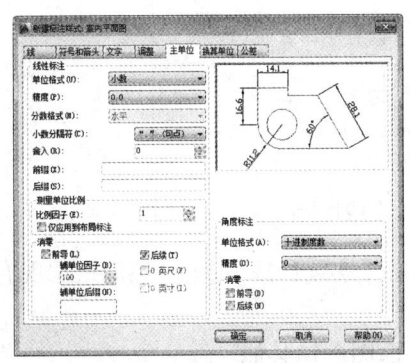

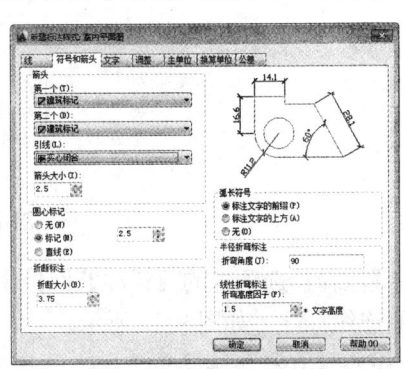

图 9-55　设置主单位、符号和箭头选项

4 选择【线】选项卡，然后设置尺寸线、尺寸界线的样式选项，接着选择【文字】选项卡，并设置文字外观和文字位置的选项，再单击【确定】按钮，返回【标注样式管理器】对话框，最后单击【置为当前】按钮并单击【关闭】按钮即可，如图 9-56 所示。

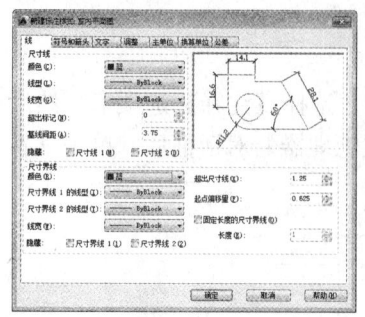

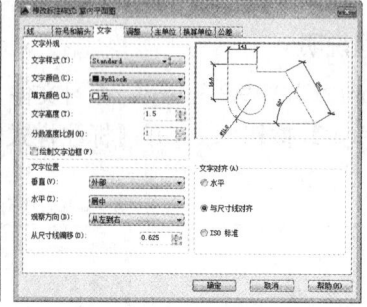

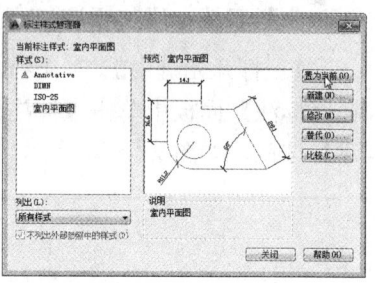

图 9-56　设置线、文字样式选项并将新建样式置为当前

5　打开【图层特性管理器】选项面板，单击【新建图层】按钮，再输入新图层名称为【标注】，然后单击【置为当前】按钮并关闭选项面板，如图 9-57 所示。

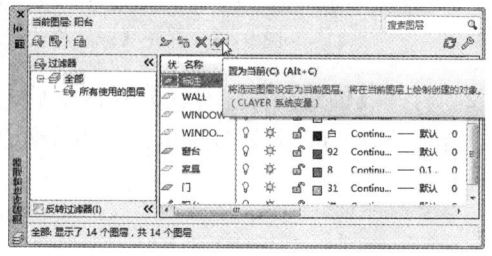

图 9-57　新建图层并置为当前

6　选择【注释】选项卡，然后打开【标注】列表框并选择【线性】选项，再指定第一个尺寸界线原点，接着指定第二条尺寸界线原点并按 Enter 键，创建出标注，如图 9-58 所示。

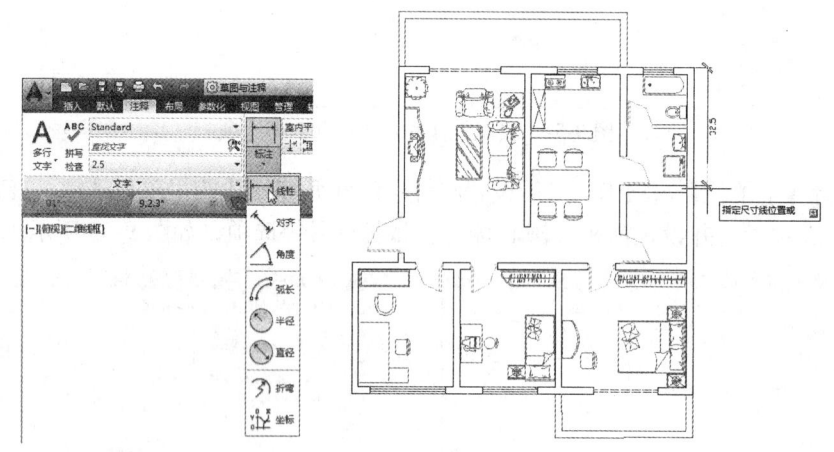

图 9-58　创建第一个线性标注

7　在【注释】选项卡的【标注】面板中单击【连续】按钮，然后根据现有的线性标注创建其他连续标注，如图 9-59 所示。

8　使用步骤 6 和步骤 7 的方法，为房型平面图创建其他连续线型标注，结果如图 9-60 所示。

9　选择【注释】选项卡的【线性】选项，再指定第一个尺寸界线原点和指定第二条尺寸界线原点并按 Enter 键，创建出房型宽度的标注，再使用相同的方法，创建出房型其他标注，如图 9-61 所示。

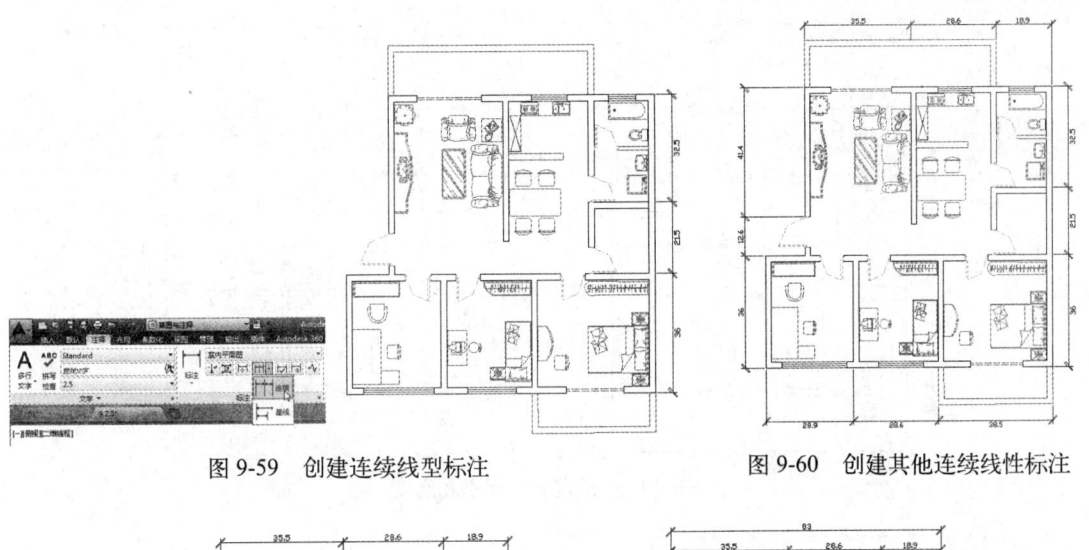

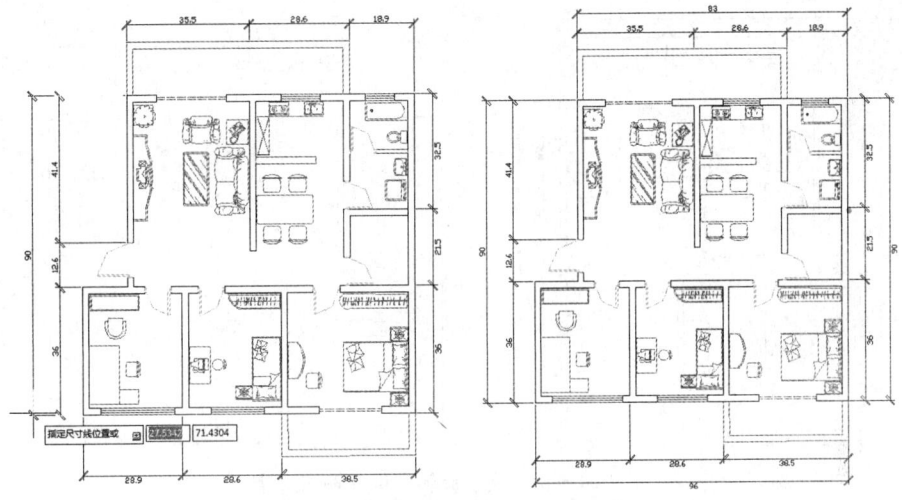

图 9-59　创建连续线型标注　　　　　图 9-60　创建其他连续线性标注

图 9-61　创建房型宽度和长度的标注

10 切换到【默认】选项卡，再打开【文字】列表框并选择【单行文字】选项，然后打开【注释】面板，设置文字样式，如图 9-62 所示。

图 9-62　选择单行文字选项并设置文字样式

11 系统提示：指定文字的起点，此时在平面图的大厅空间中单击指定文字起点，再输入文字高度为"2.5"，如图 9-63 所示。

12 系统提示：指定文字的旋转角度，此时按 Enter 键使用默认角度，再输入平面图空间的说明文字并结束文字输入，如图 9-64 所示。

13 使用步骤 10 到步骤 12 的方法，为房型平面图其他空间输入说明文字，结果如图 9-65 所示。

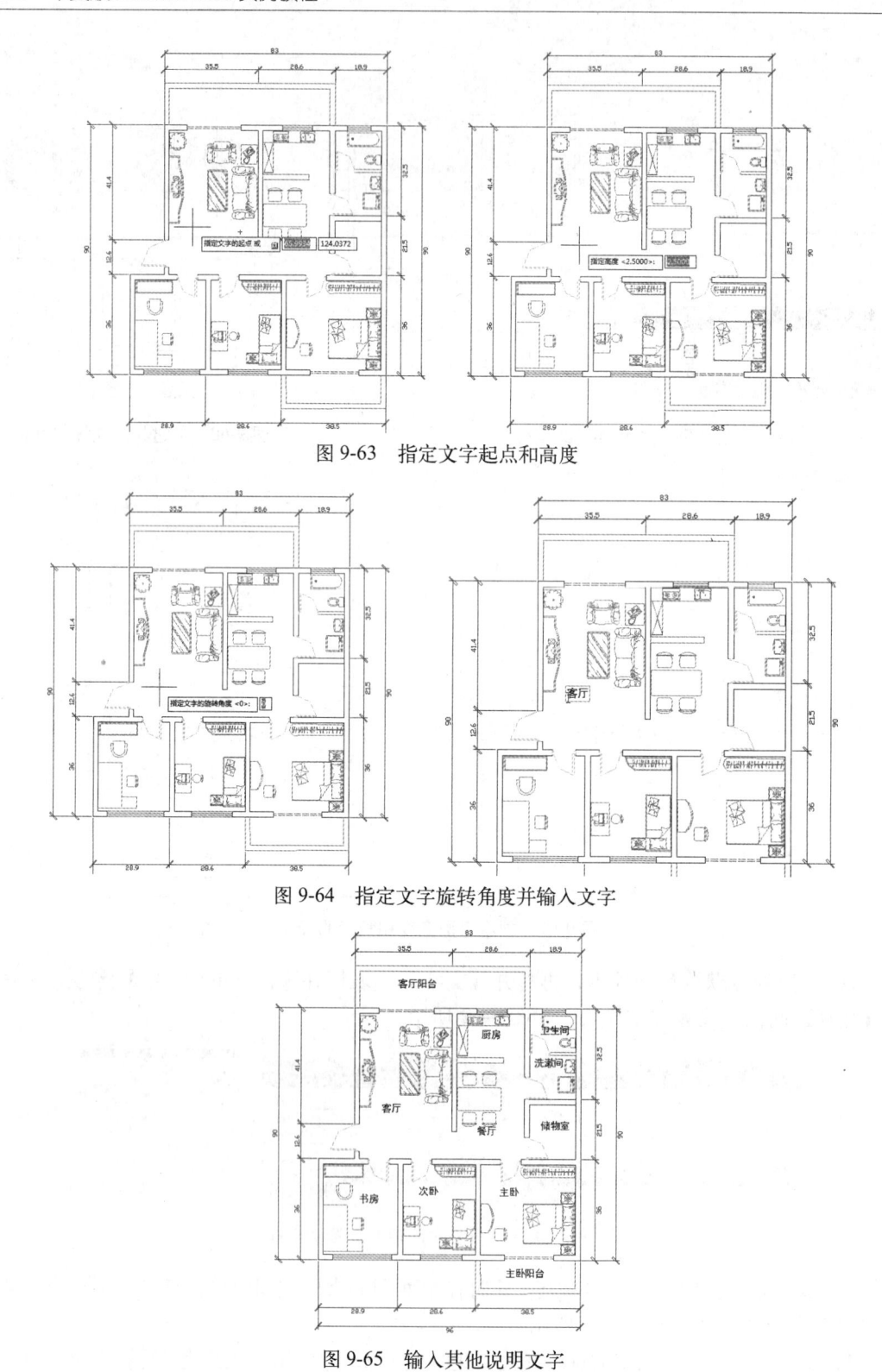

图 9-63　指定文字起点和高度

图 9-64　指定文字旋转角度并输入文字

图 9-65　输入其他说明文字

9.3.4　实例 04：制作标题与信息表格

本节将为房型平面图制作标题和信息表格。在本例中，首先在平面图上下方绘制直线对象，在上方的直线上输入标题文字，并在下方直线上输入房型说明，接着添加一个表格对象并在单元格内输入房型指标信息文字，最后定义表格单元格格式和对齐方式即可，结果如图9-66所示。

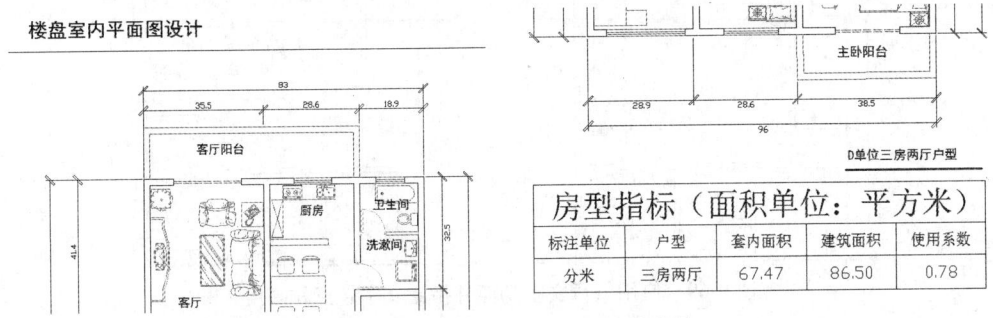

图 9-66 制作标题和信息表格的结果

上机实战　制作标题与信息表格

1　打开光盘中的"..\Example\Ch09\9.2.4.dwg"练习文件，在【默认】选项卡中单击【直线】按钮，然后通过指定两点的方式在平面图上方绘制一条直线，如图 9-67 所示。

2　在【默认】选项卡中单击【直线】按钮，再次通过指定两点的方式在平面图右下方绘制一条直线，如图 9-68 所示。

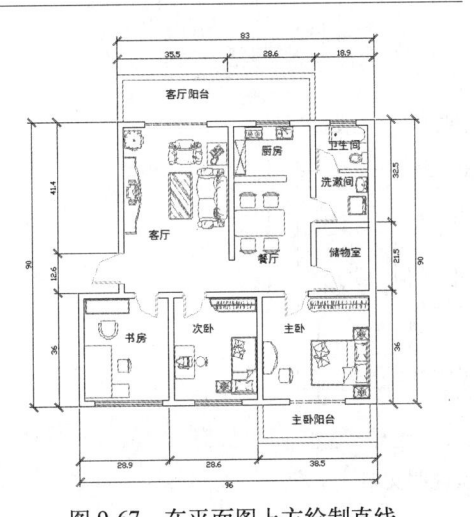

图 9-67 在平面图上方绘制直线 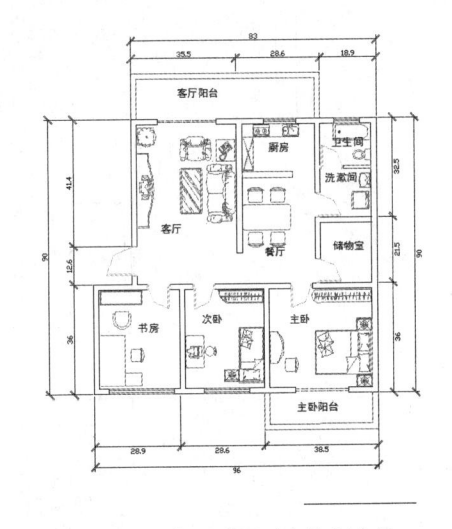　　　　图 9-68 在平面图下方绘制直线

3　切换到【默认】选项卡，再打开【文字】列表框并选择【单行文字】选项。系统提示：指定文字的起点，此时在平面图上方的直线上单击指定文字起点，再输入文字高度为"4"，如图 9-69 所示。

4　系统提示：指定文字的旋转角度，此时按 Enter 键使用默认角度，再输入平面图空间的说明文字并结束文字输入，如图 9-70 所示。

5　使用输入文字的方法，在平面图下方直线上输入房型说明文字，如图 9-71 所示。

6　打开【线宽】列表框，再选择【线宽设置】选项，打开【线宽设置】对话框后，选择【显示线宽】复选框，然后单击【确定】按钮，如图 9-72 所示。

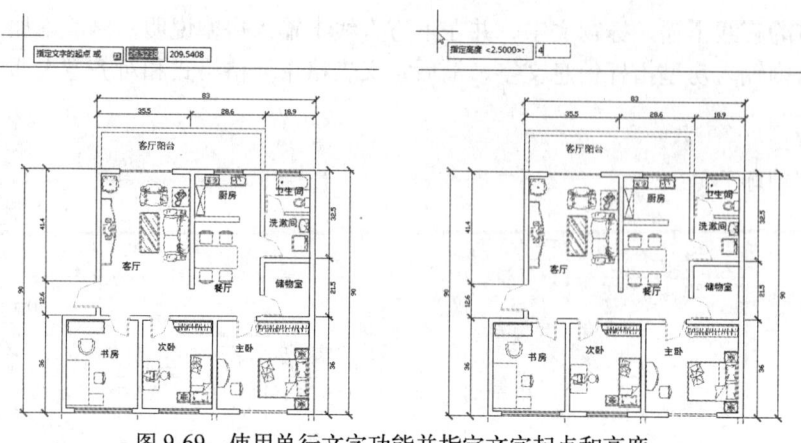

图 9-69　使用单行文字功能并指定文字起点和高度

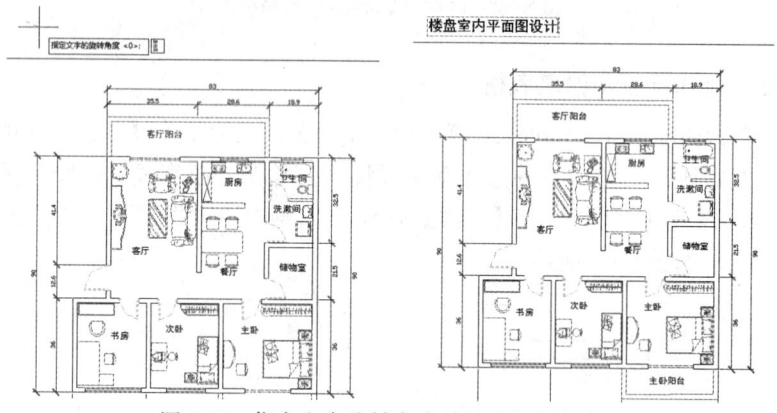

图 9-70　指定文字旋转角度并输入标题文字

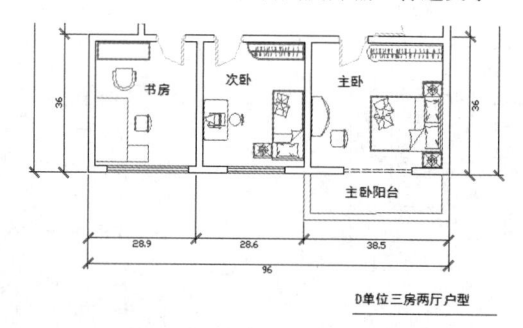

图 9-71　输入房型说明文字

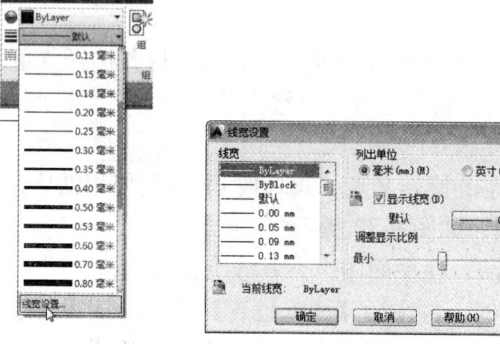

图 9-72　设置显示线宽

7 选择平面图下方的直线对象,然后打开【线宽】列表框,再选择【0.30 毫米】选项,设置线宽为 0.3 毫米,如图 9-73 所示。

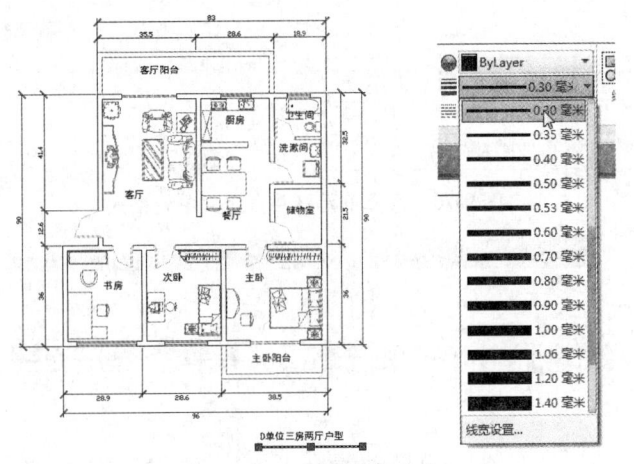

图 9-73 设置直线的线宽

8 在【默认】选项卡的【注释】面板中单击【表格】按钮,打开【插入表格】对话框后,设置表格插入方式,再设置列数、列宽、行数、行高以及单元样式选项,接着单击【确定】按钮,最后在平面图下方单击指定表格插入点,创建出表格对象,如图 9-74 所示。

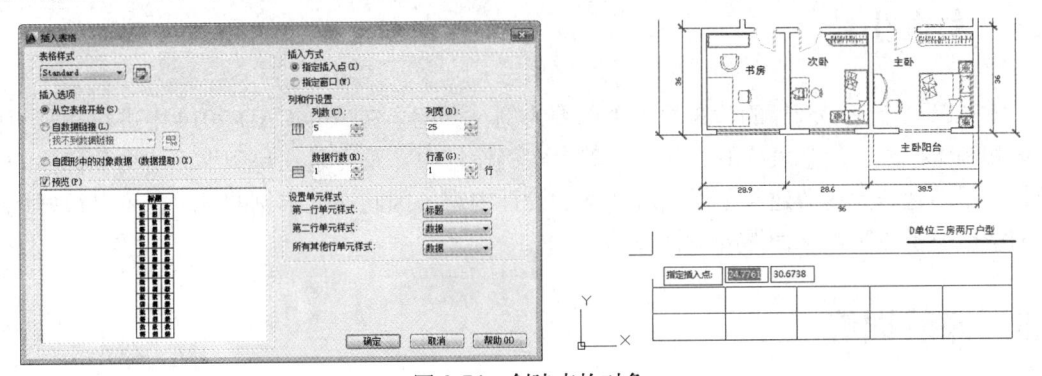

图 9-74 创建表格对象

9 创建表格对象后,分别在各个单元格内输入文字内容,其中表格标题文字高度为 6,其他单元格的文字高度为 3,如图 9-75 所示。

图 9-75 在表格内输入文字

10 使用鼠标在表格 C2:E3 单元格范围中拖动,以选择 C2:E3 单元格,然后打开【数据格式】列表框,再选择【自定义表格单元格式】选项,打开【表格单元格式】对话框后,选择数据类型和格式选项,接着单击【确定】按钮,如图 9-76 所示。

11 通过拖动鼠标的方法选择 A2:E3 单元格,然后打开【对齐】列表框,再选择【正中】选项,设置单元格的对齐方式,如图 9-77 所示。

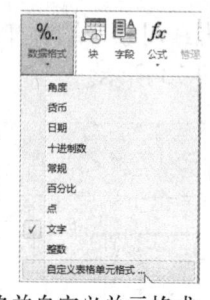

图 9-76 选择单元格并自定义单元格式

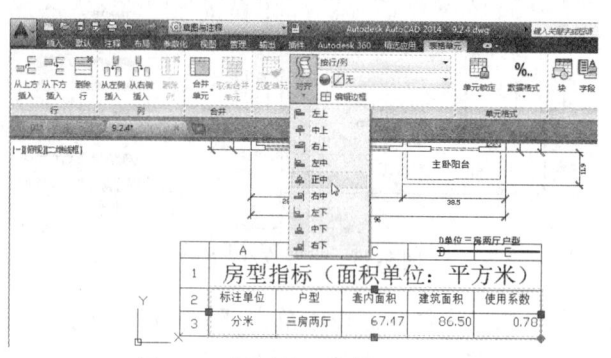

图 9-77 设置单元格的对齐方式

9.4 本章小结

本章以一个三房两厅的建筑房型平面图为例，介绍了在 AutoCAD 2014 中进行建筑平面绘图和制作标注、信息表格的方法。在整个实例设计中，重点是在房型平面结构和标注的绘制和应用，这是大多数建筑平面图最基本的设计内容，因此通过本例的学习，可以很好地学习和掌握关于建筑类平面图的设计技巧。

9.5 课后训练

在练习文件中的房型平面图的右侧添加线性标注，然后通过创建【基线】标注的方式，创建出其他标注，结果如图 9-78 所示。

提示：

（1）打开光盘中的"..\Example\Ch09\9.4.dwg"练习文件。

（2）选择【注释】选项卡，然后打开【标注】列表框并选择【线性】选项，再指定第一个尺寸界线原点，接着指定第二条尺寸界线原点并按 Enter 键，创建出标注。

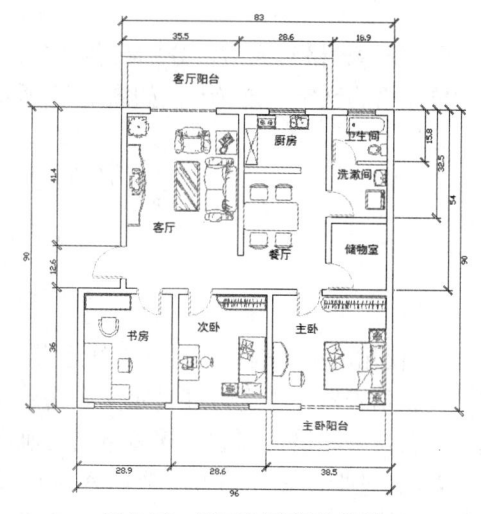

（3）在【注释】选项卡的【标注】面板中单击【基线】按钮，然后根据现有的线性标注创建其他连续标注。

图 9-78 课后训练题的结果

第 10 章　机械零件平面图设计

教学提要

机械制造业中使用的图样称为机械图样，零件图是机械图样的一种，它是生产中指导制造、检验零件的主要图样，在设计时，不仅应将零件的材料、结构形状和大小表达清楚，而且还要对零件的加工、检验、测量提供必要的技术要求。本章将以一个包含主视图图样和左视图图样的机械零件设计图为例，介绍 AutoCAD 2014 在机械制图中的应用。

教学重点

- 掌握使用工具绘制各种形状的方法
- 掌握使用辅助线和捕捉功能进行绘图的方法
- 掌握创建标注样式和添加标注的方法
- 掌握创建连续标注和基线标注的方法
- 掌握设置图形特性和填充的方法

机械零件平面图设计是属于机械制图的一种。机械制图就是用图样确切表示机械的结构形状、尺寸大小、工作原理和技术要求的学科。机械图样由图形、符号、文字和数字等组成，是表达设计意图和制造要求以及交流经验的技术文件。

10.1　关于机械图样

机械图样主要有零件图和装配图，此外还有布置图、示意图和轴测图等，如图 10-1 所示。

- 零件图：表达零件的形状、大小以及制造和检验零件的技术要求。
- 装配图：表达机械中所属各零件与部件间的装配关系和工作原理。
- 布置图：表达机械设备在厂房内的位置。
- 示意图：表达机械的工作原理，如表达机械传动原理的机构运动简图、表达液体或气体输送线路的管道示意图等。示意图中的各机械构件均用符号表示。
- 轴测图：是一种立体图，直观性强，是常用的一种辅助用图样。

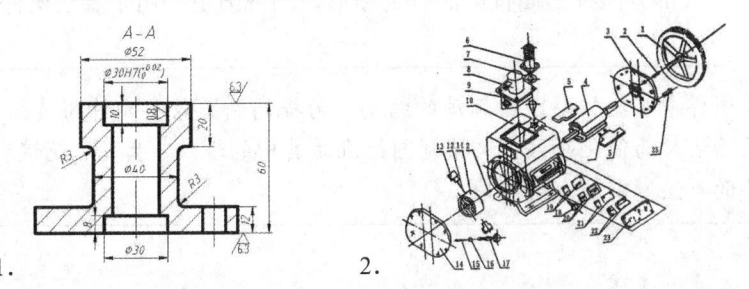

图 10-1　按照顺序排列分别为零件图、装配图、布置图、示意图和轴测图

3.

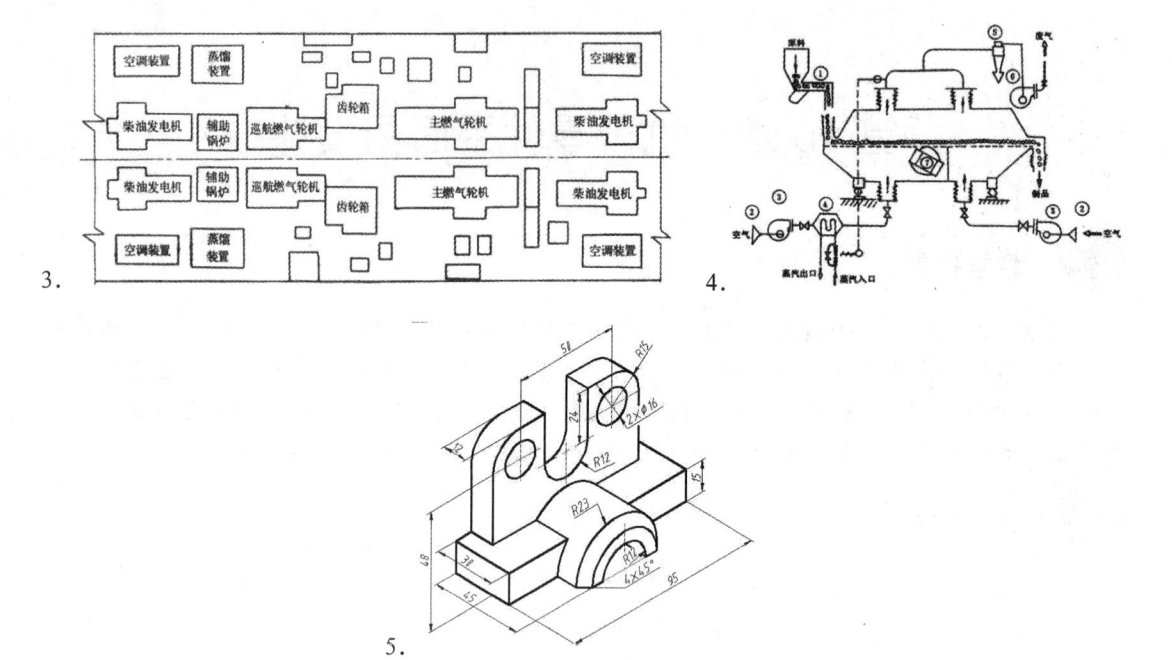

4.

5.

图 10-1　按照顺序排列分别为零件图、装配图、布置图、示意图和轴测图（续）

10.2　表达机械零件的视图

表达机械结构形状的图形是按正投影法即机件向投影面投影得到的图形。

按投影方向和相应投影面的位置不同，常用视图分为主视图、俯视图、左视图和断面图（旧称剖面图）等。另外还有后视图、仰视图、右视图等，但这几种视图并不常用。

视图主要用于表达机件的外部形状。图中看不见的轮廓线用虚线表示。机件向投影面投影时，观察者、机件与投影面三者间有两种相对位置。机件位于投影面与观察者之间时称为第一角投影法。投影面位于机件与观察者之间时称为第三角投影法。两种投影法都能同样完善地表达机件的形状，如图 10-2 所示。

- 主视图：从物体的前面向后面所看到的视图称主视图。
- 俯视图：由物体上方向下做正投影得到的视图，也叫顶视图。
- 左视图：是指视点在物体的左侧，投影在物体的右侧。简而言之，左视图就是从主视图的左边往右边看，画在主视图的右侧。
- 断面图（剖视图）：是假想用剖切面剖开机件，将处在观察者与剖切面之间的部分移去，将其余部分向投影面投影而得到图形。剖视图主要用于表达机件的内部结构。

技巧

对于图样中某些作图比较烦琐的结构，为提高制图效率允许将其简化后画出，简化后的画法称为简化画法。机械制图标准对其中的螺纹、齿轮、花键和弹簧等结构或零件的画法制有独立的标准。

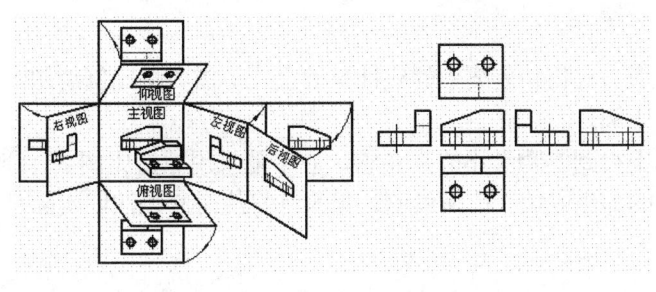

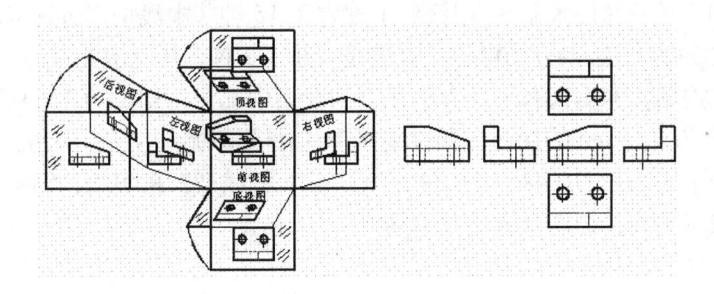

图 10-2 第一角画法与第三角画法

10.3 机械零件图样的设计

20 世纪前，图样都是利用一般的绘图用具手工绘制的。20 世纪初出现了机械结构的绘图机，提高了绘图的效率。20 世纪下半叶出现了计算机绘图，是指将需要绘制的图样编制成程序输入电子计算机，计算机再将其转换为图形信息输给绘图仪绘出图样，或输送给计算机控制的自动机床进行加工。

机械零件图样是依照机件的结构形状和尺寸大小按适当比例绘制的。图样中机件的尺寸用尺寸线、尺寸界线和箭头指明被测量的范围，用数字标明其大小。在机械零件图样中，数字的单位规定为毫米，但不需注明。对直径、半径、锥度、斜度和弧长等尺寸，在数字前分别加注符号予以说明。

制造机件时，必须按图样中标注的尺寸数字进行加工，不允许直接从图样中量取图形的尺寸。要求在机械制造中必须达到的技术条件如公差与配合、形位公差、表面粗糙度、材料及其热处理要求等均应按机械制图标准在图样中用符号、文字和数字予以标明。

机械图样设计的基本要求一般有以下几点。

1. 图纸幅面

机械制图优先采用 A 类标准图纸。A 类主要有：A0（1189mm×841mm）、A1（841mm×594mm）、A2（594mm×420mm）、A3（420mm×297mm）、A4（297mm×210mm）、A5（210mm×148mm）等 11 种规格。

2. 图框格式

在图纸上，图框线必须用粗实线画出，其格式分为不留装订边和留有装订边两种，但同一产品的图样只能采用一种格式。

3. 比例

比例是图中图形与实物相应要素的线性尺寸之比。需要按比例绘制图样时，应在规定的系列中选取适当的比例。

为了能从图样上得到实物大小的真实感，应尽量采用原值比例（1:1），当机件过大或过小时，可选用规定的缩小或放大比例绘制，但尺寸标注时必须注明实际尺寸。

4. 图线

（1）图线线型

GB/T 17450—1998《技术制图 图线》中规定了 15 种基本线型，每种基本线型的变形有四种。图线的宽度(用 d 表示)分为粗线、中粗线、细线 3 种，其比例关系是 4：2：1。所有线型的图线宽度应按图样的类型和尺寸大小在下列数系中选择：0.18、0.25、0.35、0.5、0.7、1、1.4、2mm。宽度为 0.18mm 的图线在图样复制中往往不清晰，尽量不采用。

在机械图样中仍采用 GB 4457.4—84 中规定的 8 种线型：粗实线、细实线、波浪线、双折线、虚线、粗点画线、细点画线、双点画线。

（2）图线的画法

① 同一图样中同类图线的宽度应基本一致，虚线、点画线、双点画线的线段长度和间隔应各自大致相等，在图样中要显得匀称协调。

② 绘制点画线时，首末两端及相交处应是线段而不是短划，超出图形轮廓 2~5mm。在较小的图形上绘制点画线和双点画线有困难时，可用细实线代替。

③ 虚线与虚线相交，或与其他图线相交时，应以线段相交，当虚线为实线的延长线时，应留有间隙，表示两种不同线型的分界线。

5. 尺寸标注

制作尺寸标注时有以下的基本规则：

（1）图样中的尺寸以 mm 为单位时，不需注明计量单位代号或名称。如果采用其他单位则必须注明相应计量单位或名称。尺寸界线用细实线绘制，一般是图形的轮廓线、轴线或对称中心线的延长线，超出尺寸线 2~3mm。也可直接用轮廓线、轴线或对称中心线作尺寸界线。尺寸界线一般与尺寸线垂直，必要时允许倾斜。

（2）尺寸线用细实线绘制，必须单独画出，不能用其他图线代替，一般也不得与其他图线重合或画在其延长线上。并应尽量避免尺寸线之间及尺寸线与尺寸界线之间相交。尺寸线应与所标注的线段平行，平行标注的各尺寸线的间距要均匀，间隔应大于 5mm，同一张图纸的尺寸线间距应相等。另外，标注角度时，尺寸线应画成圆弧，其圆心是该角的顶点。

（3）尺寸线终端有两种形式，即箭头或细斜线。箭头适用于各种类型的图样。当尺寸线终端采用细斜线形式时，尺寸线与尺寸界线必须垂直。同一张图样中，只能采用一种尺寸线终端形式。采用箭头形式时，在位置不够的情况下，允许用圆点或斜线代替。

（4）线性尺寸的数字一般注写在尺寸线上方或尺寸线中断处。尺寸数字不能被任何图线通过，否则应将该图线断开。

10.4 实例展示与设计

下面以一个包含主视图和左视图的机械零件设计图为例，介绍 AutoCAD 2014 应用程序在机械制图中的应用。在本例的设计中，首先绘制出基本的矩形和直线，再设置点样式并为矩形和直线添加点，以点为参考绘制辅助线，然后通过捕捉线、点的方式绘制出机械零件图的其他部分，包括多段线、圆形、矩形等图形，接着通过多段线、圆形、直线等的绘制，绘制出机械零件的基本左视图图样，再在指定的图样空间中填充图案，最后修改默认的标注样式，并为机械零件图添加各种尺寸标注，结果如图10-3所示。

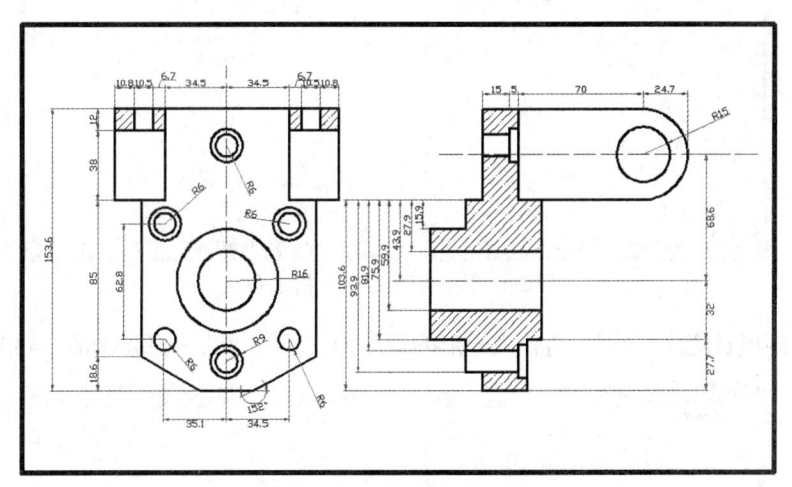

图10-3 机械零件设计图

10.4.1 实例01：绘制零件主视图图样

本小节将介绍绘制机械零件在主视图显示的图样。在本例的设计中，首先绘制两个矩形和一条直线，绘制出零件图样的上部分，再为矩形和直线添加点和辅助线，作为后续绘图捕捉点之用，接着通过绘制多段线，绘出零件图样下部分，最后通过绘制圆形和矩形，绘出零件图样的内部图案，结果如图10-4所示。

上机实战　绘制零件主视图图样

1 启动 AutoCAD 2014 应用程序，然后单击【新建】按钮，打开【选择样板】对话框后，打开【打开】列表框并选择【无样板打开-公制】选项，如图10-5所示。

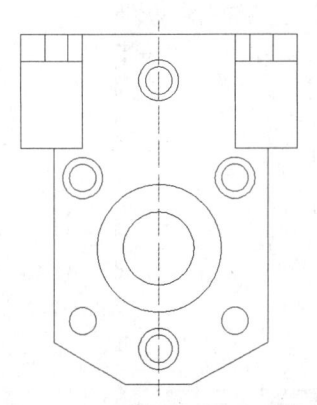

图10-4 绘制零件主视图图样的结果　　　图10-5 新建图形文件

2 在【默认】选项卡中单击【矩形】按钮，然后在绘图区中单击指定第一个角点，

系统提示：指定另一个角点，此时输入"d"并按 Enter 键，如图 10-6 所示。

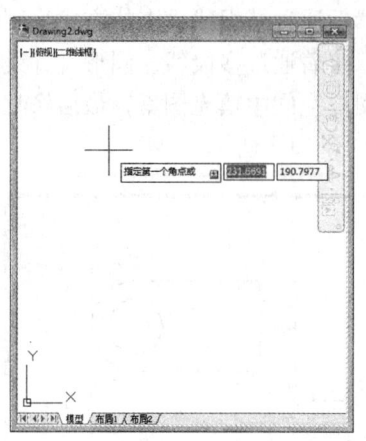

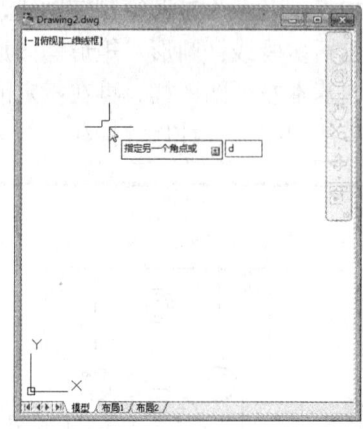

图 10-6　执行矩形命令并指定角点

3　输入矩形长度为"28"，再输入矩形的宽度为"50"，然后按 Enter 键，如图 10-7 所示。

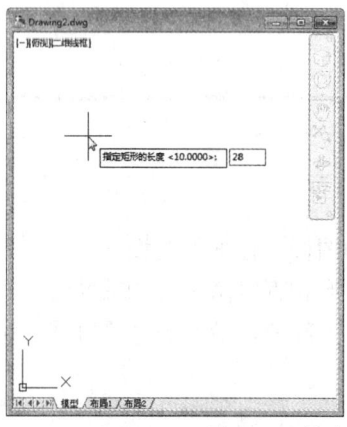

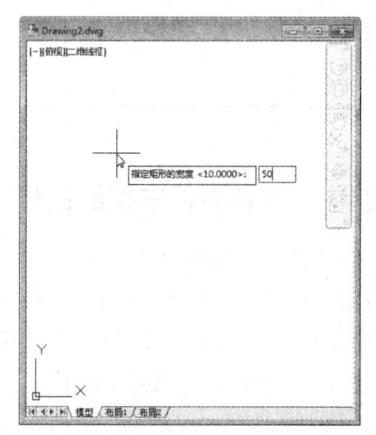

图 10-7　输入矩形的长度与宽度

4　系统提示：指定另一个角点，此时在绘图区中单击指定矩形另一个角点，绘制出矩形，如图 10-8 所示。

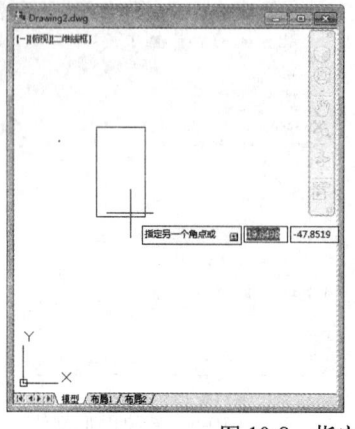

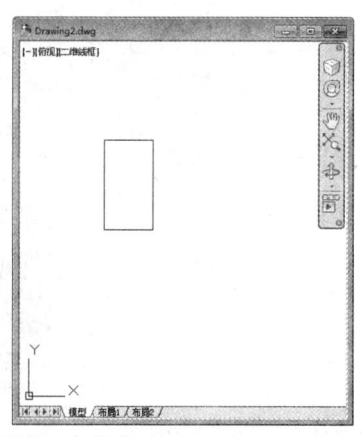

图 10-8　指定矩形另一个角点

5 在【默认】选项卡中单击【直线】按钮,然后在矩形左上方角点上单击,指定直线的第一个点,接着在水平方向上拖动并单击确定直线的第二个点,如图 10-9 所示。

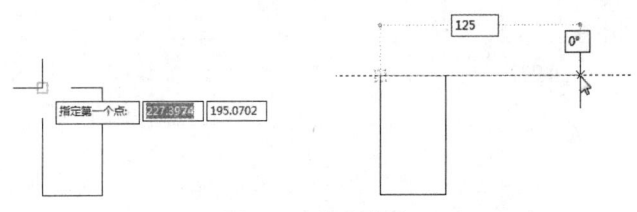

图 10-9 绘制直线

6 在【默认】选项卡中单击【复制】按钮,然后选择矩形为对象,并在矩形右上方角点上单击指定基点,如图 10-10 所示。

图 10-10 执行复制命令并指定基点

7 在直线右端点上单击指定第二个点,以复制出矩形,如图 10-11 所示。

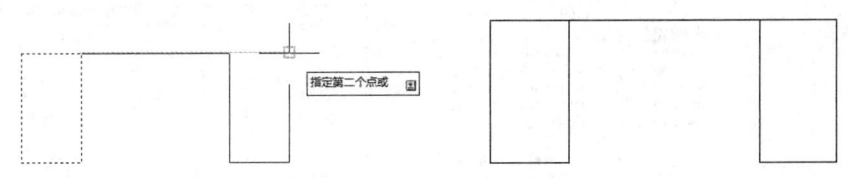

图 10-11 复制出矩形

8 在【默认】选项卡中打开【实用工具】面板,然后单击【点样式】按钮,打开【点样式】对话框,再选择一个点样式并设置点大小,接着单击【确定】按钮,如图 10-12 所示。

9 在【默认】选项卡的【绘图】面板中单击【定数等分】按钮,然后选择直线为对象,再输入线段数目为"2"并按 Enter 键,如图 10-13 所示。

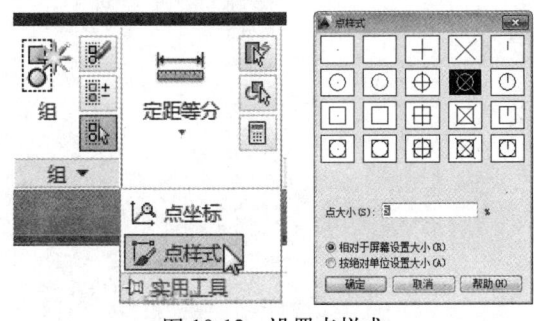

图 10-12 设置点样式

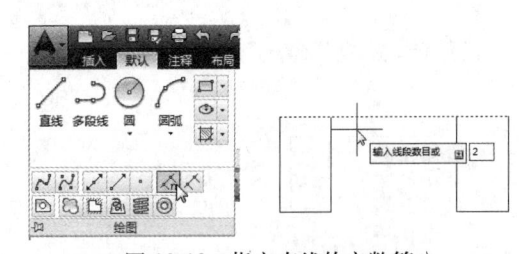

图 10-13 指定直线的定数等分

10 在【默认】选项卡中单击【直线】按钮,然后在水平直线的点上单击指定第一个点,接着垂直向下拖动并单击,指定第二个点绘制出垂直直线,如图 10-14 所示。

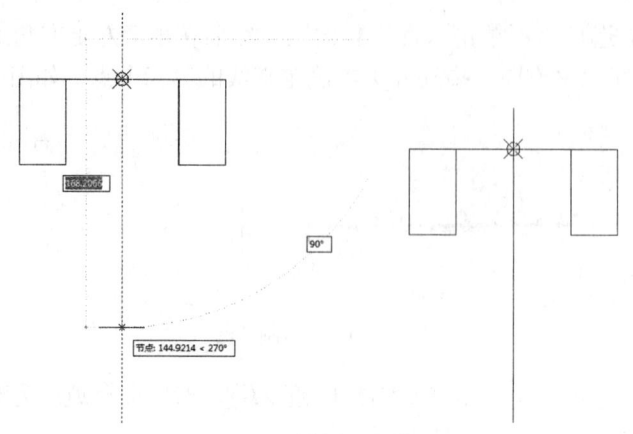

图 10-14　绘制垂直直线

11 在【默认】选项卡中打开【线型】列表框，再选择【其他】选项，打开【加载或重载线型】对话框后，选择一种虚线线型并单击【确定】按钮，打开【线型管理器】对话框后，单击【确定】按钮，如图 10-15 所示。

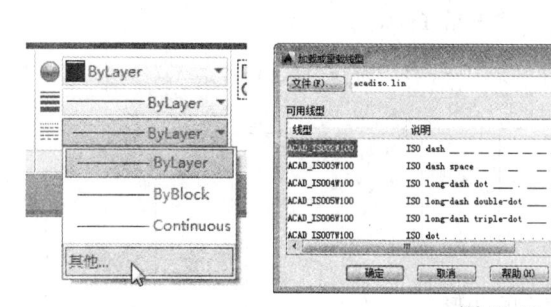

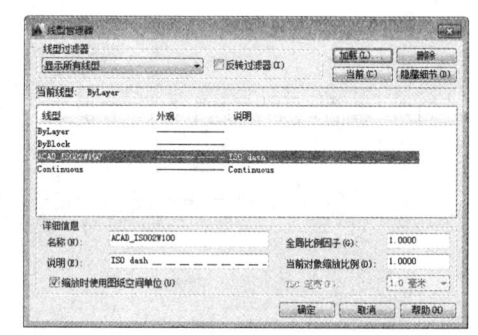

图 10-15　加载线型

12 选择垂直的直线对象，然后设置直线的颜色为【红色】，再设置线型为虚线，如图 10-16 所示。

13 在【默认】选项卡的【绘图】面板中单击【定数等分】按钮，然后选择矩形对象，输入线段数目为"12"并按 Enter 键，接着使用相同的方法，为另外一个矩形执行定数等分处理，结果如图 10-17 所示。

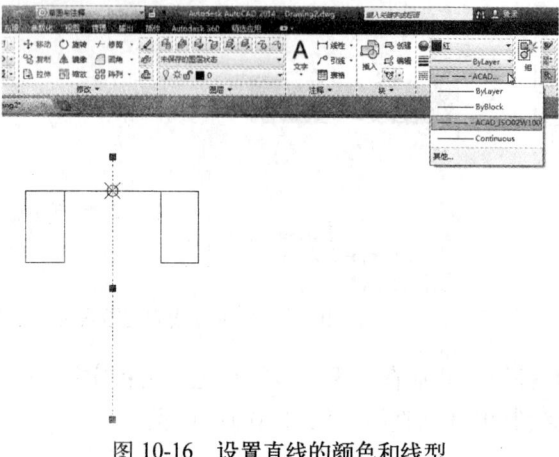

图 10-16　设置直线的颜色和线型 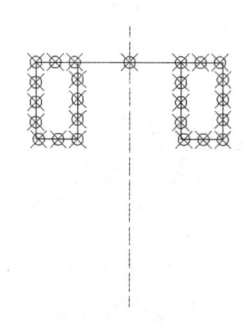　　　　　图 10-17　为矩形执行定数等分处理

14 在【默认】选项卡中单击【复制】按钮，选择垂直直线对象，然后在直线上端点上单击指定基点，如图 10-18 所示。

15 将鼠标向水平方向的左方移动，并输入第二个点的距离为"15"，以指定第二个点复制出另一条直线，再使用相同的方法，为原直线右侧复制一个距离为 15 的直线，如图 10-19 所示。

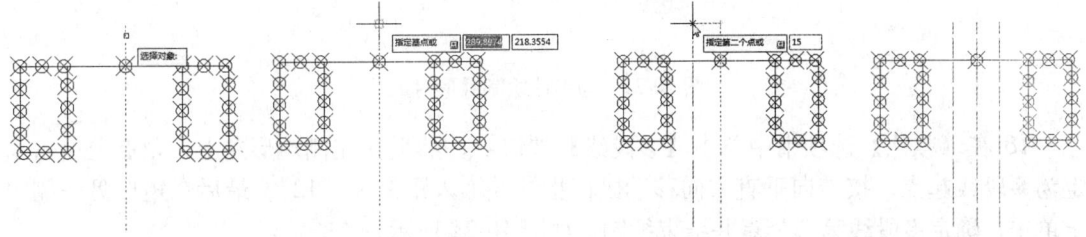

图 10-18　选择直线为复制对象并指定基点　　　　图 10-19　复制出两条垂直辅助线

16 在【默认】选项卡中单击【多段线】按钮，然后在左侧矩形下边中央的点上单击指定为多段线起点，接着向垂直方向移动鼠标并输入"85"，指定多段线第二个点的距离，接着将鼠标指针移到左侧辅助线上并确保角度为 30 度，单击确定多段线第三个点，此时向水平方向移动鼠标指针，并在右侧辅助线上单击确定多段线第四个点，确定多段线其他两个点并结束绘制操作，最后将两侧的辅助线和点都删除，整个过程如图 10-20 所示。

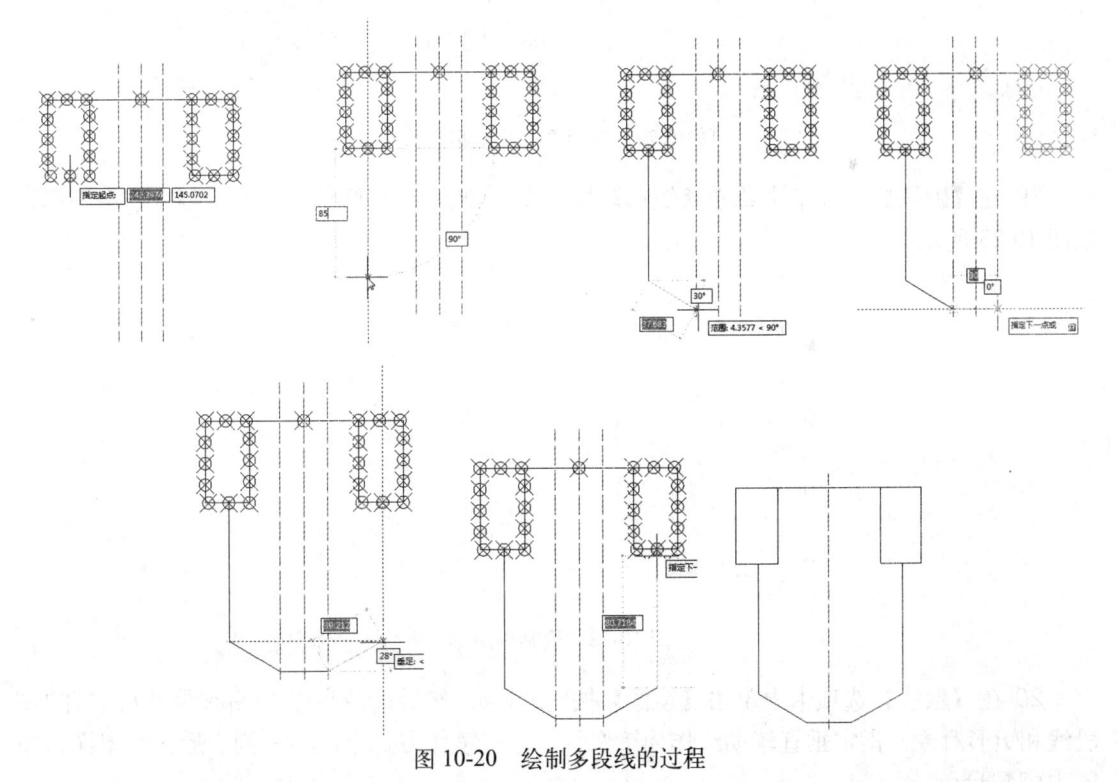

图 10-20　绘制多段线的过程

17 在【默认】选项卡中单击【圆】按钮，然后在垂直的辅助直线上单击并指定半径为 28，绘制一个圆形对象，接着使用相同的操作方法，在零件图样上绘制其他圆形对象，如图 10-21 所示。

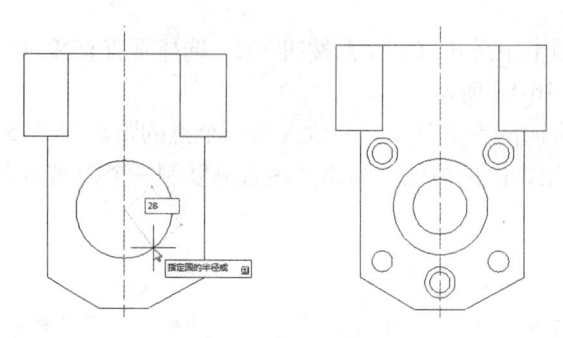

图 10-21 为零件绘制圆形对象

18 在【默认】选项卡中单击【多段线】按钮，然后在左侧矩形左上方角点上单击指定为多段线起点，接着向垂直方向移动鼠标指针并输入距离为"12"，最后在矩形另一侧边上单击，确定多段线第三个点并结束绘制，如图 10-22 所示。

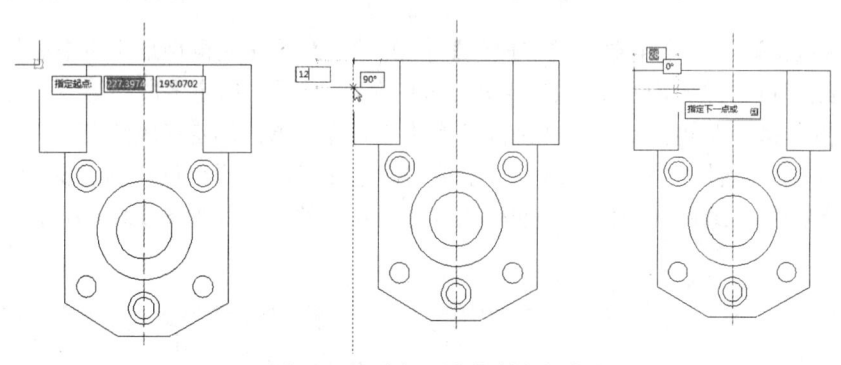

图 10-22 在矩形上绘制多段线

19 在【默认】选项卡中单击【矩形】按钮，然后在左侧矩形上方绘制一个小矩形，如图 10-23 所示。

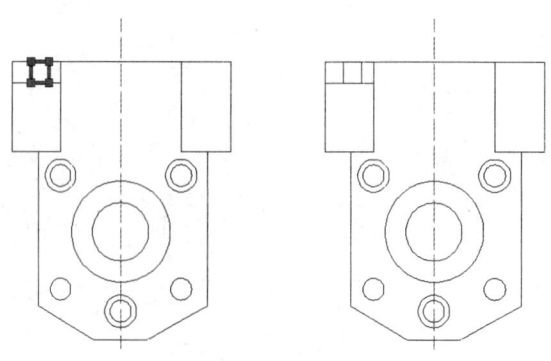

图 10-23 绘制小矩形

20 在【默认】选项卡中单击【镜像】按钮，然后选择步骤 18 和步骤 19 绘制的多段线和矩形对象，指定垂直辅助线作为镜像轴，通过镜像方式生成另一侧矩形上的图样，如图 10-24 所示。

21 在【默认】选项卡中单击【复制】按钮，选择零件图下方的两个小圆形作为目标对象，然后指定圆形为基点，并在垂直辅助线上方单击指定第二个点，以复制出另外两个圆形对象，如图 10-25 所示。

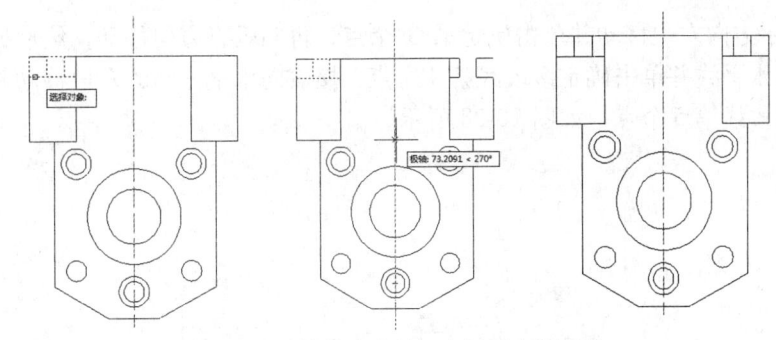

图 10-24 镜像生成另一个矩形上的图样

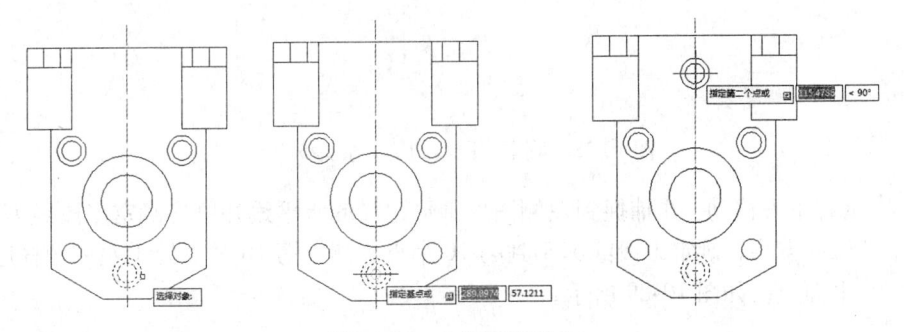

图 10-25 复制圆形对象

10.4.2 实例 02：绘制零件左视图图样

本节将绘制机械零件在左视图显示的图样。在本例的操作中，首先利用【对象捕捉】功能配合【多段线】功能，绘制出零件左视图的基本多段线形状，然后绘制在左视图中显示的圆形和在主视图中表示圆形圆孔的图形，接着绘制两条红色的辅助虚线即可，结果如图 10-26 所示。

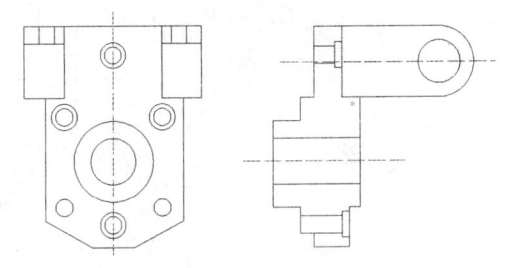

图 10-26 绘制零件左视图图样的结果

上机实战　绘制零件左视图图样

1 打开光盘中的 "..\Example\Ch10\10.2.2.dwg" 练习文件，在【默认】选项卡中单击【多段线】按钮，然后捕捉零件主视图的矩形图形右上方角点并水平向右移动，接着在同一水平线上单击，确定多段线起点，再向垂直方向移动，并输入距离为 "50"，确定多段线第二个点，如图 10-27 所示。

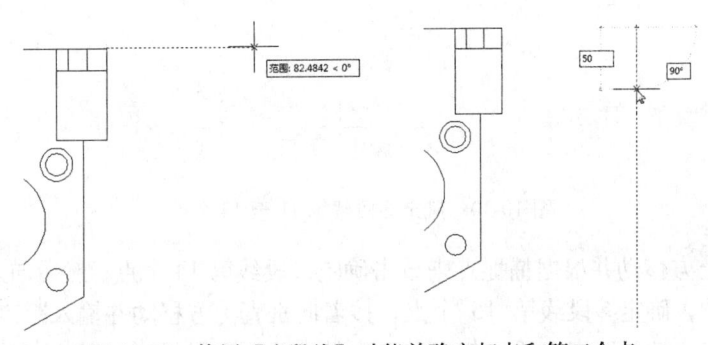

图 10-27 使用【多段线】功能并确定起点和第二个点

2 向水平方向左边移动并单击确定第 3 个点,再向垂直方向移动,然后捕捉到左侧图样圆形边缘的水平线并单击确定多段线第 4 个点,接着向水平方向的左边移动并输入距离为"20",确定多段线第 5 个点,如图 10-28 所示。

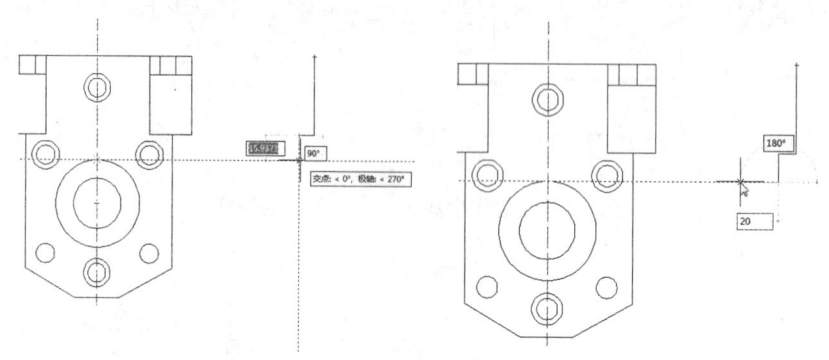

图 10-28 确定多段线的第 3 至第 5 个点

3 向垂直下方移动,并捕捉到左侧图形圆形边缘的水平线并单击确定多段线第 6 个点,然后使用类似的方法,确定多段线第 7 到第 10 个点,其中第 10 个点处于左侧图样底端水平线的同一水平面上,如图 10-29 所示。

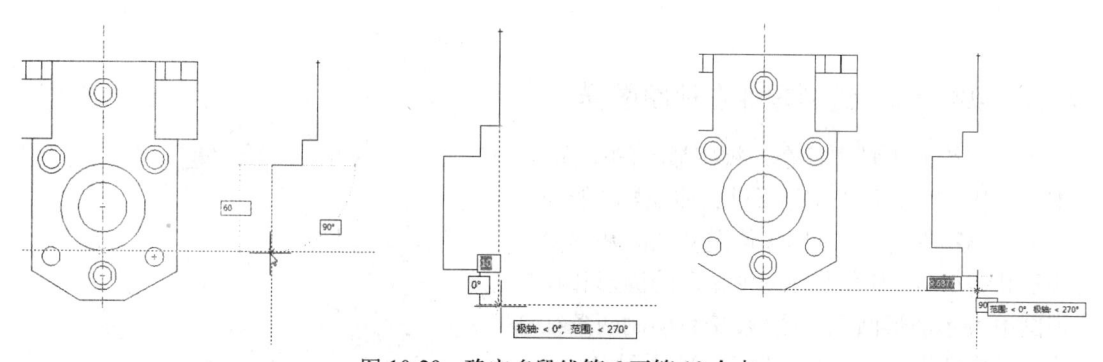

图 10-29 确定多段线第 6 至第 10 个点

4 向水平右方移动,并输入距离为"25"确定第 11 个点,然后向垂直上方移动并单击确定第 12 个点,接着向水平右方移动,并输入距离为"8"确定第 13 个点,如图 10-30 所示。

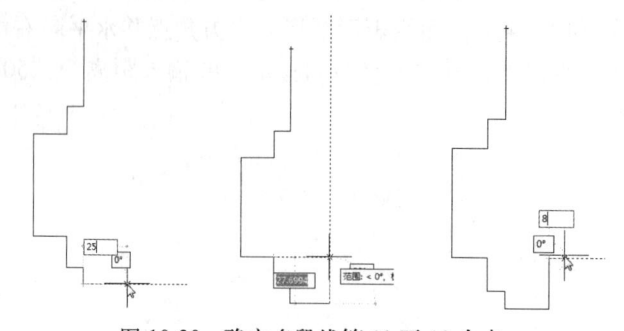

图 10-30 确定多段线第 11 至 13 个点

5 向垂直上方移动并根据捕捉点来单击确定多段线第 14 个点,然后向水平左方移动并输入距离为"13",确定多段线第 15 个点,接着向垂直上方移动并输入距离为"50",确定多段线第 16 个点,最后返回多段线起点并单击结束绘制多段线,如图 10-31 所示。

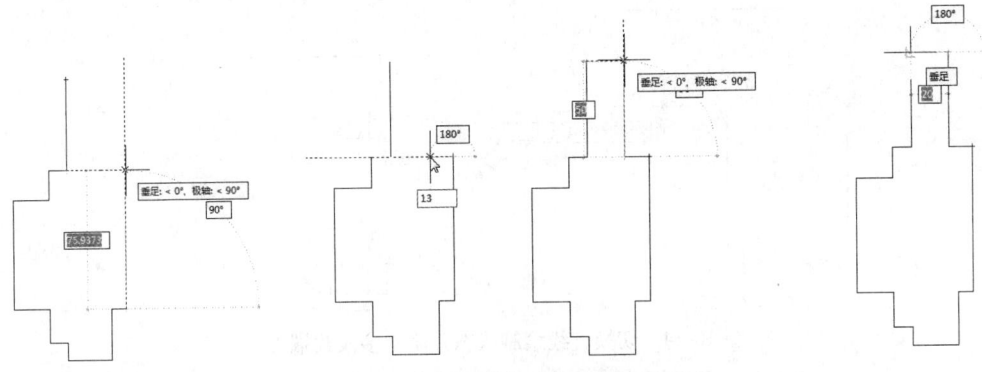

图 10-31　绘制多段线其他点并返回起点

6　在【默认】选项卡中再次单击【多段线】按钮，然后在刚绘制的多段线图形中单击确定起点，再向水平右方移动并输入距离为"70"，确定多段线第二个点，如图 10-32 所示。

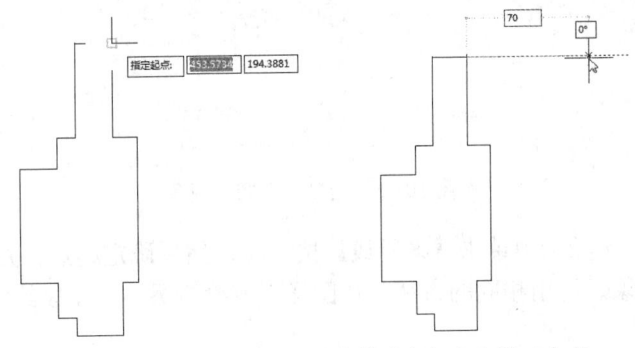

图 10-32　使用【多段线】功能并确定起点和第二个点

7　输入"a"并按 Enter 键，切换到弧线绘制状态，然后向垂直下方移动，并捕捉现有多段线图形线段的相交点后单击，绘制出一个与多段线第二个点成 90 度的弧线对象，如图 10-33 所示。

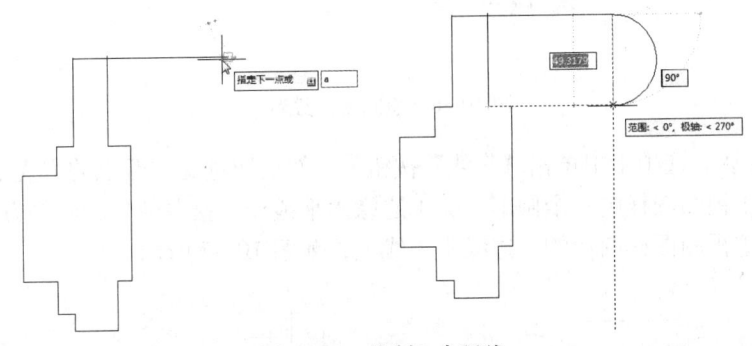

图 10-33　绘制一个弧线

8　输入"l"并按 Enter 键切换到直线绘制状态，然后在现有多段线图形上捕捉一点作为目前绘制的多段线的端点，如图 10-34 所示。

9　在【默认】选项卡中单击【圆心，半径】按钮，然后捕捉到弧线的圆心点并单击作为圆形的圆心，接着输入半径为"15"并按 Enter 键，绘制出一个圆形对象，如图 10-35 所示。

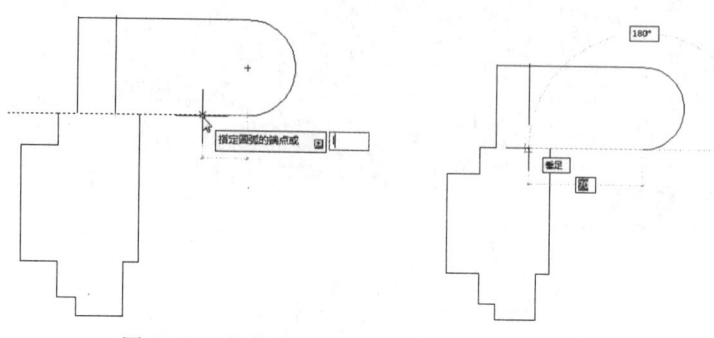

图 10-34 切换直线绘制状态并确定多段线端点

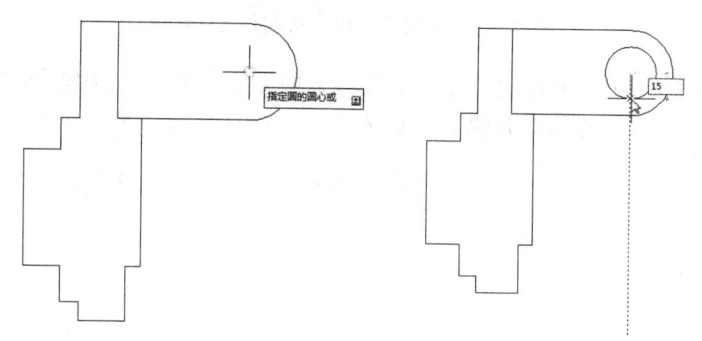

图 10-35 绘制一个圆形对象

10 在【默认】选项卡中单击【多段线】按钮，然后确定起点，并根据如图 10-36 所示绘制出多段线对象。使用相同的方法，在图样下方绘制另一个多段线对象。

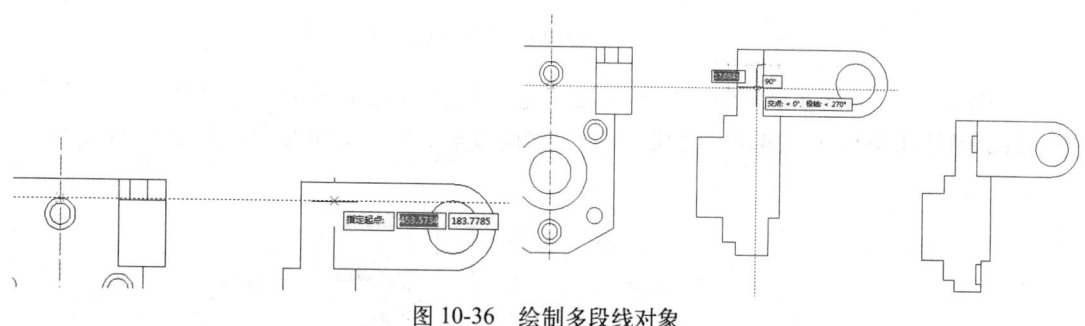

图 10-36 绘制多段线对象

11 在【默认】选项卡中单击【直线】按钮，然后通过指定两点的方式绘制一条直线，并且直线位于主视图图样中一个圆形对象上边缘水平线上，接着使用相同的方法绘制另一条直线，并位于主视图图样圆形的下边缘水平线上，如图 10-37 所示。

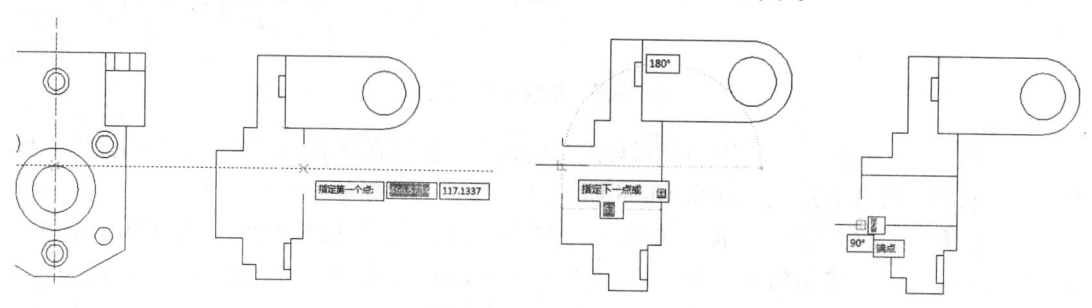

图 10-37 绘制两条直线

12 根据步骤 11 的方法，在步骤 10 绘制的多段线对象上绘制两条直线，表示圆孔的左视图图样，结果如图 10-38 所示。

13 在【默认】选项卡中单击【直线】按钮，然后在零件左视图图样中绘制一条经过圆形圆心的直线，再绘制与主视图图样中较大圆形的圆心同一水平面的直线，接着设置两条直线的颜色为【红色】，线型为虚线，如图 10-39 所示。

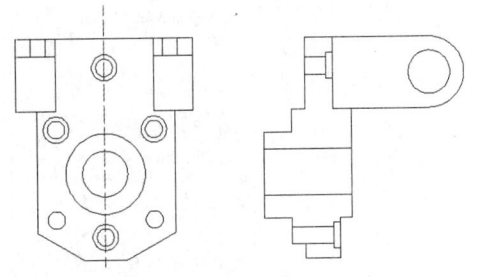

图 10-38 绘制直线以表示圆孔的左视图图样

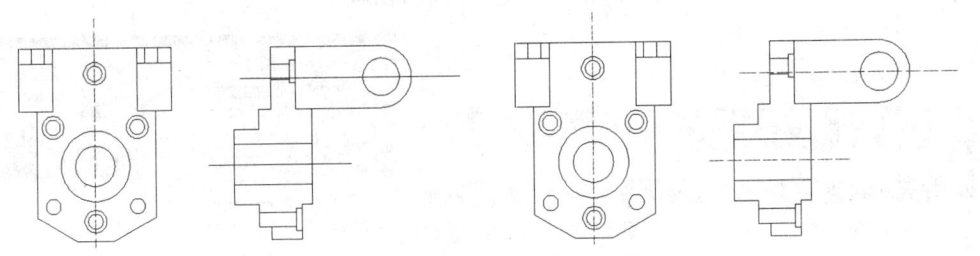

图 10-39 绘制直线并设置直线特性

10.4.3 实例 03：设置图样的特性与标注

本节将为机械零件设计图样设置线条特性和填充，再添加各种标注。在本例的操作中，首先设置图样的线宽，并在指定的空间中填充图案，然后修改当前标注样式，创建多个线性标注、连续标注和基线标注，接着创建半径标注和角度标注，最后绘制一个矩形图框即可，结果如图 10-40 所示。

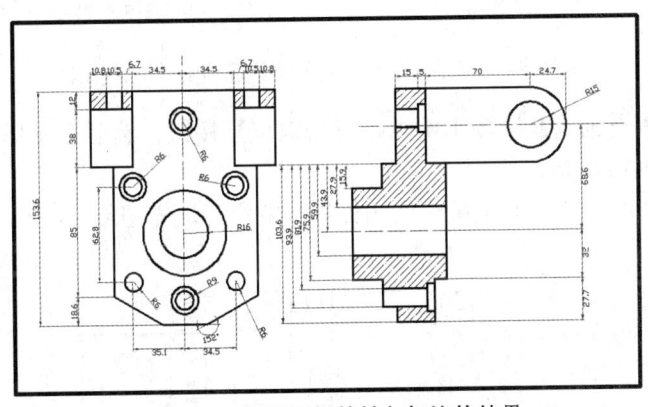

图 10-40 设置图样特性与标注的结果

上机实战 设置图样的特性与标准

1 打开光盘中的 "..\Example\Ch10\10.2.3.dwg" 练习文件，拖动鼠标选择主视图的零件图样（除红色虚线外），再拖动鼠标选择左视图的零件图样（除两条红色虚线外），如图 10-41 所示。

2 在状态栏中单击【显示/隐藏线宽】按钮，设置显示线宽，然后打开【线宽】列表框并选择线宽为【0.30 毫米】，如图 10-42 所示。

3 在【默认】选项卡中单击【图案填充】按钮，打开【图案填充创建】选项卡，然后打开【图案】列表框并选择一种图案，如图 10-43 所示。

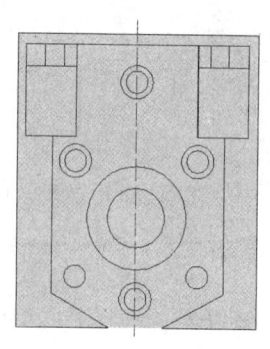

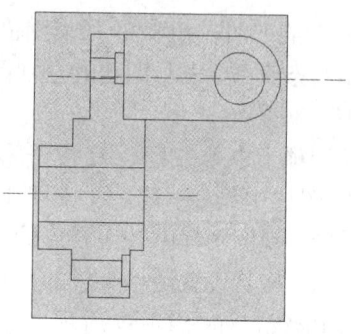

图 10-41　选择到零件图样

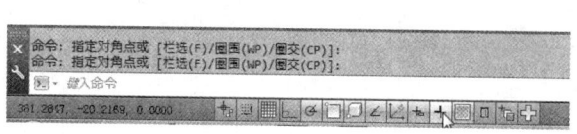

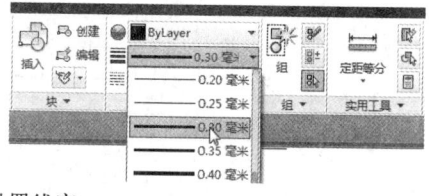

图 10-42　显示线宽并设置线宽

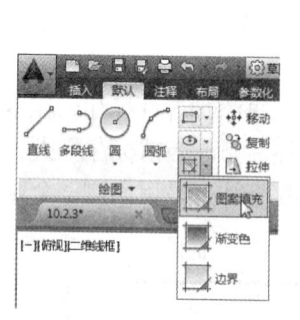

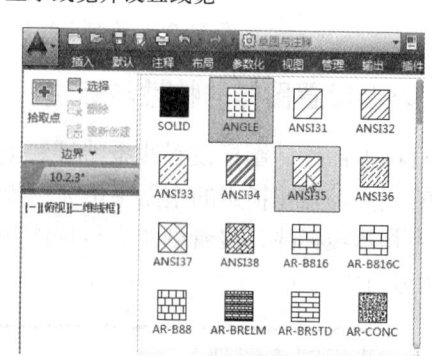

图 10-43　打开【图案填充创建】选项卡并选择图案

4 在【图案填充创建】选项卡中单击【拾取点】按钮，然后在图样上指定拾取点进行图案填充，如图 10-44 所示。

5 使用步骤 4 的方法，为机械零件图样指定的空间填充图案，结果如图 10-45 所示。

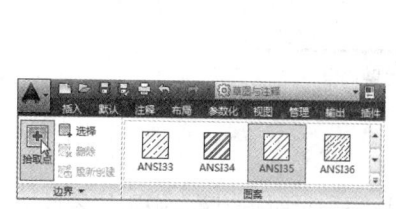

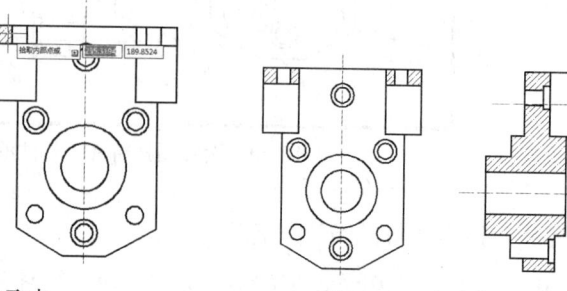

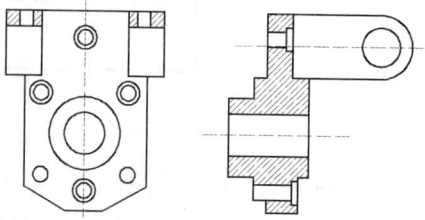

图 10-44　在图样中指定拾取点　　　　图 10-45　为零件图填充图案

6 打开【标注样式管理器】对话框，选择【ISO -25】样式并单击【修改】按钮，然后选择【文字】选项卡，并修改各个文字选项，如图 10-46 所示。

7 切换到【线】选项卡，再设置尺寸线、尺寸界面的选项，然后选择【主单位】选项卡，再设置主单位的各个选项，如图 10-47 所示。

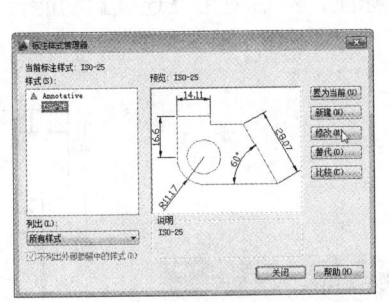

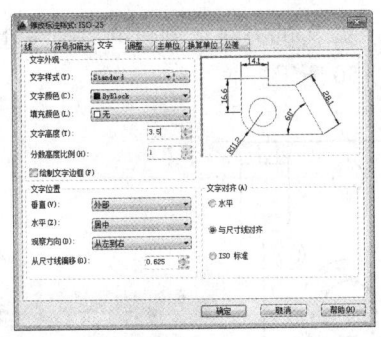

图 10-46　修改标注样式的文字选项

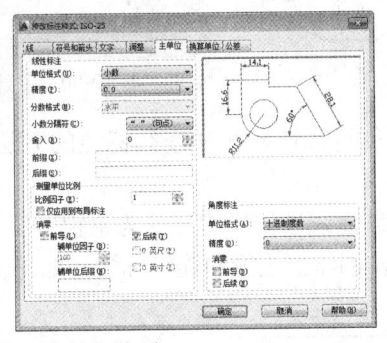

图 10-47　设置线和主单位选项

8　切换到【符号和箭头】选项卡，然后设置箭头、圆心标记、弧长符号等选项，再单击【确定】按钮，返回【标注样式管理器】对话框后，单击【置为当前】按钮并单击【关闭】按钮，如图 10-48 所示。

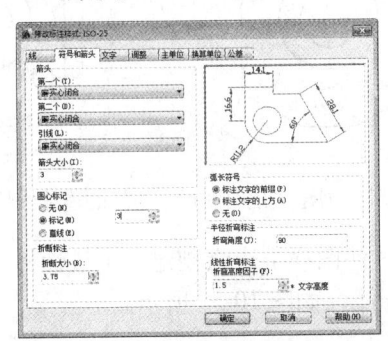

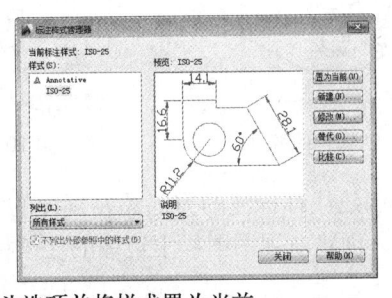

图 10-48　设置符号和箭头选项并将样式置为当前

9　在【注释】选项卡中单击【线性】按钮，然后指定第一条尺寸界线原点，再指定第二条尺寸界线的原点，接着拉出线性尺寸线，如图 10-49 所示。

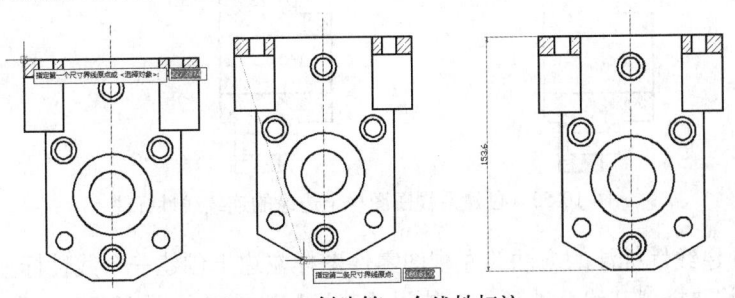

图 10-49　创建第一个线性标注

10 使用步骤 9 的方法，创建第二个线性标注，然后使用【连续】功能，创建连续线性标注，如图 10-50 所示。

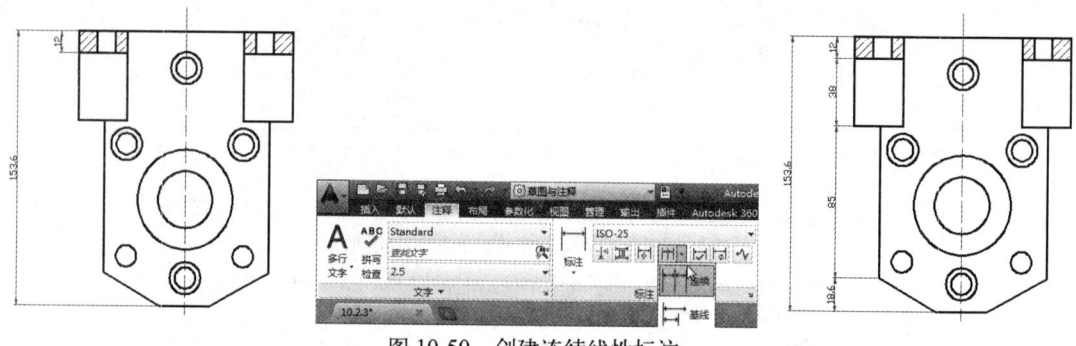

图 10-50 创建连续线性标注

11 使用创建线性标注和连续标注的方法，为主视图的零件图样创建其他标注，如图 10-51 所示。

12 使用创建线性标注的方法为主视图的零件图样上边缘创建一个线性标注，然后使用【连续】功能，创建上边缘的连续标注，如图 10-52 所示。

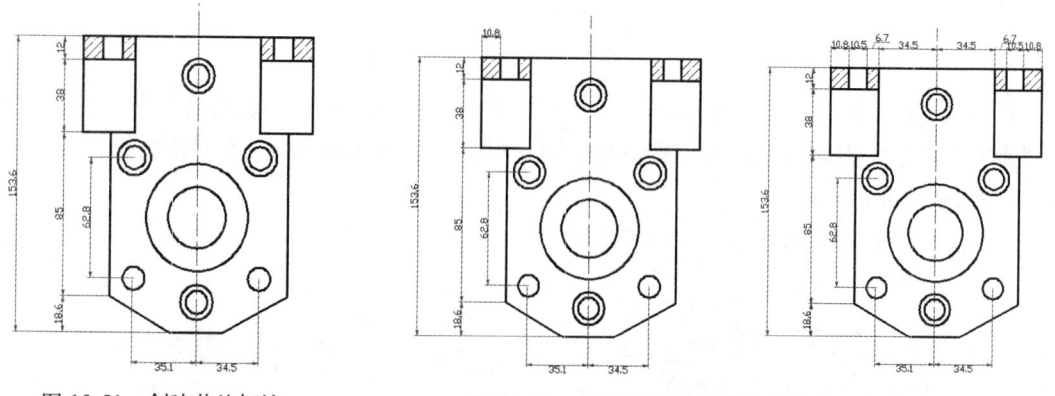

图 10-51 创建其他标注　　　　图 10-52 创建主视图图样上边缘的连续线性标注

13 使用创建线性标注的方法为左视图的零件图样上边缘创建一个线性标注，然后使用【连续】功能，创建左视图图样上边缘的连续标注，如图 10-53 所示。

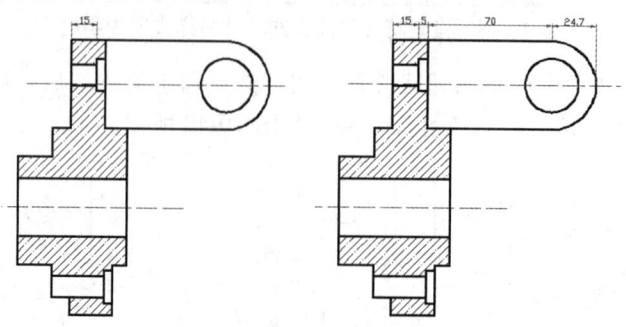

图 10-53 创建左视图图样上边缘的连续线性标注

14 使用创建线性标注的方法为左视图零件图样左边上创建一个线性标注，然后打开【连续】列表框，并选择【基线】选项，以使用【基线】功能，如图 10-54 所示。

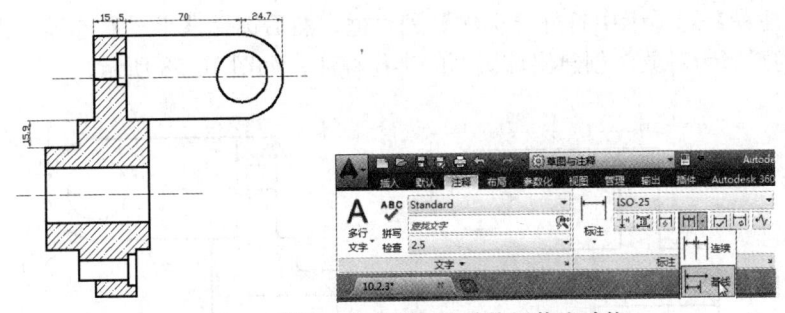

图 10-54 创建一个线性标注并使用基线功能

15 使用【基线】功能为左视图左侧边缘创建基线标注，如图 10-55 所示。

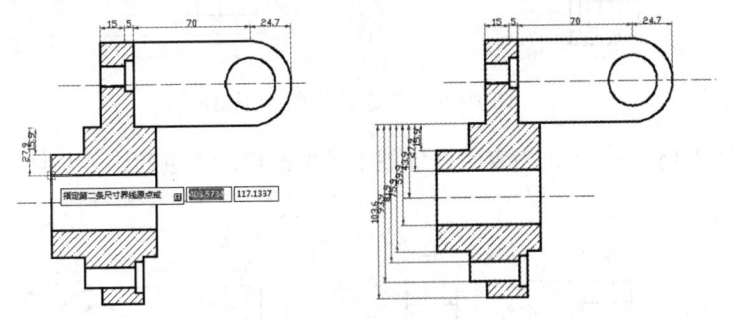

图 10-55 创建基线标注

16 选择最左侧的基线标注，然后按住夹点向左移动，调整基线标注的位置，接着使用相同的方法，调整其他基线标注的位置，如图 10-56 所示。

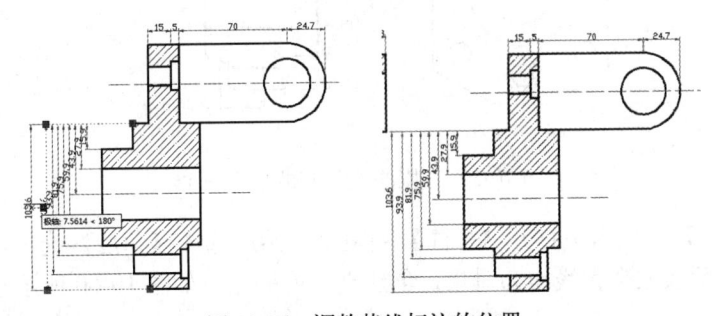

图 10-56 调整基线标注的位置

17 使用创建线性标注的方法，依照两条红色水平辅助线为左视图的零件图样创建线性标注，然后使用【连续】功能，创建连续线性标注，如图 10-57 所示。

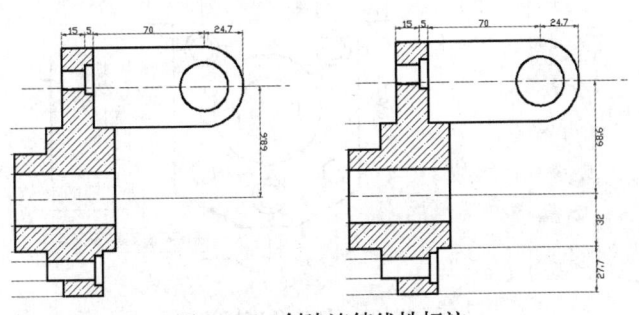

图 10-57 创建连续线性标注

18 在【注释】选项卡中打开【标注】列表框,然后选择【半径】选项,再选择零件左视图图样中的圆形为对象,创建出该圆形的半径标注,如图 10-58 所示。

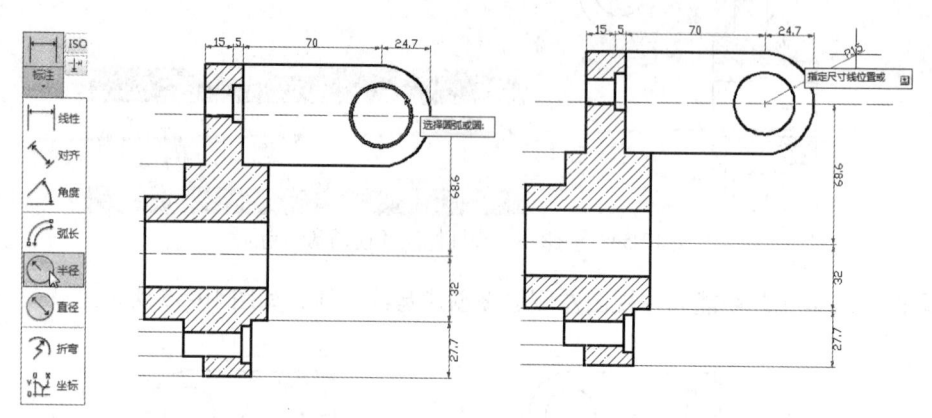

图 10-58 创建圆形的半径标注

19 使用步骤 18 的方法,为零件设计图中其他圆形对象创建半径标注,结果如图 10-59 所示。

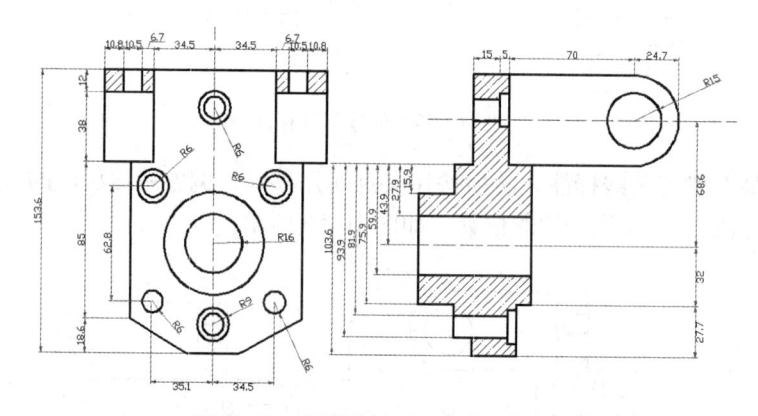

图 10-59 创建其他圆形的半径标注

20 在【注释】选项卡中打开【标注】列表框,然后选择【角度】选项,再选择零件主视图图样下方的两条相交直线作为对象,创建出角度标注,如图 10-60 所示。

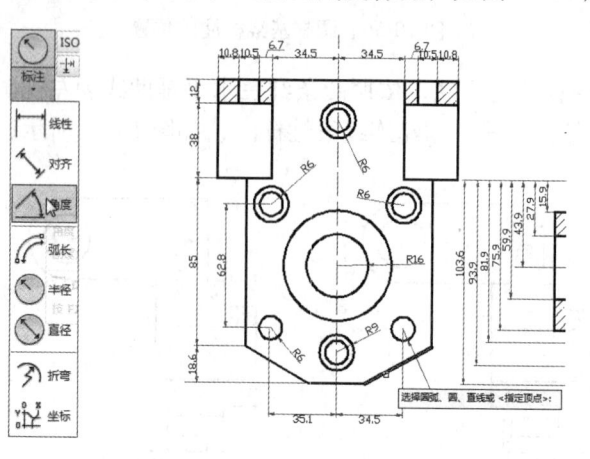

图 10-60 创建角度标注

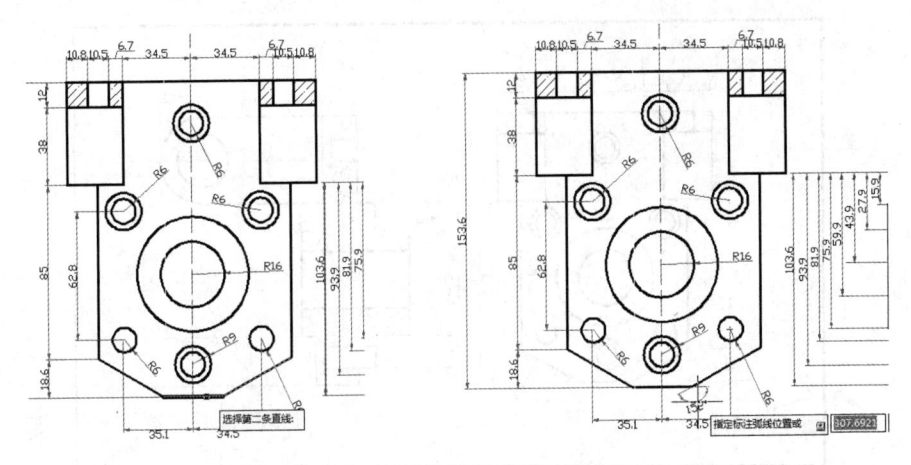

图 10-60 创建角度标注（续）

21 在【默认】选项卡中单击【矩形】按钮▭，然后通过指定两个角点的方式创建一个包围整个零件设计图的矩形对象，再设置矩形的线宽为 0.6 毫米，如图 10-61 所示。

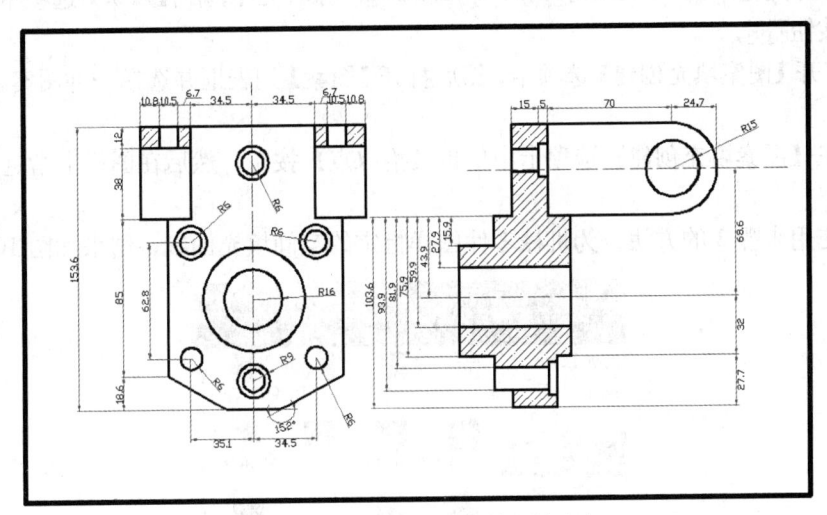

图 10-61 绘制一个矩形并设置线宽

10.5 本章小结

本章以一个包含主视图图样和左视图图样的机械零件设计图为例，介绍 AutoCAD 2014 在机械制图方面的应用。在整个实例的设计中，首先通过绘制多段线、矩形和圆形的方法，绘制出机械零件主视图图样，然后使用主视图图样做参考绘制出左视图图样，接着根据零件的实体效果填充图案，并添加标注以方便后续实物的制作。

10.6 课后训练

本章上机训练题要求在 AutoCAD 2014 程序中选择一种指定的图案，然后为机械零件设计图指定空间填充该种图案，结果如图 10-62 所示。

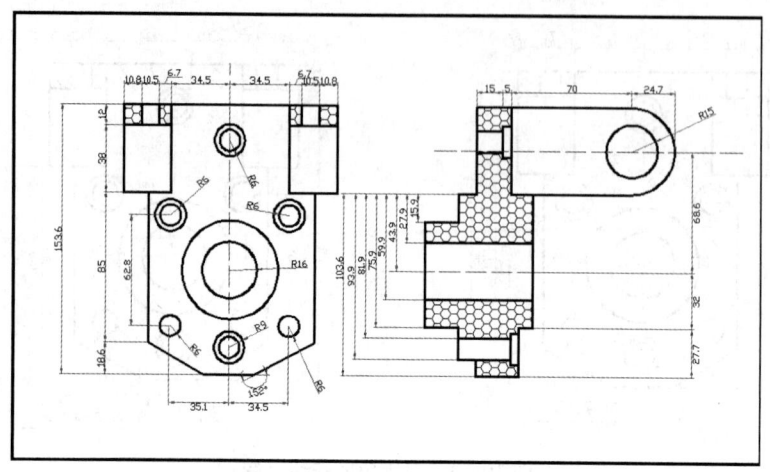

图 10-62 课后训练题的结果

提示：

（1）打开光盘中的"..\Example\Ch10\10.4.dwg"练习文件，在【默认】选项卡中单击【图案填充】按钮。

（2）打开【图案填充创建】选项卡，然后打开【图案】列表框并选择一种图案，如图 10-63 所示。

（3）在【图案填充创建】选项卡中单击【拾取点】按钮，然后在图样上指定拾取点进行图案填充。

（4）使用步骤 3 的方法，为机械零件图样指定的空间填充图案，结果如图 10-62 所示。

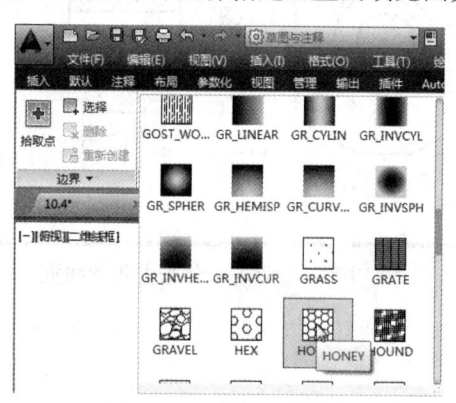

图 10-63 选择一种图案

第 11 章　家具三维实体模型设计

教学提要

三维实体模型是物体的三维空间表示形式，它比二维图形更能真实地表现对象。三维实体模型设计在计算机辅助设计中应用非常广泛。本章将使用一个茶几实体模型案例，介绍在 AutoCAD 2014 中设计三维实体模型的应用。

教学重点

- 掌握设置不同三维视图的方法
- 掌握绘制各种三维实体的方法
- 掌握将二维图形拉伸成三维实体的方法
- 掌握编辑三维实体对象的方法
- 掌握对三维实体进行着色和渲染的方法

如今，我们可以使用 AutoCAD 完成传统意义上的二维绘图设计，用以指导生产且在一定程度上可以提高设计效率。但在某些工程、零件或模型的设计上，二维绘图在许多情况下不能完全表述其设计意图，并难以完全表现出创意中零部件的材料、形状、尺寸、相关联零件等三维实体。因此，AutoCAD 为用户提供了三维实体模型设计的功能，可以通过应用统一的数据进行三维实体设计，并以此为基础对整体设计或部件进行有限元分析、运动分析、装配的干涉检查、机构仿真、NC 程序的自动编制、准确的二维工程图生成以及外形质感、颜色或动画外观效果的渲染。

11.1　关于三维设计和三维模型

三维设计是新一代数字化、虚拟化、智能化设计平台的基础。它是建立在平面和二维设计的基础上，使设计目标更立体化、更形象化的一种设计方法。

三维模型是三维的、立体的模型。三维模型在很多立体模型设计上应用广泛，包括各种建筑、人物、植被、机械以及玩具和电脑模型领域。

三维模型也分为人物、交通运输、建筑装饰、家具、电器、机械、动物、怪物、植物、服装、饰品、日常用品、乐器、艺术品及其他各类。例如，家具三维模型包括沙发座椅、床、餐椅、居室灯具、衣柜等。如图 11-1 所示为一些三维设计展示。

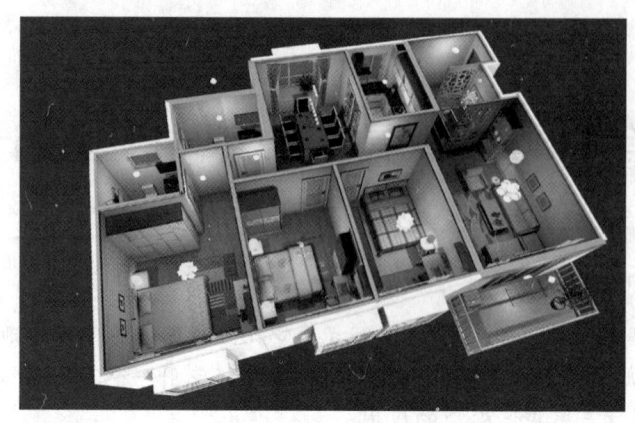

图 11-1　三维设计展示

1. 三维设计的意义和作用

二维布局最常用的是使用浮动和相对定位，目的是让各种各样的模块放置在一个平面内，在结构和表现方面都处理得非常复杂，效率方面大打折扣。三维布局必须使用绝对定位，绝对定位一定程度上可以代替浮动做到相对屏幕，而且兼容性更好。

三维模型设计中包括了产品完整的几何结构，还可以从三维模型中产生其他各种视图，除基本标准的三视图外，还可生成轴测图、方向视图、各种剖视图、局部视图等。在不同的设计环境中，模型都是相互关联的，可以在三维、二维或其他设计环境中直接修改模型的结构和尺寸，其他的模型可以自动更新。

在三维的 CAD 模型设计中，可以调节渲染所设计产品的一些基本属性，如光源设置、模型属性（颜色、透明度、反射系数等），还可以设置模型的颜色、纹理、反射、景深、阴影等，从而达到渲染产品外观的效果。只有在三维的 CAD 设计中，才可能建立进行有限元分析的原始基本数据，进而实现产品的优化设计。用三维模型在装配状态下进行零件设计，可以避免实际的干涉现象，起到事半功倍的作用。因此，采用三维设计是设计理念的一种变革，是 AutoCAD 应用的一大提升。

2. 三维模型的构建方法

三维模型的构建方法主要有以下 3 种：

（1）人工软件构建三维模型：这种方式要求操作人员要具有丰富的专业知识，熟练使用建模软件，而且操作复杂，周期较长，同时最终构建的三维模型真实感不强。

（2）三维扫描仪构建三维模型：这种方式需要价格昂贵的三维扫描仪等硬件设备，并且三维扫描仪现今只能获得物体的位置信息，对于物体表面的纹理特征多数仍然需要辅助大量的手工工作才能完成，整个过程成本高、周期长。

(3) 基于图像构建三维模型：这种方式只需要提供一组物体不同角度的序列照片，在计算机辅助下即可自动生成物体的三维模型。操作简单、自动化程度高、成本低、真实感强。

11.2 AutoCAD 在家具模型设计中的应用

家具是一种三维空间设计，而通常的设计图纸则是以二维的形式呈现的，两者之间需要一个比较复杂的转换过程。设计创意需要借助适当的方式来表达，如草图、模型等。

随着家具设计功能的复杂化，设计的完整表达并非是一件轻而易举的事情，如果表达不够充分，就会直接影响设计效果。AutoCAD 程序提供了三维实体造型设计功能，因此可以利用 AutoCAD 建模设计方法解决上述设计当中的问题。

1. 家具造型设计

家具设计中的三维造型模型分为 3 种类型：线框模型、表面模型和实体模型，这 3 种模型所包括的信息量是不同的。其中，最能直观且全面表达出产品实际造型的就是实体模型了。如图 11-2 所示为一些家具三维造型。

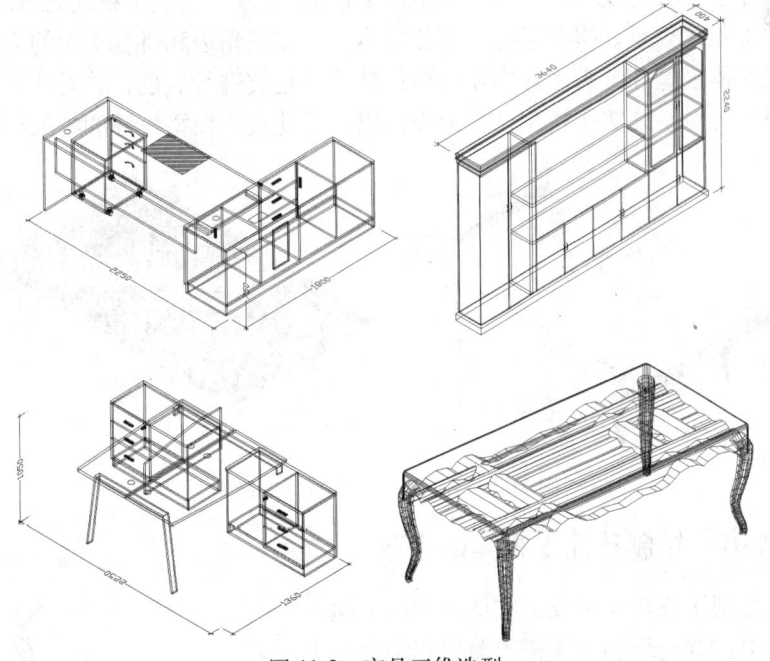

图 11-2 家具三维造型

在家具造型中，主要是以立方体、球体、圆柱体、锥体、环状体、多段体等多种基本元素为单位元素，AutoCAD 软件的三维模型可以通过集合运算（拼合或布尔运算），生成所需要的实体模型。当遇到曲边、型边、复杂的线型和脚型等，无法以标准或扩展几何体为基本模型生成，就需要绘制家具零部件的轴向截面二维封闭图形作为建立三维模型的剖面，再生成立体模型。另外，AutoCAD 提供参数化功能，可以将产品的三维实体模型和一组参数相关联，从而确定、描述产品三维模型的外部重要特征，达到快速设计家具产品的目的。

2. 家具着色和渲染

为了使三维实体模型更具有真实性，可以给模型添加色彩和纹理等，这些色彩和纹理叫做材质。

着色是 AutoCAD 中形象显示三维实体的重要手段之一。通过模型线型的显示，可以更加清楚三维实体的结构模型，而通过着色处理后，可以看到更加真实的实体三维效果。

除了着色外，通过 AutoCAD 的渲染功能，可以创建模型的近似真实的外观图像。在应用渲染功能时，可以调整光源、材质和相机位置，这些选项提供了灵活地表达三维对象的方式。

对于比较复杂的三维实体模型，由于着色及渲染会很费时。而通过 AutoCAD 的图层管理，渲染复杂三维实体模型就变得简单起来。在建模时，可以先将某些暂时用不到的图层关闭或冻结，使一些实体不可见，这样就可以大大减少 AutoCAD 重新生成图形的时间，三维实体也就会显示得更加清晰，也有利于对其他三维实体模型进行操作。

11.3 案例展示与设计

下面以一个长方形的实木加玻璃板的茶几实体模型为例，介绍 AutoCAD 2014 在家具三维实体模型设计中的应用。在本例的设计中，首先在三维建模工作区中绘制茶几 4 个支脚实体模型，然后通过绘制矩形、拉伸矩形和创建圆角边的方法，绘制出茶几的玻璃板实体模型，并为玻璃板添加花纹效果，接着通过绘制长方体、制作圆角边和拼合实体的方法，绘制出茶几的实木底托实体模型和支脚固件实体模型，最后对花纹进行着色，并对茶几其他部件进行应用材质处理，再对茶几实体模型进行渲染输出。茶几实体模型设计的结果如图 11-3 所示。

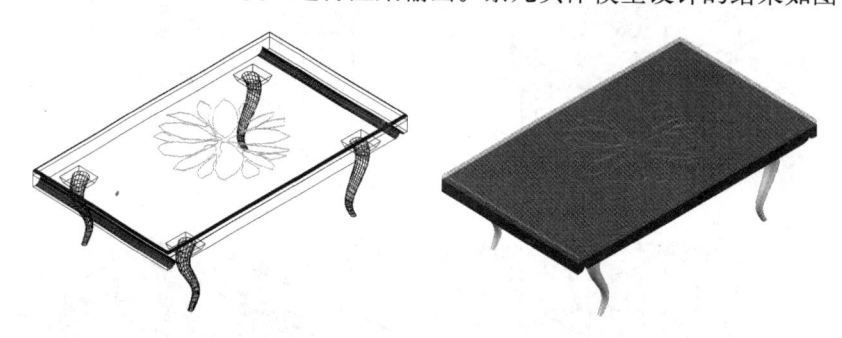

图 11-3 茶几实体模型设计的结果

11.3.1 案例 01：绘制茶几支脚实体模型

本节将介绍制作茶几 4 个支脚实体模型的方法。在本例的操作中，首先绘制一条样条曲线和两个一大一小的圆形，然后通过放样处理，制作出其中一个支脚实体，接着通过复制的方法绘制出其他支脚实体，并将支脚实体分别放置在不同位置作为茶几的支撑点，结果如图 11-4 所示。

图 11-4 制作茶几脚架

上机实战 绘制茶几支脚实体模型

1 启动 AutoCAD 2014 应用程序，然后单击【新建】按钮，并通过【选择样板】对话框新建一个公制图形文件，如图 11-5 所示。

2 在程序中设置【三维建模】工作区，再设置视觉样式为【线框】，如图 11-6 所示。

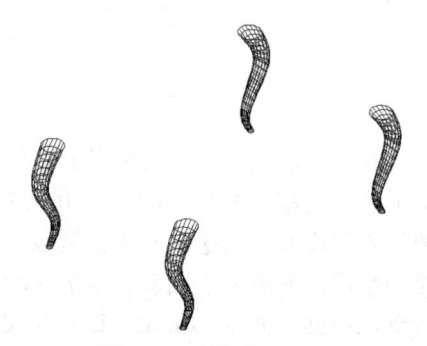

第 11 章　家具三维实体模型设计　***271***

图 11-5　新建图形文件　　　　　　　　图 11-6　设置操作环境

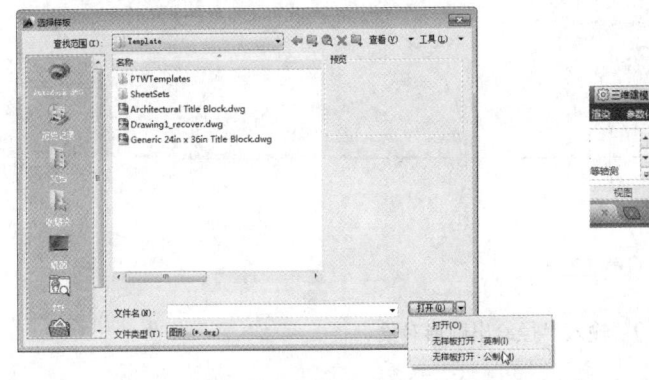

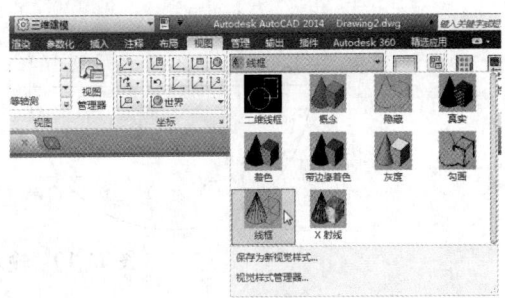

3　选择【视图】选项卡，再设置视图为【前视】，切换到【常用】选项卡，再单击【样条曲线】按钮，如图 11-7 所示。

图 11-7　设置视图并单击【样条曲线】按钮

4　在绘图区上单击指定第一个点，然后在其他位置分别单击指定其他点，绘制出样条曲线后按 Enter 键即可，如图 11-8 所示。

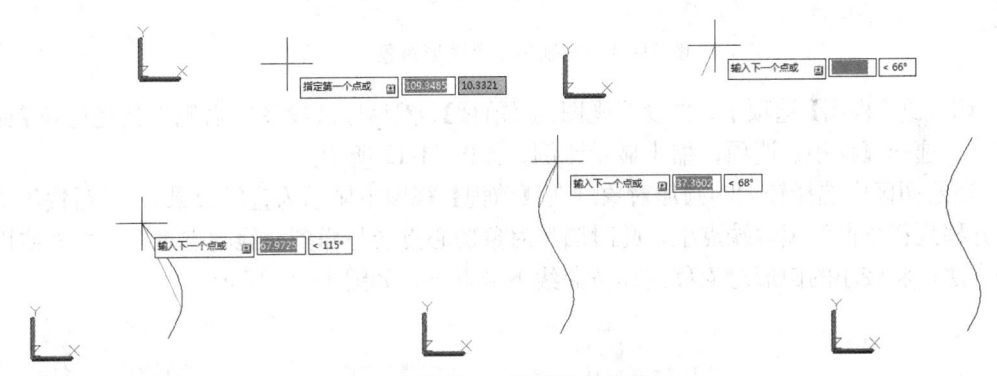

图 11-8　绘制样条曲线

5　通过【视图】选项卡设置视图为【仰视】，再切换到【常用】选项卡中单击【圆心，半径】按钮，然后在样条曲线上单击指定圆心，如图 11-9 所示。

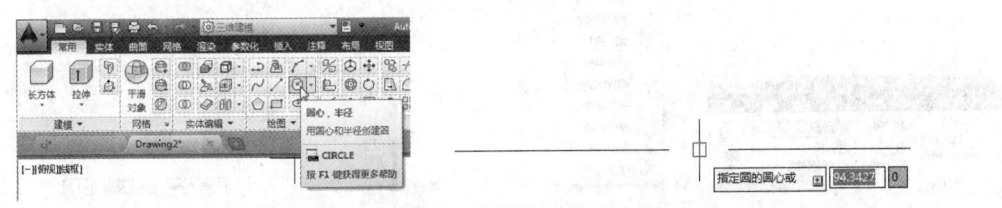

图 11-9　设置仰视视图并指定圆心位置

6　系统提示：指定圆的半径，此时输入半径为"10"并按 Enter 键，绘制出一个圆形对象，如图 11-10 所示。

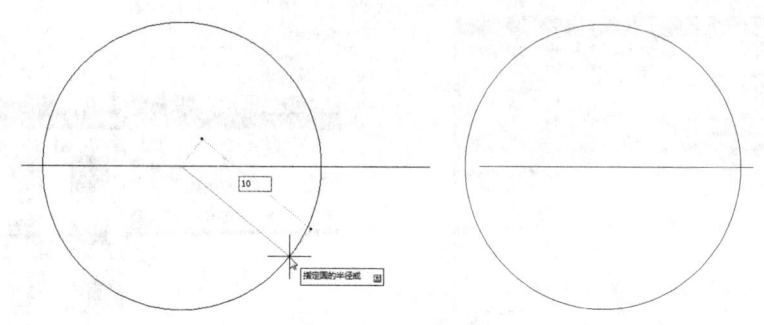

图 11-10 输入半径绘出圆形对象

7 单击【圆心,半径】按钮⊙，然后在样条曲线上单击指定圆心，接着输入半径为"20"，绘制出另一个圆形对象，如图 11-11 所示。

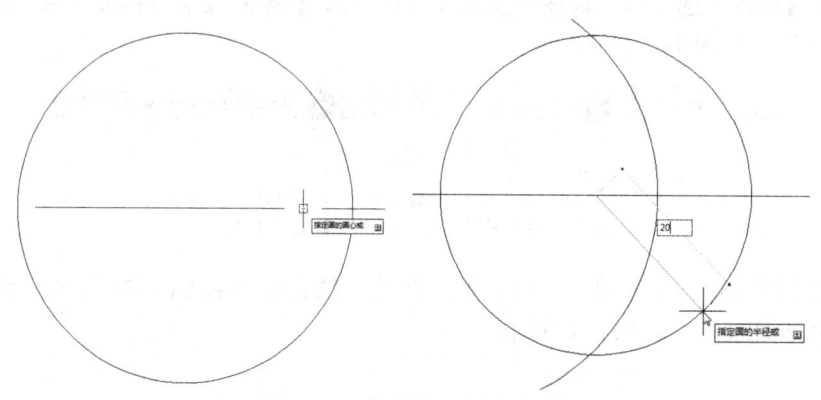

图 11-11 绘制另一个圆形对象

8 切换到【视图】选项卡，再设置视图为【前视】，然后通过绘图区右侧工具栏打开【缩放】菜单，选择【缩小】选项，缩小显示比例，如图 11-12 所示。

9 在绘图区中选择较大的圆形对象（在【前视】视图中显示为直线效果），然后按住圆形对象并移到样条曲线顶端端点上，此时圆形对象圆心点会与样条曲线端点重合，接着使用相同的方法，将较小的圆形对象移到样条曲线下端点上，如图 11-13 所示。

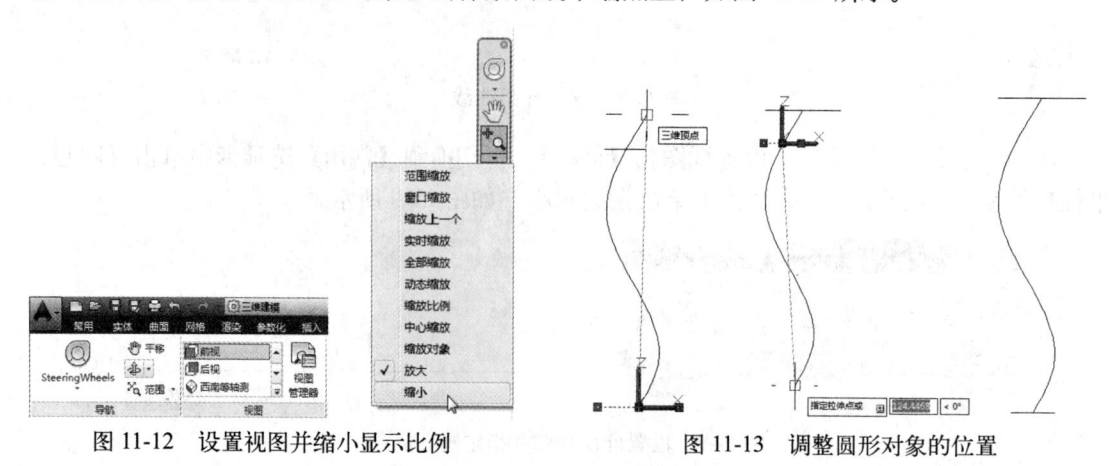

图 11-12 设置视图并缩小显示比例　　图 11-13 调整圆形对象的位置

10 打开程序菜单，再单击【选项】按钮，在其中选择【显示】选项卡，然后设置显示精度的各个参数，再单击【确定】按钮，如图 11-14 所示。

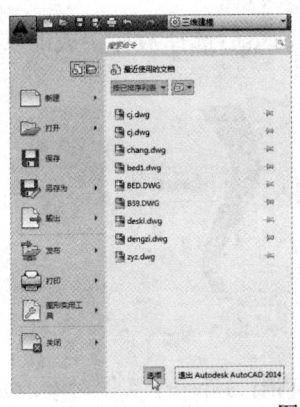

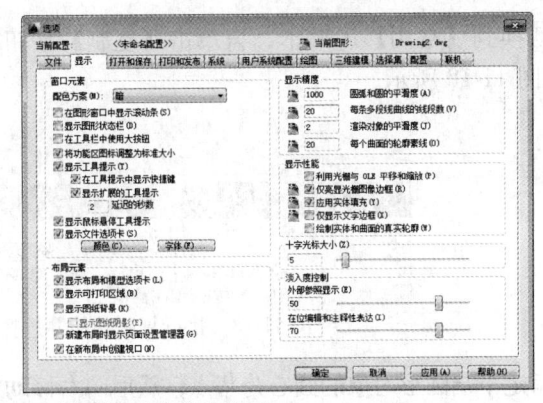

图 11-14 设置显示精度的选项

11 选择【实体】选项卡,然后单击【放样】按钮,再分别选择小圆形和大圆形并按 Enter 键,如图 11-15 所示。

图 11-15 为圆形对象执行放样

12 按 Enter 键显示选项列表,选择【路径】选项,然后选择样条曲线为路径并按下 Enter 键,如图 11-16 所示。

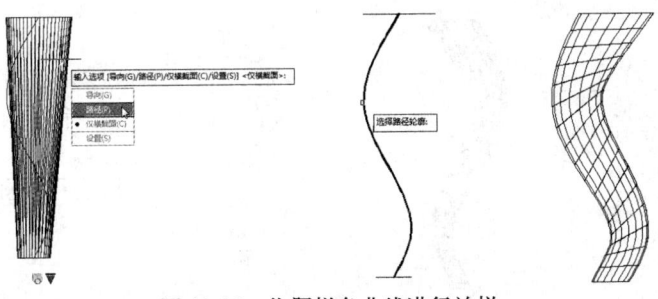

图 11-16 依照样条曲线进行放样

13 放大显示比例,然后选择最下端的圆形对象,再通过拖动夹点缩小圆形半径,接着使用相同的方法缩小上端圆形的半径,如图 11-17 所示。

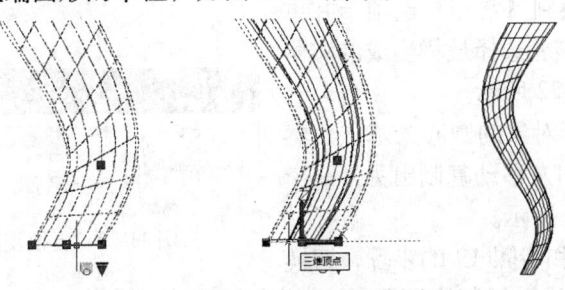

图 11-17 缩小上下两个圆形的半径

14 切换到【常用】选项卡,再单击【复制】按钮,然后选择放样生成的实体为作用对象,如图 11-18 所示。

图 11-18 执行复制功能并选择实体对象

15 指定下端圆形对象的圆心为基点,然后向右移动复制出另外一个实体对象,如图 11-19 所示。

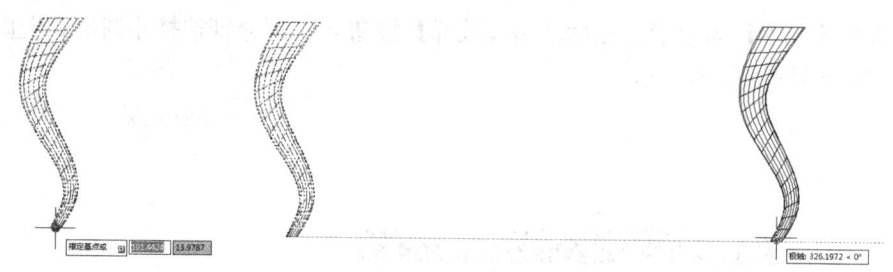

图 11-19 指定基点并复制出实体对象

16 切换到【实体】选项卡,然后打开小控件菜单并选择【旋转小控件】选项,再选择复制生成的实体对象,如图 11-20 所示。

17 显示三维小控件后,将指针移动到控件水平轴上,按住该轴向左移动,指定旋转角度为 180 度,目的是水平反转实体对象,如图 11-21 所示。

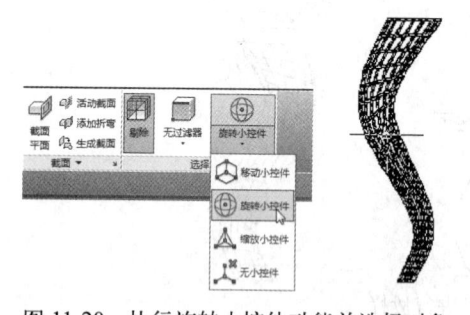

图 11-20 执行旋转小控件功能并选择对象

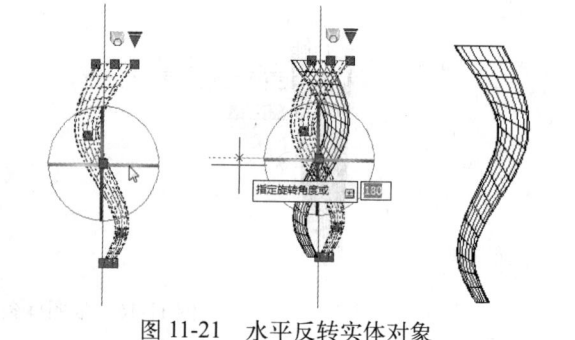

图 11-21 水平反转实体对象

18 切换到【视图】选项卡,再设置视图为【左视】,然后切换到【常用】选项卡并单击【复制】按钮,接着选择放样生成的实体为作用对象,如图 11-22 所示。

19 指定上端圆形对象的圆心为基点,然后维持 180 度的方向向左移动复制出另外一个实体对象,如图 11-23 所示。

20 使用步骤 18 和步骤 19 的步骤,切换视图为【右视】,然后通过复制的方式,复制出第 4 个实体对象,接着切换到【西南等轴测】

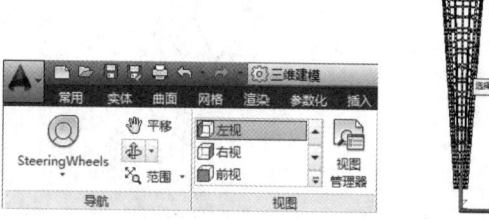

图 11-22 更换视图并执行复制功能

视图，查看 4 个实体对象的结果，如图 11-24 所示。

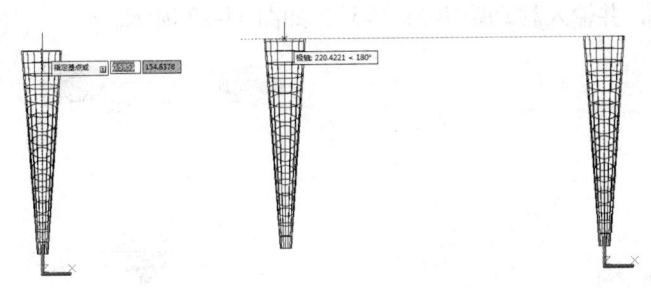

图 11-23　复制出第 3 个实体对象

图 11-24　复制出第 4 个实体对象并查看结果

11.3.2　案例 02：绘制茶几带花纹的玻璃板

本节将在茶几 4 个支脚实体上方绘制一个带花纹的玻璃板实体。在本例的操作中，首先通过【俯视】视图绘制一个矩形图形并进行扩大处理，然后通过拉伸绘制出长方体，再为长方体制作圆角边效果，接着加入花纹图形素材，并将花纹图形制成实体，放置在长方体上方即可，结果如图 11-25 所示。

上机实战　绘制茶几带花纹的玻璃板

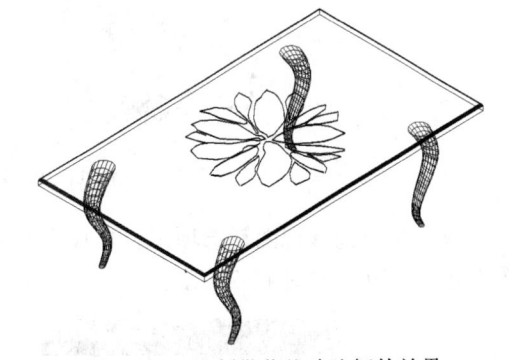

图 11-25　绘制带花纹玻璃板的效果

1　打开光盘中的"..\Example\Ch11\11.2.2.dwg"练习文件，设置视图为【俯视】，再切换到【常用】选项卡并单击【矩形】按钮，通过捕捉 4 个支脚实体上端圆形边缘的夹点绘制出一个矩形，如图 11-26 所示。

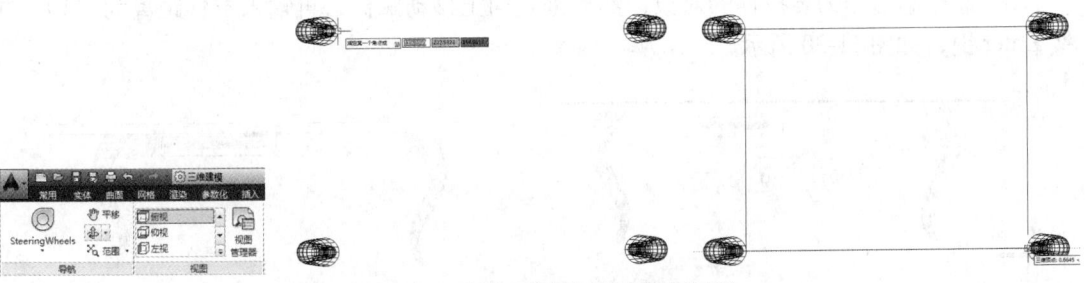

图 11-26　通过【俯视】视图绘制矩形

2 选择矩形对象,再将鼠标指针移到左侧夹点处,显示菜单后选择【拉伸】命令,然后向左侧水平移动,并输入移动距离为"95",如图 11-27 所示。

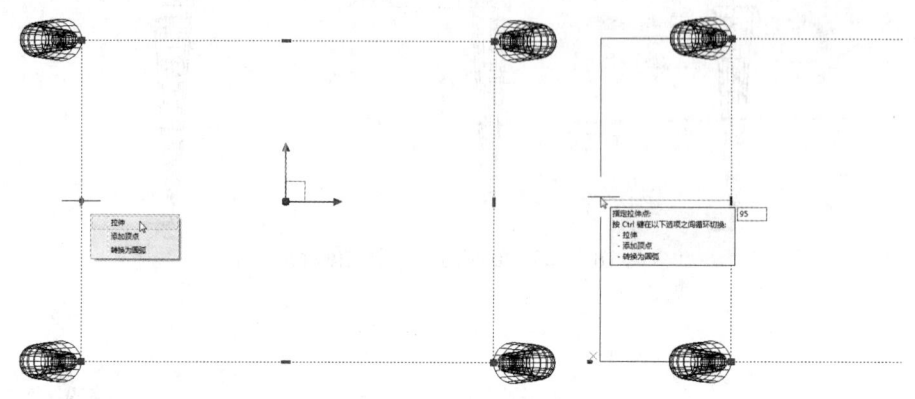

图 11-27 向左侧扩大矩形左边

3 使用步骤 2 的方法,分别向外拉伸矩形的其他边,以扩大矩形。其中矩形上下边拉伸距离为 30,右侧边拉伸距离为 95,结果如图 11-28 所示。

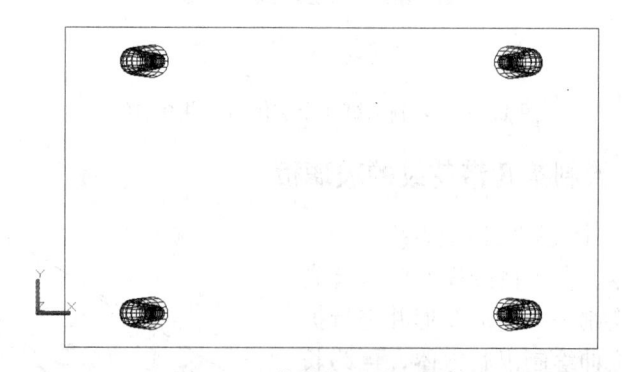

图 11-28 拉伸矩形其他的边

4 切换到【视图】选项卡,再设置视图为【前视】,然后选择【实体】选项卡,并单击【拉伸】按钮,如图 11-29 所示。

图 11-29 切换视图并执行拉伸命令

5 选择矩形作为要拉伸的对象,然后垂直向上移动鼠标,再输入拉伸距离为"10"并按 Enter 键,如图 11-30 所示。

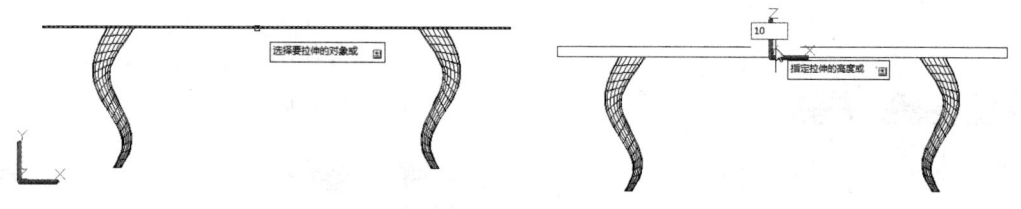

图 11-30 向上拉伸矩形

6 设置视图为【西南等轴测】，再切换到【实体】选项卡，然后单击【圆角边】按钮，如图 11-31 所示。

图 11-31 设置视图并执行圆角边命令

7 单击【圆角边】按钮后，选择长方体上面 4 条边作为对象并按 Enter 键，弹出选项列表后选择【半径】选项，如图 11-32 所示。

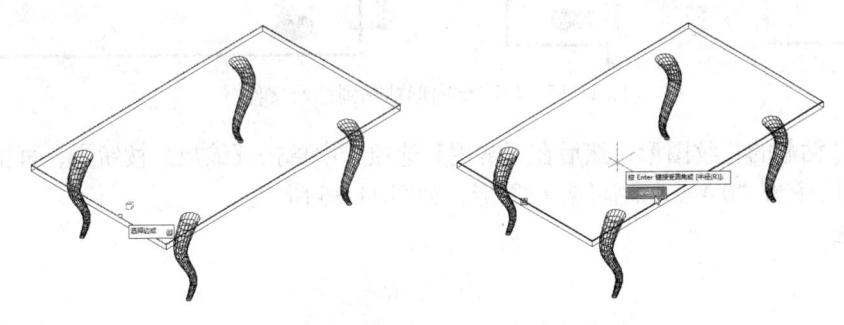

图 11-32 选择边对象和选择半径选项

8 输入半径为"3"并按 Enter 键，绘制长方体上面的圆角边效果，如图 11-33 所示。

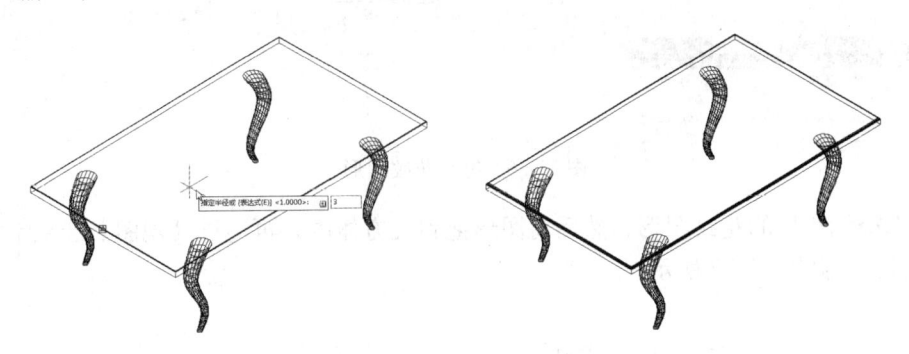

图 11-33 指定圆角的半径

9 打开光盘中的"..\Example\Ch09\花纹.DWG"素材文件，然后通过拖出选框选择花纹图形，再单击右键并选择【剪贴板】|【复制】命令，如图 11-34 所示。

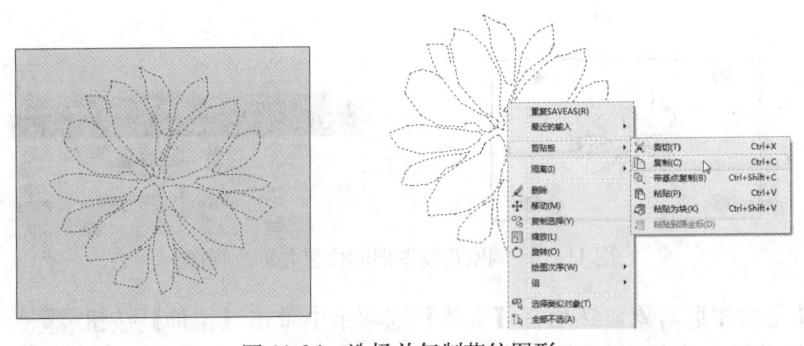

图 11-34 选择并复制花纹图形

10 返回本例练习文件，然后单击右键并选择【剪贴板】|【粘贴】命令，接着在长方体对象上方指定插入点，如图 11-35 所示。

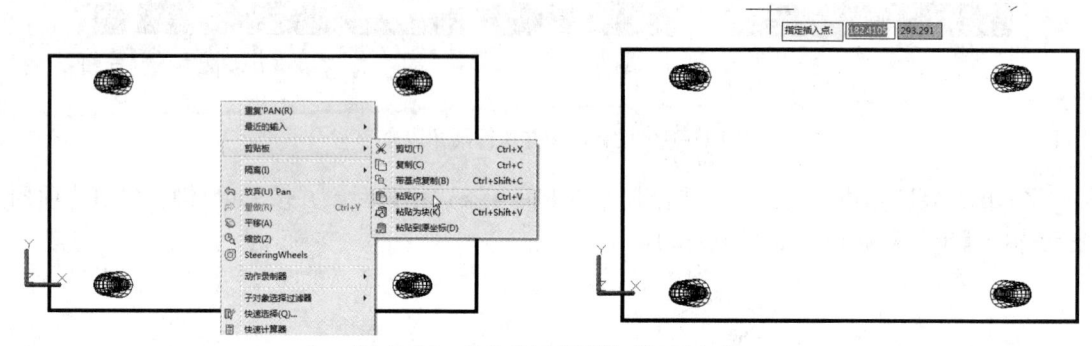

图 11-35 将花纹图形粘贴到练习文件

11 选择粘贴的花纹图形，然后在【常用】选项卡中单击【缩放】按钮，再指定基点，并输入比例因子为"0.4"，以缩小花纹图形，如图 11-36 所示。

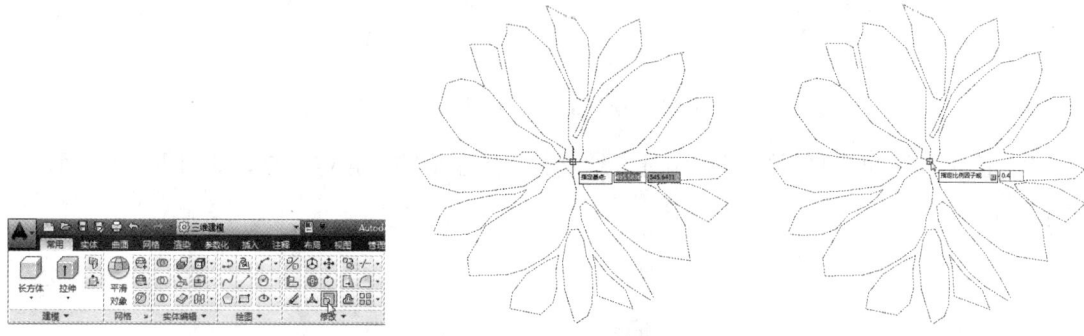

图 11-36 缩小花纹图形

12 选择缩小后的花纹图形，然后将图形拖到长方体内，再通过【视图】选项卡设置视图为【前视】，如图 11-37 所示。

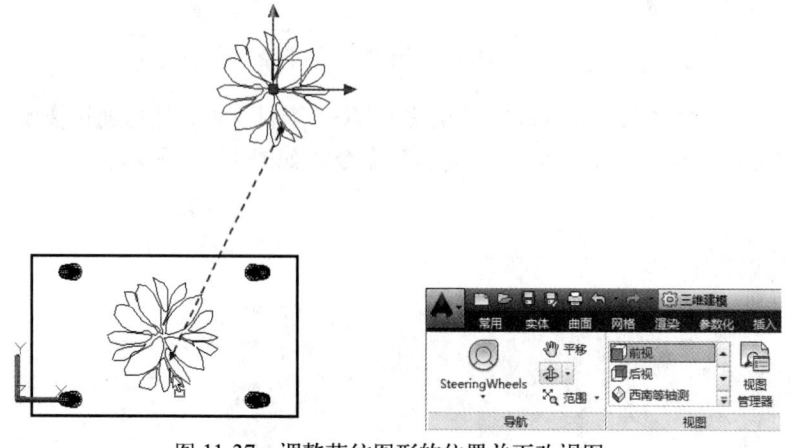

图 11-37 调整花纹图形的位置并更改视图

13 选择花纹图形对象，然后在【实体】选项卡中单击【拉伸】按钮，再垂直向上移动鼠标，接着输入拉伸的高度为"1"，如图 11-38 所示。

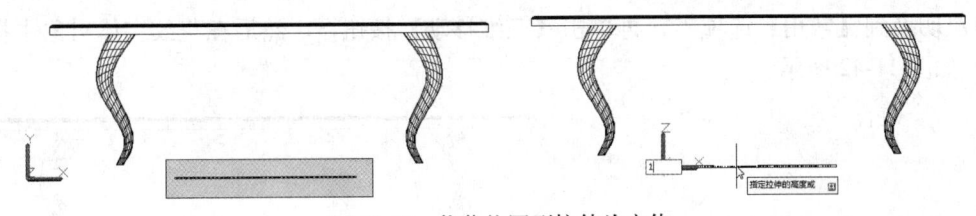

图 11-38　将花纹图形拉伸为实体

14 通过【视图】选项卡更改视图为【俯视】，然后切换到【实体】选项卡并单击【并集】按钮，选择花纹实体为对象，当弹出提示对话框后，单击【继续执行并集操作】按钮，如图 11-39 所示。

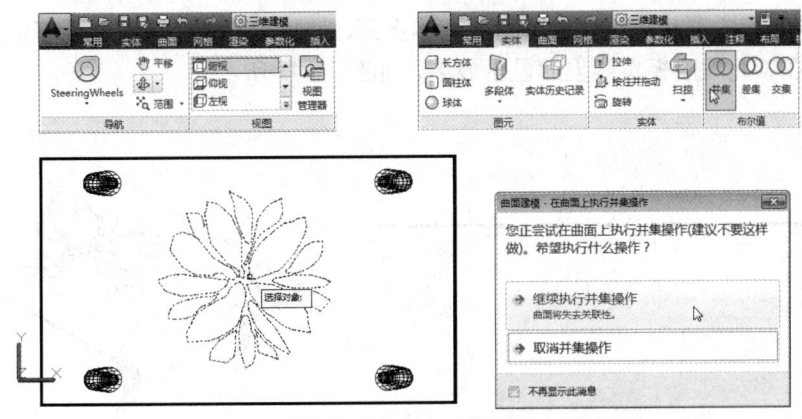

图 11-39　对花纹实体所有对象进行并集处理

15 此时绘图区中还保留花纹二维图形对象，所以先选择花纹图形的其中一个线段并按 Delete 键删除，然后在删除线段的同一位置上单击选择花纹实体对象，如图 11-40 所示。

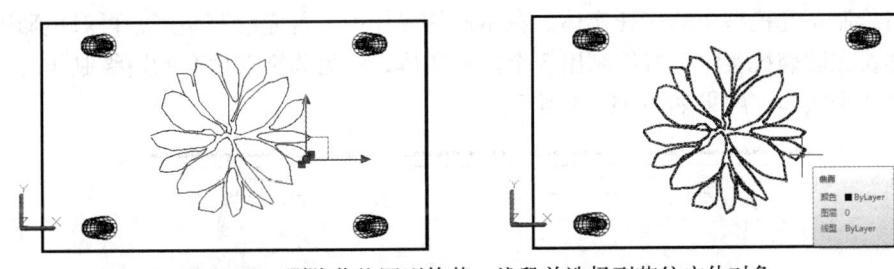

图 11-40　删除花纹图形的某一线段并选择到花纹实体对象

16 选择花纹实体对象后将该对象移开，然后选择所有花纹图形并将图形删除，接着将花纹实体对象移回原来的位置，如图 11-41 所示。

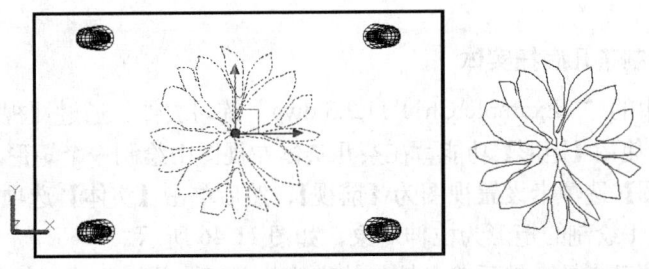

图 11-41　删除二维花纹图形只保留花纹实体对象

17 切换到【常用】选项卡，再单击【三维移动】按钮⊕，然后在花纹实体对象中指定基点，如图 11-42 所示。

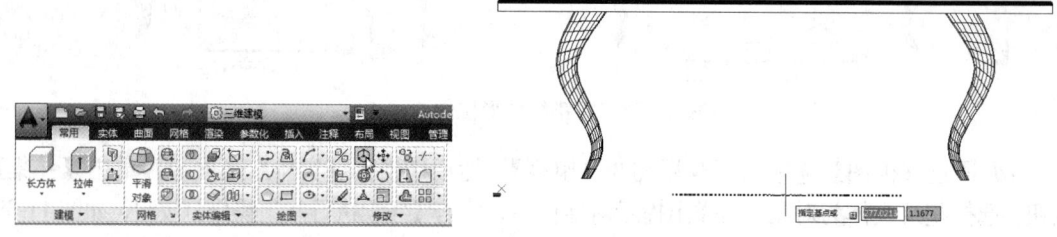

图 11-42　执行三维移动命令并指定基点

18 沿着垂直方向将花纹实体移到长方体上面，然后设置视图为【西南等轴测】，以该视图查看花纹在茶几玻璃板实体上的显示效果，如图 11-43 所示。

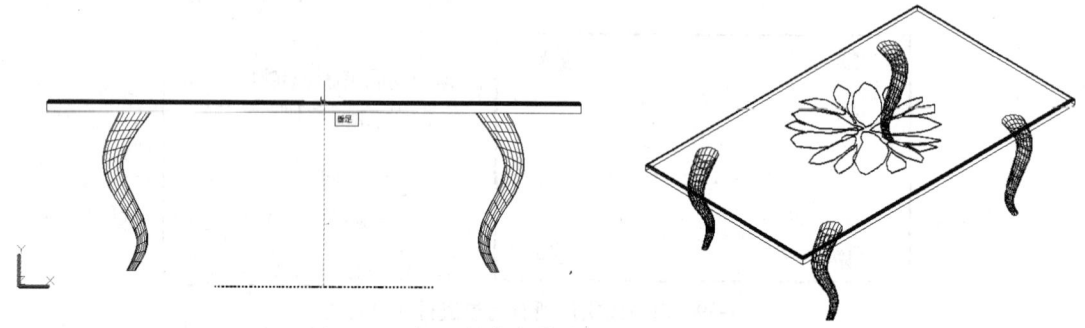

图 11-43　沿 Y 轴方向移动花纹实体并查看结果

11.3.3　案例 03：绘制茶几的底托实体

本节将绘制茶几模型中的底托实体。在本例的操作中，首先绘制矩形，再对矩形进行实体拉伸处理，在玻璃板实体下方绘制出 3 个矩形实体，然后为矩形拼合的边缘制作圆角边效果，再合并 3 个实体，结果如图 11-43 所示。

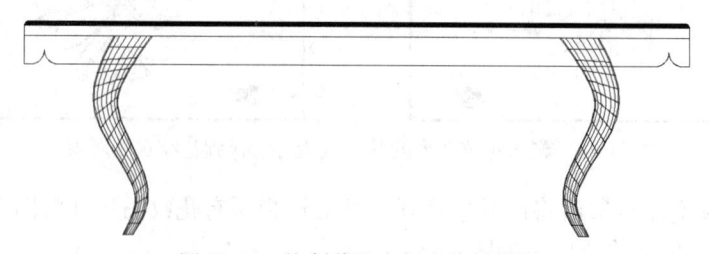

图 11-44　绘制茶几底托实体的结果

上机实战　绘制茶几底托实体

1 打开光盘中的"..\Example\Ch11\11.2.3.dwg"练习文件，通过【视图】选项卡设置视图为【左视】，然后使用【矩形】功能▢在茶几实体左视图中绘制一个矩形，如图 11-45 所示。

2 通过【视图】选项卡设置视图为【前视】，然后单击【实体】选项卡的【拉伸】按钮⬆拉伸，并选择步骤 1 绘制的矩形为拉伸对象，如图 11-46 所示。

3 水平向左移动指针，然后输入拉伸的高度为"15"并按 Enter 键，如图 11-47 所示。

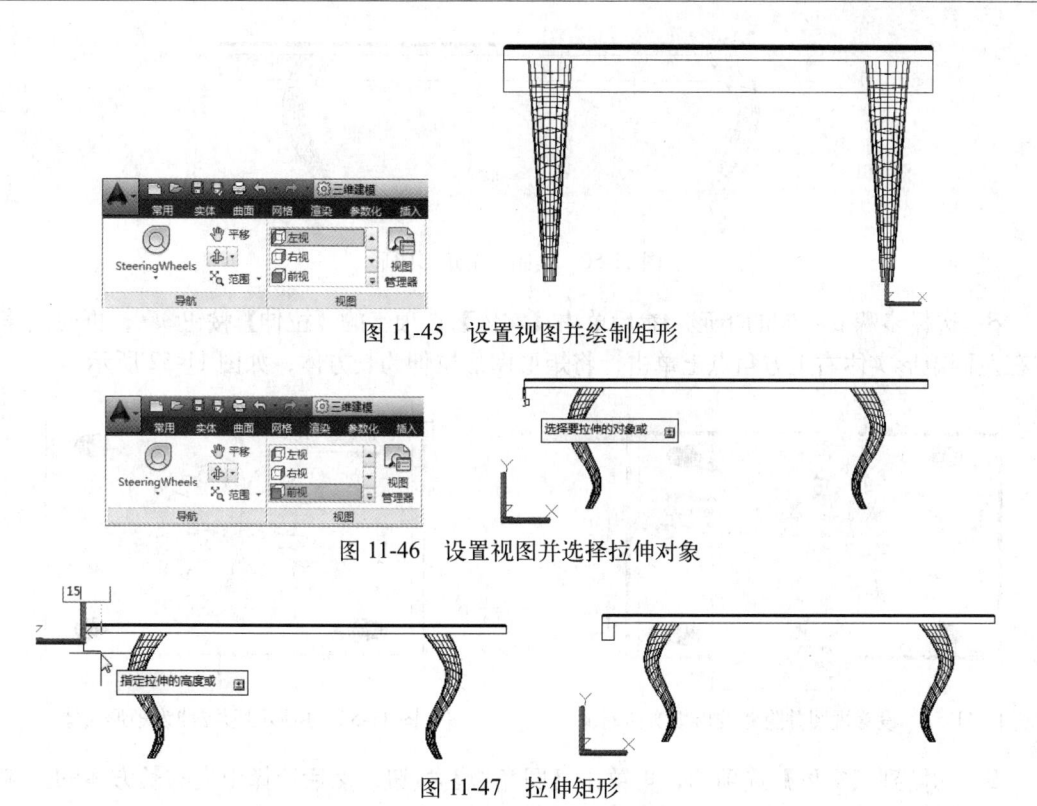

图 11-45　设置视图并绘制矩形

图 11-46　设置视图并选择拉伸对象

图 11-47　拉伸矩形

4　切换到【常用】选项卡，然后单击【复制】按钮，再选择步骤 3 生成的矩形实体对象，如图 11-48 所示。

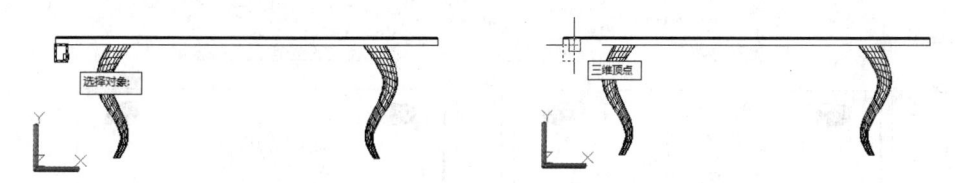

图 11-48　执行复制命令并选择对象

5　在矩形实体右上方的角点上单击指定基点，然后在玻璃板实体右下方角点上单击指定第二个点，以复制出矩形实体，如图 11-49 所示。

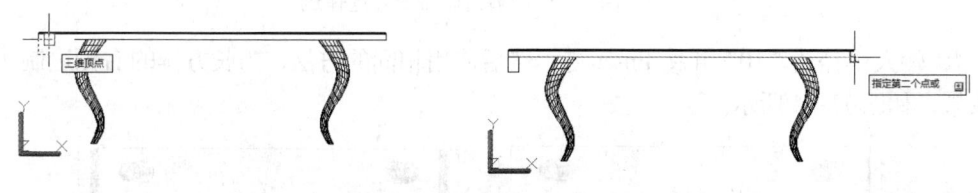

图 11-49　复制出矩形实体

6　通过【视图】选项卡设置视图为【前视】，然后使用【矩形】功能在上述步骤绘制的两个矩形实体对象之间绘制一个矩形图形，如图 11-50 所示。

7　设置视图为【仰视】，然后选择玻璃板实体并单击鼠标右键，从弹出的菜单中选择【隔离】|【隐藏对象】命令，如图 11-51 所示。

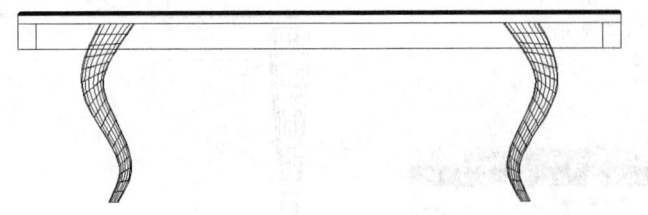

图 11-50 绘制一个矩形图形

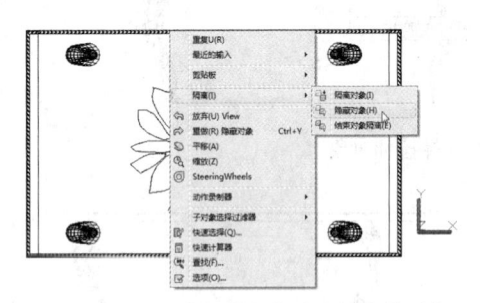

8 选择步骤 6 绘制的矩形,然后单击【实体】选项卡的【拉伸】按钮,再向上移动并在左侧矩形实体右上方角点上单击,将矩形图形拉伸为长方体,如图 11-52 所示。

图 11-51 设置视图并隐藏玻璃板实体对象

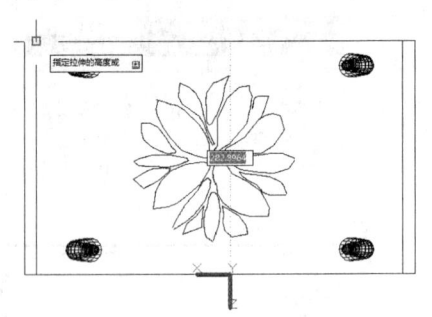

图 11-52 矩形图形拉伸为矩形实体

9 切换到【实体】选项卡,再单击【圆角边】按钮,然后选择中央的长方体的左侧边并按 Enter 键,接着选择【半径】选项,如图 11-53 所示。

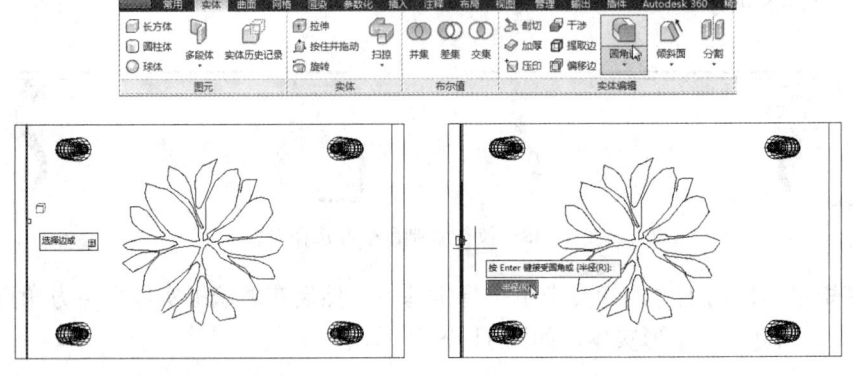

图 11-53 执行圆角边命令并选择边

10 输入半径为"10"并按 Enter 键,然后使用相同的方法,为长方体的右侧边制作圆角边效果,如图 11-54 所示。

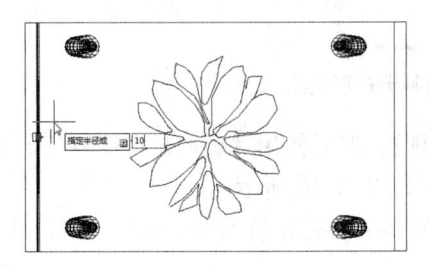

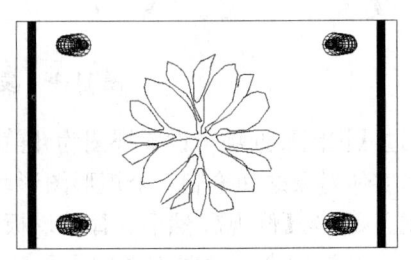

图 11-54 输入半径并制作另一个圆角边效果

11 选择中央的长方体并单击右键，从弹出的菜单中选择【隔离】|【隐藏对象】命令，然后使用步骤 9 和步骤 10 的方法，为茶几两侧的长方体制作圆角边效果，如图 11-55 所示。

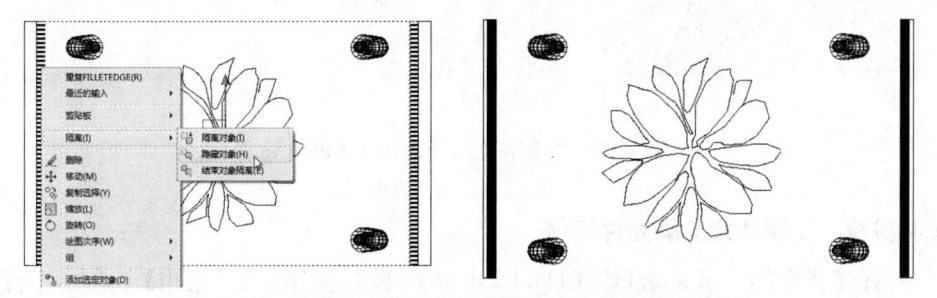

图 11-55　隐藏中央的长方体并为其他长方体制作圆角边

12 在绘图区中单击鼠标右键，再从弹出的菜单中选择【隔离】|【结束对象隔离】命令，显示全部实体，然后设置视图为【前视】，以查看结果，如图 11-56 所示。

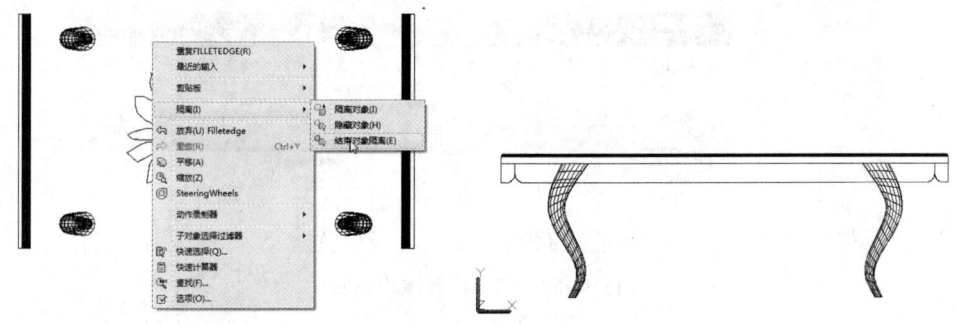

图 11-56　结束对象隔离并设置视图

13 选择【实体】选项卡，再单击【并集】按钮，然后分别选择茶几底托的几个实体为作用对象，完成后按 Enter 键执行并集处理，如图 11-57 所示。

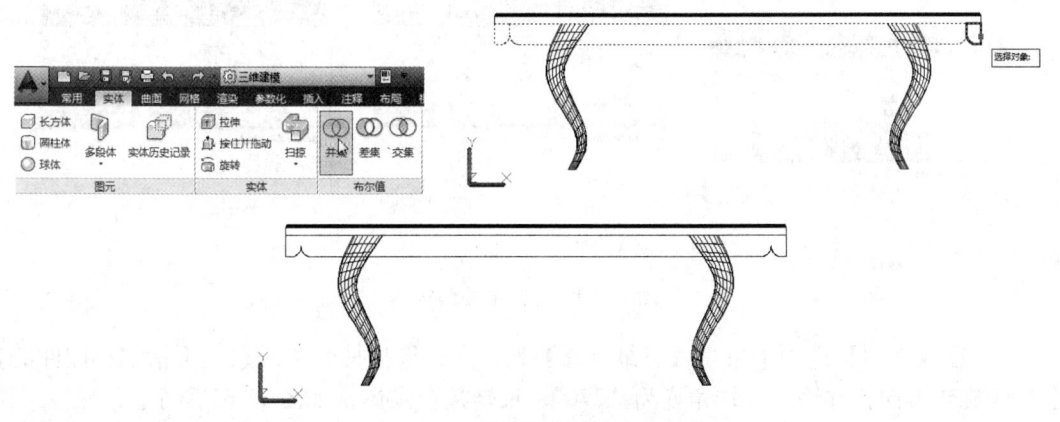

图 11-57　对底托实体执行并集处理

11.3.4　案例 04：绘制茶几支脚固件实体

本节将绘制茶几用于固定 4 个支脚的固件实体。在本例的操作中，首先绘制一个棱台实体并进行旋转处理，然后调整棱台实体的位置，再通过复制的方法，制作出另外 3 个棱台实体，结果如图 11-58 所示。

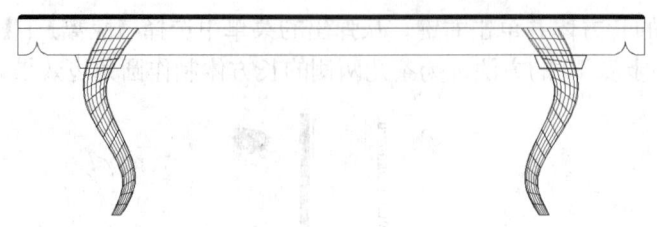

图 11-58　绘制茶几支角固件实体的结果

上机实战　绘制茶几支脚固件实体

1　打开光盘中的"..\Example\Ch11\11.2.4.dwg"练习文件，在【常用】选项卡中打开【实体】列表框并选择【棱锥体】选项，然后在绘图区中单击指定底面中心点，再输入底面宽度为"16"，如图 11-59 所示。

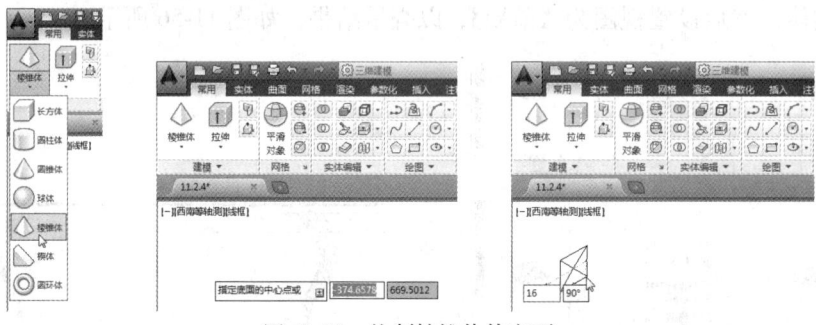

图 11-59　绘制棱锥体的底面

2　系统提示：指定高度或 [两点(2P)/轴端点(A)/顶面半径(T)]，此时输入"t"并按 Enter 键，再输入棱锥体另一个面的宽度为"20"，接着输入高度为 10，绘制出一个棱台实体，如图 11-60 所示。

图 11-60　绘制出棱台实体

3　在【常用】选项卡单击【三维旋转】按钮，选择棱台为对象，再指定小控件的黄色轴为旋转方向，并输入旋转角度为"270"，反转棱台实体，如图 11-61 所示。

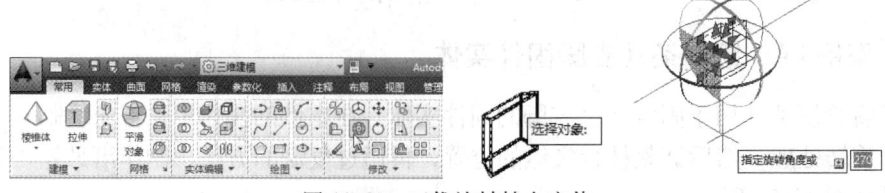

图 11-61　三维旋转棱台实体

4 切换到【前视】视图，然后在【常用】选项卡中单击【移动】按钮，再指定棱台顶面右方角点为基点，接着指定底托实体左下方角点为第二个点，以移动棱台实体，如图 11-62 所示。

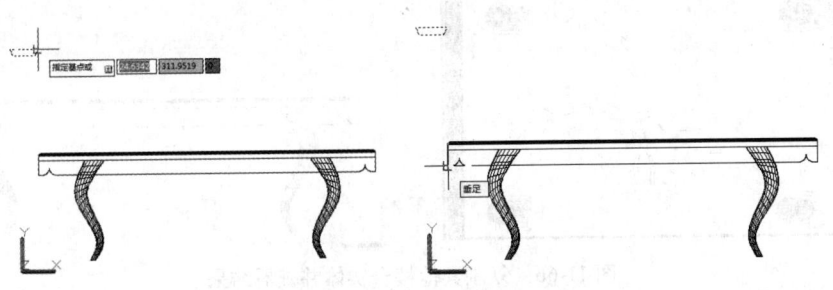

图 11-62 移动棱台实体

5 切换到【仰视】视图，然后选择棱台实体并将该实体拖到茶几左下方的支脚实体的位置，作为该支脚的固件，如图 11-63 所示。

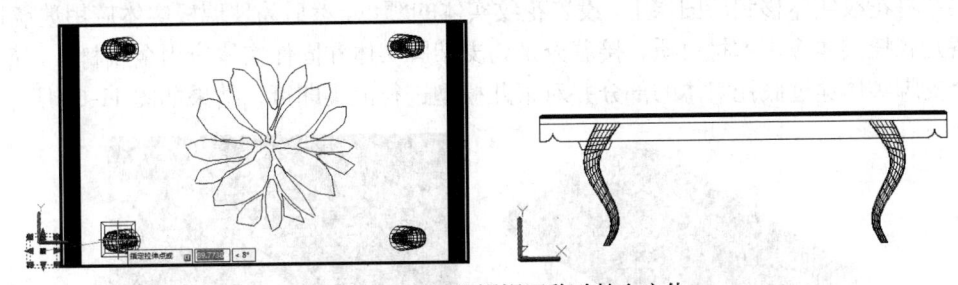

图 11-63 通过仰视视图移动棱台实体

6 在【常用】选项卡中单击【复制】按钮，然后选择棱台实体为对象，如图 11-64 所示。

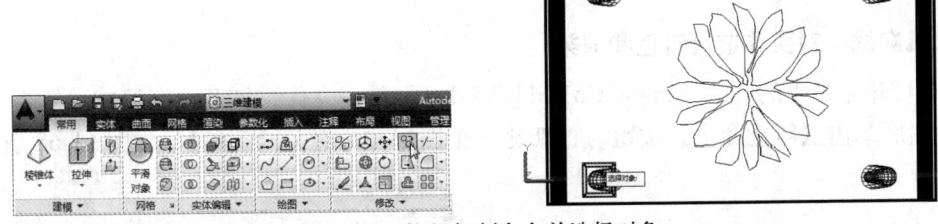

图 11-64 执行复制命令并选择对象

7 指定棱台顶面左上方角点为基点，然后垂直向上移动鼠标指针，在茶几另一个支脚实体上单击复制出棱台实体，如图 11-65 所示。

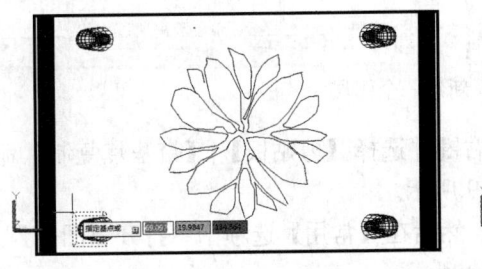

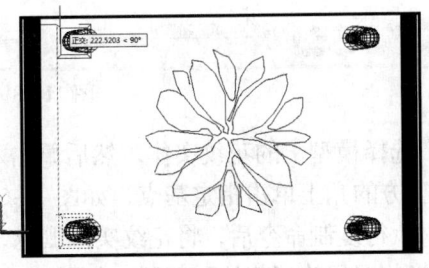

图 11-65 复制出棱台实体

8 使用步骤6和步骤7的方法，再复制出另外两个棱台实体，并分别放置在其他支脚实体的位置上，然后切换到【前视】视图查看结果，如图11-66所示。

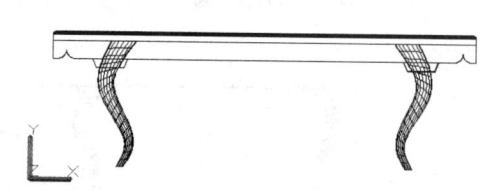

图11-66 复制其他棱台实体并查看结果

11.3.5 案例05：对实体进行着色和渲染

本节将对设计完成的茶几实体模型进行着色和渲染处理。在本例的操作中，首先新建一个图层并将花纹实体移到新图层上，设置花纹实体的颜色，然后为玻璃板实体应用玻璃材质，再为茶几底托实体应用木材材质，接着分别为支架脚实体和固件实体应用金属材质，最后删除4个支脚实体穿过底托实体的部分并对茶几模型进行渲染即可，结果如图11-67所示。

图11-67 对实体进行着色和渲染的结果

上机实战　对实体进行着色和渲染

1 打开光盘中的"..\Example\Ch11\11.2.5.dwg"练习文件，打开【图层特性管理器】选项板，然后单击【新建图层】按钮，新建一个图层并命名为【花纹】，如图11-68所示。

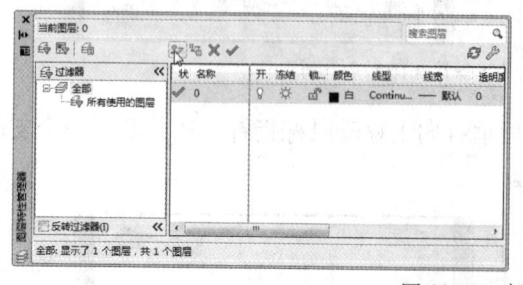

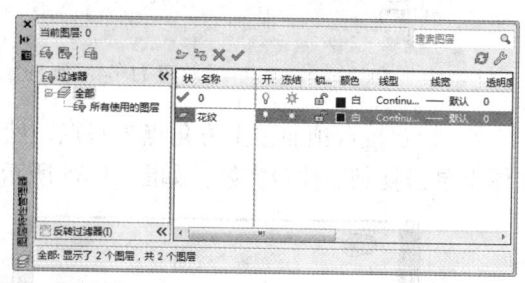

图11-68 新建一个图层

2 选择模型上的花纹实体，然后单击右键并选择【剪贴板】|【带基点复制】命令，在模型右上方的角上单击指定基点，如图11-69所示。

3 执行复制命令后，将花纹实体删除，然后在【常用】选项卡中打开【图层】列表框，再选择当前图层为【花纹】图层，如图11-70所示。

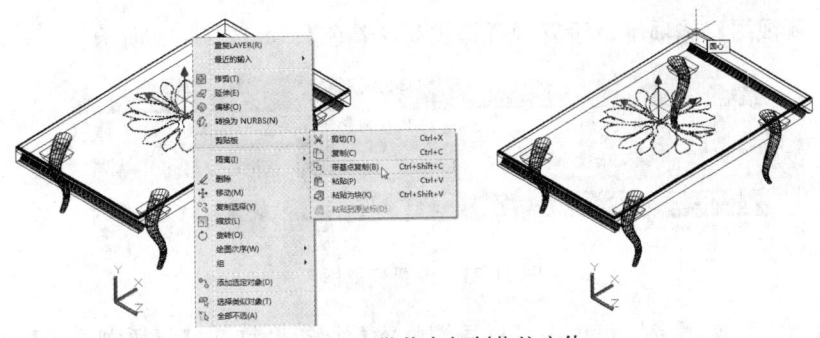

图 11-69 带基点复制花纹实体

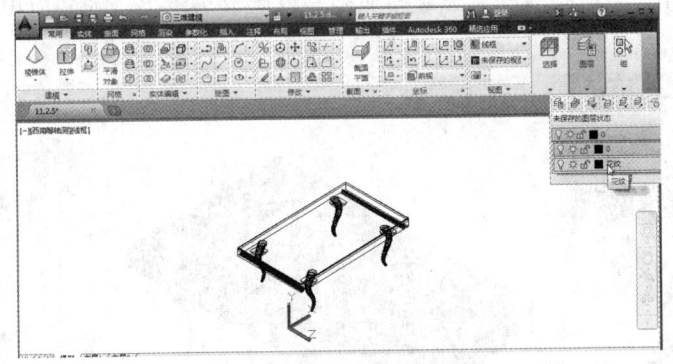

图 11-70 切换当前作用图层

4 在绘图区中单击右键,从弹出的菜单中选择【剪贴板】|【粘贴】命令,此时在模型右上方的角上单击指定基点,粘贴花纹实体到【花纹】图层上,如图 11-71 所示。

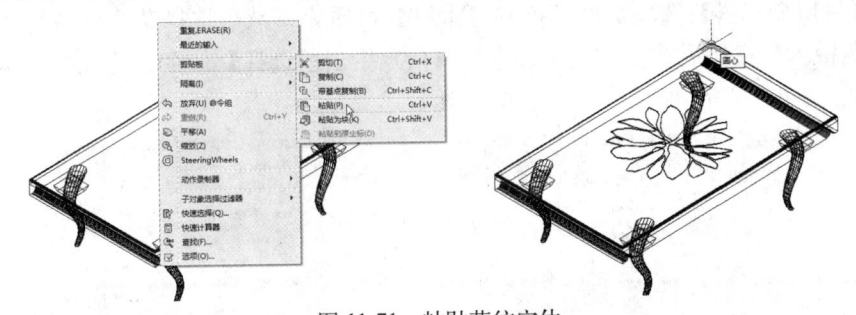

图 11-71 粘贴花纹实体

5 选择花纹实体,然后打开【特性】选项板,设置实体的颜色为【青】,如图 11-72 所示。

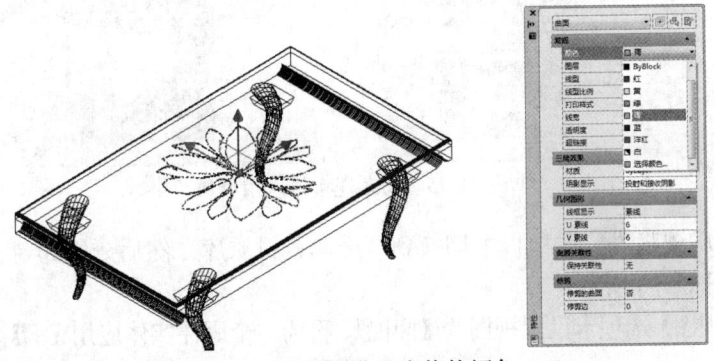

图 11-72 设置花纹实体的颜色

6 选择【视图】选项卡，设置视觉样式为【着色】，如图 11-73 所示。

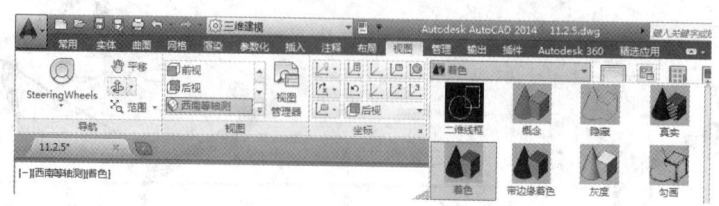

图 11-73 设置视觉样式

7 到【渲染】选项卡，再单击【材质浏览器】按钮，打开【材质浏览器】选项板后选择【玻璃】材质库，然后将【深蓝色】材质拖到玻璃板实体上，为其应用材质，如图 11-74 所示。

图 11-74 为玻璃板实体应用材质

8 【材质浏览器】选项板中切换到【木材】材质库，然后选择茶几模型的底托实体，再选择【黄檀木】材质后单击右键，并选择【指定给当前选择】命令，为底托实体应用【黄檀木】材质，如图 11-75 所示。

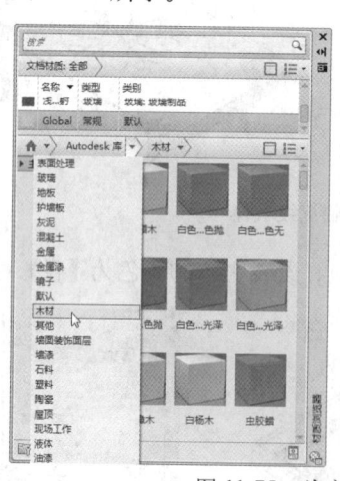

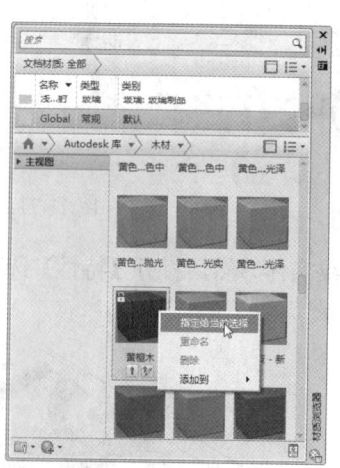

图 11-75 为底托实体应用材质

9 在【材质浏览器】选项板中切换到【金属】材质库，然后分别为 4 个支脚实体应用金属材质，如图 11-76 所示。

10 通过【视图】选项卡设置视图为【仰视】，再为 4 个固件实体应用【铜】材质，如图 11-77 所示。

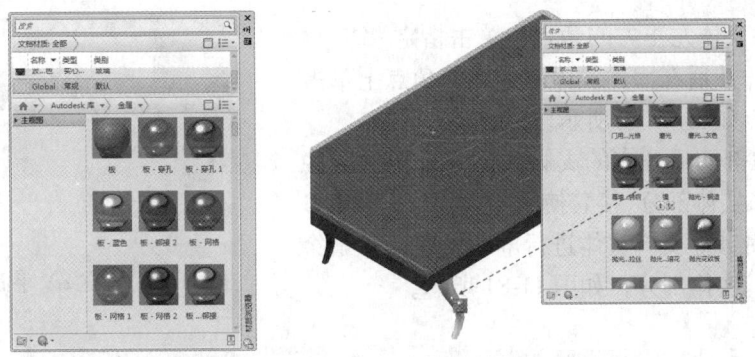

图 11-76 为支脚实体应用金属材质

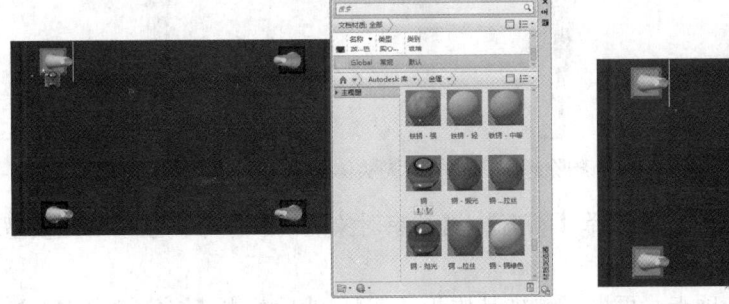

图 11-77 为固件实体应用金属材质

11 在【视图】选项卡中设置视图为【左视】，然后选择底托实体对象并单击鼠标右键，再选择【隔离】|【隐藏对象】命令，如图 11-78 所示。

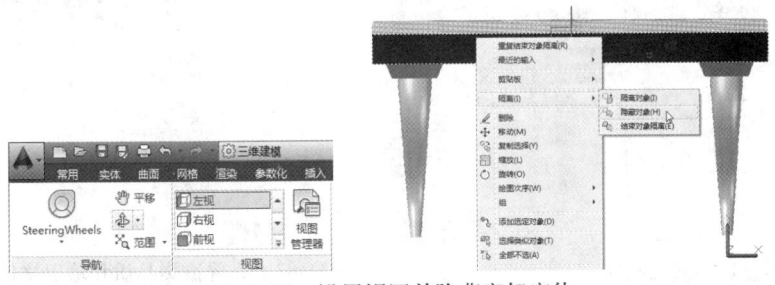

图 11-78 设置视图并隐藏底托实体

12 切换到【实体】选项卡，然后单击【剖切】按钮，选择左侧的支脚实体为对象，通过【命令】窗口单击【ZX（ZX）】选项，如图 11-79 所示。

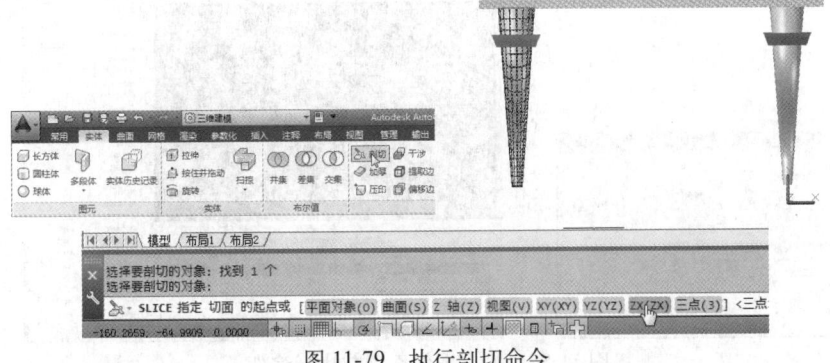

图 11-79 执行剖切命令

13 在固件实体左上方的角点上单击指定 ZX 平面的第一个点，然后在固件实体右上方的角点上单击指定第二个点，如图 11-80 所示。

14 选择被剖切后分离的支脚实体部分，然后按 Delete 键删除该实体部分，接着使用步骤 12 和步骤 13 的方法，分别对其他支脚实体进行剖切处理，并删除超出固件的支脚实体部分，如图 11-81 所示。

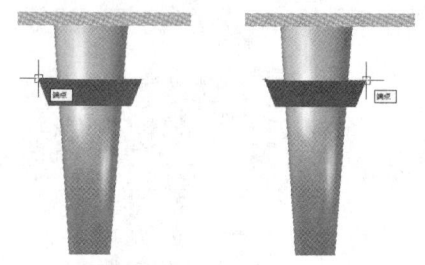

图 11-80 指定 ZX 平面的两个点

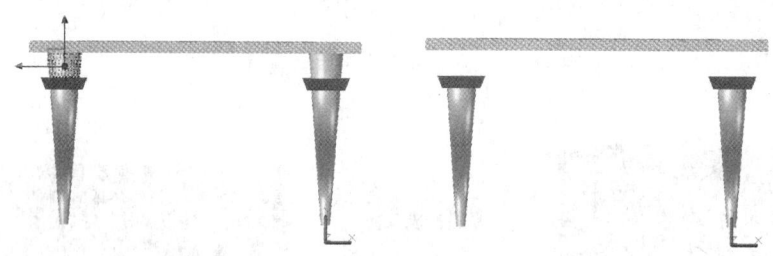

图 11-81 删除超出固件的支脚实体部分

15 在绘图区中单击右键，再选择【隔离】|【结束对象隔离】命令，显示茶几模型的底托实体，如图 11-82 所示。

16 切换到【渲染】选项卡，再设置渲染品质为【高】，然后单击【渲染输出文件】按钮，单击【浏览文件】按钮，指定输入文件的目录和名称，如图 11-83 所示。

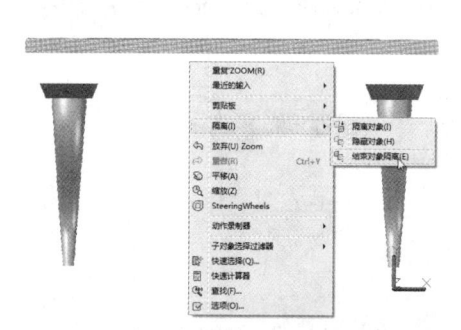

图 11-82 显示底托实体

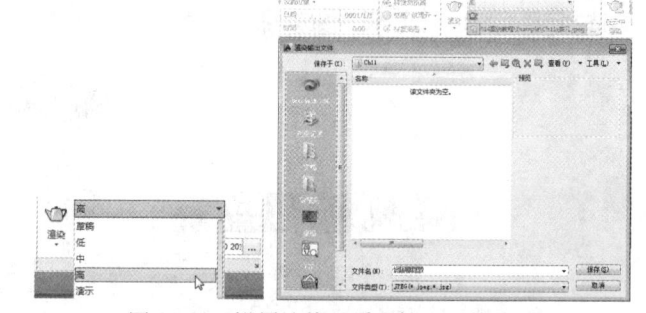

图 11-83 设置渲染品质和输出文件选项

17 打开【JPEG 图像选项】对话框后，设置质量和文件大小选项后单击【确定】按钮，即可通过【渲染】窗口对茶几模型进行渲染处理，如图 11-84 所示。

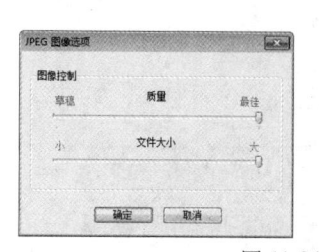

图 11-84 设置图像选项并执行渲染

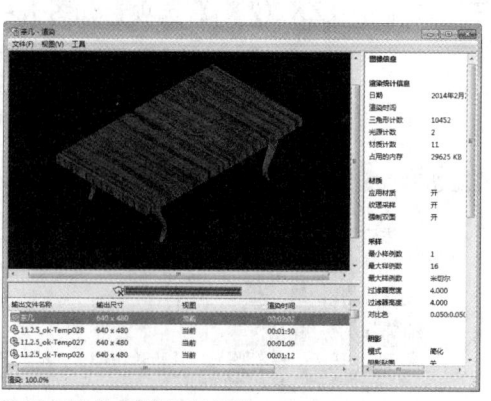

11.4 本章小结

本章以一个上层为深蓝色玻璃板，下层为黄檀木材质实木底托并带有金属支脚的茶几实体模型为例，介绍 AutoCAD 2014 在三维实体设计中的应用。在整个案例的设计中，巧妙地运用了在不同视图下绘制并制成实体的方法，然后通过对各个实体对象进行组装和拼合，设计出茶几的模型，接着针对茶几的不同部件进行着色和应用对应的材质，最后进行渲染处理，完整地介绍了三维实体模型设计的基本流程和常用方法。

11.5 课后训练

为茶几实体模型更改玻璃板、底托、支脚材质，以设计出茶几的不同效果，如图 11-85 所示。

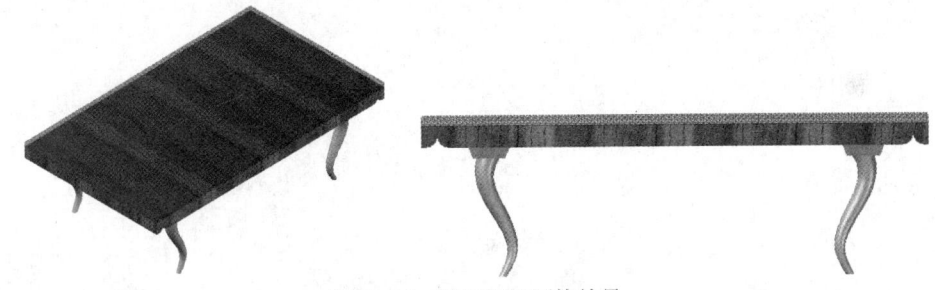

图 11-85　课后训练题的结果

提示：

（1）打开光盘中的"..\Example\Ch11\11.4.dwg"练习文件，在【渲染】选项卡中单击【材质浏览器】按钮。

（2）在【材质浏览器】选项板中切换到【玻璃】材质库，然后为玻璃板应用【深红色】材质。

（3）在【材质浏览器】选项板中切换到【木材】材质库，然后为底托实体应用【流木】材质。

（4）在【材质浏览器】选项板中切换到【金属】材质库，再为 4 个支脚和固件实体应用【钛-抛光】材质。